Fundamente
der Mathematik

Niedersachsen

Gymnasium G9 · Klasse 10

Herausgegeben von
Dr. Andreas Pallack

Inhaltsverzeichnis

1	**Vierfeldertafeln**	**5**
	Dein Fundament	6
1.1	Vierfeldertafeln	8
1.2	Vierfeldertafeln und Wahrscheinlichkeit	13
1.3	Vierfeldertafeln und Baumdiagramme	16
1.4	Vermischte Aufgaben	22
	Prüfe dein neues Fundament	24
	Zusammenfassung	26
2	**Potenzen**	**27**
	Dein Fundament	28
2.1	Potenzen	30
2.2	Zehnerpotenzen	33
2.3	Potenzen mit ganzzahligen Exponenten	37
2.4	Potenzgesetze	41
2.5	n-te Wurzeln und Potenzen mit rationalen Exponenten	47
2.6	Rechnen mit Potenzen und Wurzeln	51
	Streifzug: Wurzelgleichungen	56
2.7	Vermischte Aufgaben	58
	Prüfe dein neues Fundament	60
	Zusammenfassung	62
3	**Exponentielle Zusammenhänge**	**63**
	Dein Fundament	64
3.1	Exponentielles Wachstum	66
3.2	Prozentuale Wachstumsrate und Zinseszins	72
3.3	Exponentielle Abnahme	76
3.4	Exponentialfunktionen	79
3.5	Wachstumsvorgänge modellieren	85
3.6	Exponentialgleichungen und Logarithmus	90
	Streifzug: Regression	94
3.7	Vermischte Aufgaben	96
	Prüfe dein neues Fundament	98
	Zusammenfassung	100
4	**Kreisberechnungen**	**101**
	Dein Fundament	102
4.1	Umfang eines Kreises	104
4.2	Flächeninhalt eines Kreises	108
4.3	Kreisausschnitt, Kreisbogen	113
	Streifzug: Wege zu Pi	116
4.4	Vermischte Aufgaben	118
	Prüfe dein neues Fundament	120
	Zusammenfassung	122

5	**Körperberechnungen**	**123**
	Dein Fundament	124
5.1	Zylinder – Netz und Oberflächeninhalt	126
5.2	Volumen eines Zylinders	130
5.3	Pyramide – Netz und Oberflächeninhalt	134
5.4	Volumen einer Pyramide	138
5.5	Kegel – Netz und Oberflächeninhalt	144
5.6	Volumen eines Kegels	147
5.7	Volumen einer Kugel	151
5.8	Oberflächeninhalt einer Kugel	154
5.9	Zusammengesetzte Körper	158
5.10	Vermischte Aufgaben	162
	Prüfe dein neues Fundament	164
	Zusammenfassung	166
6	**Periodische Vorgänge**	**167**
	Dein Fundament	168
6.1	Periodische Vorgänge	170
6.2	Sinusfunktion und Kosinusfunktion	173
	Streifzug: Paare suchen!	178
6.3	Winkel im Bogenmaß	180
6.4	Sinusfunktionen mit Parametern	185
6.5	Periodische Vorgänge modellieren	192
6.6	Vermischte Aufgaben	195
	Prüfe dein neues Fundament	198
	Zusammenfassung	200
7	**Zahlbereiche und Grenzprozesse**	**201**
	Dein Fundament	202
7.1	Zahlbereiche	204
7.2	Grenzprozesse	209
7.3	Vermischte Aufgaben	214
	Prüfe dein neues Fundament	216
	Zusammenfassung	218
8	**Komplexe Aufgaben**	**219**
	Aufgaben	220
8	**Digitale Mathematikwerkzeuge**	**225**
	Übersicht über Funktionen von GTR, CAS und Tabellenkalkulation	226
10	**Anhang**	**231**
	Lösungen	232
	Stichwortverzeichnis	246
	Bildverzeichnis	247
	Impressum	248

Bauplan zu „Fundamente der Mathematik"

Aktivieren

Dein Fundament:
Mit der Doppelseite „Dein Fundament" kannst du Themen wiederholen zur Vorbereitung auf das neue Kapitel.

Die Lösungen zu diesen Aufgaben findest du im Anhang.

Aufbauen

Einstiegsaufgaben:
Jedes Unterkapitel beginnt mit einer Aufgabe, die dich in das neue Thema hineinführt.

Beispiele:
Die Lösungen von Beispielaufgaben werden dir Schritt für Schritt erklärt.

Basisaufgaben:
In den Basisaufgaben kannst du dein neu erworbenes Wissen und Können sofort ausprobieren.

Weiterführende Aufgaben:
In anspruchsvolleren Aufgaben kannst du dein Wissen festigen. Etwas schwierigere Aufgaben sind mit einem Kreis ● gekennzeichnet.

Stolperstelle:
Bei diesen Aufgaben sollst du typische Fehler erkennen.

Ausblick:
Die letzte Aufgabe in der Lerneinheit ist die schwierigste.

Sichern

Prüfe dein neues Fundament:
Hier kannst du dein Wissen selbstständig überprüfen, auch in Vorbereitung auf Tests und Klassenarbeiten.

Die Lösungen zu diesen Aufgaben findest du im Anhang.

1. Vierfeldertafeln

Marktforscher analysieren das Kaufverhalten von Menschen. Mithilfe einer Vierfeldertafel kann man zum Beispiel auswerten, ob ein Produkt A oder B eher Frauen oder eher Männer kaufen.

Nach diesem Kapitel kannst du …
- absolute und relative Häufigkeiten in einer Vierfeldertafel darstellen,
- Wahrscheinlichkeiten bei Vierfeldertafeln berechnen,
- Baumdiagramme mithilfe von Vierfeldertafeln umkehren.

Dein Fundament

1. Vierfeldertafeln

Lösungen ↗ S. 232

Mit Brüchen rechnen

1. Berechne.
   a) $\frac{5}{7} \cdot \frac{5}{7}$
   b) $\frac{5}{9} + \frac{2}{9}$
   c) $\frac{3}{4} + \frac{2}{3}$
   d) $\frac{2}{3} \cdot \frac{3}{4}$
   e) $\frac{3}{5} + \frac{9}{15}$
   f) $\frac{4}{7} \cdot \frac{14}{13}$
   g) $\frac{2}{5} + \frac{2}{5} \cdot \frac{1}{2}$
   h) $\left(\frac{2}{5} + \frac{2}{5}\right) \cdot \frac{1}{2}$
   i) $\frac{3}{4} \cdot \frac{4}{5} + \frac{3}{5} \cdot \frac{1}{4}$
   j) $\frac{5}{6} : \frac{5}{12}$

2. Überprüfe. Korrigiere, falls erforderlich.
   a) $\frac{5}{7} + \frac{1}{7} = \frac{6}{14}$
   b) $\frac{2}{5} + \frac{2}{5} = \frac{4}{5}$
   c) $\frac{5}{6} \cdot \frac{3}{5} = \frac{1}{2}$
   d) $\frac{1}{2} + \frac{1}{2} \cdot \frac{2}{5} = \frac{2}{5}$
   e) $\frac{3}{4} : \frac{2}{5} = 1\frac{7}{8}$

3. Übertrage in dein Heft und setze anstelle von ■ das passende Zeichen <, > oder = ein.
   a) $\frac{3}{4}$ ■ $\frac{3}{4} \cdot \frac{1}{2}$
   b) $\frac{3}{4}$ ■ $\frac{3}{4} : \frac{1}{2}$
   c) $\frac{4}{7} : \frac{1}{2}$ ■ $\frac{4}{7} \cdot 2$
   d) $\frac{3}{5} + \frac{1}{5}$ ■ $\frac{3}{5} - \frac{2}{10}$
   e) $\frac{2}{5} \cdot \frac{3}{7}$ ■ $\frac{2}{5} \cdot \frac{3}{7}$

4. Berechne.
   a) $\frac{1}{3}$ von 12
   b) $\frac{2}{5}$ von 35
   c) $\frac{1}{2}$ von $\frac{1}{4}$
   d) $\frac{3}{8}$ von $\frac{5}{12}$
   e) $\frac{3}{4}$ von $\frac{12}{13}$

Mit Prozenten rechnen

5. Berechne.
   a) 10 % von 600 Schülern
   b) 30 % von 120 Möglichkeiten
   c) 43 % von 1000 Schrauben
   d) 0,7 % von 1 000 000 Flaschen

6. Berechne den Prozentsatz.
   a) 15 € von 60 €
   b) 24 t von 120 t
   c) 2 € von 200 €
   d) 48 von 1200
   e) 1 min von 1 h
   f) 380 m von 2 km
   g) 120 € von 100 €
   h) 288 ct von 72 €

7. 80 % der Schülerinnen und Schüler der Klassen 10 der Schiller-Schule treiben regelmäßig Sport. Davon trainieren 25 % regelmäßig Fußball. Wie viel Prozent der Schülerinnen und Schüler der zehnten Klassen nehmen regelmäßig am Fußballtraining teil?

8. Bei einer Schraubenproduktion liegt der Ausschuss bei etwa 0,5 %. Durch eine automatische Gütekontrolle werden 90 % der fehlerhaften Schrauben erkannt und aussortiert. Alle anderen Schrauben gehen in den Versand. Gib an, wie viele defekte Schrauben bei einer Produktion von 100 000 Schrauben in den Versand gehen.

9. In der Klasse 10 a beträgt der Anteil der Jungen 60 %. Außerdem gehen 10 Mädchen in die 10 a. Berechne, wie viele Jungen in die 10 a gehen.

10. 60 % der Schülerinnen und Schüler der Klasse 10 b sind Mädchen. Von den Mädchen spielen 50 % ein Instrument. Von den Jungen der Klasse spielen 25 % ein Instrument.
    a) Gib an, wie viel Prozent der Schülerinnen und Schüler der Klasse 10 b ein Instrument spielen.
    b) In die Klasse 10 b gehen 30 Schülerinnen und Schüler. Ermittle, wie viele Jungen und wie viele Mädchen dieser Klasse ein Instrument spielen.

Wahrscheinlichkeiten bestimmen

Lösungen ↗ S. 232

11. Ein regelmäßiger Oktaeder (siehe Randspalte) enthält die Zahlen von 1 bis 8 auf seinen Seitenflächen. Ermittle die Wahrscheinlichkeit für das Würfeln
    a) einer 8,
    b) einer geraden Zahl,
    c) einer Zahl, die kleiner als 9 ist,
    d) einer durch 3 teilbaren Zahl,
    e) einer durch 2^4 teilbaren Zahl,
    f) einer Primzahl.
    Gib jeweils alle Zahlen an, die zu dem Ereignis gehören.

12. Zeichne ein Glücksrad mit den Farben gelb, grün und rot so, dass die Wahrscheinlichkeit für rot $\frac{1}{6}$, für grün $\frac{1}{3}$ und für gelb $\frac{1}{2}$ beträgt.

13. Zwei Tennisspieler vereinbaren, dass das Match beendet wird, wenn ein Spieler 2 Sätze gewonnen hat. Spieler A gewinnt jeden Satz mit einer Wahrscheinlichkeit von 60 %, Spieler B mit einer Wahrscheinlichkeit von 40 %.
    a) Zeichne ein Baumdiagramm und trage die Wahrscheinlichkeiten ein.
    b) Berechne die Wahrscheinlichkeit, dass Spieler A (Spieler B) das Match gewinnt.

14. Oskar würfelt mit einem regelmäßigen Oktaeder (siehe Randspalte) zweimal. Berechne die Wahrscheinlichkeit für folgende Würfelergebnisse:
    a) im ersten Wurf eine 6 und im zweiten Wurf eine 6,
    b) im ersten Wurf eine 6 und im zweiten Wurf eine Primzahl.

15. In einer Schale liegen drei mit Buchstaben beschriftete Kugeln: eine mit T, eine mit U und eine mit M. Berechne die Wahrscheinlichkeit, dass man ohne hinzusehen
    a) beim zweimaligen Ziehen (mit Zurücklegen) zweimal ein M zieht,
    b) beim zweimaligen Ziehen (ohne Zurücklegen) unabhängig von der Reihenfolge eine Kugel mit M und eine Kugel mit U zieht,
    c) beim dreimaligen Ziehen (mit Zurücklegen) die Kugeln mit den Buchstaben M, U, T in dieser Reihenfolge zieht.

Vermischtes

16. Mia hat sich für ihr Fahrrad ein dreistelliges Zahlenschloss gekauft. Jede der drei Ziffern kann auf 0, 1, 2, …, 9 eingestellt werden. Gib an, wie viele Möglichkeiten es gibt, einen Code für das Schloss festzulegen.

17. Von vier Münzen ist eine manipuliert und zeigt beim Werfen immer wieder mit dem Wappen nach oben. Katja wählt nun zufällig eine von den vier Münzen aus. Gib an, wie groß die Wahrscheinlichkeit ist, dass Katja die manipulierte Münze ausgewählt hat.

18. Ole hat 20 Socken. Davon sind 15 % schwarz und haben ein Loch. Von allen Socken sind 60 % schwarz. Berechne bei den schwarzen Socken den Anteil der Socken mit Loch und gib ihn in Prozent an.

19. Stelle die Gleichung $a = \frac{b \cdot c}{d}$ nach jeder der Variablen b, c und d um.

1.1 Vierfeldertafeln

■ Für eine Studie zur Verbreitung ausländischer Euro-Münzen in Deutschland haben einige Personen ihre Münzen nach Herkunft sortiert und gezählt. Trage die Zahlen aus dem Bild übersichtlich in eine Tabelle ein. Ist die Vermischung bei 2-Euro-Münzen weiter fortgeschritten als bei anderen Münzen? ■

2-Euro-Münzen:
89 aus Deutschland
26 aus anderen Ländern

andere Münzen:
730 aus Deutschland
123 aus anderen Ländern

Vierfeldertafeln mit absoluten Häufigkeiten

In einer Klasse betrachtet man die **Merkmale** „Wahlfach Latein" oder „anderes Wahlfach" und „Mädchen" oder „Junge". Es haben 6 Jungen Latein, 11 Jungen kein Latein, 5 Mädchen Latein, 7 Mädchen kein Latein. Diese Anzahlen stehen in der **Vierfeldertafel** in der Mitte. In der rechten Spalte und der unteren Zeile stehen jeweils die Summen.

Vierfeldertafel:

	Latein ja	Latein nein	gesamt
Jungen	6	11	17
Mädchen	5	7	12
gesamt	11	18	29

Anzahl Jungen
Anzahl Mädchen
Anzahl Latein — Anzahl kein Latein — Gesamtzahl Klasse

> **Wissen: Vierfeldertafel**
> Betrachtet man bei einer Datenerhebung **zwei Merkmale**, für die es jeweils **zwei Möglichkeiten** gibt, lassen sich die Häufigkeiten übersichtlich in einer **Vierfeldertafel** darstellen.

Beispiel 1: Zu einer Filmpremiere kommen 115 Frauen und 95 Männer. Am Ende der Premiere werden die Zuschauer gefragt, wie ihnen der Film gefallen hat. 150 finden den Film gut, davon sind 60 männlich.
a) Trage die Informationen in eine Vierfeldertafel ein.
b) Vervollständige die Vierfeldertafel.
c) Berechne, wie viel Prozent der Frauen (der Männer) den Film gut finden.

Lösung:

a) Trage rechts die Gesamtzahl der Frauen (115) und der Männer (95) ein. Trage unten die Anzahl aller Zuschauer ein, die den Film gut finden (150). Die Anzahl 60 betrifft beide Merkmale (Männer; „finden Film gut"). Trage sie in das entsprechende Feld in der Mitte ein.

	finden Film gut	finden Film nicht gut	gesamt
Frauen			115
Männer	60		95
gesamt	150		

b) Sind in einer Zeile oder Spalte zwei Werte vorhanden, kannst du durch Addition oder Subtraktion den dritten Wert bestimmen. Vervollständige so nach und nach die Vierfeldertafel.

150 − 60 = 90

	finden Film gut	finden Film nicht gut	gesamt
Frauen	90	25	115
Männer	60	35	95
gesamt	150	60	210

c) Aus der Vierfeldertafel kannst du ablesen: 90 von 115 Frauen und 60 von 95 Männern finden den Film gut. Berechne jeweils den prozentualen Anteil.

$\frac{90}{115} \approx 78{,}3\,\%$ der Frauen finden den Film gut.

$\frac{60}{95} \approx 63{,}2\,\%$ der Männer finden den Film gut.

1.1 Vierfeldertafeln

Basisaufgaben

1. Bei einer Umfrage gaben 426 Befragte mit Abitur und 619 Befragte ohne Abitur an, dass sie eine Tageszeitung abonniert haben. Unter denen ohne Abonnement waren 360 mit und 854 ohne Abitur. Trage die Daten in eine Vierfeldertafel ein und vervollständige sie.

2. Vervollständige die Vierfeldertafel im Heft.

   a)

	Vegetarier		gesamt
	ja	nein	
männlich	26		528
weiblich	46		
gesamt			841

   b)

	Linkshänder	Rechtshänder	gesamt
männlich		584	
weiblich	43		
gesamt	107	1022	

   Hinweis zu 2: Hier findest du die Einträge der Vierfeldertafeln.

3. Aus der Vierfeldertafel ist ersichtlich, wie viele Mädchen und Jungen aus einem Schuljahrgang einem Sportverein angehören bzw. keinem angehören.

	Sportverein		gesamt
	ja	nein	
Mädchen	24	31	
Jungen	38	20	
gesamt			

   a) Vervollständige die Vierfeldertafel.
   b) Berechne den Anteil
      ① der Jungen im ganzen Jahrgang,
      ② der Mädchen an denen, die einem Sportverein angehören,
      ③ der Mädchen, die im Sportverein sind, an allen Mädchen,
      ④ der Mädchen, die im Sportverein sind, am ganzen Jahrgang.

4. Von 650 Schülerinnen und Schülern eines Gymnasiums gaben 596 an, ein Smartphone zu besitzen. Von den 360 Mädchen hatten nur 20 kein Smartphone.
   a) Erstelle zu den Daten eine Vierfeldertafel und vervollständige sie.
   b) Bestimme für die Jungen und für die Mädchen dieses Gymnasiums den Prozentsatz der Smartphonebesitzer.

5. Betrachte die natürlichen Zahlen von 1 bis 50. Fertige eine Vierfeldertafel mit den Anzahlen der Zahlen an, unterteilt nach den Merkmalen
   a) „durch 6 teilbar" oder „nicht durch 6 teilbar" und „durch 8 teilbar" oder „nicht durch 8 teilbar",
   b) „Primzahl" oder „nicht Primzahl" und „Endziffer 7" oder „andere Endziffer".

6. Im Jahr 2014 verließen in Niedersachsen insgesamt 26 745 Schüler, darunter rund 55,1 % Mädchen, die Schule mit dem Abitur. Dies waren rund 32,0 % aller Schüler, die die Schule verließen. Unter allen Schülern war der Anteil der Jungen und Mädchen gleich.
   a) Erstelle eine Vierfeldertafel mit absoluten Häufigkeiten zu den Merkmalen Geschlecht und Abitur.
   b) Ermittle, welcher Anteil der die Schule verlassenden Jungen Abitur machte.

Vierfeldertafeln mit relativen Häufigkeiten

Beispiel 2: Die Vierfeldertafel zeigt die Anzahl der erwerbstätigen Frauen und Männer einer Stadt mit 5000 Einwohnern.

a) Erstelle eine Vierfeldertafel mit relativen Häufigkeiten.
b) Gib den Anteil der nicht erwerbstätigen Frauen an der Stadtbevölkerung an.
c) Berechne mit der Vierfeldertafel aus a) den Anteil der Männer unter allen Erwerbstätigen.

	erwerbstätig	nicht erwerbstätig	gesamt
Frauen	1410	1130	2540
Männer	1790	670	2460
gesamt	3200	1800	5000

Lösung:

a) Dividiere in jedem Feld die absolute Häufigkeit durch die Gesamtzahl 5000.

In der rechten Spalte und der unteren Zeile stehen Summen (wie bei der Vierfeldertafel mit absoluten Häufigkeiten).

	erwerbstätig	nicht erwerbstätig	gesamt
Frauen	28,2 %	22,6 %	50,8 %
Männer	35,8 %	13,4 %	49,2 %
gesamt	64 %	36 %	100 %

$\frac{3200}{5000} = 0,64 = 64\%$ $\frac{670}{5000} = 0,134 = 13,4\%$

b) Du kannst den Wert direkt aus einem inneren Feld der Vierfeldertafel ablesen. Der Anteil ist 22,6 %.

c) Gesucht ist der Anteil der (erwerbstätigen) Männer (35,8 % von allen) an den Erwerbstätigen (64 % von allen). Bilde den Quotienten wie bei den absoluten Häufigkeiten.

$\frac{35,8\%}{64\%} \approx 0,559 = 55,9\%$ der Erwerbstätigen sind männlich.

Zum Vergleich Rechnung mit absoluten Häufigkeiten: $\frac{1790}{3200} \approx 0,559 = 55,9\%$

Wissen: Vierfeldertafel mit relativen Häufigkeiten
Werden alle Werte einer Vierfeldertafel mit absoluten Häufigkeiten durch den Gesamtwert (rechts unten) dividiert, entsteht eine Vierfeldertafel mit relativen Häufigkeiten. Bei ihr steht rechts unten immer 1 oder 100 %.

Basisaufgaben

7. Eine Umfrage ergab: 62 Personen sprechen Englisch und Spanisch, 80 Personen nur Englisch, 13 Personen nur Spanisch und 45 Personen keine der beiden Sprachen. Erstelle eine Vierfeldertafel mit absoluten und daraus eine mit relativen Häufigkeiten.

8. Im Jahr 2014 waren in Niedersachsen 66 930 Lehrkräfte an Schulen beschäftigt, darunter 46 814 Lehrerinnen. Betrachtet man nur die Grundschulen, so waren dort 17 776 weibliche und 2279 männliche Lehrkräfte. Erstelle eine Vierfeldertafel mit relativen Häufigkeiten.

9. Vervollständige die Vierfeldertafel mit relativen Häufigkeiten im Heft.

a)

	treiben Sport		gesamt
	ja	nein	
Jugendl.		12,8 %	
Erwachs.	37,4 %		
gesamt	54,9 %		100 %

b)

	lesen Bücher		gesamt
	ja	nein	
Jugendl.	0,09		0,12
Erwachs.	0,64		
gesamt			

1.1 Vierfeldertafeln

10. Bei einer Reisegruppe erkranken 50 % der Teilnehmer an einer Grippe. 23 % der Teilnehmer sind nicht geimpft und bleiben trotzdem gesund. Der Anteil der geimpften Personen in der Reisegruppe liegt bei 30 %.
    a) Stelle eine Vierfeldertafel mit relativen Häufigkeiten auf.
    b) Berechne bei den geimpften (nicht geimpften) Personen den Anteil derer, die an der Grippe erkranken.

Weiterführende Aufgaben

11. Erstelle zum Artikel eine Vierfeldertafel mit absoluten und eine mit relativen Häufigkeiten. Was fällt dir auf? Diskutiere dein Ergebnis mit deinen Mitschülern.

> **Der Traum vom Eigenheim**
>
> Mehr als ein Viertel der deutschen Haushalte lebt den Traum vom Eigenheim: Nach einem Bericht des Statistische Bundesamtes wohnten Anfang 2013 28 % der rund 40 Millionen Haushalte in Deutschland in einem eigenen Einfamilienhaus.
>
>
>
> Dabei zeigte sich ein deutlicher Unterschied zwischen den alten und den neuen Bundesländern. Im früheren Bundesgebiet lebten 30 % in Einfamilienhäusern. Unter den rund 9 Millionen Haushalten in Berlin und den neuen Bundesländern lag der Anteil bei 23 %.

12. Unter den Männern, die 49,1 % der Bevölkerung bilden, leiden 9 % an einer Rot-Grün-Sehschwäche. Unter den Frauen sind es nur 0,8 %.
    a) Erstelle eine Vierfeldertafel mit relativen Häufigkeiten.
    b) Berechne, welcher Anteil unter den Personen mit Rot-Grün-Sehschwäche männlich ist.

Erinnere dich:
9 % von 49,1 %
= 0,09 · 0,491
= 4,419 %

13. **Stolperstelle:** Bei einer Untersuchung sind 50 % der Teilnehmer Raucher. Von den Rauchern leiden 40 % an chronischer Bronchitis, bei den Nichtrauchern sind es nur 6 %. Martha hat dazu die Vierfeldertafel rechts aufgestellt. Was hat sie falsch gemacht? Korrigiere.

	Raucher	Nichtraucher	gesamt
Bronchitis	40 %	6 %	46 %
keine Br.	10 %	44 %	54 %
gesamt	50 %	50 %	100 %

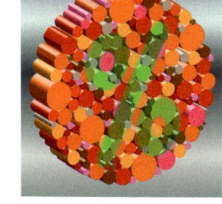

14. In der Wochenzeitschrift „Die Zeit" war die Grafik rechts abgebildet.
    a) Paula soll hieraus eine Vierfeldertafel entwickeln. Erkläre, warum dies so nicht möglich ist.
    b) In dem Artikel steht, dass in einer bestimmten Region der USA der Anteil der asiatischstämmigen Einwohner an der Gesamtbevölkerung 36 % beträgt. Erstelle mit dieser Zusatzinformation eine Vierfeldertafel.
    c) Formuliere eine Überschrift für einen Artikel zu dieser Grafik.

Bildung in den USA (Einwohner ab 25 Jahre)

mindestens einen Bachelor-Abschluss haben:

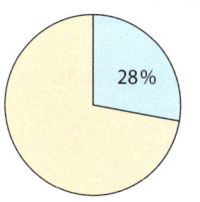
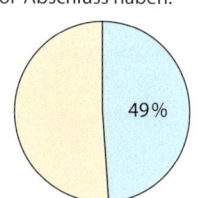

der Gesamtbevölkerung der Asiatischstämmigen

15. Immer mehr Beschäftigte in Deutschland arbeiten in Teilzeit.
    a) Erstelle mithilfe der Grafik eine Vierfeldertafel mit absoluten Häufigkeiten, die die Merkmale Geschlecht und Vollzeit/Teilzeit enthält. Als vollbeschäftigt gilt nur, wer 36 Stunden und mehr arbeitet.

Abhängig erwerbstätige Frauen und Männer mit normalerweise geleisteten Arbeitsstunden je Woche in Deutschland

    b) Formuliere mithilfe der Vierfeldertafel Aussagen, die für einen Zeitungsartikel genutzt werden können.

16. Für eine Studie wurden 200 Personen auf ihre Intelligenz untersucht und nach ihrem Musikgeschmack (Pop oder Klassik) befragt.
    113 Personen waren auffallend intelligent (d. h. sie überschritten einen bestimmten Intelligenzquotienten).
    159 Personen gaben an, dass sie Pop bevorzugen, von ihnen waren 86 auffallend intelligent.
    a) Stelle die Daten in einer Vierfeldertafel dar.
    b) Gibt es einen Zusammenhang zwischen der Intelligenz einer Person und ihrem Musikgeschmack? Wofür sprechen die Zahlen in der Vierfeldertafel?
    c) Recherchiert im Internet, ob es einen Zusammenhang gibt. Diskutiert über das Thema in der Klasse.

Hinweis zu 17: Russland, Türkei, Armenien, Aserbeidschan, Georgien und Zypern sind Mitglieder der Europäischen Olympischen Komitees. Sie werden hier zu Europa gerechnet.

17. **Sechsfeldertafel:** Bei den Olympischen Sommerspielen 2012 in London wurden 302 Gold-, 304 Silber- und 356 Bronzemedaillen vergeben.
    Davon gingen 467 Medaillen nach Europa, darunter 137 Gold- und 154 Silbermedaillen.
    a) Stelle den Sachverhalt in einer „Sechsfeldertafel" mit absoluten Häufigkeiten dar.
    b) Bestimme, bei welcher der drei Arten von Medaillen der größte Anteil nach Europa ging.
    c) Bestimme, wie viel Prozent der Medaillen, die nicht nach Europa gingen, Goldmedaillen waren.

18. Unter 100 000 E-Mails sind ca. 85 000 Spammails.
    Ein kostenloser Spamfilter sortiert 97 % der Spammails, aber auch 0,5 % aller anderen Mails in den Spamordner.
    a) Bestimme den Anteil der Mails, die im Spamordner landen.
    b) Bestimme den Anteil der aussortierten Mails, die kein Spam sind.
    c) Bestimme den Anteil der nicht aussortierten Mails, die Spam sind.

19. **Ausblick:** Eine Schule wird von 900 Schülern besucht, darunter sind 40 % Mädchen. Unter denen, die eine der zahlreichen angebotenen Musik-AGs besuchen, sind 60 % Mädchen. Unter den übrigen sind 30 % Mädchen.
    a) Setze die unbekannte Zahl aller Teilnehmer an Musik-AGs gleich x. Erstelle dann eine Vierfeldertafel mit absoluten Häufigkeiten, die Terme mit x enthält.
    b) Bestimme damit die Zahl der Teilnehmer und Nicht-Teilnehmer an Musik-AGs.

1.2 Vierfeldertafeln und Wahrscheinlichkeit

■ Bei einer klinischen Studie wurde ein zufällig ausgewählter Teil einer Gruppe Patienten, die an derselben Krankheit litten, mit einem neuen Medikament therapiert. Die anderen wurden konventionell behandelt. Welche Therapie hat vermutlich die größeren Heilungschancen? ■

	Therapie		gesamt
	neu	alt	
geheilt	31	74	
nicht geheilt	16	46	
gesamt			

Greift man aus einer Gesamtheit eine bestimmte Person oder einen bestimmten Gegenstand zufällig heraus, dann kann man von einem Laplace-Experiment ausgehen, denn jede Person bzw. jeder Gegenstand besitzt die gleiche Wahrscheinlichkeit ausgewählt zu werden. Daher kann man die Wahrscheinlichkeit, dass ein bestimmtes Merkmal auftritt, leicht mit einer Vierfeldertafel berechnen.

Beispiel 1: Die Vierfeldertafel zeigt, wie viele Jungen und Mädchen einer Klasse ein Instrument spielen. Ein Mitglied der Klasse wird zufällig ausgewählt.
Berechne die Wahrscheinlichkeit,
a) dass es sich um ein Mädchen handelt,
b) dass es sich um einen Jungen handelt, der ein Instrument spielt,
c) dass der Betreffende ein Instrument spielt, wenn man schon weiß, dass es ein Junge ist.

	Musikinstrument		gesamt
	ja	nein	
Jungen	4	9	13
Mädchen	8	7	15
gesamt	12	16	28

Lösung:
Bei der zufälligen Auswahl einer Person handelt es sich um ein Laplace-Experiment.

a) Teile die Anzahl der Mädchen (15) durch die Gesamtzahl der Personen (28).

E: Ein Mädchen wird ausgewählt.
$P(E) = \frac{15}{28} \approx 0{,}536 = 53{,}6\,\%$

b) Teile die Anzahl der Jungen, die ein Instrument spielen (4), durch die Gesamtzahl der Personen (28).

E: Ein Junge, der ein Instrument spielt, wird ausgewählt.
$P(E) = \frac{4}{28} = \frac{1}{7} \approx 14{,}3\,\%$

c) Hier beträgt die Gesamtzahl 13 statt 28, da nur noch die Jungen in Frage kommen. Von ihnen spielen 4 ein Instrument. Teile also 4 durch 13.

E: Von den Jungen wird einer ausgewählt, der ein Instrument spielt.
$P(E) = \frac{4}{13} \approx 30{,}8\,\%$

Erinnere dich:
Bei einem Laplace-Experiment erhält man die Wahrscheinlichkeit eines Ereignisses, indem man die Anzahl der Ergebnisse, die zu dem Ereignis gehören, durch die Anzahl aller möglichen Ergebnisse dividiert.

Basisaufgaben

1. In der Vierfeldertafel ist angegeben, wie viele Jungen und Mädchen in der Klasse 10c eine Brille tragen. Eine Person aus der Klasse wird zufällig ausgewählt. Berechne die Wahrscheinlichkeit,
   a) dass es ein Mädchen ist,
   b) dass es ein Junge ist, der ein Brille trägt,
   c) dass es ein Junge ist, wenn man schon erfahren hat, dass die Person eine Brille trägt,
   d) dass die Person eine Brille trägt, wenn man schon erfahren hat, dass es ein Mädchen ist.

	tragen eine Brille	tragen keine Brille	gesamt
Jungen	3	8	11
Mädchen	5	12	17
gesamt	8	20	28

1. Vierfeldertafeln

Hinweis zu 2:
Drei der Zahlen sind gerundete Wahrscheinlichkeiten.

2. In einem großen Korb liegen 37 grüne und 25 rote Äpfel, außerdem 42 grüne und neun rote Birnen. Weitere Früchte enthält er nicht. Mark greift zufällig eine Frucht heraus. Berechne mithilfe einer Vielfeldertafel die Wahrscheinlichkeit,
   a) dass Mark eine Birne nimmt,
   b) dass Mark einen grünen Apfel nimmt,
   c) dass Mark einen Apfel erhält, wenn er nach einer roten Frucht gegriffen hat.

3. **Wahrscheinlichkeit und Vierfeldertafel mit relativen Häufigkeiten:** Am Lessing-Gymnasium unterrichten 28 männliche und 34 weibliche Lehrkräfte. Von den Lehrerinnen unterrichten sechs Mathematik, bei den männlichen Lehrern sind es acht.
   a) Stelle eine Vierfeldertafel mit absoluten Häufigkeiten auf.
   b) Berechne die Wahrscheinlichkeit, dass eine zufällig ausgewählte Lehrkraft
      ① ein Mann ist,   ② keine Mathematik unterrichtet,   ③ eine Mathematiklehrerin ist.
   c) Stelle eine Vierfeldertafel mit relativen Häufigkeiten auf. Vergleiche mit den Werten aus b). Was fällt dir auf?

4. Bei einer Wahl liegt die Wahlbeteiligung bei 78,5 %. 11,3 % der Wahlberechtigten sind unter 25 Jahre alt. 70,7 % aller Wahlberechtigten sind mindestens 25 Jahre alt und nehmen an der Wahl teil.
   a) Stelle dazu eine Vierfeldertafel mit relativen Häufigkeiten auf.
   b) Ein Wahlberechtigter wird zufällig herausgegriffen. Bestimme die Wahrscheinlichkeit,
      ① dass dieser gewählt hat und unter 25 Jahre alt ist,
      ② dass dieser unter 25 Jahre alt ist, wenn man weiß, dass er gewählt hat.

Hinweis zu 4b ②:
Bestimme unter denen, die gewählt haben, den Anteil der unter 25-Jährigen.

Weiterführende Aufgaben

5. Bei zwei Umfragen wurde der Zusammenhang zwischen der allgemeinen Zufriedenheit von Personen und dem Besitz eines Haustiers untersucht. Berechne für jede der Umfragen die Wahrscheinlichkeit für das angegebene Ereignis.
   a) Eine zufällig ausgewählte Person ist zufrieden und hat ein Haustier.
   b) Eine zufällig ausgewählte zufriedene Person hat ein Haustier.
   c) Eine zufällig ausgewählte Person mit Haustier ist zufrieden.

Anzahlen der 1. Umfrage:

	zufrieden	unzufrieden
Haustier	99	21
kein Haustier	141	39

Prozentuale Anteile der 2. Umfrage:

	zufrieden	unzufrieden
Haustier	34 %	6 %
kein Haustier	46 %	14 %

6. Zwei 10. Klassen planen einen Ausflug. Alle Schüler wurden gefragt, ob sie lieber eine Wanderung oder einen Museumsbesuch machen möchten. Die Ergebnisse stehen in der Vierfeldertafel rechts. Dort kann man beispielsweise erkennen: Die Wahrscheinlichkeit, dass ein zufällig aus der 10a ausgewählter Schüler wandern möchte, beträgt $\frac{18}{29}$.
Notiere entsprechend ein Ereignis, das zur angegebenen Wahrscheinlichkeit gehört.
   a) $\frac{13}{27}$ b) $\frac{29}{56}$ c) $\frac{11}{56}$ d) $\frac{11}{24}$ e) $\frac{7}{16}$ f) $\frac{3}{7}$

	10a	10b	gesamt
Wandern	18	14	32
Museum	11	13	24
gesamt	29	27	56

1.2 Vierfeldertafeln und Wahrscheinlichkeit

7. **Stolperstelle:** Von den 66 Gästen einer Party sind 18 mit dem Bus gekommen. 32 Gäste sind männlich. 10 weibliche Gäste haben den Bus benutzt. Gesucht ist die Wahrscheinlichkeit, dass ein zufällig ausgewählter männlicher Gast mit dem Bus gekommen ist.
Carlo rechnet: „18 sind mit dem Bus gekommen, 32 sind männlich. Die Wahrscheinlichkeit ist also $\frac{18}{32} \approx 56\,\%$." Überprüfe die Aussage mit einer Vierfeldertafel.

8. Bei einer Studie mit 856 Testpersonen haben 281 Personen regelmäßig eine neue Mundspülung genommen. Von diesen sind 18 im vergangenen Jahr an Karies erkrankt. Bei den Personen, die die Mundspülung nicht verwendet haben, sind 46 erkrankt.
   a) Berechne mithilfe einer Vierfeldertafel bei der einen wie der anderen Testgruppe die Wahrscheinlichkeit, dass ein zufällig ausgewählter Teilnehmer an Karies erkrankt ist.
   b) Der Hersteller des Mundwassers behauptet: „Mit unserem Produkt senken Sie Ihr Kariesrisiko um 20 %." Untersuche, ob die Behauptung durch die Studie belegt wird. Wie mag dieses Ergebnis zustande gekommen sein?

9. Bei einer Volksbefragung wird über den Bau einer Straße abgestimmt. Vor einem der Wahllokale wird eine Stichprobe von 400 Personen nach ihrem Wahlverhalten gefragt. Von den 240 Autobesitzern stimmten 144 für Bau der Straße. Von den anderen Personen (ohne Auto) waren es 48.
   a) Berechne mithilfe einer Vierfeldertafel die Wahrscheinlichkeit, dass eine von den 400 Personen zufällig ausgewählte Person
      ① für den Bau der Straße gestimmt hat,
      ② für den Bau der Straße gestimmt hat, wenn die Person ein Auto besitzt,
      ③ für den Bau der Straße gestimmt hat, wenn die Person kein Auto besitzt.
   b) Das Abstimmungsergebnis in der ganzen Stadt war wie folgt: 53 % für und 47 % gegen den Bau der Straße. Nenne mögliche Gründe für die Abweichung vom Ergebnis der Stichprobe.

10. Ein Marktforschungsinstitut hat in Deutschland 500 Personen gefragt, ob sie täglich Nachrichten schauen. Die Vierfeldertafel zeigt das Ergebnis.
    a) Vervollständige die Vierfeldertafel.
    b) Prüfe, ob die folgenden Aussagen in Bezug auf die Befragten richtig sind.
       ① Es schauen gleich viele Männer und Frauen Nachrichten.
       ② Ein Mann schaut mit größerer Wahrscheinlichkeit Nachrichten als eine Frau.
       ③ Schaut jemand keine Nachrichten, ist es mit größerer Wahrscheinlichkeit ein Mann.
    c) Bei welchen der Aussagen in b) könnte sich die Beurteilung ändern, wenn sie sich auf alle Männer und Frauen in Deutschland beziehen? Was vermutest du? Begründe.

	schauen täglich Nachrichten		gesamt
	ja	nein	
Männer		100	230
Frauen		140	
gesamt			500

11. **Ausblick:** Ein demoskopisches Institut befragt eine Stichprobe der Bevölkerung nach der bevorzugten Partei (A oder B). Berechne anhand der Tabelle die Wahrscheinlichkeit, dass eine zufällig aus der Stichprobe ausgewählte Person
    a) ein Mann ist,
    b) eine Frau ist und Partei B bevorzugt,
    c) über 40 Jahre alt ist, wenn es ein Mann ist, der Partei A bevorzugt,
    d) ein Mann ist und Partei A bevorzugt, wenn die Person über 40 Jahre alt ist,
    e) Partei A bevorzugt, wenn die Person eine Frau ist.

	bis 40 Jahre		über 40 Jahre	
	Männer	Frauen	Männer	Frauen
Partei A	152	121	185	163
Partei B	127	147	131	156

1.3 Vierfeldertafeln und Baumdiagramme

■ Paul und Philipp sprechen über die letzten Spielergebnisse. „Zwei Drittel der Heimspiele haben wir gewonnen", sagt Paul. „Nein", entgegnet Philipp, „zwei Drittel der gewonnenen Spiele waren Heimspiele." Was stimmt? ■

Spielstatistik:

	gewonnen	verloren
Heimspiele	8	6
Auswärtsspiele	4	10

Baumdiagramm zur Vierfeldertafel aufstellen

Daten zu Objekten mit zwei Merkmalen lassen sich auch mit Baumdiagrammen übersichtlich darstellen. Im Unterschied zu Vierfeldertafeln legt man eine Rangordnung der Merkmale fest, da zunächst nach dem einen und dann nach dem anderen Merkmal verzweigt wird.

Beispiel 1: Ein Automobilhersteller bezieht die Scheinwerferlampen von zwei Zulieferfirmen. Zuweilen sind die Lampen defekt, wie aus der Vierfeldertafel hervorgeht. Eine Lampe wird zufällig ausgewählt.
a) Zeichne ein Baumdiagramm mit Wahrscheinlichkeiten, in dem zuerst nach der Firmenherkunft und dann nach dem Zustand der Lampe verzweigt wird.
b) Entscheide, bei welcher Firma die Gefahr größer ist, dass eine von ihr stammende Scheinwerferlampe defekt ist.

	defekt		gesamt
	ja	nein	
Firma A	0,7 %	39,3 %	40 %
Firma B	2,2 %	57,8 %	60 %
gesamt	2,9 %	97,1 %	100 %

Lösung:
Da es sich bei der zufälligen Auswahl der Lampe um ein Laplace-Experiment handelt, geben die relativen Häufigkeiten in der Vierfeldertafel gleichzeitig die entsprechenden Wahrscheinlichkeiten an.

a) Die Wahrscheinlichkeiten für die 1. Stufe des Baumdiagramms (40 % = 0,4 und 60 % = 0,6) erhältst du aus den äußeren Feldern der Vierfeldertafel.
Für die Wahrscheinlichkeiten der 2. Stufe kannst du für jede Firma den Anteil der defekten (nicht defekten) Lampen mit einer Division berechnen.

b) Du kannst die Wahrscheinlichkeiten aus der 2. Stufe des Baumdiagramms ablesen.

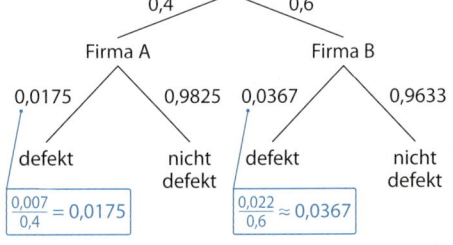

Die Wahrscheinlichkeit für eine defekte Lampe ist bei Firma B (3,67 %) größer als bei Firma A (1,75 %).

Wissen: Baumdiagramm zur Vierfeldertafel aufstellen
Ist eine Vierfeldertafel mit relativen Häufigkeiten gegeben, so lässt sich daraus wie folgt ein Baumdiagramm aufstellen.

	Möglichkeit 1	Möglichkeit 2	gesamt
Möglichkeit A	a_1	a_2	a
Möglichkeit B	b_1	b_2	b
gesamt	c_1	c_2	1

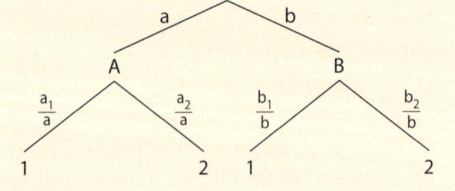

1.3 Vierfeldertafeln und Baumdiagramme

Basisaufgaben

1. Ein Hersteller von Obstkonserven bezieht seine Birnen von zwei Plantagen. Wie aus der Vierfeldertafel hervorgeht, müssen einige der Birnen wegen Qualitätsmängeln aussortiert werden.

	mit Mängeln	ohne Mängel
Plantage A	8,3 %	46,7 %
Plantage B	5,1 %	39,9 %

   a) Vervollständige die Vierfeldertafel im Heft, indem du die Summen ergänzt.
   b) Eine Birne wird zufällig ausgewählt. Zeichne ein Baumdiagramm mit Wahrscheinlichkeiten, das zunächst nach Herkunft der Birne und dann nach Qualität verzweigt.
   c) Zeichne ein Baumdiagramm mit Wahrscheinlichkeiten, das zunächst nach Qualität und dann nach Herkunft der Birne verzweigt.
   d) Stelle fest, bei welcher Plantage die Mängel häufiger vorkommen.

2. Bei einem Experiment wurden 2000 Eier gekocht. Von ihnen wurden 800 vorher angestochen. Bei den angestochenen Eiern sind 88 dennoch geplatzt, bei den übrigen sind es 132.
   a) Erstelle eine Vierfeldertafel mit relativen Häufigkeiten.
   b) Zeichne ein Baumdiagramm, in dem zunächst nach „angestochen" oder „nicht angestochen" verzweigt wird.
   c) Entscheide, ob sich das Anstechen von Eiern vor dem Kochen lohnt.

Vierfeldertafel zum Baumdiagramm aufstellen

Beispiel 2: In einer 10. Klasse sind 60 % der Schüler Mädchen. 60 % der Mädchen und 30 % der Jungen haben mindestens ein Haustier.
a) Eine Person wird zufällig ausgewählt. Erstelle ein Baumdiagramm.
b) Erstelle zu dem Baumdiagramm eine Vierfeldertafel mit relativen Häufigkeiten.
c) Bestimme die Wahrscheinlichkeit, dass eine zufällig ausgewählte Person ein Haustier hat.

Lösung:

a) Unterscheide in der 1. Stufe nach „Junge" oder „Mädchen" und in der 2. Stufe nach „Haustier" oder „kein Haustier". Nur diese Reihenfolge passt zu den gegebenen Anteilen.
Trage die Anteile als Wahrscheinlichkeiten im Baumdiagramm ein und vervollständige es.

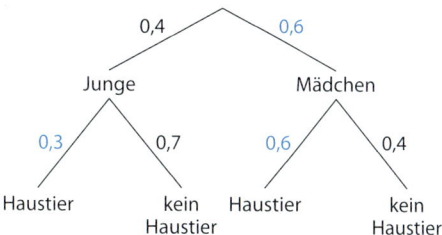

b) Berechne die Wahrscheinlichkeiten für die zusammengesetzten Ergebnisse mit der Pfadmultiplikationsregel.
Da eine Person zufällig ausgewählt wird, entsprechen die Wahrscheinlichkeiten den relativen Häufigkeiten.
Trage die vier berechneten Werte in die inneren Felder der Vierfeldertafel ein. Vervollständige dann die Vierfeldertafel.

P(Junge; Haustier) = 0,4 · 0,3 = 0,12
P(Junge; kein Haustier) = 0,4 · 0,7 = 0,28
P(Mädchen; Haustier) = 0,6 · 0,6 = 0,36
P(Mädchen; kein Haustier) = 0,6 · 0,4 = 0,24

	Haustier		gesamt
	ja	nein	
Junge	0,12	0,28	0,4
Mädchen	0,36	0,24	0,6
gesamt	0,48	0,52	1

c) Lies den gesuchten Wert in der unteren Zeile der Vierfeldertafel ab.

Wahrscheinlichkeit, dass eine zufällig ausgewählte Person ein Haustier hat: 48 %

Hinweis zu c):
Die Wahrscheinlichkeit kann man auch aus dem Baumdiagramm mit den Pfadregeln berechnen:
P(Haustier) = 0,4 · 0,3 + 0,6 · 0,6 = 0,48

> **Wissen: Vierfeldertafel zum Baumdiagramm aufstellen**
> Ist ein Baumdiagramm gegeben, so lässt sich daraus wie folgt eine Vierfeldertafel mit relativen Häufigkeiten aufstellen.
>
> | | Möglichkeit 1 | Möglichkeit 2 | gesamt |
> |---|---|---|---|
> | Möglichkeit A | $a \cdot a_1$ | $a \cdot a_2$ | a |
> | Möglichkeit B | $b \cdot b_1$ | $b \cdot b_2$ | b |
> | gesamt | $a \cdot a_1 + b \cdot b_1$ | $a \cdot a_2 + b \cdot b_2$ | 1 |

Basisaufgaben

3. Die Teilnehmer an einer theoretischen Führerscheinprüfung stammen alle von einer der Fahrschulen A und B. Die Fahrschulen bereiten die Kandidaten offenbar unterschiedlich gut vor, denn die Durchfallquoten sind verschieden. Die Wahrscheinlichkeiten im Baumdiagramm gelten für einen zufällig ausgewählten Prüfling.

   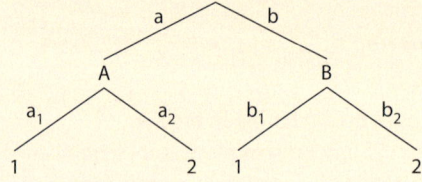

   a) Ergänze im Heft die fehlenden Wahrscheinlichkeiten des Baumdiagramms.
   b) Erstelle eine Vierfeldertafel mit relativen Häufigkeiten.
   c) Gib die Wahrscheinlichkeit an, dass ein zufällig ausgewählter Kandidat die Prüfung nicht bestanden hat.

4. Eine Autovermietung bezieht 70 % ihrer Neufahrzeuge von der Firma ELP und 30 % von der Firma Sino. Insgesamt sind es 200 Neuwagen. Bei Autos der Firma ELP gibt es während der Garantiezeit nur zu 10 % Beanstandungen, bei Autos der Firma Sino zu 15 %.

   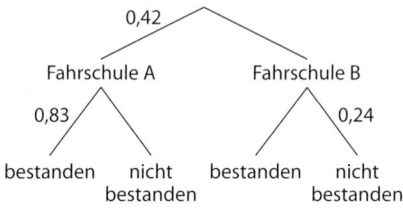

   a) Ein Neuwagen wird zufällig ausgewählt. Erstelle ein Baumdiagramm mit Wahrscheinlichkeiten.
   b) Erstelle eine Vierfeldertafel mit relativen und eine mit absoluten Häufigkeiten.
   c) Bestimme die Wahrscheinlichkeit, dass es bei einem zufällig ausgewählten Neuwagen in der Garantiezeit Beanstandungen gibt.

Baumdiagramme umkehren

Ist ein Baumdiagramm gegeben, so lässt sich daraus ein **umgekehrtes Baumdiagramm** mit umgekehrter Verzweigung aufstellen. Dies ist für bestimmte Fragestellungen hilfreich und liefert manchmal überraschende Ergebnisse.

> **Beispiel 3:** 0,1 % der Bevölkerung sind HIV-infiziert. Mit einem HIV-Test kann man feststellen, ob eine Person betroffen ist. Allerdings unterlaufen dem Test zuweilen Fehler: Bei Infizierten zeigt er mit der Wahrscheinlichkeit von 0,1 % ein „negatives" Ergebnis an (d. h. nicht infiziert), mit derselben Wahrscheinlichkeit zeigt er bei Nicht-Infizierten an, dass sie infiziert seien („positives" Ergebnis). Bei einem Getesteten lautet das Ergebnis „positiv".
> a) Stelle die angegebenen Werte in einem Baumdiagramm und in einer Vierfeldertafel dar.
> b) Erstelle ein umgekehrtes Baumdiagramm, das zuerst nach dem Testergebnis verzweigt.
> c) Lies aus dem umgekehrten Baumdiagramm die Wahrscheinlichkeit ab, dass eine Person mit positivem Testegebnis tatsächlich HIV-infiziert ist. Beurteile das Ergebnis.

1.3 Vierfeldertafeln und Baumdiagramme

Lösung:

a) Verzweige das Baumdiagramm zuerst nach „infiziert" oder „nicht infiziert" und dann nach „Test positiv" oder „Test negativ". Trage die gegebenen Werte ein und vervollständige das Baumdiagramm.

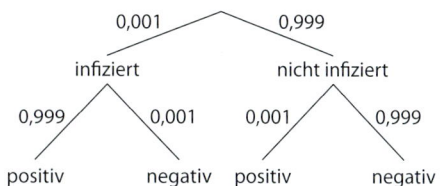

Berechne die Werte in den inneren Feldern der Vierfeldertafel mit der Pfadmultiplikationsregel.
Beispiel für „infiziert" und „Test positiv":
$0{,}001 \cdot 0{,}999 = 0{,}000\,999$

	HIV-infiziert ja	HIV-infiziert nein	gesamt
Test positiv	0,000 999	0,000 999	0,001 998
Test negativ	0,000 001	0,998 001	0,998 002
gesamt	0,001	0,999	1

b) Die Wahrscheinlichkeiten für „Test positiv" ($\approx 0{,}002$) und „Test negativ" ($\approx 0{,}998$) liest du in der Vierfeldertafel rechts ab.
Für die Wahrscheinlichkeiten der 2. Stufe teilst du jeweils den Wert des inneren Feldes durch den Wert des Feldes rechts.

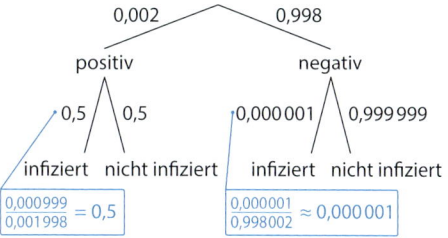

$\frac{0{,}000\,999}{0{,}001\,998} = 0{,}5$ $\frac{0{,}000\,001}{0{,}998\,002} \approx 0{,}000\,001$

c) Lies die Wahrscheinlichkeit am Zweig ab, der von „positiv" zu „infiziert" führt. Das Ergebnis überrascht, da der Test sehr selten das falsche Ergebnis zeigt.

Die Wahrscheinlichkeit, dass eine Person mit positivem Testergebnis HIV-infiziert ist, ist $0{,}5 = 50\,\%$.

Hinweis zu c):
In Aufgabe 5 wird das überraschende Ergebnis veranschaulicht.

Basisaufgaben

5. Gehe in Beispiel 3 davon aus, dass 1 000 000 Personen den HIV-Test durchführen.
   a) Berechne die Anzahl der infizierten und nicht-infizierten Personen und die Zahl derer von den jeweiligen Gruppen, deren Testergebnis positiv ist.
   b) Erkläre, warum genauso viele Infizierte wie Nicht-Infizierte ein positives Testergebnis haben, obwohl der Test bei beiden Gruppen fast immer das richtige Ergebnis zeigt.
   c) Führe die Berechnung von a) unter der Voraussetzung durch, dass 1 % der Bevölkerung infiziert ist. Bestimme hierfür die Wahrscheinlichkeit, dass ein positiv Getesteter tatsächlich infiziert ist. Vergleiche.

6. Mia befürchtet, dass sie sich in Afrika mit einer tropischen Krankheit angesteckt hat, und macht einen Test. Dieser zeigt beim Vorliegen der Krankheit in 98 % der Fälle die Krankheit an, er ist aber auch zu 4 % positiv, wenn die Person nicht erkrankt ist. Aus Erfahrung weiß man, dass 0,1 % der Getesteten die Krankheit haben. Mia erhält ein positives Testergebnis.
   a) Schätze die Wahrscheinlichkeit, dass Mia tatsächlich krank ist.
   b) Erstelle ein Baumdiagramm, das zuerst nach „krank" oder „nicht krank" verzweigt.
   c) Erstelle zu dem Baumdiagramm eine Vierfeldertafel und das umgekehrte Baumdiagramm.
   d) Bestimme die Wahrscheinlichkeit, dass Mia die Krankheit tatsächlich hat. Vergleiche mit deiner Schätzung.
   e) Gehe davon aus, dass 100 000 Personen den Test machen. Erstelle eine Vierfeldertafel mit absoluten Häufigkeiten. Erläutere anhand der absoluten Werte das Ergebnis von d).

7. Um interne Diebstähle zu verhindern, überlegt eine Supermarktkette, alle Mitarbeiter mit einem Lügendetektor zu befragen. Der Lügendedektor erkennt 90 % der Diebe und auch 90 % der ehrlichen Mitarbeiter richtig, jeweils zu 10 % zeigt er ein falsches Ergebnis an. Alle, die der Detektor als Dieb einordnet, sollen entlassen werden. Der Anteil der Diebe liegt erfahrungsgemäß bei 3 %.
   a) Erstelle ein Baumdiagramm und dazu das umgekehrte Baumdigramm.
   b) Bestimme, wie viel Prozent der Belegschaft entlassen werden.
   c) Gib die Wahrscheinlichkeit an, entlassen zu werden, obwohl man ehrlich ist.
   d) Bestimme, welcher Anteil der Entlassenen tatsächlich Diebe sind.

Weiterführende Aufgaben

8. Eine Umfrage in der Klasse 10 c ergab, dass 8 von 13 Jungen und 7 von 16 Mädchen mehrmals pro Woche Fastfood essen.
   a) Stelle den Sachverhalt in einem Baumdiagramm dar.
   b) Erstelle eine Vierfeldertafel mit absoluten und relativen Häufigkeiten.
   c) Formuliere zu diesem Umfrageergebnis eine passende Schlagzeile.

9. 2000 Teilnehmer eines Festivals mussten sich einem Drogentest unterziehen. Das Ergebnis siehst du in der Vierfeldertafel. Ein Teilnehmer wird zufällig ausgewählt.

	Drogen genommen	
	ja	nein
Test positiv	57	39
Test negativ	3	1901

   a) Erstelle ein Baumdiagramm, das zunächst nach „Drogen" oder „keine Drogen" verzweigt, sowie eins, das zunächst nach „Test positiv" oder „Test negativ" verzweigt.
   b) Bestimme die Wahrscheinlichkeit, dass ein Festivalteilnehmer, der keine Drogen genommen hat, ein positives Testergebnis erhält.
   c) Bestimme die Wahrscheinlichkeit, dass ein Festivalteilnehmer, dessen Test positiv ausgefallen ist, in Wirklichkeit keine Drogen genommen hat.

10. DNA-Tests zur Überführung von Tätern gelten als sehr sicher. Zu Fehlern kann es bei der Entnahme der Proben und bei der anschließenden Testanalyse kommen. Im Diagramm ist ein mögliches Ergebnis dargestellt. „Test positiv" bedeutet dabei, dass eine Übereinstimmung der DNA der getesteten Person mit der am Tatort gefundenen DNA erkannt wurde.

    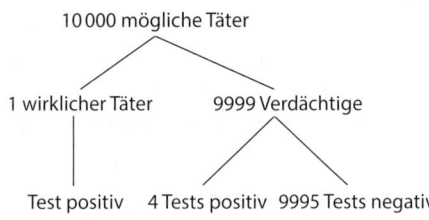

    a) Berechne bei den zu Unrecht Verdächtigten den Anteil derer mit positivem Testergebnis.
    b) Erläutere, warum das Diagramm den Fall nicht enthält, dass der wirkliche Täter negativ getestet wird.
    c) Erstelle eine Vierfeldertafel mit relativen Häufigkeiten.
    d) Jemand aus dem Kreis der möglichen Täter wird positiv getestet. Bestimme die Wahrscheinlichkeit, dass er tatsächlich der Täter ist.

1.3 Vierfeldertafeln und Baumdiagramme

11. Stolperstelle:
a) 2014 sind in Deutschland 30 500 Motorradfahrer und 78 300 Fahrradfahrer verunglückt. „Fahrradfahren ist mehr als doppelt so gefährlich wie Motorradfahren!" steht als Schlagzeile in der Zeitung. Was sagst du dazu?
b) In einem Polizeibericht über Diebstähle durch Jugendliche steht, dass jeder dritte Diebstahl von einem Mädchen begangen wird. Larissa sagt erstaunt: Das bedeutet ja, dass ein Drittel der Mädchen klaut." Hat Larissa recht? Begründe.

12. Bei Gepäckkontrollen werden gezielt Koffer geöffnet. Dadurch wird transportierte Schmuggelware zu 80% Sicherheit entdeckt. Einer von 250 Koffern enthält Schmuggelware. Ein Koffer wird zu 16,9% fälschlicherweise geöffnet.
a) Mit welcher Wahrscheinlichkeit enthält ein geöffneter Koffer Schmuggelware?
b) Wie viele von 1 000 000 Koffern werden fälschlicherweise geöffnet?

13. Max Meyer hat einen neuen Falschgeldscanner entwickelt. Die bisherigen Modelle erkennen gefälschte Scheine mit einer Sicherheit von 98%. Andererseits werden aber auch 10% der echten Scheine als gefälscht eingestuft. Der neue Scanner erkennt zwar nur mit einer Sicherheit von 96% die wirklich gefälschten Scheine, dafür werden

aber auch nur 4% der echten Scheine als gefälscht eingestuft. Aus Erfahrung weiß man, dass sich unter 1000 Geldscheinen im Mittel drei gefälschte befinden.
a) Erstelle für die alten Scanner ein Baumdiagramm.
b) Vervollständige die Vierfeldertafel für die alten Scanner im Heft.

	Fälschung angezeigt	Fälschung nicht angezeigt	gesamt
Schein gefälscht			
Schein echt			
gesamt			100 000

c) Berechne die Wahrscheinlichkeit für den alten Scanner, dass ein Schein wirklich gefälscht ist, wenn der Scanner dies anzeigt.
d) Erstelle die Vierfeldertafel für den neuen Scanner und ermittle, wie viel Prozent der Scheine als fehlerhaft eingestuft werden.
e) Mit welchem Werbeslogan könnte Max Meyer für den neuen Scanner werben? Erläutere deine Überlegungen hierzu.

14. Ausblick: Das Baumdiagramm ① soll umgekehrt werden. Bestimme Terme für die Zweigwahrscheinlichkeiten c, d, c_A, c_B, d_A, d_B des umgekehrten Baumdiagramms ②.

Hinweis zu 14: Verwende die Vierfeldertafel aus dem Wissenskasten „Vierfeldertafel zum Baumdiagramm aufstellen".

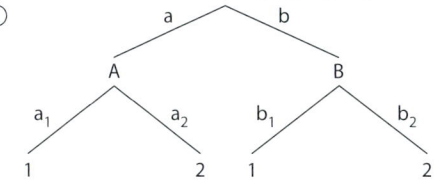
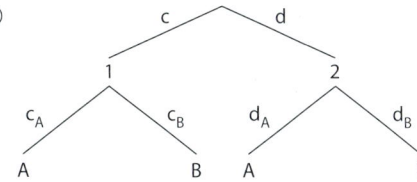

1.4 Vermischte Aufgaben

1. Das Statistische Bundesamt hat die in Deutschland lebende Bevölkerung nach ihrem Schulabschluss befragt. Von den Befragten hatten 19,5 % einen Migrationshintergrund. 14,1 % der Personen mit Migrationshintergrund gaben an, keinen Schulabschluss zu besitzen. Bei den Deutschen ohne Migrationshintergrund waren dies nur 1,8 %.
   a) Erstelle anhand der angegebenen Daten eine Vierfeldertafel mit relativen Häufigkeiten.
   b) Bestimme die Wahrscheinlichkeit, dass eine zufällig ausgewählte Person
      ① keinen Schulabschluss hat,
      ② einen Schulabschluss hat, wenn bekannt ist, dass sie einen Migrationshintergrund hat,
      ③ keinen Migrationshintergrund hat, wenn bekannt ist, dass sie einen Schulabschluss hat.
   c) Erstelle eine Grafik, anhand derer der Anteil der Personen ohne Schulabschluss an der Gesamtheit der beiden Bevölkerungsgruppen (Personen ohne Migrationshintergrund, Personen mit Migrationshintergrund) verglichen werden kann.

2. Herr Paul fährt in 70 % der Fälle mit dem Auto zur Arbeit, in 30 % der Fälle mit öffentlichen Verkehrsmitteln. Wenn er Auto fährt, kommt er mit 95 %iger Wahrscheinlichkeit pünktlich. Nutzt er die öffentlichen Verkehrsmittel, ist er nur in 85 % der Fälle pünktlich.

   🟡 Erstelle aufgrund der Daten ein Baumdiagramm und eine Vierfeldertafel.

   🟢 Berechne die Wahrscheinlichkeit, dass Herr Paul pünktlich zur Arbeit kommt.

   🟠 Aufgrund einer Sanierung des Hauptbahnhofes muss mit einer größeren Zeitverzögerung gerechnet werden. Bestimme die Wahrscheinlichkeit, bei der Nutzung öffentlicher Verkehrsmittel unpünktlich zu sein, wenn bekannt ist, dass Herr Paul es insgesamt immerhin noch in 86 % aller Fälle rechtzeitig zur Arbeit schafft.

   🔵 Da Herr Paul sehr umweltbewusst ist, möchte er in Zukunft häufiger auf öffentliche Verkehrsmittel umsteigen. Gleichzeitig möchte er jedoch nicht häufiger als in 10 % der Fälle zu spät zur Arbeit kommen. Wie häufig dürfte Herr Paul noch mit dem Auto fahren?

   🔴 Heute ist Herr Paul zu spät zur Arbeit gekommen. Bestimme die Wahrscheinlichkeit, dass Herr Paul Auto gefahren ist.

3. Schwangerschaftstests sind nicht zu 100 % sicher. Anhand verschiedener Testreihen konnte für einen Test festgestellt werden, dass er zu 95 % ein positives Ergebnis zeigt, wenn eine Frau tatsächlich schwanger ist. Liegt keine Schwangerschaft vor, zeigt er zu 98 % ein negatives Ergebnis an. Erfahrungsgemäß sind etwa 30 % aller Frauen, die einen Test machen, tatsächlich schwanger.
   a) Mit welcher Wahrscheinlichkeit ist eine Frau tatsächlich schwanger, wenn das Testergebnis positiv ist?
   b) Mit welcher Wahrscheinlichkeit ist eine Frau schwanger, wenn das Testergebnis negativ ist?
   c) Erläutere die Bedeutung der verschiedenen Wahrscheinlichkeiten. Betrachte Frauen in unterschiedlichen Situationen.

1.4 Vermischte Aufgaben

4. Das Endergebnis der Bundestagwahl 2013 war ein Triumph für Bundeskanzlerin Angela Merkel: 41,5 Prozent der Deutschen wählten CDU und CSU. 25,7 Prozent stimmten für die SPD ab. Von den Frauen stimmten 44 Prozent für CDU und CSU. Ähnlich sah es bei den Männern aus, 39 Prozent stimmten für die CDU und 26 Prozent für die SPD.
   Beurteile anhand dieser Informationen die folgenden Aussagen.
   A: Die meisten Frauen sind Fans von Angela Merkels Union.
   B: Die Frauen haben den Sieg von Angela Merkels Union bewirkt.
   C: Ausgehend von einem Frauenanteil von 50 % bei den Wählern kann man behaupten, dass mehr Frauen als Männer Frau Merkels Union gewählt haben.
   D: Unter den Frauen ist die Begeisterung für die SPD deutlich größer als bei den Männern.

5. Die Alarmanlage eines Autos gibt bei einem Einbruch mit einer Wahrscheinlichkeit von 99 % Alarm. Allerdings kann es in einer Nacht auch mit einer Wahrscheinlichkeit von 0,2 % zu Fehlalarm kommen. Von 10 000 abgestellten Autos wird im Mittel pro Nacht eines aufgebrochen.
   a) Erstelle für eine Zahl von 1 000 000 Autos eine Vierfeldertafel.
   b) Berechne die Wahrscheinlichkeit, dass bei einem bestimmten Auto ein Alarm ertönt.
   c) Berechne die Wahrscheinlichkeit, dass wirklich eingebrochen wurde, wenn der Alarm ertönt.

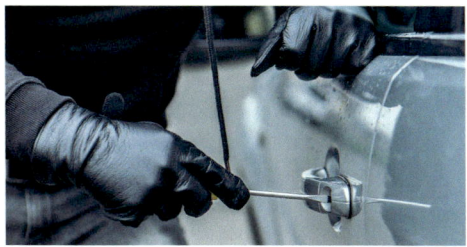

6. Alkoholeinfluss war 2011 bei ca. 5 % der Unfälle mit Personenschaden eine der Ursachen. Man schätzt, dass etwa 1 % aller Fahrten unter erhöhtem Alkoholpegel stattfinden. Außerdem kann man davon ausgehen, dass bei ca. 0,001 % aller Fahrten ein Unfall passiert.
   a) Untersuche, in welchem Verhältnis die Wahrscheinlichkeiten stehen, mit bzw. ohne Alkohol in einen Unfall verwickelt zu sein. Betrachte 20 000 000 Fahrten und erstelle die zugehörige Vierfeldertafel.
   b) Untersuche, in welchem Verhältnis die Wahrscheinlichkeiten stehen, mit bzw. ohne Alkohol keinen Unfall zu haben. Vergleiche das Ergebnis mit demjenigen aus Aufgabenteil a).

7. Bei der digitalen Datenübertragung können Fehler auftreten. Eine im Binärcode gesendete 0 kann zur 1 werden und umgekehrt. Nehmen wir an, dass gleich viele Nullen und Einsen gesendet werden und dass eine 0 mit einer Wahrscheinlichkeit von 2 % zu einer 1 und eine 1 mit einer Wahrscheinlichkeit von 3 % zu einer 0 wird.
   a) Zeichne das zugehörige Baumdiagramm.
   b) Bestimme die Wahrscheinlichkeit, eine 0 zu empfangen.
   c) Wenn eine 1 empfangen wird, wie groß ist dann die Wahrscheinlichkeit, dass eine 1 gesendet wurde?
   d) Wenn eine 0 gesendet wird, wie groß ist dann die Wahrscheinlichkeit, dass eine 0 empfangen wird?

8. Nenne Vor- und Nachteile der Darstellung von Daten in Vierfeldertafeln oder Baumdiagrammen. Welche Darstellung gefällt dir besser? Begründe deine Meinung.

Prüfe dein neues Fundament

1. Vierfeldertafeln

Lösungen ↗ S. 232

1. Vervollständige die Vierfeldertafeln im Heft.

a)

	mit Bus zur Schule		gesamt
	ja	nein	
Mädchen	6		14
Jungen		9	
gesamt			27

b)

	für neues Gesetz		gesamt
	ja	nein	
Partei A		20,8 %	
Partei B	9,7 %		
gesamt		84,0 %	100 %

2. Zu einer Fernsehserie wurden 123 unter 30-jährige und 177 über 30-jährige Zuschauer befragt. 216 von ihnen gefiel die Serie, darunter waren 85 der unter 30-Jährigen.
   a) Erstelle eine Vierfeldertafel mit absoluten und eine mit relativen Häufigkeiten.
   b) Berechne, welcher Anteil der unter 30-Jährigen (der über 30-Jährigen) die Serie gut fand.

3. Eine Schülerzeitung hat 74 Schülerinnen und 58 Schüler gefragt, ob sie ein Handy in die Schule mitnehmen. 65 Schülerinnen und 50 Schüler bejahten dies. Daraufhin titelte die Zeitung „Mädchen nehmen öfter ein Handy mit in die Schule als Jungen".
   a) Erstelle aus den Daten eine Vierfeldertafel und vervollständige sie.
   b) Beurteile die Überschrift des Artikels. Gib selbst eine angemessene Überschrift an.

4. Im Jahr 2013 wurden in Deutschland 291 050 Verkehrsunfälle mit einem Personenschaden registriert, 12 % davon unter Alkoholeinfluss. 76 % der Unfälle ohne Alkoholeinfluss ereigneten sich tagsüber, 72 % der Unfälle unter Alkoholeinfluss nachts.
   a) Erstelle hierzu eine Vierfeldertafel mit relativen Häufigkeiten.
   b) Ermittle den prozentualen Anteil der Unfälle, die sich nachts unter Alkoholeinfluss ereigneten, an der Gesamtzahl der Verkehrsunfälle mit Personenschaden.
   c) Berechne, wie viele der Verkehrsunfälle sich nachts ereigneten.

5. Eine Urne enthält 100 Kugeln. 70 dieser Kugeln bestehen aus Plastik und 30 aus Holz. Von den Plastikkugeln sind 25 rot und 45 grün. Von den Holzkugeln sind 10 rot und 20 grün. Aus der Urne wird zufällig eine Kugel gezogen.
   Berechne mithilfe einer Vierfeldertafel die Wahrscheinlichkeit,
   a) dass es eine grüne Plastikkugel ist,
   b) dass es eine rote Kugel ist,
   c) dass es eine Holzkugel ist, wenn man schon weiß, dass sie rot ist.

6. Die Tabelle gibt an, wie viele Jungen und Mädchen einer Schulklasse Karten spielen bzw. nicht Karten spielen.
   a) Ergänze im Heft die Vierfeldertafel um die Summen.
   b) Berechne jeweils die Wahrscheinlichkeit für das Ereignis.
      ① Ein zufällig ausgewähltes Mitglied der Klasse ist ein Mädchen.
      ② Ein zufällig ausgewähltes Mitglied der Klasse ist ein Junge und spielt Karten.
      ③ Ein zufällig ausgewählter Junge aus der Klasse spielt Karten.
      ④ Ein zufällig ausgewähltes Karten spielendes Mitglied der Klasse ist ein Junge.

	spielt Karten	
	ja	nein
Jungen	8	7
Mädchen	4	9

Prüfe dein neues Fundament

7. Ein Gymnasium hat 800 Schülerinnen und Schüler. 40 % sind Jungen. 70 % der Mädchen und 80 % der Jungen essen im Durchschnitt jeden Tag in der Schulmensa. Eine Person der Schülerschaft wird zufällig ausgewählt.
   a) Erstelle ein Baumdiagramm mit Wahrscheinlichkeiten.
   b) Erstelle zu dem Baumdiagramm eine Vierfeldertafel mit relativen Häufigkeiten.
   c) Bestimme die Wahrscheinlichkeit, dass die ausgewählte Person ein Mädchen ist, welches nicht täglich in der Mensa isst.
   d) Berechne, wie viele Schülerinnen und Schüler täglich in der Mensa essen.

Lösungen ↗ S. 233

8. Die Firma „Elolux" stellt Energiesparlampen her. In der Endkontrolle werden 5 von 100 Lampen aussortiert, obwohl sie eigentlich funktionieren. Hingegen werden 2 von 100 Lampen nicht aussortiert, obwohl sie fehlerhaft sind. 97 % der hergestellten Lampen sind fehlerfrei.
   a) Erstelle hierzu ein Baumdiagramm und das umgekehrte Baumdiagramm mit Wahrscheinlichkeiten.
   b) Gib die Wahrscheinlichkeit an, dass eine nicht aussortierte Lampe einwandfrei ist.
   c) Gib die Wahrscheinlichkeit an, dass eine aussortierte Lampe fehlerhaft ist.

9. Ein Arzt setzt zur Diagnose einer bestimmten Krankheit einen Test ein, der in 94 % der Fälle negativ ausfällt, wenn ein Patient gesund ist. Falls ein Patient tatsächlich erkrankt ist, fällt das Verfahren in 96 % aller Fälle positiv aus. Aus statistischen Erhebungen ist bekannt, dass im Durchschnitt von 145 Patienten einer unter der Krankheit leidet.
   a) Berechne die Wahrscheinlichkeit, dass ein Patient tatsächlich erkrankt ist, wenn das Diagnoseverfahren zu einem positiven Befund geführt hat.
   b) Berechne die Wahrscheinlichkeit, dass ein Patient erkrankt ist, obwohl das Diagnoseverfahren zu einem negativen Befund geführt hat.

Wiederholungsaufgaben

1. Berechne.
   a) 14 % von 200 €
   b) 150 % von 30 kg
   c) 40 % von 2 h

2. Berechne ohne Taschenrechner.
   a) $-25 \cdot (-38 - 2)$
   b) $-25 - (-38 - 2)$
   c) $(-25 - 38) \cdot (-2)$

3. Berechne für ein Dreieck ABC mit γ = 90° jeweils die nicht angegebene Größe. Runde auf Zehntel.

	a	b	c
a)	4 cm	7 cm	
b)		10 cm	12 cm
c)	3 m		9 m

4. a) Multipliziere $3a^2b \cdot (4ab - 2ab^2)$ aus.
   b) Klammere den Faktor x^2 bei $12x^2 - 5x^3$ aus.

5. Johannes hat ein Modellauto im Maßstab 1 : 25. Er misst, dass es 13,6 cm lang ist. Bestimme die Länge des Originals.

Zusammenfassung

1. Vierfeldertafeln

Vierfeldertafeln mit absoluten Häufigkeiten

Betrachtet man bei einer Datenerhebung **zwei Merkmale M_1 und M_2**, für die es jeweils zwei **Möglichkeiten** (M_1: A oder B; M_2: 1 oder 2) gibt, lassen sich die **absoluten Häufigkeiten** übersichtlich in einer **Vierfeldertafel** oder in einem Baumdiagramm darstellen.

Vierfeldertafel mit absoluten Häufigkeiten

		M_2		
		1	2	Summe
M_1	A	a_1	a_2	n_A
	B	b_1	b_2	n_B
	Summe	n_1	n_2	n

Baumdiagramm mit absoluten Häufigkeiten

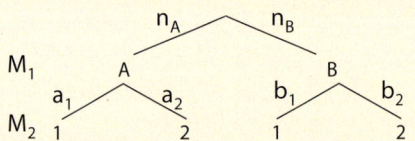

Von 35 Mädchen und 45 Jungen antworten auf die Frage, ob sie gern Krimis sehen, 10 Mädchen mit „NEIN" und 36 Jungen mit „JA".

Siehst du gern Krimis?

Vierfeldertafel mit absoluten Häufigkeiten

		mag Krimis		
		Ja	Nein	Summe
Geschlecht	J	36	9	45
	M	25	10	35
	Summe	61	19	80

Baumdiagramm mit absoluten Häufigkeiten

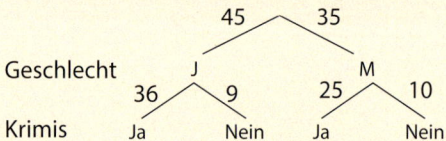

Vierfeldertafeln mit relativen Häufigkeiten

Werden die vier Felder (a_1, a_2, b_1, b_2) einer Vierfeldertafel mit absoluten Häufigkeiten durch den Gesamtwert n dividiert, entsteht eine Vierfeldertafel mit relativen Häufigkeiten.

Vierfeldertafel mit relativen Häufigkeiten

		M_2		
		1	2	Summe
M_1	A	$\frac{a_1}{n}$	$\frac{a_2}{n}$	$\frac{a_1+a_2}{n} = a$
	B	$\frac{b_1}{n}$	$\frac{b_2}{n}$	$\frac{b_1+b_2}{n} = b$
	Summe	$\frac{a_1+b_1}{n}$	$\frac{a_2+b_2}{n}$	1

← Die Summe ist stets 1

Vierfeldertafel mit relativen Häufigkeiten

		mag Krimis		
		Ja	Nein	Summe
Geschlecht	J	0,45	0,11	0,56
	M	0,31	0,13	0,44
	Summe	0,76	0,24	1

Vierfeldertafeln und Wahrscheinlichkeit

Ist eine Vierfeldertafel mit relativen Häufigkeiten gegeben, so lässt sich bei einem Laplace-Experiment die **Wahrscheinlichkeit** des Auftretens eines bestimmten Merkmals berechnen und in einem **Baumdiagramm** darstellen.

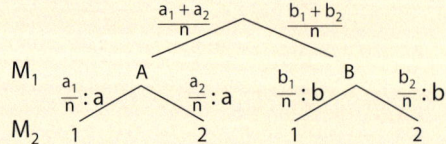

Siehst du gern Krimis?

Baumdiagramm mit Wahrscheinlichkeiten

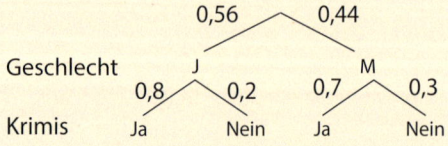

2. Potenzen

Die Erde hat einen Durchmesser von etwa 12 700 Kilometern. Unsere Sonne ist einer von mehr als 150 Milliarden Sternen der Milchstraße.
Die Milchstraße hat einen Durchmesser von etwa 100 000 Lichtjahren, das sind etwa $9{,}5 \cdot 10^{17}$ Kilometer.

Nach diesem Kapitel kannst du …
- Zahlen als Potenzen schreiben und Potenzen berechnen,
- mit Potenzen mit ganzzahligen Exponenten rechnen,
- mit n-ten Wurzeln und mit Potenzen mit trationalen Exponenten rechnen.

Dein Fundament

2. Potenzen

Lösungen
S. 234

Multiplizieren und Dividieren

1. Rechne im Kopf.
   a) $1{,}7 \cdot 2$
   b) $0{,}1 \cdot 3{,}6$
   c) $0{,}11 \cdot 0{,}03$
   d) $12 \cdot 0{,}5$
   e) $0{,}3 \cdot 10$
   f) $2{,}2 : 2$
   g) $2{,}7 : 9$
   h) $3{,}6 : 0{,}4$
   i) $11{,}8 : 10$
   j) $0{,}4 : 8$
   k) $\frac{1}{3} \cdot \frac{3}{5}$
   l) $\frac{3}{5} \cdot \frac{2}{3}$
   m) $0{,}25 \cdot \frac{2}{3}$
   n) $\frac{2}{3} : \frac{4}{5}$
   o) $\frac{2}{5} : 0{,}75$

2. Löse die Gleichung.
   a) $3 : x = 0{,}3$
   b) $\frac{2}{3} \cdot x = \frac{1}{3}$
   c) $x : 0{,}2 = 10$
   d) $x \cdot 1{,}5 = 0{,}3$
   e) $\frac{4}{5} : x = \frac{14}{5}$

3. Setze das Komma im Ergebnis an die richtige Stelle. Füge, falls nötig, noch Nullen ein.
   a) $3{,}2 \cdot 2{,}4 = 768$
   b) $0{,}1 \cdot 0{,}97 = 97$
   c) $3{,}0 \cdot 1{,}97 = 591$
   d) $5{,}1 \cdot 0{,}123 = 6273$

4. Rechne schriftlich. Führe zunächst einen Überschlag durch.
   a) $2{,}63 \cdot 3{,}1$
   b) $7{,}9 \cdot 2{,}05$
   c) $0{,}49 \cdot 0{,}12$
   d) $2{,}61 \cdot 0{,}048$
   e) $4{,}6 \cdot 18$

Größen

5. Rechne in die angegebene Einheit um.
   a) 70 cm in mm
   b) 23 t in kg
   c) 7 min in s
   d) 470 cm in dm
   e) 800 dm in mm
   f) 420 min in h
   g) 10 kg in mg
   h) 550 000 mm in m

6. Schreibe in einer kleineren Einheit ohne Komma.
   a) 5,6 dm
   b) 14,5 t
   c) 2,875 m
   d) 10,90 €
   e) 0,04 kg
   f) 30,15 km

Quadrieren und Quadratwurzelziehen

7. Berechne ohne Taschenrechner.
   a) 8^2
   b) $\sqrt{49}$
   c) $(-4)^2$
   d) $0{,}2^2$
   e) $\sqrt{0{,}01}$
   f) $\sqrt{1}$
   g) $\sqrt{\frac{9}{16}}$
   h) 0^2
   i) $\left(\frac{3}{7}\right)^2$
   j) $\sqrt{3600}$

8. Berechne mit einem Taschenrechner. Runde das Ergebnis auf zwei Nachkommastellen.
   a) $\sqrt{11} + 3{,}1$
   b) $5{,}7 - \sqrt{30}$
   c) $9{,}87 + \sqrt{28}$
   d) $3{,}7 \cdot \sqrt{20}$
   e) $5{,}8 + 2{,}5 \cdot \sqrt{29}$
   f) $5{,}2 : \sqrt{4{,}2}$

9. Für welche Werte ist der Term nicht definiert?
   a) $\sqrt{x}$
   b) $\sqrt{1-x}$
   c) $\sqrt{x^3}$
   d) $\frac{1}{\sqrt{x}}$
   e) $\sqrt{x+4}$
   f) $\sqrt{2x}$

10. Nenne eine Zahl x, bei der man beim Quadrieren (beim Quadratwurzelziehen) eine Zahl y erhält, für die gilt:
    a) $y < x$
    b) $y > x$
    c) $y = x$

Hinweis zu 11:
Die Ergebnisse sind teilweise gerundet.

11. Die Ziffernfolge der Ergebnisse ist korrekt. Überprüfe die Ergebnisse ohne Taschenrechner und korrigiere die Stelle des Kommas, falls erforderlich.
    a) $0{,}134^2 = 0{,}17956$
    b) $\sqrt{5{,}23} = 0{,}22869$
    c) $11{,}97^2 = 143{,}28$
    d) $\sqrt{390{,}8} = 197{,}6866$
    e) $213^2 = 45369$
    f) $9{,}987^2 = 997{,}40169$

Flächeninhalte von Quadraten – Rauminhalte von Würfeln

Lösungen
➚ S. 234

12. Ermittle den Flächeninhalt eines Quadrats mit der angegebenen Seitenlänge.
    a) 3 cm   b) 0,5 m   c) 1,2 km   d) 1 m   e) 1,1 dm

13. Ermittle das Volumen eines Würfels mit der angegebenen Kantenlänge.
    a) 2 cm   b) 4 cm   c) 0,2 dm   d) 1 m   e) 0,3 cm

14. Gib die Seitenlänge eines Quadrats mit dem gegebenen Flächeninhalt an.
    a) $A = 25\,cm^2$ b) $A = 100\,m^2$ c) $A = 0{,}04\,km^2$ d) $A = 144\,dm^2$ e) $A = 1$ ha

15. Gib die Kantenlänge eines Würfels mit dem gegebenen Volumen an.
    a) $V = 27\,cm^3$ b) $V = 0{,}064\,m^3$ c) $V = 1000\,m^3$ d) $V = 125\,dm^3$ e) $V = 0{,}001\,m^3$

16. Die farbige Figur besteht aus Quadraten.
    Der Flächeninhalt des blauen Quadrats beträgt $1\,cm^2$, der des gelben $25\,cm^2$. Welchen Flächeninhalt hat das grüne Quadrat?
    (Zeichnung nicht maßstabgetreu.)

17. Gib das Volumen eines Würfels an, dessen Seitenfläche einen Flächeninhalt von $9\,cm^2$ hat.

18. Ermittle die Seitenlängen eines Rechtecks, dessen eine Seite 3 cm länger als die andere ist und dessen Flächeninhalt $40\,cm^2$ beträgt.

Vermischtes

19. Löse die quadratischen Gleichungen.
    a) $x^2 - 4x = 0$ b) $x^2 + 2x - 8 = 0$ c) $x^2 + 3 = 4x$ d) $x^2 - 6x = 16$

20. Schreibe die Produkte als Potenzen und die Potenzen als Produkte.
    a) $5 \cdot 5 \cdot 5 \cdot 5 \cdot 5$ b) $x \cdot x \cdot x$ c) a^5
    d) $a^2 b^3$ e) $\left(\frac{2}{3}\right)^3$ f) $m \cdot n \cdot n \cdot n \cdot m \cdot m$

21. Vereinfache den Term unter Nutzung einer binomischen Formel.
    a) $\frac{a+b}{(a+b)^2}$ b) $\frac{u+3}{u^2+6u+9}$ c) $\frac{(x-3)^2}{x-3}$ d) $\frac{b^2-2b+1}{(b-1)(b-1)}$ e) $\frac{x^2-y^2}{x-y}$

22. a) Berechne die fehlenden Ergebnisse bis zum Ziel mit der Startzahl 5.

	Start	→		→		→	Ziel
(1)	5	+2		+2		+2	
(2)	5	·2		·2		·2	
(3)	5	( )²		( )²		( )²	

b) Finde jeweils eine natürliche Startzahl x, mit der man im Ziel 1000 erreicht oder 1000 annähernd erreicht.
c) Prüfe, ob es eine Startzahl gibt, mit der man im Ziel die 1 erreicht.

2.1 Potenzen

■ Tina stellt Konfetti mit einem Locher her. Sie faltet ein großes, quadratisches Papier entlang einer Diagonalen zu einem Dreieck. Dieses faltet sie in der Mitte, sodass ein kleineres Dreieck entsteht, das sie mit einem Ein-Loch-Locher locht. Durch zweimaliges Falten vor dem Lochen hat sie vier Konfetti hergestellt.
Wie viele Konfetti erhält Tina durch einmaliges Lochen, wenn sie das Papier 4-mal bzw. 6-mal faltet? ■

Ein Produkt wie $2 \cdot 2 \cdot 2 \cdot 2$, bei dem alle Faktoren gleich sind, kann man kürzer als **Potenz** 2^4 schreiben.

> **Wissen: Potenzen**
> Ein Produkt aus gleichen Faktoren a kann als **Potenz** a^n (Sprechweise: „a hoch n") geschrieben werden.
> Die **Basis a** ist der Faktor, der **Exponent n** gibt die Anzahl der Faktoren an.
> Es gilt $a^0 = 1$ für $a \neq 0$.
>
> $\underbrace{a \cdot a \cdot \ldots \cdot a \cdot a}_{n \text{ Faktoren}} = a^n$
>
> Potenz   Exponent
> a^n
> Basis
>
> Wo keine Klammern stehen, werden Potenzen zuerst berechnet: Potenzrechnung geht vor Punkt- und Strichrechnung.

> **Beispiel 1:**
> a) Schreibe die Potenz 3^5 als Produkt und berechne.
> b) Schreibe das Produkt $2 \cdot 2 \cdot 2 \cdot 2$ als Potenz und berechne.
> c) Schreibe die Potenz $(-7)^3$ als Produkt und berechne. Begründe, ob das Ergebnis positiv oder negativ ist.
> d) Berechne $5 \cdot 2^3 + 14$.
>
> **Lösung:**
> a) Der Exponent 5 gibt an, dass die 3 fünfmal mit sich selbst multipliziert wird. $3^5 = 3 \cdot 3 \cdot 3 \cdot 3 \cdot 3 = 243$
> b) Der Faktor 2 kommt viermal vor. $2 \cdot 2 \cdot 2 \cdot 2 = 2^4 = 16$
> c) Der Faktor –7 kommt dreimal vor. Da der Exponent 3 ungerade ist, ist das Ergebnis negativ. $(-7)^3 = (-7) \cdot (-7) \cdot (-7) = -343$
> d) Berechne zuerst die Potenz: $2^3 = 2 \cdot 2 \cdot 2 = 8$ $5 \cdot 2^3 + 14 = 5 \cdot 8 + 14 = 40 + 14 = 54$

Hinweis:
Der Wert einer Potenz mit negativer Basis ist positiv, wenn der Exponent gerade ist, und negativ, wenn der Exponent ungerade ist.

Basisaufgaben

1. Schreibe die Potenzen als Produkte und die Produkte als Potenzen. Berechne.
   a) 2^4 b) 2^6 c) 4^2 d) 4^4 e) 3^4
   f) $3 \cdot 3 \cdot 3$ g) $12 \cdot 12$ h) $6 \cdot 6$ i) $5 \cdot 5 \cdot 5$ j) $7 \cdot 7 \cdot 7$

2. Berechne im Kopf.
   a) 2^2 b) 2^3 c) 3^2 d) $(-5)^2$ e) 10^3
   f) 4^3 g) $(-2)^5$ h) 10^5 i) 5^0 j) 0^5

2.1 Potenzen

TR 3. Schreibe als Potenz und berechne. Überprüfe mit einem Taschenrechner.
a) $2 \cdot 2 \cdot 2$ b) $5 \cdot 5 \cdot 5$ c) $3 \cdot 3 \cdot 3$ d) $6 \cdot 6 \cdot 6 \cdot 6$ e) $7 \cdot 7 \cdot 7 \cdot 7 \cdot 7$
f) $14 \cdot 14$ g) $12 \cdot 12 \cdot 12$ h) $25 \cdot 25 \cdot 25$ i) $17 \cdot 17 \cdot 17$ j) $0,5 \cdot 0,5 \cdot 0,5$

Hinweis: Taschenrechner haben zum Eingeben von Potenzen eine besondere Taste: x^n oder x^y, z. B. 2 x^n 6 für 2^6.

4. Berechne. Beachte die Vorrangregeln.
a) $5^2 - 15$ b) $8 + 2^4$ c) $10 \cdot 9^2$ d) $4^3 \cdot 4$
e) $2 \cdot 3^3 + 48$ f) $150 - 72 : 6^2$ g) $2 + 7^3 : 7$ h) $10^4 \cdot 2^3$

5. Berechne die Quadratzahlen von 1 bis 20: $1^2, 2^2, \ldots$ Lerne sie auswendig. Fragt euch gegenseitig ab.

6. a) Gib den Flächeninhalt eines Quadrats mit der gegebenen Seitenlänge an.
① 5 cm   ② 1,5 cm   ③ $\frac{1}{4}$ cm
b) Ein Quadrat hat einen Flächeninhalt von 36 cm². Gib die Seitenlänge an.

7. a) Gib das Volumen eines Würfels mit der gegebenen Kantenlänge an.
① 5 cm   ② 2,5 cm   ③ 8 cm
b) Ein Würfel fasst ein Volumen von 1 Liter (1 Milliliter). Bestimme die Kantenlänge.

Weiterführende Aufgaben

8. Berechne. Orientiere dich am Beispiel: $\left(\frac{1}{2}\right)^3 = \left(\frac{1}{2}\right) \cdot \left(\frac{1}{2}\right) \cdot \left(\frac{1}{2}\right) = \frac{1 \cdot 1 \cdot 1}{2 \cdot 2 \cdot 2} = \frac{1^3}{2^3} = \frac{1}{8}$.
a) $\left(\frac{1}{3}\right)^2$ b) $\left(\frac{1}{2}\right)^5$ c) $\left(\frac{2}{3}\right)^3$ d) $\left(\frac{7}{9}\right)^2$ e) $\left(\frac{1}{5}\right)^4$ f) $\left(2\frac{1}{2}\right)^2$

TR 9. Schreibe die Potenzen als Produkte und berechne anschließend. Überlege zuerst, ob es sinnvoll ist, einen Taschenrechner zu verwenden.
a) 13^3 b) $(-5)^4$ c) -5^4 d) $\left(\frac{3}{7}\right)^2$ e) $\left(-\frac{1}{9}\right)^8$ f) $2^{10} \cdot \left(\frac{1}{2}\right)^5$
g) $(-1)^4 \cdot 5^3$ h) $2^4 \cdot 3^2$ i) $\left(\frac{1}{2}\right)^4 \cdot 4^3$ j) $(-x)^6$ für $x = 7$ und $x = -8$

Hinweis zu 9: Auf der rechten Seite des Buches findest du die Lösungen zu a) bis e), auf der linken zu f) bis i).

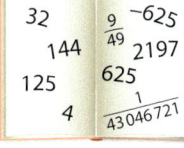

10. Schreibe als Potenz.
a) $a \cdot a \cdot a$ b) $s \cdot b \cdot b \cdot s \cdot b$ c) $\frac{1}{c} \cdot \frac{1}{c} \cdot \frac{1}{c} \cdot \frac{1}{c} \cdot \frac{1}{c}$ d) $\frac{c}{d} \cdot \frac{c}{d} \cdot \frac{c}{d} \cdot \frac{c}{d} \cdot c \cdot c$

11. Bestimme für jeden Würfel, aus wie vielen Teilwürfeln er zusammengesetzt ist. Gib an, aus wie vielen Teilwürfeln die nächsten sechs Würfel bestehen.

 ① 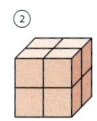 ② 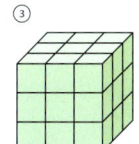 ③ 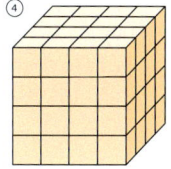 ④

12. Bestimme die fehlende Zahl.
a) $\blacksquare^2 = 16$ b) $\blacksquare^2 = 49$ c) $\blacksquare^2 = 400$ d) $\blacksquare^3 = 64$ e) $\blacksquare^3 = 216$

TR 13. a) Berechne im Kopf. Überprüfe mit einem Taschenrechner.
① 2^2 ② $0,2^2$ ③ $0,02^2$ ④ $0,002^2$ ⑤ $0,2^3$
b) Formuliere eine Regel, wie viele Nachkommastellen das Ergebnis hat, wenn die Basis eine (zwei, drei) Nachkommastellen hat und quadriert wird.

14. Stolperstelle:
a) Die Potenz $(-5)^6$ soll mit dem Taschenrechner berechnet werden. Tims Ergebnis ist -15625 und Marius' Ergebnis 15625. Welcher Tippfehler könnte zum falschen Ergebnis geführt haben? Notiere für deinen Taschenrechner die richtige Tastenfolge.
b) Berechne $(-5)^7$ mit dem Taschenrechner. Überlege, ob das Ergebnis positiv oder negativ sein muss.

15. Ergänze die fehlende Zahl so, dass die Gleichung erfüllt ist.
a) $3^x = 243$ b) $7^x = 343$ c) $x^4 = 16$ d) $x^3 = \frac{1}{27}$ e) $x^3 = -125$
f) $123^x = 1$ g) $4^x = 2^4$ h) $x^3 = \frac{27}{64}$ i) $\left(\frac{-2}{4}\right)^5 = \frac{x}{32}$ j) $2 \cdot (5)^x = 1250$

16. Nachrichten von Kurznachrichtendiensten wie Twitter können sich sehr schnell ausbreiten. Stell dir vor, du sendest eine Nachricht an fünf Personen, die diese wiederum an fünf andere Personen weiterleiten (retweeten). Dies setzt sich weiter so fort.
a) Berechne, wie viele Personen maximal die Nachricht nach 5 Retweet-Schritten (nach 10, nach 14 Retweet-Schritten) erhalten haben könnten.
b) Ermittle durch Probieren, nach wie vielen Retweet-Schritten die Grenze von 1 Million Empfängern frühestens erreicht sein könnte.
c) Erläutere anhand der Grafik, wie sich Kurznachrichten ausbreiten können. Vergleiche mit der oben beschriebenen Situation.

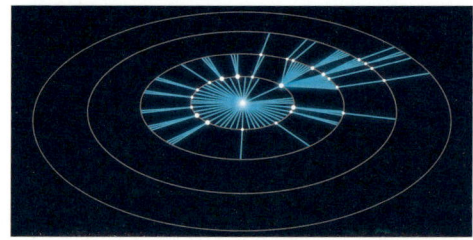

17. Gib für die Zahlen zwei Potenzen wie im folgenden Beispiel an: $64 = 8^2 = 4^3$.
a) 16   b) 81   c) 10 000   d) 1 000 000   e) 256   f) 625   g) 1

18. a) Berechne 5^2 und 5^3. Berechne $5^5 : 5^2$ und $5^8 : 5^6$. Erkläre den Zusammenhang.
b) Löse die Aufgabe $5^{400} : 5^{398}$. Mit einem Taschenrechner ist das nicht möglich.

19. Ausblick: Anzahlen von Punkten werden als Dreieckszahlen bezeichnet, wenn sie in Form eines Dreiecks angeordnet sind. Im Bild sind die ersten fünf Dreieckszahlen dargestellt.

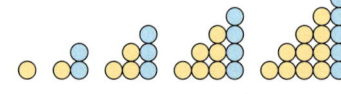

a) Übernimm das Muster in das Heft und ergänze es um zwei weitere Dreiecke. Gib die ersten sieben Dreieckszahlen an.
b) Wenn man zwei benachbarte Dreieckszahlen addiert, dann erhält man eine Quadratzahl. Überprüfe dies rechnerisch mit den ersten sieben Dreieckszahlen. Erkläre den Zusammenhang für die Addition der vierten und fünften Dreieckszahl am Bild.

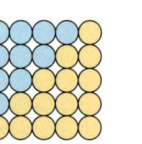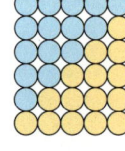

c) Die fünfte Dreieckszahl kann man auch anders bestimmen: Ihr Muster wird verdoppelt und so zusammengesetzt, dass sich die Form eines Rechtecks ergibt. Berechne die fünfte Dreieckszahl mithilfe des Rechtecks.
d) Die n-te Dreieckszahl kann man nicht nur durch Abzählen der Punkte bestimmen, sondern auch mithilfe der Formel $D(n) = \frac{n \cdot (n+1)}{2}$.
Berechne mithilfe der Formel die siebte und achte Dreieckszahl (also für $n = 7$ und $n = 8$). Erläutere mithilfe der Ergebnisse aus c), dass die Formel richtig ist.

2.2 Zehnerpotenzen

■ Sandra berechnet mit einem Taschenrechner verschiedene Produkte.
Prüfe, ob diese Ergebnisse genau sind.
Berechne die fehlende Lösung ohne Taschenrechner und überprüfe anschließend mit einem Taschenrechner. ■

```
111 x 111 = 12321
1111 x 1111 = 1234321
11 111 x 11 111 = 123.454.321
111 111 x 111 111 = 1,234565432 x 10¹⁰
1 111 111 x 1 111 111 = 1,234567765 x 10¹³
11 111 111 x 11 111 111 =
```

Häufig werden in naturwissenschaftlichen Texten sehr große und sehr kleine Zahlen mithilfe von Zehnerpotenzen geschrieben, damit man die Zahlen leichter lesen kann.

Zehnerpotenz	Dezimalzahl	Name	Vorsilbe
10^9	1 000 000 000	1 Milliarde	Giga
10^6	1 000 000	1 Millionen	Mega
10^3	1 000	1 Tausend	Kilo
10^2	100	1 Hundert	Hekto
10^1	10	Zehn	Deka
10^0	1	Eins	
10^{-1}	$0,1 = \frac{1}{10}$	1 Zehntel	Dezi
10^{-2}	$0,01 = \frac{1}{100}$	1 Hundertstel	Zenti
10^{-3}	$0,001 = \frac{1}{1000}$	1 Tausendstel	Milli

Wird eine Dezimalzahl durch 10 dividiert, dann wird der Exponent der Zehnerpotenz um 1 vermindert.
Setzt man dies fort, so wird der Exponent negativ und die Zahlen liegen zwischen null und eins.

Erinnere dich:
$10^4 = 10\,000$
Zehntausend
$10^5 = 100\,000$
Hunderttausend
$10^{12} = 1\,000\,000\,000$
(eine Billion)
$10^{15} = 1\,000\,000\,000\,000$
(eine Billiarde)

Wissen: Wissenschaftliche Darstellung von Dezimalzahlen mit Zehnerpotenzen
Sehr große und sehr kleine Zahlen können mithilfe von Zehnerpotenzen dargestellt werden.
Für alle natürlichen Zahlen n gilt:
$10^n = \underbrace{10 \cdot 10 \cdot \ldots \cdot 10}_{\text{n-mal}} = \underbrace{100 \ldots 00}_{\text{1 mit n Nullen}}$ $10^{-n} = \frac{1}{10^n} = \underbrace{0{,}0 \ldots 01}_{\substack{\text{n Nullen,} \\ \text{eine davon vor dem Komma}}}$

Bei der **wissenschaftlichen Schreibweise** wird eine Zahl als Produkt $r \cdot 10^m$ geschrieben mit einer rationalen Zahl r mit $1 \leq r < 10$ und einer ganzen Zahl m.
Beispiel: $5{,}2 \cdot 10^6 = 5\,200\,000$ $2 \cdot 10^{-4} = 0{,}0002$

Beispiel 1:
a) Gib die Zahl 241 000 in wissenschaftlicher Schreibweise an.
b) Gib die Zahl $1{,}345 \cdot 10^2$ ohne Zehnerpotenz an.
c) Gib die Zahl $2{,}3 \cdot 10^{-4}$ ohne Zehnerpotenz an.

Lösung:
a) Schreibe 241 000 als Produkt, in dem eine Dezimalzahl mit einer Ziffer vor dem Komma vorkommt: Der erste Faktor ist 2,41. Der zweite Faktor ist dann 100 000 mit 5 Nullen, also $100\,000 = 10^5$.

$\quad 241\,000$
$= 2{,}41 \cdot 100\,000$
$= 2{,}41 \cdot 10 \cdot 10 \cdot 10 \cdot 10 \cdot 10$
$= 2{,}41 \cdot 10^5$

b) 10^2 bedeutet, dass das Komma um 2 Stellen nach rechts verschoben wird.

$1{,}345 \cdot 10^2 = 134{,}5$

c) 10^{-4} bedeutet, dass das Komma um 4 Stellen nach links verschoben wird.

$2{,}3 \cdot 10^{-4} = 0{,}000\,23$

Basisaufgaben

1. Schreibe die Zahl als Wort und als Zehnerpotenz auf.
   a) 10   b) 1000   c) 50 000   d) 9 000 000   e) 6 000 000 000 000

Hinweis zu 2:
Die Lösungen findest du hier.

2. Ergänze die fehlende Zahl für x.
   a) $x \cdot 10^5 = 610\,000$ b) $x \cdot 10^3 = 506\,100$ c) $0{,}0251 \cdot 10^x = 25\,100$
   d) $735 \cdot 10^5 = x$ e) $1{,}89 \cdot 10^x = 189\,000\,000$ f) $3{,}4 \cdot 10^x = 34$ Milliarden

3. Schreibe in wissenschaftlicher Schreibweise.
   a) 12 000   b) 14 500   c) 2 731 000   d) 453 500 000   e) 320 500
   f) 8,2 Milliarden   g) 1 050 000 000   h) 89 Milliarden   i) 7,2 Millionen   j) 987 000 000

4. Schreibe ohne Zehnerpotenz.
   a) $7 \cdot 10^3$ b) $3{,}02 \cdot 10^6$ c) $7{,}123 \cdot 10^5$ d) $1{,}2 \cdot 0^3$ e) $9{,}1245 \cdot 10^9$

5. Schreibe die Zahl als Wort und als Zehnerpotenz auf.
   a) 0,01   b) 0,001   c) 0,055   d) 0,0004   e) 0,00 0007

6. Schreibe in wissenschaftlicher Schreibweise.
   a) 0,002   b) 0,0007   c) 0,000 004   d) 0,001 007   e) 0,000 000 009 34

7. Schreibe ohne Zehnerpotenz.
   a) $2{,}5 \cdot 10^{-3}$ b) $1{,}8 \cdot 10^{-2}$ c) $5 \cdot 10^{-6}$ d) $7{,}35 \cdot 10^{-10}$ e) 10^{-9}

Weiterführende Aufgaben

Hinweis:
Die Anzeige von Zahlen in wissenschaftlicher Schreibweise ist bei Taschenrechnern unterschiedlich. So kann zum Beispiel die Zahl $4{,}8 \cdot 10^{13}$ so dargestellt werden:

4,8 ¹³
4,8 E¹³
4,8 X10¹³

8. In der Tabelle findest du Daten über Planeten unseres Sonnensystems.

Planet	Abstand zur Sonne in Millionen km	Durchmesser in m	Masse in kg
Merkur	58	$4{,}90 \cdot 10^6$	$33 \cdot 10^{22}$
Venus	108	$1{,}21 \cdot 10^7$	$0{,}49 \cdot 10^{25}$
Erde	150	$1{,}27 \cdot 10^7$	$6{,}0 \cdot 10^{24}$
Mars	228	$6{,}77 \cdot 10^6$	$0{,}64 \cdot 10^{22}$
Jupiter	778	$1{,}38 \cdot 10^8$	$1{,}9 \cdot 10^{27}$
Saturn	1433	$1{,}15 \cdot 10^8$	$57\,000 \cdot 10^{22}$
Uranus	2872	$5{,}05 \cdot 10^7$	$870 \cdot 10^{23}$
Neptun	4495	$4{,}9 \cdot 10^7$	$10{,}2 \cdot 10^{24}$

a) Gib den Abstand der Planeten zur Sonne in Metern in der wissenschaftlichen Schreibweise an.
b) Ordne die Planeten nach dem Durchmesser, beginne mit dem kleinsten.
c) Gib den Durchmesser der Planten in km ohne Zehnerpotenz an.
d) Schreibe die Masse der Planeten in wissenschaftlicher Schreibweise auf.
e) Ordne die Planeten nach ihrer Masse. Beginne mit dem schwersten.
f) Tim behauptet: „Wenn ein Planet einen größeren Durchmesser hat als ein anderer, dann ist er auch schwerer." Überprüfe, ob Tim immer recht hat.
g) Katharina behauptet: „Die Planeten Venus und Erde sind zusammen immer noch leichter als der Planet Uranus." Prüfe durch eine Rechnung, ob sie recht hat.

2.2 Zehnerpotenzen

9. Lies die Zahlen in der Stellenwerttafel.

10^{11}	10^{10}	10^9	10^8	10^7	10^6	10^5	10^4	10^3	10^2	10^1	1
					2	0	8	4	0	1	3
		5	4	6	8	9	0	0	1	3	1
1	1	1	2	2	3	4	4	2	0	0	4

10. Ordne die Zahlen der Größe nach. Beginne mit der kleinsten Zahl.
 a) $1{,}2 \cdot 10^7$; $345 \cdot 10^3$; $0{,}078 \cdot 10^8$; $12{,}7 \cdot 10^3$
 b) $0{,}0067 \cdot 10^9$; -10^7; $234 \cdot 10^4$; $\frac{4}{10^3}$

11. Schreibe in der wissenschaftlichen Schreibweise, also mit einem Faktor, der größer als 1 und kleiner als 10 ist.
 a) $4{,}5 \cdot 2 \cdot 10^4$ b) $200 \cdot 3 \cdot 10^5$ c) $7{,}5 \cdot 4 \cdot 10^3$ d) $3 \cdot 8 \cdot 10^{10}$ e) $9 \cdot 5 \cdot 10^6$

12. Stolperstelle: Das New Century Global Center in China ist eines der größten Gebäude der Welt. Es ist 400 m lang und 500 m breit und hat näherungsweise Quaderform. Eine Zeitung berichtet: „Die Fläche beträgt $2 \cdot 10^5$ Quadratmeter, dies sind 20 000 Quadratmeter, also 2 Hektar."
Svenja wundert sich über die Angaben in der Zeitung, weil 2 Hektar gar nicht so groß sind, sondern nur etwa drei Fußballfeldern entsprechen.
 a) Korrigiere die Aussage zur Grundfläche aus dem Artikel.
 b) Das Gebäude ist 100 m hoch. Gib das Volumen des Quaders mit einer Zehnerpotenz an.

Erinnere dich:
1 ha (Hektar)
$= 10\,000\,m^2$

13. Bei Einheiten von Größen wird oft eine Vorsilbe verwendet. Du kennst schon die Vorsilbe k für „Kilo": Sie steht für den Faktor 1000 oder die Zehnerpotenz 10^3; 1 kg sind 1000 g. Weitere Vorsilben stehen in der Tabelle. Gib die Größe in der angegebenen Einheit an.
 a) 5 km (m) b) 9 kW (W) c) 2 hPa (Pa) d) 3 m (dm)
 e) 40 kg (g) f) 10 GW (W) g) 20,7 mm (m) h) 35 mg (g)
 i) 8 MW (W) j) 670 000 g (kg) k) 5 T Byte (Byte) l) 1 GW (kW)

Hinweis zu Aufgabe 13:

Vorsilbe	Potenz
Milli m	10^{-3}
Zenti c	10^{-2}
Dezi d	10^{-1}
Hekto h	10^2
Kilo k	10^3
Mega M	10^6
Giga G	10^9
Tera T	10^{12}

Zum Beispiel:
1 kW = 10^3 W

W = Watt (Leistung)
Pa = Pascal (Druck)
1 Hektar (ha) = $10\,000\,m^2$

14. Berechne wie in diesem Beispiel:
$8{,}5 \cdot 10^5 + 2{,}1 \cdot 10^4 = 8{,}5 \cdot 10^5 + 0{,}21 \cdot 10^5 = (8{,}5 + 0{,}21) \cdot 10^5 = 8{,}71 \cdot 10^5$
 a) $3 \cdot 10^4 + 6 \cdot 10^4$ b) $5{,}9 \cdot 10^5 - 10^5$
 c) $8{,}7 \cdot 10^6 - 4{,}2 \cdot 10^5$ d) $6{,}8 \cdot 10^5 - 6{,}28 \cdot 10^5 + 5{,}8 \cdot 10^4$
 e) $2{,}3456 \cdot 10^{-2} - 10^{-3}$ f) $6{,}57 \cdot 10^{-3} - 6{,}57 \cdot 10^{-4}$

15. a) Schreibe die Zehnerpotenzen als Dezimalzahlen und berechne. Gib das Ergebnis wieder in der wissenschaftlichen Schreibweise an.
 ① $2{,}5 \cdot 10^3 \cdot 10^4$ ② $1{,}35 \cdot 10^6 \cdot 2{,}2 \cdot 10^3$ ③ $\frac{8 \cdot 10^9}{2 \cdot 10^6}$ ④ $\frac{7 \cdot 10^8}{14 \cdot 10^7}$
 b) Betrachte die Rechnungen aus a). Erkläre, wie man zwei Zahlen in wissenschaftlicher Schreibweise multiplizieren bzw. dividieren kann, ohne die Zehnerpotenzen als Dezimalzahl zu schreiben.
 c) Berechne geschickt, also ohne die Zehnerpotenzen umzuwandeln.
 ① $5 \cdot 10^7 \cdot 10^3$ ② $4 \cdot 10^4 \cdot 5 \cdot 10^5 \cdot 6 \cdot 10^6$ ③ $\frac{7{,}5 \cdot 10^{16}}{12{,}5 \cdot 10^5}$ ④ $\frac{8{,}64 \cdot 10^{17} \cdot 10^3}{3{,}6 \cdot 10^{14} \cdot 2{,}4 \cdot 10^6}$

16. Berechne geschickt ohne Taschenrechner. Vereinfache die Brüche so weit wie möglich.
 a) $6 \cdot 4 \cdot 10^7 \cdot 10^3$ b) $22{,}5 \cdot 10^3 \cdot 10^7 \cdot 10^5 \cdot 2$ c) $33 \cdot 10^3 \cdot \frac{1}{3} \cdot 10^6 \cdot 11$
 d) $\frac{16 \cdot 10^7}{2 \cdot 10^4 \cdot 4}$ e) $\frac{1 \cdot 10^{50} \cdot 7{,}8}{7{,}8 \cdot 10^{25} \cdot 50}$ f) $\frac{625 \cdot 10^{16}}{5 \cdot 10^5 \cdot 5 \cdot 10^6 \cdot 5 \cdot 10^2 \cdot 50}$
 g) $3 \cdot 4 \cdot 10^{-3} \cdot 10^{-2}$ h) $2 \cdot 10^{-5} \cdot 5 \cdot 10^{-3}$ i) $\frac{36 \cdot 10^{-4}}{6 \cdot 10^{-2} \cdot 6 \cdot 10^{-2}}$

17. Schreibe ohne Zehnerpotenz mit einer Dezimalzahl.
    a) Masse der Sonne: $1{,}989 \cdot 10^{30}$ kg
    b) Volumen der Sonne: $1{,}4 \cdot 10^{18}$ km³
    c) Sonnendurchmesser: $1{,}39 \cdot 10^{9}$ m
    d) kleinster Abstand der Erde von der Sonne: $147{,}1 \cdot 10^{6}$ km
    e) Temperatur im Sonnenkern: 16,6 Millionen °C

18. Die Masse der Erde beträgt $6{,}0 \cdot 10^{24}$ kg und die Masse der Sonne beträgt $2{,}0 \cdot 10^{30}$ kg.
    a) Berechne, welchen Bruchteil an Masse die Erde im Vergleich zur Sonne besitzt.
    b) Berechne, welchen Bruchteil an Masse der Mond ($7{,}4 \cdot 10^{22}$ kg) im Vergleich zur Erde besitzt.
    c) Berechne den Bruchteil der Masse aller acht Planeten des Sonnensystems im Vergleich zur Sonnenmasse. Begründe, wo vermutlich der Massenmittelpunkt des Sonnensystems liegt. Die Massen der Planeten findest du in der Tabelle bei Aufgabe 8.

Hinweis zu 19:
1 Nanometer
= 1 nm = 10^{-9} m

19. Die Abbildung zeigt das elektromagnetische Spektrum des Lichtes. Es sind die Wellenlängen des sichtbaren Lichtes sowie die Grenzen zum infraroten und zum ultravioletten Licht angegeben.

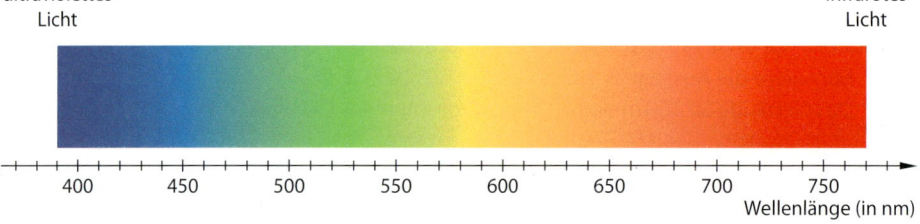

    a) Gib den Bereich der Wellenlängen des sichtbaren Lichts und dessen Grenzen in wissenschaftlicher Schreibweise an.
    b) Gib die Wellenlängen der einzelnen Farben des sichtbaren Lichtes in wissenschaftlicher Schreibweise an.

Hinweis zu 20:
Die Abkürzung a steht für annum, das lateinische Wort für Jahr.

20. **Ausblick:** Im Weltall sind die Entfernungen so groß, dass sie nicht in Kilometern, sondern in Lichtjahren (Lj) gemessen werden. Ein Lichtjahr ist die Entfernung, die das Licht in einem Jahr (a) zurücklegt. Das Licht legt in 1 Sekunde etwa 300 000 Kilometer zurück. Es hat also eine Geschwindigkeit von $300\,000\,\frac{km}{s}$.
    a) Zeige, dass 1 Lj ungefähr einer Entfernung von $9{,}5 \cdot 10^{12}$ Kilometern entspricht.
    b) Die Sterne, die zu einem Sternbild gehören, sind nicht alle gleich weit von der Erde entfernt.
    Zum Sternbild des Großen Wagens gehören sieben Sterne. Der Stern Mizar ist nur 78 Lj, der Stern Dubhe dagegen 124 Lj entfernt. Berechne, wie viele Kilometer diese Sterne von der Erde entfernt sind.
    c) Der Polarstern ist $4{,}1 \cdot 10^{15}$ km von der Erde entfernt. Berechne, wie viele Lichtjahre dies sind.

2.3 Potenzen mit ganzzahligen Exponenten

■ Betrachte die nebenstehende Aufgabenfolge.
Setze das Prinzip fort und gib die Ergebnisse der ungelösten Aufgaben an. ■

Verkleinert man beim Potenzieren der Basis a (a ≠ 0) den Exponenten jeweils um 1, so wird durch a dividiert. Dieses Prinzip lässt sich auch für die Null und für negative Exponenten fortsetzen.

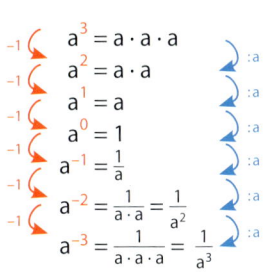

Für a ≠ 0 und eine natürliche Zahl n > 0 gilt:
$$a^{-n} = \frac{1}{a^n} = \underbrace{\frac{1}{a \cdot a \cdot \ldots \cdot a}}_{n \text{ Faktoren}}$$

Erinnere dich:
$10^{-1} = \frac{1}{10^1} = \frac{1}{10} = 0{,}1$

$10^{-2} = \frac{1}{10^2} = \frac{1}{100} = 0{,}01$

$10^{-3} = \frac{1}{10^3} = \frac{1}{1000} = 0{,}001$

Wissen: Potenzen mit ganzzahligen Exponenten
Für alle Zahlen a mit a ≠ 0 und alle natürlichen Zahlen n ≥ 1 gilt:
$$a^n = \underbrace{a \cdot a \cdot \ldots \cdot a}_{n \text{ Faktoren}} \qquad a^{-n} = \frac{1}{a^n} = \underbrace{\frac{1}{a \cdot a \cdot \ldots \cdot a}}_{n \text{ Faktoren}}$$

Für eine Potenz mit dem Exponent Null gilt $a^0 = 1$, aber 0^0 ist nicht definiert.

Erinnere dich:
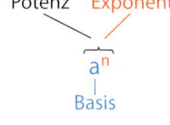

Beispiel 1: Potenzen berechnen
a) Schreibe die Potenz 3^{-4} als Produkt und berechne.
b) Schreibe die Potenz $(-4)^{-3}$ als Produkt und berechne.
c) Gib $\frac{1}{3} \cdot \frac{1}{3} \cdot \frac{1}{3} \cdot \frac{1}{3} \cdot \frac{1}{3}$ als Potenz mit negativem Exponenten an.

Lösung:
a) Schreibe die Potenz mit negativem Exponenten als Bruch und berechne die Potenz im Nenner.

$$3^{-4} = \frac{1}{3^4} = \frac{1}{3 \cdot 3 \cdot 3 \cdot 3} = \frac{1}{81}$$

b) Schreibe die Potenz mit negativem Exponenten als Bruch.
Der Wert ist negativ, weil der Exponent 3 eine ungerade Zahl ist.

$$(-4)^{-3} = \frac{1}{(-4)^3}$$
$$= \frac{1}{(-4) \cdot (-4) \cdot (-4)} = -\frac{1}{4 \cdot 4 \cdot 4} = -\frac{1}{64}$$

c) Schreibe das Produkt im Nenner als Potenz. Die Potenz kann im Zähler stehen, wenn man den Exponenten mit negativem Vorzeichen wählt.

$$\frac{1}{3} \cdot \frac{1}{3} \cdot \frac{1}{3} \cdot \frac{1}{3} \cdot \frac{1}{3} = \frac{1}{3 \cdot 3 \cdot 3 \cdot 3 \cdot 3} = \frac{1}{3^5} = 3^{-5}$$

Hinweis:
Der Wert einer Potenz mit negativer Basis ist positiv, wenn der Exponent gerade ist, und negativ, wenn der Exponent ungerade ist.

Basisaufgaben

1. Berechne. Gib das Ergebnis als ganze Zahl oder als Bruch an.
   a) 2^3; 2^2; 2^1; 2^0; 2^{-1}; 2^{-2}; 2^{-3}
   b) $(-5)^3$; $(-5)^2$; $(-5)^1$; $(-5)^0$; $(-5)^{-1}$; $(-5)^{-2}$; $(-5)^{-3}$

Hinweis zu 4:
Die Lösungen findest du hier.

2. Schreibe als Potenz mit positivem Exponenten und berechne die Potenz ohne Taschenrechner.
a) 6^{-3}
b) 5^{-4}
c) 2^{-4}
d) $(-3)^{-4}$
e) $(-2)^{-3}$
f) $(-9)^{-2}$
g) $(-1)^{-4}$
h) $(2 \cdot 3)^{-3}$

3. Schreibe als Potenz mit negativem Exponenten.
a) $\frac{1}{12^3}$
b) $\frac{1}{(-8)^5}$
c) $\frac{1}{(-2,5)^6}$
d) $\frac{1}{2 \cdot 2 \cdot 2 \cdot 2 \cdot 2 \cdot 2 \cdot 2}$
e) $\frac{1}{(-6) \cdot (-6) \cdot (-6) \cdot (-6)}$
f) $\frac{1}{3} \cdot \frac{1}{3} \cdot \frac{1}{3} \cdot \frac{1}{3}$
g) $\frac{1}{121}$
h) $\frac{1}{16}$

4. Berechne die Potenzen ohne Taschenrechner.
a) $0,5^{-2}$
b) $0,25^{-3}$
c) $0,75^{-2}$
d) $(-0,5)^{-3}$
e) $\left(\frac{2}{3}\right)^{-2}$
f) $\left(\frac{1}{2}\right)^{-1}$
g) $\left(\frac{1}{4}\right)^{-2}$
h) $\left(\frac{2}{5}\right)^{0}$

Weiterführende Aufgaben

5. a) Berechne die Potenzen ohne Taschenrechner: $(-4)^{-4}$; -4^{-4}; $(-5)^{-3}$; -5^{-3}, $(-6)^{-2}$; -6^{-2}.
b) Beschreibe, worin sich die Terme $(-a)^{-n}$ und $-a^{-n}$ unterscheiden.

6. Schreibe als Potenz mit positivem Exponenten.
a) y^{-4}
b) $(6a)^{-3}$
c) $(x+5)^{-2}$
d) $y^4 y^{-2}$
e) a^{-2}
f) $b^{-3} c^{-4}$
g) $\frac{a^{-4}}{b^{-3}}$
h) $\frac{x^{-2}}{y^{-5}}$

7. Schreibe möglichst einfach als Potenz mit negativem Exponenten.
a) $\frac{1}{2}$
b) $\frac{5}{x^2}$
c) $\frac{2}{-a^3}$
d) $\frac{4}{(-b)^4}$
e) $\frac{1}{x \cdot x \cdot x}$
f) $\frac{1}{(1-a)}$
g) $\frac{x \cdot y}{u \cdot v}$
h) $\frac{1}{x^2 y^2}$

8. Setze im Heft das richtige Zeichen < oder > ein.
a) 6^{-4} ■ 6^{-5}
b) 4^{-4} ■ 4^{-5}
c) $(-3)^{-2}$ ■ $(-3)^{-1}$
d) $(0,25)^{-3}$ ■ $(0,25)^{-1}$

9. Stolperstelle: Überprüfe die Rechnungen. Beschreibe die Fehler und korrigiere sie.
a) $-2^2 = 4$
b) $-(-3)^{-3} = -\frac{1}{27}$
c) $-3 \cdot (-3)^4 = (-3)^4$
d) $(-a) \cdot (-a)^3 = -a^4$
e) $3 \cdot (a-b)^0 = 1$
f) $(a^3)^0 = a^3$
g) $(x+y)^2 = x^2 + y^2$
h) $2\,m^3 \cdot 10\,dm^3 = 12\,dm^3$

10. a) Berechne die Potenzen $(-3)^2$; $(-3)^3$; $(-3)^4$; $(-3)^5$, sowie $(-3)^{-2}$; $(-3)^{-3}$; $(-3)^{-4}$; $(-3)^{-5}$.
b) Welche Werte müssen die Basen und Exponenten annehmen, damit die Ergebnisse positiv bzw. negativ sind? Formuliere eine allgemeine Regel.

11. Die Potenz 0^0 ist nicht definiert.
a) Berechne die Potenzen $0^4, 0^3, 0^2, 0^1$. Gib eine logische Fortsetzung für 0^0 an.
b) Berechne die Potenzen $4^0, 3^0, 2^0, 1^0$. Gib eine logische Fortsetzung für 0^0 an.
c) Erläutere mit eigenen Worten, warum man 0^0 nicht sinnvoll definieren kann.

Erinnere dich:
Potenzrechnung geht vor Punkt- und Strichrechnung.

12. Berechne. Beachte dabei die Vorrangregeln.
a) $2 \cdot 2^5$
b) $-2 \cdot (-2)^4$
c) $5 \cdot 5^2$
d) $3 \cdot 3^0 \cdot 3^3$

13. Mit welchem Exponenten muss man -7 potenzieren, um die gegebene Zahl zu erhalten?
a) 49
b) -343
c) -7
d) 1
e) $\frac{1}{-7}$
f) $\frac{1}{49}$

2.3 Potenzen mit ganzzahligen Exponenten

14. Löse die Gleichungen.
a) $2{,}3 \cdot 10^x = 23$
b) $3^x = 81$
c) $1{,}89 \cdot 10^x = 0{,}000\,0189$
d) $x^{-2} = \frac{1}{64}$
e) $\frac{1}{3} = 3^x$
f) $\left(\frac{4}{7}\right)^x = \frac{64}{343}$

Hinweis:
Die Lösung zu Aufgabe 14 findest du hier:

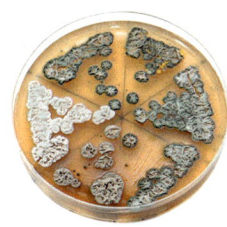

15. Aus einer Bakterie wird eine Bakterienkolonie gezüchtet. Bei günstigen Lebensbedingungen, beispielsweise bei genügend Nahrung, Feuchtigkeit und Temperaturen zwischen +10 °C bis +30 °C, können sich Bakterien alle 20 min teilen. Berechne, wie viele Bakterien die Bakterienkultur nach 8 Stunden umfasst.

16. Im Tiefkühlschrank liegt eine Packung mit 500 g Eis. Eva nascht jeden Tag die Hälfte des vorhandenen Eises. Ermittle, nach wie vielen Tagen noch etwa 5 g Eis übrig sind.

17. Bei Einheiten von Größen werden oft Vorsilben verwendet.
Beispiel: Die Vorsilbe Mikro (µ) steht für die Zehnerpotenz 10^{-6}, also $1\,\mu g = 10^{-6}\,g$.
Gib die Größe in der in Klammern stehenden Einheit an.
Verwende Zehnerpotenzen, wenn es sinnvoll ist.
a) $5 \cdot 10^{-6}\,s$ (µs)
b) 300 nF (F)
c) $4{,}3 \cdot 10^{-7}\,m$ (nm)
d) 2,25 l (ml)
e) 6 µm (m)
f) 3,4 MW (W)
g) 520 nm (m)
h) 2,3 GHz (Hz)
i) 8 TA (A)

Vorsilbe	Potenz
Nano n	10^{-9}
Mikro µ	10^{-6}
Milli m	10^{-3}
Zenti c	10^{-2}
Dezi d	10^{-1}
Hekto h	10^2
Kilo k	10^3
Mega M	10^6
Giga G	10^9
Tera T	10^{12}

Hinweis:
Einheit	Abkürzung
Ampère	A
Farad	F
Hertz	Hz
Volt	V
Watt	W

Erinnere dich:
$5{,}1 \cdot 10^{-3} = 0{,}005\,1$
$0{,}000\,02 = 2 \cdot 10^{-5}$

18. Schreibe ohne Potenz mithilfe einer geeigneten Vorsilbe.
Beispiel: $10^{-1}\,m = 1\,dm$
a) $10^3\,Hz$
b) $10^{-2}\,m$
c) $10^6\,W$
d) $10^{-6}\,g$
e) $10^{-9}\,m$
f) $10^3\,m$
g) $10^3\,g$
h) $10^{12}\,m$
i) $10^{-3}\,l$

19. In einem großen Bienenvolk leben im Sommer etwa $8 \cdot 10^4$ Bienen. 10 Bienen wiegen 1 g. Um 500 g Honig zu produzieren, müsste eine Biene 3,5-mal um die Erde fliegen (Erdumfang 40 075 km). In ihrem Leben legt eine Biene etwa $8 \cdot 10^6\,m$ zurück.
a) Welches Gewicht in Gramm hat das Bienenvolk?
b) Wie viel km muss das Bienenvolk zurücklegen, wenn es 40 kg Honig produzieren soll?
c) Wie viel km legt das Bienenvolk in seinem Leben zurück?

20. Der jährliche Stromverbrauch eines 4-Personen-Haushaltes beträgt etwa $5 \cdot 10^3$ kWh.
a) Berechne, wie viele 4-Personen-Haushalte mit 100 TWh (Terawattstunden) ein Jahr lang versorgt werden können.
b) Berechne, wie viel Euro ein Stromanbieter für 100 TWh erhält, wenn er für 1 kWh 29 Cent fordert.

21. Ein Kondensator hat eine Kapazität von 10 pF. Wie viele Kondensatoren mit je 10 pF müssen parallel geschaltet werden, um 1 nF zu erhalten?
Beachte: Sind Kondensatoren parallel geschaltet, addieren sich deren Kapazitäten.

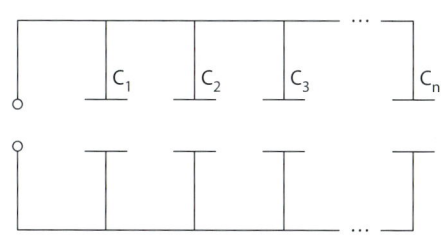

22. In der Homöopathie verwendet man hohe Verdünnungen von Wirkstoffen als Arzneien. Die Konzentration D1 bedeutet, dass in 10 Teilen der Arznei 1 Teil des Wirkstoffes enthalten ist. D2 bedeutet, dass in 100 Teilen der Arznei 1 Teil des Wirkstoffes enthalten ist usw.
  a) Berechne: Wie viel Gramm Belladonna D6 lässt sich aus 1 g des Wirkstoffes der giftigen Tollkirsche herstellen?
  b) Berechne: Wie viel Milliliter reines Schöllkraut sind zur Herstellung von 50 Litern der Lösung des Schöllkrautes D4 notwendig?

Hinweis:
Ein Lichtjahr ist die Entfernung, die das Licht in einem Jahr zurücklegt.

23. Das von der Erde am weitesten entfernte Objekt, das man mit bloßem Auge noch sehen kann, ist die Andromeda-Galaxie. Sie ist $2{,}7 \cdot 10^6$ Lichtjahre von der Erde entfernt. Ihr größter Durchmesser beträgt etwa 163 000 Lichtjahre. Berechne die Entfernung und den Durchmesser der Andromeda-Galaxie in km.
Hinweis: Die Lichtgeschwindigkeit beträgt $3 \cdot 10^8 \, \text{ms}^{-1}$.

Hinweis zu 24:
Sauerstoff O: 16 u
Wasserstoff H: 1 u
Kohlenstoff C: 12 u

24. Im Periodensystem der Elemente findest du auch die Atommassen der Elemente. Da diese Massen sehr klein sind, vermeidet man, sie in g anzugeben. Man legt fest, dass $1 \, \text{u} = 1{,}6605 \cdot 10^{-24}$ g sind.
Beispiel: Kupfer hat eine Atommasse von 63,5 u.
Die Masse eines Kupferatoms ist $63{,}5 \cdot 1{,}6605 \cdot 10^{-24} \, \text{g} = 1{,}0544 \cdot 10^{-22}$ g.
  a) Gib die Masse eines Sauerstoffatoms und eines Wasserstoffatoms in Gramm an.
  b) Berechne die Masse der folgenden Moleküle in Gramm:
  Wasser H_2O, Kohlenstoffmonoxid CO, Kohlenstoffdioxid CO_2.

25. Die Vorsilben Kilo, Mega, Giga und Tera werden auch für die Einheit Byte für Speicherkapazitäten beispielsweise von Computern verwendet, allerdings etwas anders als bei anderen Einheiten (siehe Tabelle).

Die Speicherkapazität eines Laufwerks wird mit 20 TB angegeben.
  a) Überprüfe die Umrechnungen des Computers im Bild rechts.
  b) Ein Foto einer Digitalkamera hat etwa die Größe von 4 MB. Wie viele Fotos können noch auf dem Laufwerk gespeichert werden?

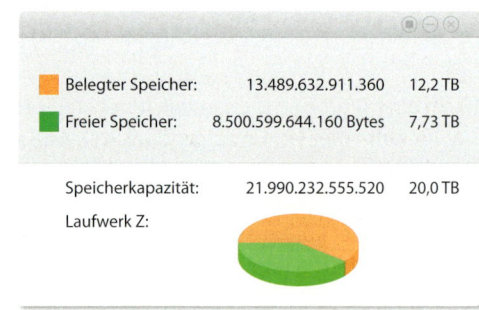

26. Für welche Zahlen x gilt die Ungleichung oder Gleichung?
  a) $x^2 > x$ b) $x^2 < x$ c) $x^2 = x$ d) $x^3 > x$ e) $x^3 < x^2$

27. Überprüfe und begründe, welche der Aussagen falsch ist.
Für alle Zahlen x und alle natürliche Exponenten $n \geq 1$ gilt:
  a) Wenn $x < 0$, ist $x^{2n} > 0$. b) Wenn $x < 0$, ist $x^{-n} > 1$. c) Wenn $x^{2n+1} < 0$, ist $x < 0$.

28. Ausblick: Ersetze im Heft ■ so durch =, > oder <, dass eine wahre Aussage entsteht.
  a) $\sqrt{4} \cdot \sqrt{9}$ ■ $\sqrt{4 \cdot 9}$
  b) $\sqrt{16} : \sqrt{64}$ ■ $\sqrt{\frac{16}{64}}$
  c) $\sqrt{0{,}01}$ ■ $\sqrt{0{,}02^2}$
  d) $\sqrt{\sqrt{\frac{1}{16}}}$ ■ $\sqrt{\sqrt{5^{-2}}}$
  e) $\sqrt{0{,}09}$ ■ $\sqrt{(-2)^2}$
  f) $\sqrt{\frac{9}{4}}$ ■ $\frac{\sqrt{9}}{\sqrt{4}}$

2.4 Potenzgesetze

- Paul, Sarah, Carina und Tim kommen auf das gleiche Ergebnis, obwohl sie verschiedene Aufgaben bearbeiten. Kannst du das erklären?

Potenzen mit gleicher Basis

Um Potenzen mit gleicher Basis zu multiplizieren, kann man die Potenzen als Produkte schreiben. Im folgenden Beispiel tritt die Basis 2 insgesamt 4 + 3 = 7-mal als Faktor auf. Das Produkt kann mit dem Exponenten 7 geschrieben werden.

$2^4 \cdot 2^3 = \underbrace{2 \cdot 2 \cdot 2 \cdot 2 \cdot 2 \cdot 2 \cdot 2}_{4+3 = 7 \text{ Faktoren}} = 2^{4+3} = 2^7$
$\qquad 3^5 : 3^2 = \frac{3 \cdot 3 \cdot 3 \cdot 3 \cdot 3}{3 \cdot 3} = 3 \cdot 3 \cdot 3 = 3^3 = 3^{5-2}$

Beim Dividieren von Potenzen mit gleicher Basis lassen sich Faktoren kürzen. Im Beispiel oben lässt sich dreimal die 3 kürzen.

> **Wissen: Potenzgesetze bei gleicher Basis**
> Für alle Zahlen a ≠ 0 und alle ganzzahligen Exponenten m und n gilt:
> $a^m \cdot a^n = a^{m+n}$ — Beim Multiplizieren von Potenzen mit gleicher **Basis** wird die **Basis beibehalten**. Die **Exponenten werden addiert**.
> $a^m : a^n = \frac{a^m}{a^n} = a^{m-n}$ — Beim Dividieren von Potenzen mit gleicher **Basis** wird die **Basis beibehalten**. Die **Exponenten werden subtrahiert**.

> **Beispiel 1:** Fasse zu einer Potenz zusammen.
> a) $8^4 \cdot 8^{-6}$
> b) $y^{-2} : y^5$
>
> **Lösung:**
> a) Behalte die Basis 8 bei und addiere die Exponenten: 4 + (−6) = −2.
> $\qquad 8^4 \cdot 8^{-6} = 8^{4+(-6)} = 8^{-2}$
> b) Behalte die Basis y bei und subtrahiere die Exponenten: −2 − 5 = −7.
> $\qquad y^{-2} : y^5 = y^{-2-5} = y^{-7}$

Basisaufgaben

1. Fasse zu einer Potenz zusammen.
   a) $2^5 \cdot 2^4$ b) $2^5 \cdot 2^{-4}$ c) $6^5 : 6^3$ d) $10^4 \cdot 10^{-4}$ e) $(-2^4) \cdot (-2)^3$
   f) $x^5 \cdot x^5$ g) $a^5 : a^3$ h) $x^3 \cdot x^{-3}$ i) $x^4 : (2x)^{-2}$ j) $\frac{x^4 \cdot x^3}{x^2}$

2. Schreibe die Potenzen ausführlich mit Faktoren und begründe, dass die Gleichung stimmt.
   a) $3^4 \cdot 3^5 = 3^9$ b) $a^{-5} \cdot a^{-2} = a^{-7}$ c) $5^2 : 5^5 = 5^{-3}$

3. Fasse zu einer Potenz zusammen.
   a) $b^3 \cdot b^5 \cdot b$ b) $\frac{a^7}{a^3 \cdot a^2}$ c) $a^2 \cdot b \cdot a^3 \cdot b$ d) $\frac{x^2 \cdot y^3}{xy}$ e) $\frac{(3a)^{-2}(3a)^4}{3a}$

4. Fasse zu einer Potenz zusammen. Vereinfache, falls möglich.
   a) $3^{s-2} \cdot 3$
   b) $2^{k+1} \cdot 2^{k-1}$
   c) $\frac{a^n}{a}$
   d) $\frac{a}{a^n}$
   e) $\frac{a^{n+1}}{a^{n-1}}$
   f) $q \cdot q^{n-1}$
   g) $\frac{(-2ax)^5}{8ax^6}$
   h) $(-2x)^2 \cdot (-2x)^3$
   i) $-3c \cdot 4c^3$
   j) $-3a^2 \cdot 4a^{-1}$

Potenzen potenzieren

Wird eine Potenz potenziert, kann man zuerst die äußere Potenz als Produkt schreiben. Anschließend kann man die innere Potenz als Produkt schreiben. Im folgenden Beispiel tritt die Basis 4 insgesamt 6-mal als Faktor auf. Das Produkt kann daher mit dem Exponenten 6 geschrieben werden.

$$(4^3)^2 = 4^3 \cdot 4^3 = \underbrace{4 \cdot 4 \cdot 4 \cdot 4 \cdot 4 \cdot 4}_{3 \cdot 2 = 6 \text{ Faktoren}} = 4^{3 \cdot 2} = 4^6$$

> **Wissen: Potenzgesetz beim Potenzieren von Potenzen**
> Für alle Zahlen $a \neq 0$ und alle ganzzahligen Exponenten m und n gilt:
> $(a^m)^n = a^{m \cdot n}$ Beim Potenzieren von Potenzen wird die **Basis beibehalten**.
> Die **Exponenten werden multipliziert**.

Beispiel 2: Fasse zu einer Potenz zusammen.
   a) $(5^2)^{-4}$
   b) $(x^{-1})^{-2}$

Lösung:
a) Behalte die Basis 5 bei und multipliziere $(5^2)^4 = 5^{2 \cdot (4)} = 5^8$
   die Exponenten: $2 \cdot 4 = 8$.

b) Behalte die Basis x bei und multipliziere $(x^{-1})^{-2} = x^{(-1) \cdot (-2)} = x^2$
   die Exponenten: $(-1) \cdot (-2) = 2$.

Basisaufgaben

5. Fasse zu einer Potenz zusammen.
   a) $(10^2)^5$
   b) $(5^3)^{-2}$
   c) $(a^2)^6$
   d) $(b^{-3})^3$
   e) $((0{,}75b)^3)^{-2}$

6. Schreibe die Potenz ausführlich mit Faktoren und zeige, dass die Gleichung stimmt.
   a) $(6^4)^2 = 6^8$
   b) $(a^{-3})^2 = a^{-6}$
   c) $(a^{-2})^{-3} = a^6$

7. Fasse zu einer Potenz zusammen. Schreibe ohne Klammern.
   a) $(-3^2)^3$
   b) $((-2)^4)^3$
   c) $(-x^3)^{-1}$
   d) $(-z^3)^4$
   e) $(-(-2^{-2}))^3$
   f) $(x^{n+1})^2$
   g) $(a^3)^{n-1}$
   h) $(3xy^2)^4$
   i) $\frac{(a^3 \cdot b^4)^3}{(a^2 \cdot b^3)^2}$
   j) $((-3)^3)^2$

8. Berechne und vergleiche.
   a) $(2^2)^2$ und $2^{(2^2)}$
   b) $(2^5)^3$ und $2^{(5^3)}$
   c) $(4^{-3})^2$ und $4^{((-3)^2)}$

9. Schreibe als eine Potenz mit möglichst kleiner natürlicher Basis.
   Beispiel: $8^2 = (2^3)^2 = 2^6$
   a) 9^2
   b) 25^3
   c) $4^3 \cdot 2^4$
   d) 16^3
   e) 81^2

10. Vereinfache die Terme $(a^3)^2$; $(-a^3)^2$ und $(-a^2)^3$ und vergleiche.
    Beschreibe Gemeinsamkeiten und Unterschiede.

2.4 Potenzgesetze

Potenzen mit gleichem Exponenten

Um Potenzen mit gleichem Exponenten zu multiplizieren, kann man die Potenzen als Produkte schreiben und nach dem Kommutativgesetz umsortieren. Im folgenden Beispiel treten die Basis 2 und die Basis 5 jeweils 3-mal auf. Der neue Faktor $2 \cdot 5$ tritt 3-mal auf.

$$2^3 \cdot 5^3 = \underbrace{2 \cdot 2 \cdot 2}_{\text{3 Faktoren}} \cdot \underbrace{5 \cdot 5 \cdot 5}_{\text{3 Faktoren}} = \underbrace{(2 \cdot 5) \cdot (2 \cdot 5) \cdot (2 \cdot 5)}_{\text{3 Faktoren}} = (2 \cdot 5)^3 = 10^3 \qquad 4^2 : 3^2 = \underbrace{\frac{4 \cdot 4}{3 \cdot 3}}_{\text{2 Faktoren}} = \underbrace{\frac{4}{3} \cdot \frac{4}{3}}_{\text{2 Faktoren}} = \left(\frac{4}{3}\right)^2$$

Beim Dividieren von Potenzen mit gleichem Exponenten kann man genauso vorgehen. Im Beispiel oben treten Zähler und Nenner jeweils 2-mal auf, also tritt der einzelne Bruch $\frac{4}{3}$ ebenfalls 2-mal auf.

> **Wissen: Potenzgesetze bei gleichem Exponenten**
> Für alle Zahlen $a \neq 0$ und $b \neq 0$ und alle ganzzahligen Exponenten n gilt:
> $a^n \cdot b^n = (a \cdot b)^n$ Beim Multiplizieren von Potenzen mit gleichem Exponenten wird der **Exponent beibehalten**. Die **Basen werden multipliziert**.
> $a^n : b^n = \frac{a^n}{b^n} = \left(\frac{a}{b}\right)^n$ Beim Dividieren von Potenzen mit gleichem Exponenten wird der **Exponent beibehalten**. Die **Basen werden dividiert**.

Beispiel 3: Fasse zu einer Potenz zusammen.
a) $5^{-4} \cdot 2^{-4}$ b) $14^3 : 7^3$ c) $\frac{(ab)^2}{a^2}$

Lösung:
a) Behalte den Exponenten -4 bei und multipliziere die Basen: $5 \cdot 2 = 10$. $5^{-4} \cdot 2^{-4} = (5 \cdot 2)^{-4} = 10^{-4}$

b) Behalte den Exponenten 3 bei, dividiere die Basen $(14 : 7 = 2)$ und kürze. $14^3 : 7^3 = \left(\frac{14}{7}\right)^3 = 2^3$

c) Behalte den Exponenten 2 bei, dividiere die Basen $(ab : a)$ und kürze. $\frac{(ab)^2}{a^2} = \left(\frac{ab}{a}\right)^2 = b^2$

Basisaufgaben

11. Fasse zu einer Potenz zusammen.
a) $2^5 \cdot 3^5$ b) $2^{-4} \cdot 9^{-4}$ c) $2^3 : 8^3$ d) $5^4 : 2^4$ e) $32^4 : 16^4$
f) $a^4 : b^4$ g) $x^3 \cdot y^3$ h) $u^{-2} \cdot v^{-2}$ i) $3^{-3} \cdot (2x)^{-3}$ j) $a^5 \cdot \frac{b^5}{a^5}$

12. Schreibe die Potenzen ausführlich mit Faktoren und begründe, dass die Gleichung stimmt.
a) $3^{-3} \cdot 2^{-3} = 6^{-3}$ b) $a^{-2} \cdot b^{-2} = (ab)^{-2}$ c) $x^3 \cdot x^3 = x^6$ d) $x^3 : y^3 = \left(\frac{x}{y}\right)^3$

13. Berechne den Termwert.
a) $3^4 : 6^4$ b) $2^2 \cdot 3^2$ c) $5^2 \cdot 12^2$ d) $6^{-4} : 2^{-4}$ e) $2{,}5^{-2} \cdot 2^{-2}$
f) $0{,}6^2 : 2^2$ g) $(-4)^4 \cdot \left(\frac{1}{4}\right)^4$ h) $4^3 : 6^3$ i) $\left(\frac{2}{3}\right)^{-2} \cdot 12^{-2}$ j) $(-2)^4 \cdot 5^4$

Hinweis zu 13:
Die Lösungen findest du hier.

14. Vereinfache den Term.
a) $(p+q)^2 (p-q)^2$ b) $(x-1)^{-2} \cdot (x-1)^{-2}$ c) $\left(\frac{1}{2u}\right)^3 : \left(\frac{1}{2}\right)^3$ d) $\left(\frac{1}{ab}\right)^{-2} \cdot a^{-2}$
e) $\left(x^2 - y^2\right)^3 : (x+y)^3$ f) $(a+b)^4 : (a^2 - b^2)^4$ g) $(ab)^{-2} : (ac)^{-2}$ h) $(xy)^3 : y^3$

Weiterführende Aufgaben

15. Vereinfache. Gib an, welches Potenzgesetz du verwendest.
a) $(5^{-4})^{-1}$
b) $7^{18} : 7^{19}$
c) $\dfrac{5 \cdot 6^3}{30^3}$
d) $16^3 : 2^2$
e) $6^5 \cdot 36$

16. Ordne zu: Auf welchen Kärtchen stehen äquivalente Terme?

① $10^{-1} \cdot 10$
② $a^2 \cdot b^2 \cdot (a \cdot b)^{-2}$
③ $\dfrac{2^3}{16 \cdot 2^{-1}}$
④ $\left(\dfrac{1}{2}\right)^{-2} \cdot \dfrac{1}{4}$
⑤ $\dfrac{5^3 \cdot (2^2)^3 \cdot 5^{-1}}{4^3 \cdot 5^2}$
⑥ $\dfrac{2 \cdot b^{-2}}{(0{,}5 \, a \, b)^{-1}}$
⑦ $\dfrac{(a^2)^2 \cdot (b^2)^3 \cdot b^{-1}}{a^3 \cdot b^6}$
⑧ $\dfrac{(2^3)^{-2} \cdot b^{-3} \cdot 2^4 \cdot a^3}{a^2 \cdot (2b)^{-2}}$

17. Schreibe als eine Potenz und berechne. Begründe, ob der Einsatz eines Taschenrechners sinnvoll ist.
a) $(-2)^3 \cdot (-2)^5$
b) $\left(\dfrac{3}{4}\right)^3 : \left(\dfrac{3}{4}\right)^2$
c) $(0{,}25)^8 \cdot \left(\dfrac{1}{4}\right)^2$
d) $0{,}5^3 : 0{,}5^{-2}$
e) $(-z)^{-7} \cdot (-z)^{-2}$
f) $(9a)^3 : (9a)^{-8}$
g) $(-10)^2 \cdot 8^2$
h) $4^{-3} : 0{,}25^{-3}$
i) $\left(\dfrac{1}{3}\right)^5 \cdot \left(\dfrac{2}{9}\right)^5$
j) $(100\,a\,b)^2 : (4\,a)^2$
k) $\left(\dfrac{1}{2}a\,x^2\right)^6 : (4\,b\,x)^6$
l) $(-3\,x\,y)^{-5} \cdot \left(\dfrac{6}{y}\right)^{-5}$

18. Stolperstelle: Erkläre die Fehler, die gemacht wurden, und korrigiere sie.
a) $5^3 + 4^3 = (5+4)^3 = 9^3$
b) $2^4 \cdot 3^5 = (2 \cdot 3)^{4+5} = 6^9$
c) $4^2 - (-4)^3 = 4^1$
d) $(a+2)^3 = a^3 + 2^3$
e) $2^6 + 2^6 = 2^{12}$
f) $(3^2)^4 = 3^{(2^4)} = 3^{16}$

19. a) Berechne und vergleiche. ① $2^3 + 2^2$ und 2^5 ② $3^{-3} + 3^{-2}$ und 3^{-5}.
b) Erkläre, warum man Potenzen mit gleicher Basis nicht addieren oder subtrahieren darf, indem man die Exponenten addiert bzw. subtrahiert.

20. Fasse zusammen. Beispiel: $7 \cdot 2^3 - 4 \cdot 2^3 = 3 \cdot 2^3$
a) $3 \cdot 4^2 + 5 \cdot 4^2$
b) $2 \cdot 6^4 - 3 \cdot 6^4$
c) $-3^{-3} - 3 \cdot 3^{-3}$
d) $3a^3 + 4a^3 - 2a^3$
e) $4x^{-1} - 12x^{-1} + y^{-1}$
f) $0{,}25\,a^4 - 0{,}75\,a^4 + 4\,a^4$
g) $\dfrac{1}{4}a^3 + \dfrac{2}{5}a^3$
h) $a^n - (a^n - (a^n + a^n))$
i) $x^4 + 4x^3 + 4x^2 - (x^5 + 4x^4 + 4x^3)$

21. Berechne. Nutze den Taschenrechner so wenig wie möglich. Runde, falls erforderlich, auf zwei Nachkommastellen.
a) $2^4 \cdot 5^4$
b) $2{,}5^{-2} \cdot 2^{-2}$
c) $4^4 \cdot 4^{-8}$
d) $3{,}5^2 : 2^2$
e) $(-4)^6 \cdot 25^6$
f) $\left(\dfrac{1}{10}\right)^{-3} \cdot 5{,}1^{-3}$
g) $2^{15} \cdot 0{,}5^{15}$
h) $\left(\dfrac{3}{2}\right)^2 \cdot 1{,}5^{-2}$
i) $\left(\dfrac{2}{5}\right)^4$
j) $4^6 : 4^{-4}$

22. Schreibe die Basis (bzw. die Basen) als Potenz und überprüfe.
Beispiel: $16^5 > 2^{19}$? Schreibe $16^5 = (2^4)^5 = 2^{20}$ und $2^{20} > 2^{19}$ ✓
a) $100^5 < 11^{10}$
b) $8^2 > 4^3$
c) $9^4 > 4^8$
d) $\left(\dfrac{1}{36}\right)^{-3} = 9^3 \cdot 2^6$
e) $144^3 < 3^4 \cdot \left(\dfrac{1}{2}\right)^{-12}$

23. Schreibe als eine Potenz.
a) $4^{3s}\,5^{3s}$
b) $x^{2t}\,y^{2t}$
c) $(a+b)^x (a-b)^x$
d) $z^{4t}\,u^{4t}$
e) $x^3 \cdot x^b$
f) $z^{n+1} \cdot z^n$
g) $b^x \cdot b^{x-1}$
h) $(x^4)^k$
i) $(a^k)^{k+1}$
j) $(b^s)^s$

24. Finde die größte Zahl, die sich mit drei Dreien berechnen lässt. Erlaubt sind zusätzlich Klammern und Rechenzeichen. Vergleicht eure Ergebnisse untereinander.

25. Untersuche, ob zwei Potenzen gleich sein können, wenn die beiden Basen übereinstimmen, die zwei Exponenten aber verschieden sind.

2.4 Potenzgesetze

26. a) Zeige, dass $\left(\frac{a}{b}\right)^{-n} = \left(\frac{b}{a}\right)^n$ und $a^{-n} = \left(\frac{1}{a}\right)^n$ gilt.

b) Schreibe mithilfe der Gleichungen aus a) ohne negative Exponenten.

① $\left(\frac{x}{y}\right)^{-3}$ ② $\left(\frac{a}{b}\right)^{-4}$ ③ $\left(\frac{1}{a+b}\right)^{-1}$ ④ $\left(\frac{a+b}{a-b}\right)^{-2}$ ⑤ $\left(\frac{u+v+w}{u-v-w}\right)^{-3}$

⑥ b^{-3} ⑦ $(a+b)^{-2}$ ⑧ $\left(\frac{5}{x}\right)^{-3}$ ⑨ $\left(\frac{1}{\pi}\right)^{-2}$ ⑩ $\left(\frac{s^2}{kg \cdot m}\right)^{-1}$

CAS 27. a) Beschreibe, wie das CAS die eingegebenen Terme umgeformt hat. Überprüfe anhand selbstgewählter Beispiele, wie ein CAS Terme mit Potenzen umformt. Beschreibe deine Beobachtungen.

b) Forme den Term mit einem CAS um.

① $(a^{-3} - 1)(a^{-3} + 1) - \frac{1}{a^5}$

② $a^4 \cdot a^{-3} + (2a^{-2} + a^3) \cdot a^2$

③ $3a^n(2 - a^{n-2}) + 0{,}5 a^{-2}(a^{2n} - 4a^{n+2})$

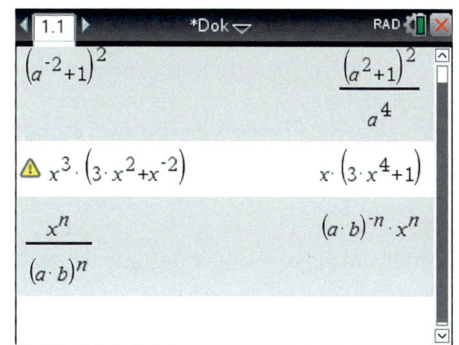

28. Löse die Klammern auf.

a) $(a^3 + a^4) \cdot a^5$ b) $(x^4 - x^3 + x^2) \cdot x^3$ c) $(2t^4 + 3t^5 - t) \cdot t^2$

d) $4ab - 3(a^6 - a^2)$ e) $(a^{-3} + a^{-2}) \cdot a^4$ f) $7xyz(x^2y^3 - xy^2z)$

29. Klammere die höchsten Potenzen aus.

a) $q^6 + q^4 + q^3$ b) $5x^4 + 25x^8$ c) $x^3 - x^2 + x$

d) $x^2y^3 + xy^2 - x^3y$ e) $r^{-5}s^{-3} + r^{-2}s$ f) $-x^3z^2 - xz^2 - 3xz^{-2}$

30. Vereinfache mithilfe der Potenzgesetze so weit wie möglich. Notiere zuerst, welche Bedingungen die Variablen erfüllen müssen.

a) $(a \cdot b)^{-6}$ b) $(-a)^4 \cdot (-a)^4$ c) $(-a)^4 \cdot (-a)^{-4}$

d) $a^{-2n} : (a^2)^n$ e) $\frac{(6abx)^3}{(4ab)^4} \cdot \frac{(10aby)^4}{(-3ax)^3} \cdot \frac{2}{(25by)^2}$ f) $(3x^{-3} - x^{-5}) : x^{-6}$

g) $\frac{a^4}{a^6} \cdot \frac{b^2}{b^3}$ h) $\frac{rr^3}{r} \cdot \frac{s^{-10}}{s^6}$ i) $\frac{(a+b)^2}{(a+b)^3} \cdot \frac{(a-b)^{-5}}{(a-b)^{-4}}$

31. Überprüfe die Ergebnisse.

a) $\frac{(x+y)^2}{(x-y)^2} \cdot \frac{x^2-y^2}{x+y} = \frac{(x+y)^2 \cdot (x-y)^2}{(x-y)^2 \cdot (x+y)} = x+y$ b) $\frac{x^3}{x^2} + \frac{x^2}{x^3} = \frac{x^3 + x^2}{x^2 + x^3} = 1$ c) $x^7 \cdot x^3 - x^{21} = 0$

32. Sind die folgenden Aussagen wahr oder falsch? Begründe deine Antwort.

a) Für alle geraden natürlichen Zahlen p gilt: Wenn $a \neq 0$, dann gilt $a^p > 0$.

b) Für alle geraden natürlichen Zahlen p gilt: Wenn $a \neq 0$, dann gilt $a^{-p} < 0$.

c) Formuliere Aussagen wie in a) für alle ungeraden natürlichen Zahlen.

● **33.** Bringe die Brüche auf einen Nenner und vereinfache.

a) $\frac{1}{x^3} - \frac{x-1}{x^4}$ b) $\frac{1+x^2}{x^5} - \frac{1}{x^2}$ c) $\frac{1+x}{x^n} - \frac{1-x}{x^{n-1}} - \frac{1}{x^{n-2}}$

d) $n + \frac{2n}{n^2-1} + \frac{n}{n+1}$ e) $n^2 + n + \frac{n^3-n}{n^2+1}$ f) $\frac{1-2x^2}{x^2} - \frac{3x-2}{x^{n-2}} + \frac{3}{x^{n-4}}$

● **34.** a) Begründe folgende Aussage: „Das Produkt zweier Quadratzahlen ist wieder eine Quadratzahl."

b) Prüfe die Aussage: „Das Produkt von Kubikzahlen ist wieder eine Kubikzahl." Begründe deine Antwort.

35. Stelle zu den Würfelfiguren Terme für den Oberflächeninhalt und das Volumen auf. Finde zu diesen Termen möglichst viele äquivalente Terme.

36. Schreibpapier hat eine Dicke von etwa 0,1 mm. Die mittlere Entfernung zwischen Erde und Mond beträgt $3{,}8 \cdot 10^8$ m. Berechne, wie oft man ein Blatt Papier falten müsste, um einen Stapel herzustellen, der bis zum Mond reicht.

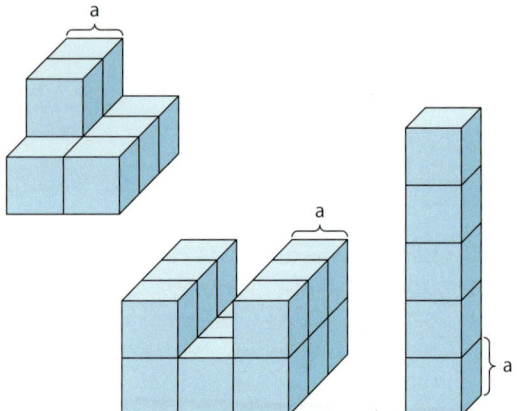

37. Ein Zufallsexperiment besteht aus sechs Ziehungen. In jeder Ziehung wird gleichzeitig aus den drei Gefäßen jeweils eine Kugel gezogen und wieder zurückgelegt. In den Kugeln befinden sich Zettel mit den Zahlen 1 bis 10 (je einmal pro Gefäß). Berechne die Anzahl der möglichen Ergebnisse des Zufallsexperiments.

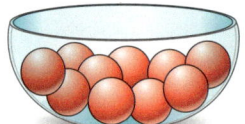 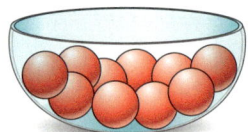 

Hinweis zu 38:
$s = v \cdot t$

38. Unsere Erde umkreist die Sonne mit einer Umlaufgeschwindigkeit von etwa 29 km s^{-1}. Berechne, welche Strecke die Erde täglich bzw. jährlich zurücklegt.

Hinweis zu 39:
Recherchiere die benötigten Größen und Konstanten.
Nutze zum Beispiel ein Nachschlagewerk.

39. Der bedeutende Physiker Isaac Newton (1643–1727) hat beschrieben, dass die Anziehung zwischen zwei Körpern nur von ihren Massen und ihrem Abstand abhängt. Er formulierte das Gravitationsgesetz:
$F = G \cdot \dfrac{m_1 \cdot m_2}{r^2}$. Dabei ist G die Gravitationskonstante, m_1, m_2 sind die Massen in kg und r ist der Abstand der beiden Massen von ihren Mittelpunkten in m.
Mit welcher Kraft ziehen sich Mond und Erde gegenseitig an?

40. Kondensatoren dienen als Speicher für Ladung und Energie. Die Kapazität eines Plattenkondensators berechnet sich nach der Formel: $C = \varepsilon_0 \cdot \varepsilon_r \cdot \dfrac{A}{d}$. Dabei ist A die Plattenoberfläche, d der Plattenabstand, $\varepsilon_0 = 8{,}85 \cdot 10^{-12} \dfrac{A_s}{V_m}$ (elektrische Feldkonstante) und ε_r die Dielektrizitätszahl.
Berechne die Kapazität, wenn die Plattenfläche A = 4 cm^2, der Abstand zwischen den Platten d = 1 cm und ε_r = 100 ist.

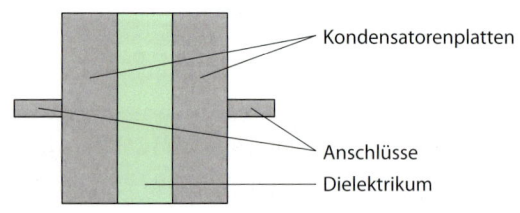

41. **Ausblick:** Gleichungen der Form $x^3 = a$ nennt man **kubische Gleichungen**.
    a) Bestimme die Lösungsmenge der kubischen Gleichung.
       ① $x^3 = 8$ ② $x^3 = 0$ ③ $x^3 = -125$
    b) Betrachte die Gleichung $x^3 = a$. Zeige durch Einsetzen, dass für $a > 0$ die Lösungsmenge $L = \{\sqrt[3]{a}\}$, für $a = 0$ die Lösungsmenge $L = \{\}$ und für $a < 0$ $L = \{-\sqrt[3]{-a}\}$ ist.

2.5 n-te Wurzeln und Potenzen mit rationalen Exponenten

$\sqrt[2]{4} = \sqrt[2]{2^2} = 2$
$\sqrt[3]{8} = \sqrt[3]{2^3} = 2$, also ist
$\sqrt[4]{16} = \sqrt[4]{2^4} = 2$

■ Setze Leons Überlegungen fort und berechne
$\sqrt[5]{32}$, $\sqrt[6]{64}$ und $\sqrt[5]{243}$ ■

Erinnere dich:
Beim Quadratwurzelziehen aus einer nichtnegativen Zahl a muss eine nichtnegative Zahl b gefunden werden, für die gilt: $b^2 = a$.

n-te Wurzel

Neben zweiten und dritten Wurzeln gibt es auch vierte Wurzeln, fünfte Wurzeln, …

Erinnere dich:
Statt $\sqrt[2]{a}$ schreibt man meistens $\sqrt{a}$.
zweite Wurzeln nennt man **Quadratwurzeln**, dritte Wurzeln nennt man **Kubikwurzeln**.

> **Wissen: n-te Wurzel**
> Die **n-te Wurzel** aus einer nichtnegativen Zahl a ist diejenige nichtnegative Zahl b, für die gilt: $b^n = a$ (n ist eine natürliche Zahl, n ≥ 2).
> Schreibweise: $b = \sqrt[n]{a}$ (a heißt **Radikand**, n heißt **Wurzelexponent**).
> Das Ermitteln der n-ten Wurzel aus einer Zahl nennt man **Radizieren** oder **Wurzelziehen**.
> Die n-te Wurzel aus negativen Zahlen ist nicht definiert.

Hinweis:
Das Radizieren ist eine Umkehroperation des Potenzierens.

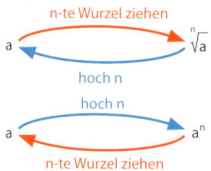

> **Beispiel 1:**
> a) Berechne $\sqrt[3]{125}$ ohne Taschenrechner.   b) Berechne $\sqrt[4]{16}$ ohne Taschenrechner.
> c) Berechne $\sqrt[5]{10}$ mit einem Taschenrechner. Runde das Ergebnis auf Tausendstel.
>
> **Lösung:**
> a) Suche diejenige nichtnegative Zahl b, für die $b^3 = 125$ ist. $\sqrt[3]{125} = 5$, denn $5^3 = 125$.
>
> b) Suche diejenige nichtnegative Zahl b, für die $b^4 = 16$ ist. $\sqrt[4]{16} = 2$, denn $2^4 = 16$.
>
> c) Wähle eine geeignete Tastenfolge. Runde das Ergebnis auf drei Stellen nach dem Komma.
> $\sqrt[5]{10} \approx 1{,}585$
> Mögliche Tastenfolge: [10] [2nd] [y^x] [5]
> oder [10] [Shift] [$x^{\frac{1}{y}}$] [5]

Hinweis:
Auf einigen Taschenrechnern ist die Taste [$\sqrt[x]{y}$] die Zweitbelegung der Potenztaste. Auf anderen Taschenrechnern benötigt man die Taste [$x^{\frac{1}{y}}$].

Basisaufgaben

1. Berechne ohne Taschenrechner.
   a) $\sqrt{121}$ b) $\sqrt{49}$ c) $\sqrt{\frac{1}{81}}$ d) $\sqrt[3]{64}$ e) $\sqrt[4]{81}$
   f) $\sqrt[5]{32}$ g) $\sqrt[7]{1}$ h) $\sqrt[4]{625}$ i) $\sqrt[4]{0{,}0001}$ j) $\sqrt[3]{0{,}027}$

2. Berechne ohne Taschenrechner.
   a) $\sqrt[3]{\frac{1}{8}}$ b) $\sqrt[4]{\frac{1}{16}}$ c) $\sqrt[2]{\frac{4}{9}}$ d) $\sqrt[3]{\frac{216}{64}}$ e) $\sqrt[3]{\frac{343}{8}}$

3. Gib an, zwischen welchen beiden natürlichen Zahlen der Wert der Wurzel liegt. Verwende keinen Taschenrechner.
   a) $\sqrt[3]{20}$ b) $\sqrt[3]{100}$ c) $\sqrt[4]{100}$ d) $\sqrt[3]{250}$ e) $\sqrt[3]{1000}$

4. Berechne mit einem Taschenrechner. Runde auf Tausendstel. Prüfe durch Potenzieren.
   a) $\sqrt[3]{10}$ b) $\sqrt[4]{100}$ c) $\frac{1}{\sqrt[4]{5}}$ d) $\sqrt[5]{100}$ e) $-\frac{1}{\sqrt{8}}$

Potenzen mit rationalen Exponenten

Mithilfe der n-ten Wurzeln kann man Potenzen auch für rationale Exponenten definieren und zwar so, dass die Potenzgesetze weiterhin gültig sind.
Damit das Potenzgesetz für das Potenzieren von Potenzen auch für Potenzen mit rationalen Exponenten gilt, muss beispielsweise gelten: $4^{\frac{3}{2}} = 4^{3 \cdot \frac{1}{2}} = (4^3)^{\frac{1}{2}} = \sqrt[2]{4^3}$

Allgemein: $a^{\frac{m}{n}} = (a^m)^{\frac{1}{n}} = \sqrt[n]{a^m}$ und $a^{\frac{m}{n}} = (a^{\frac{1}{n}})^m = (\sqrt[n]{a})^m$ (für a > 0; n, m ganze Zahlen, n ≥ 2)

Deshalb legt man für positive Basen a fest, dass $a^{\frac{m}{n}}$ die n-te-Wurzel aus a^m ist.

> **Wissen: Potenzen mit rationalen Exponenten**
> Für positive Zahlen a und ganze Zahlen m und n mit n ≥ 2 wird festgelegt:
> $a^{\frac{m}{n}}$ ist die n-te Wurzel aus a^m, Kurzschreibweise: $a^{\frac{m}{n}} = \sqrt[n]{a^m}$
> Der Nenner n des Bruchs $\frac{m}{n}$ ist der Wurzelexponent, der Zähler m ist der Exponent des Radikanden.
> Als Spezialfall für m = 1 ergibt sich: $a^{\frac{1}{n}} = \sqrt[n]{a}$
> Beispiele: $2^{\frac{1}{2}} = \sqrt[2]{2}$; $4^{\frac{2}{3}} = \sqrt[3]{4^2}$; $3^{-\frac{3}{4}} = \sqrt[4]{3^{-3}} = \sqrt[4]{\frac{1}{3^3}}$; $\sqrt[10]{2} = 2^{\frac{1}{10}}$

> **Beispiel 2: Umwandeln von Wurzeln in Potenzen und von Potenzen in Wurzeln**
> a) Schreibe die Wurzel als Potenz.
>   ① $\sqrt{3}$ ② $\sqrt[4]{2^{-3}}$ ③ $\sqrt[4]{12^2}$
> b) Schreibe die Potenz mit Wurzelzeichen und berechne im Kopf.
>   ① $16^{\frac{1}{4}}$ ② $9^{\frac{3}{2}}$ ③ $16^{-\frac{1}{2}}$

Lösung:

a) ① Ergänze 2 auf der Wurzel und schreibe die 2 als Nenner des Bruchs im Exponenten.

$\sqrt{3} = \sqrt[2]{3} = 3^{\frac{1}{2}}$

② Der Wurzelexponent 4 ist der Nenner, der Exponent −3 der Zähler des Bruchs des Exponenten.

$\sqrt[4]{2^{-3}} = 2^{-\frac{3}{4}}$

③ Gehe analog zu ② vor. Der Bruch im Exponenten lässt sich kürzen.

$\sqrt[4]{12^2} = 12^{\frac{2}{4}} = 12^{\frac{1}{2}}$

b) ① Schreibe die Zahl im Nenner des Bruchs im Exponenten als Wurzelexponenten und die Zahl im Zähler als Potenz unter der Wurzel. Berechne anschließend.

$16^{\frac{1}{4}} = \sqrt[4]{16^1} = 2$

② Gehe analog zu ① vor. Durch das Vertauschen von Wurzelziehen und Potenzieren wird das Rechnen einfacher.

$9^{\frac{3}{2}} = \sqrt[2]{9^3} = (\sqrt[2]{9})^3 = 3^3 = 27$

③ Ziehe das Minuszeichen in den Zähler und gehe analog zu ① vor. Schreibe den negativen Exponenten als Bruch.
Man kann auch die Potenz gleich als Bruch schreiben.

$16^{-\frac{1}{2}} = 16^{\frac{-1}{2}} = \sqrt[2]{16^{-1}} = (\sqrt[2]{16})^{-1} = \frac{1}{\sqrt[2]{16}} = \frac{1}{4}$

Oder kürzer: $16^{-\frac{1}{2}} = \frac{1}{16^{\frac{1}{2}}} = \frac{1}{\sqrt[2]{16}} = \frac{1}{4}$

Hinweis:
$a^{-\frac{m}{n}} = \frac{1}{a^{\frac{m}{n}}}$

2.5 n-te Wurzeln und Potenzen mit rationalen Exponenten

Basisaufgaben

5. Schreibe die Wurzel als Potenz.
   a) $\sqrt{2}$
   b) $\sqrt[3]{6}$
   c) $\sqrt[4]{2^3}$
   d) $\sqrt[3]{5^{-2}}$
   e) $(\sqrt[4]{2})^3$

6. Schreibe die Wurzel als Potenz (a, b, v > 0).
   a) $\sqrt[3]{a}$
   b) $\sqrt[6]{a^3}$
   c) $\sqrt[4]{b^{-3}}$
   d) $\sqrt[7]{4v}$
   e) $\dfrac{1}{\sqrt[4]{a^3}}$

7. Schreibe mit Wurzelzeichen und berechne ohne Taschenrechner.
   a) $9^{\frac{1}{2}}$
   b) $32^{\frac{1}{5}}$
   c) $1^{\frac{1}{7}}$
   d) $144^{\frac{1}{2}}$
   e) $625^{\frac{1}{4}}$
   f) $0{,}0016^{\frac{1}{4}}$
   g) $2 : 8^{\frac{1}{3}}$
   h) $81^{\frac{1}{2}}$
   i) $\dfrac{1}{16^{\frac{1}{4}}}$
   j) $\left(\dfrac{4}{9}\right)^{\frac{1}{2}}$

8. Schreibe als Wurzel.
   a) $z^{\frac{1}{2}}$
   b) $k^{\frac{1}{3}}$
   c) $u^{\frac{4}{9}}$
   d) $j^{-\frac{1}{5}}$
   e) $v^{-\frac{1}{2}}$
   f) $d^{-\frac{6}{5}}$
   g) $g^{0{,}5}$
   h) $n^{-0{,}2}$
   i) $(ab)^{\frac{1}{3}}$
   j) $\left(\dfrac{a}{b}\right)^{-\frac{2}{3}}$

9. Schreibe die Wurzel als Potenz und vereinfache, falls möglich.
   a) $\sqrt[2]{(ma)^4}$
   b) $\sqrt[9]{(4kl)^{-3}}$
   c) $\sqrt[3]{a^{-3}}$
   d) $\sqrt[3]{\dfrac{1}{e}}$
   e) $\sqrt[3]{ab^2}$
   f) $\sqrt{x^n}$
   g) $\dfrac{1}{\sqrt{b}}$
   h) $\dfrac{1}{\sqrt[3]{3^4}}$
   i) $\dfrac{1}{3\sqrt{3}}$
   j) $\left(\sqrt[4]{\dfrac{1}{x}}\right)^{-3}$

Hinweis zu 7:
Die Lösungen findest du hier. Manche Lösungen kommen doppelt vor.

$\frac{1}{2}$ — 5 — $\frac{2}{3}$
3 — 9
0,2 — 12
2 — 1

Hinweis zu 8:
Steht eine Dezimalzahl im Exponenten, so wandle sie in einen Bruch um.
Beispiel: $3^{0{,}1} = 3^{\frac{1}{10}} = \sqrt[10]{3}$

Weiterführende Aufgaben

10. Vereinfache ohne zu rechnen. Stelle eine allgemeine Regel auf.
    a) $\left(\sqrt[4]{16}\right)^4$
    b) $\left(\sqrt[9]{25}\right)^9$
    c) $\sqrt[7]{17^7}$
    d) $\left(\sqrt[8]{10}\right)^{-8}$
    e) $\sqrt[11]{11^{-11}}$

11. Berechne ohne Taschenrechner.
    a) $32^{\frac{2}{5}}$
    b) $16^{\frac{3}{2}}$
    c) $(9^4)^{\frac{1}{8}}$
    d) $(16^2)^{0{,}25}$
    e) $\sqrt[4]{25^2}$
    f) $\sqrt[3]{7^3}$
    g) $\sqrt[3]{5^6}$
    h) $8^{-\frac{2}{6}}$
    i) $\dfrac{1}{\sqrt[4]{4^2}}$
    j) $625^{-\frac{3}{12}}$

12. Berechne die Wurzeln und Potenzen. Ordne die Lösungen der Größe nach, beginne mit der kleinsten. Dadurch erhältst du ein Lösungswort. Vier Aufgaben sind nicht lösbar, diese bilden den zweiten Teil des Lösungswortes.

N 6^{-2}	T 5^{-2}	B $\sqrt[3]{-125}$	I $\sqrt[4]{3^4}$
M $-\sqrt[2]{3^4}$	K $\sqrt[2]{-16}$	I $(-100)^{\frac{1}{2}}$	U $-\sqrt[3]{8}$
N $4^{\frac{5}{2}}$	E $(-25)^{\frac{1}{5}}$	O $-8^{\frac{2}{3}}$	A $\sqrt[3]{8}$

13. Überschlage zuerst. Berechne dann mit dem Taschenrechner und runde sinnvoll.
    a) $\sqrt{1648}$
    b) $\sqrt{0{,}54}$
    c) $\sqrt{14728{,}2}$
    d) $\sqrt{0{,}000\,946}$
    e) $\sqrt[3]{77{,}23}$
    f) $\sqrt[3]{0{,}028}$
    g) $\sqrt[3]{71\,348}$
    h) $\sqrt[3]{0{,}031\,28}$

14. Welche Terme sind zu $\left(\dfrac{1}{2}\right)^{-\frac{1}{2}}$ äquivalent? Begründe deine Antwort.
    a) $0{,}5^{-0{,}5}$
    b) $2^{-\frac{1}{2}}$
    c) $\dfrac{1}{\sqrt{2}}$
    d) $\sqrt{2}$
    e) $2^{\frac{1}{2}}$
    f) $\sqrt{\left(\dfrac{1}{2}\right)^{-1}}$

15. Stolperstelle: Überprüfe die folgenden Rechnungen. Beschreibe und korrigiere die Fehler.
  a) $\sqrt[2]{a^3} = a^{\frac{2}{3}}$ b) $\sqrt[5]{(-1)^3} = -1$ c) $\sqrt{4 \cdot x^3} = (4x)^{\frac{3}{2}}$ d) $\sqrt{a^2 - 1} = \sqrt{a^2} - \sqrt{1} = a - 1$

16. Berechne den Termwert mit einem Taschenrechner auf Hundertstel genau. Kontrolliere durch einen anderen Rechenweg oder eine andere Tastenfolge.
  a) $4^{\frac{2}{3}}$ b) $9^{\frac{3}{4}}$ c) $5^{-\frac{3}{5}}$ d) $\sqrt[3]{6^2}$
  e) $\sqrt[6]{10^3}$ f) $0{,}5 \cdot \sqrt[3]{7}$ g) $\sqrt{2} + \sqrt[3]{3}$ h) $\left(2{,}5 - \frac{1}{4}\right)^{-0{,}5}$
  i) $\frac{\sqrt{5}}{2^3}$ j) $\sqrt[5]{2^{-4}}$ k) $\sqrt[3]{2} + \sqrt{3}$ l) $\frac{\sqrt[3]{2}}{\sqrt{3}}$

17. Berechne im Kopf die Basis. Kontrolliere dein Ergebnis mit dem Taschenrechner.
  a) $x^{\frac{5}{3}} = 32$ b) $x^{\frac{2}{3}} = 9$ c) $x^{\frac{3}{4}} = 8$ d) $x^{\frac{2}{3}} = 625$

18. Schreibe ohne Wurzelzeichen.
  a) $\sqrt[3]{(a+b)^2}$ b) $\sqrt[3]{(x-1)^2}$ c) $\sqrt{x^3 + y^3}$ d) $\sqrt[5]{(a \cdot b)^3}$
  e) $\frac{-3}{\sqrt[n]{a-b}}$ f) $\frac{1}{\sqrt[12]{8}}$ g) $\sqrt{(a-b)(a+b)}$ h) $\sqrt{1 - x^2}$

19. Definitionsbereich von Wurzeltermen: Bei Wurzeltermen mit Variablen bezeichnet man die Menge aller Zahlen, für die der Radikand nicht negativ ist, als Definitionsbereich. Ist der Radikand ein Bruch, so muss man darauf achten, dass der Nenner nicht null wird. Bestimme den Definitionsbereich des Wurzelterms.
  a) $\sqrt{3 - x}$ b) $\sqrt{9x + 14}$ c) $\sqrt[3]{-5(2x + 3)}$ d) $\sqrt{\frac{1}{4a - 1}}$
  e) $\sqrt{\frac{3b - 2}{1 + b^2}}$ f) $\sqrt{\frac{a}{16 - a^2}}$ g) $\sqrt{\frac{7}{x^2 + 8x + 6}}$ h) $\sqrt[3]{3a^2 - 15a}$

20. Luca behauptet: „a^n ist stets größer als a und $\sqrt[n]{a}$ ist immer kleiner als a." Hat Luca recht?

21. Herr Mustermann beteiligt sich an einem Glücksspiel und erhält zu Beginn 15 Punkte. Er setzt diese 15 Punkte und gewinnt. Er erhält das x-Fache seines Einsatzes. Er setzt wieder alles, gewinnt wieder und besitzt nun das x-Fache des zweiten Einsatzes usw. Auf diese Weise hat er nach 7 Spielen 245 760 Punkte erreicht. Wie groß ist der Wert von x?

22. Bestimme jeweils die Kantenlänge a des Würfels.
  a) Die Oberfläche ist O = 864 cm².
  b) Das Volumen ist V = 3375 dm³.
  c) Ein großer Würfel mit einem Volumen von 2744 cm³ setzt sich aus acht gleich großen Würfeln mit der Kantenlänge a zusammen.
  d) Der Würfel hat das gleiche Volumen wie ein Quader (8 cm lang, 4 cm breit, 2 cm hoch).

23. Ausblick: Ein Klavier hat 88 Tasten. Der tiefste Ton A" hat eine Frequenz von 27,5 Hz. Die Frequenz der Töne zweier aufeinanderfolgender Tasten wächst jeweils um den Faktor $\sqrt[12]{2}$.
  a) Berechne die Frequenzen der zweiten, dritten und vierten Taste.
  b) Gib eine Formel zur Berechnung der Frequenz der n-ten Taste an.
  c) Überprüfe die Aussage: Die Oktave eines Tons ist der Ton mit der doppelten Frequenz.
  d) Der Kammerton ist der Ton mit der Frequenz 440 Hz. Welcher Ton ist der Kammerton?

2.6 Rechnen mit Potenzen und Wurzeln

■ Jonas behauptet: „Ich kann beweisen, dass 2 = 4 gilt!"
Finde den Fehler in Jonas' Argumentation. ■

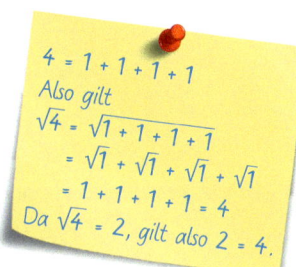

Potenzgesetze für Potenzen mit rationalen Exponenten

Man kann zeigen, dass die Potenzgesetze für Potenzen mit ganzzahligen Exponenten auch für Potenzen mit rationalen Exponenten gelten.

Wissen: Potenzgesetze bei rationalen Exponenten
Für alle positiven Zahlen a und b und alle rationalen Zahlen r und s gilt:

	Potenzen mit gleichen Basen	Potenzen mit gleichen Exponenten
Multiplizieren	$a^r \cdot a^s = a^{r+s}$	$a^s \cdot b^s = (a \cdot b)^s$
Dividieren	$\frac{a^r}{a^s} = a^{r-s}$	$\frac{a^r}{b^r} = \left(\frac{a}{b}\right)^r$
Potenzieren	$(a^r)^s = a^{r \cdot s} = (a^s)^r$	

Beispiel 1: Fasse zu einer Potenz zusammen. Schreibe das Ergebnis ohne Brüche im Exponenten.

a) $a^{\frac{1}{4}} \cdot a^{\frac{5}{4}}$ b) $a^{\frac{1}{2}} \cdot b^{\frac{1}{2}}$ c) $\left(a^{\frac{3}{8}}\right)^2$ d) $\frac{a^{\frac{2}{3}}}{a^{\frac{4}{3}}}$ e) $\frac{a^{\frac{1}{3}}}{b^{\frac{1}{3}}}$

Lösung:
Untersuche die Struktur des Terms und wende das entsprechende Potenzgesetz an.

a) $a^{\frac{1}{4}} \cdot a^{\frac{5}{4}}$ ist ein Produkt aus zwei Potenzen mit gleicher Basis.
$a^{\frac{1}{4}} \cdot a^{\frac{5}{4}} = a^{\frac{1}{4}+\frac{5}{4}} = a^{\frac{6}{4}} = a^{\frac{3}{2}} = \sqrt{a^3}$

b) $a^{\frac{1}{2}} \cdot b^{\frac{1}{2}}$ ist ein Produkt aus zwei Potenzen mit gleichen Exponenten.
$a^{\frac{1}{2}} \cdot b^{\frac{1}{2}} = (a \cdot b)^{\frac{1}{2}} = \sqrt{ab}$

c) $\left(a^{\frac{3}{8}}\right)^2$ ist eine Potenz einer Potenz.
$\left(a^{\frac{3}{8}}\right)^2 = a^{\frac{3 \cdot 2}{8}} = a^{\frac{3}{4}} = \sqrt[4]{a^3}$

d) $\frac{a^{\frac{2}{3}}}{a^{\frac{4}{3}}}$ ist ein Quotient aus Potenzen mit gleicher Basis.
$\frac{a^{\frac{2}{3}}}{a^{\frac{4}{3}}} = a^{\frac{2}{3}-\frac{4}{3}} = a^{-\frac{2}{3}} = \frac{1}{a^{\frac{2}{3}}} = \frac{1}{\sqrt[3]{a^2}}$

e) $\frac{a^{\frac{1}{3}}}{b^{\frac{1}{3}}}$ ist ein Quotient aus Potenzen mit gleichen Exponenten.
$\frac{a^{\frac{1}{3}}}{b^{\frac{1}{3}}} = \left(\frac{a}{b}\right)^{\frac{1}{3}} = \sqrt[3]{\frac{a}{b}}$

Basisaufgaben

1. Fasse zu einer Potenz zusammen. Schreibe das Ergebnis ohne Brüche im Exponenten.
   a) $10^{\frac{1}{5}} \cdot 10^{\frac{2}{5}}$ b) $3^{\frac{1}{3}} \cdot 3^{\frac{2}{3}}$ c) $10^{\frac{4}{5}} : 10^{\frac{2}{5}}$ d) $4^{\frac{1}{3}} \cdot 3^{\frac{1}{3}}$ e) $5^{\frac{2}{7}} \cdot 3^{\frac{2}{7}}$
   f) $2^{\frac{3}{5}} : 3^{\frac{3}{5}}$ g) $\left(4^{\frac{1}{2}}\right)^4$ h) $\left(8^{\frac{2}{3}}\right)^{\frac{3}{4}}$ i) $2^{\frac{1}{3}} \cdot 2^{\frac{1}{2}}$ j) $7^{\frac{2}{7}} \cdot 3^{\frac{4}{14}}$

2. Vereinfache den Term.
   a) $a^{\frac{2}{3}} \cdot a^{\frac{5}{3}}$
   b) $\left(x^{\frac{2}{3}}\right)^2 \cdot x^{\frac{2}{3}}$
   c) $y^{\frac{1}{4}} : y^{\frac{1}{2}}$
   d) $\left(a^{\frac{3}{2}}\right)^2 : \left(a^{\frac{1}{3}}\right)^6$
   e) $a^2 : a^{\frac{3}{4}}$
   f) $a^{\frac{2}{3}} \cdot b^{\frac{2}{3}}$
   g) $(xy^2)^{\frac{1}{4}} : (xy)^{0,25}$
   h) $(x^2 - 4)^{0,5} : (x-2)^{\frac{1}{2}}$
   i) $\dfrac{z^{0,5}}{z^{0,25}}$
   j) $(a^{0,25})^{0,75}$
   k) $x^{\frac{2}{7}} : y^{\frac{2}{7}}$
   l) $\left(x^{\frac{2}{3}}\right)^{\frac{6}{5}} \cdot y^{\frac{4}{5}}$

Hinweis zu 3:
Die Lösungen findest du hier. Manche Lösungen kommen doppelt vor.

3. Berechne den Termwert ohne Taschenrechner.
   a) $10^{\frac{3}{4}} \cdot 10^{\frac{1}{4}}$
   b) $5^{\frac{2}{3}} \cdot 5^{\frac{4}{3}}$
   c) $3^{0,5} \cdot 48^{0,5}$
   d) $4^{-\frac{1}{2}} \cdot 4^{\frac{3}{4}} \cdot 4^{\frac{3}{4}}$
   e) $49^{\frac{2}{3}} \cdot 49^{-\frac{1}{6}}$
   f) $\left(7^{\frac{1}{2}}\right)^2 \cdot 7^{0,5}$
   g) $25^{-\frac{1}{3}} \cdot 5^{-\frac{1}{3}}$
   h) $\left(27^{\frac{1}{3}} : 27^{\frac{1}{3}}\right)^2$
   i) $16^{0,5} : 16^{0,75}$
   j) $16^{-0,5} : 4^{-0,5}$
   k) $256^{\frac{1}{2}} : \left(256^{\frac{1}{2}}\right)^{0,5}$
   l) $8^{\frac{2}{3}} : 27^{\frac{1}{3}}$

4. Berechne mit einem Taschenrechner. Runde auf Tausendstel.
   a) $7^3 : 7^{0,5}$
   b) $5^{\frac{1}{4}} \cdot 7^{0,25}$
   c) $121^{0,2} : \left(11^{\frac{1}{10}}\right)^2$
   d) $13^2 \cdot 13^{-\frac{3}{4}}$

Wurzelgesetze

Als Spezialfall aus den Potenzgesetzen für Potenzen mit rationalen Zahlen erhält man die Wurzelgesetze.

Beispiele: $\sqrt[3]{8} \cdot \sqrt[3]{27} = 8^{\frac{1}{3}} \cdot 27^{\frac{1}{3}} = (8 \cdot 27)^{\frac{1}{3}} = \sqrt[3]{8 \cdot 27}$

$\sqrt[4]{\sqrt[3]{8}} = \left(8^{\frac{1}{3}}\right)^{\frac{1}{4}} = 8^{\frac{1}{3} \cdot \frac{1}{4}} = 8^{\frac{1}{12}} = \sqrt[12]{8}$

> **Wissen: Wurzelgesetze**
> Für alle positiven Zahlen a und b und alle natürlichen Zahlen n und m (n, m ≠ 0) gilt:
> $\sqrt[n]{a} \cdot \sqrt[n]{b} = \sqrt[n]{a \cdot b}$ $\qquad \sqrt[n]{a} : \sqrt[n]{b} = \sqrt[n]{\dfrac{a}{b}} \qquad \sqrt[m]{\sqrt[n]{a}} = \sqrt[m \cdot n]{a} = \sqrt[n]{\sqrt[m]{a}}$

> **Beispiel 2:** Vereinfache den Term mithilfe der Wurzelgesetze.
> a) $\sqrt{3} \cdot \sqrt{12}$
> b) $\sqrt{25 \cdot 9}$
> c) $\sqrt[3]{xy} \cdot \sqrt[3]{2y}$
> d) $\sqrt[3]{\sqrt[2]{c}}$

Lösung:
a) Bei einem Produkt von Wurzeln mit gleichem Wurzelexponenten kann man die Zahlen unter den Wurzeln miteinander multiplizieren und dann die Wurzel ziehen.

$\sqrt{3} \cdot \sqrt{12} = \sqrt{3 \cdot 12} = \sqrt{36} = 6$

b) Bei der Wurzel aus einem Produkt kann man die Wurzeln aus den Faktoren einzeln ziehen und dann multiplizieren.

$\sqrt{25 \cdot 9} = \sqrt{25} \cdot \sqrt{9} = 5 \cdot 3 = 15$

c) Bei einem Quotienten von Wurzeln kann man die Zahlen unter den Wurzeln als Bruch schreiben und kürzen.

$\sqrt[3]{xy} : \sqrt[3]{2y} = \sqrt[3]{\dfrac{xy}{2y}} = \sqrt[3]{\dfrac{x}{2}}$

d) Die Wurzel aus einer Wurzel lässt sich als eine Wurzel schreiben, in dem man die Wurzelexponenten multipliziert.

$\sqrt[3]{\sqrt[2]{c}} = \sqrt[3 \cdot 2]{c} = \sqrt[6]{c}$

2.6 Rechnen mit Potenzen und Wurzeln

Basisaufgaben

5. Vereinfache mithilfe der Wurzelgesetze und berechne.
   a) $\sqrt{2} \cdot \sqrt{32}$
   b) $\sqrt[3]{2} \cdot \sqrt[3]{108}$
   c) $\sqrt{16 \cdot 9}$
   d) $\sqrt[3]{125 \cdot 8}$
   e) $\dfrac{\sqrt{2}}{\sqrt{50}}$
   f) $\sqrt[4]{486} : \sqrt[4]{6}$
   g) $\sqrt{\dfrac{4}{121}}$
   h) $\sqrt[3]{\dfrac{27}{64}}$
   i) $\sqrt[4]{20} \cdot \sqrt[4]{500}$
   j) $\sqrt[5]{1024 \cdot 243}$

6. Schreibe mit einer Wurzel und berechne.
   a) $\sqrt{\sqrt{256}}$
   b) $\sqrt[2]{\sqrt[3]{729}}$
   c) $\sqrt[3]{\sqrt[2]{64}}$
   d) $\sqrt[3]{\sqrt[3]{6561}}$
   e) $\sqrt[4]{\sqrt[2]{65\,536}}$

7. Vereinfache den Term mithilfe der Wurzelgesetze.
   a) $\sqrt[4]{a} \cdot \sqrt[4]{b}$
   b) $\sqrt{a\,b^3} : \sqrt{a\,b}$
   c) $\dfrac{\sqrt[3]{x^6}}{\sqrt[3]{x^9}}$
   d) $\sqrt{st} \cdot \sqrt{(st)^3}$
   e) $\dfrac{\sqrt{50x} \cdot \sqrt{9x^3}}{\sqrt{2x^6}}$
   f) $\sqrt[3]{9x} : \sqrt[3]{3x^2}$
   g) $\sqrt{\dfrac{x^2+6}{3x-12}}$
   h) $\sqrt{\dfrac{a^4 b^4}{(ab)^2}}$
   i) $\sqrt[4]{(x+y)^2} : \sqrt[4]{x+y}$
   j) $\dfrac{\sqrt[5]{(uvw)^{10}}}{\sqrt[5]{(uv)^5}}$

8. Vereinfache den Term.
   a) $\sqrt[3]{\sqrt{a}}$
   b) $\sqrt[3]{\sqrt[4]{x}}$
   c) $\sqrt{\sqrt{(ab)^4}}$
   d) $\sqrt[2]{\sqrt[3]{a^2}}$
   e) $\left(\sqrt{z}\right)^{0,5}$

9. Berechne und vergleiche. Fasse deine Beobachtung in einem Satz zusammen.
   a) $\sqrt{64+36}$ und $\sqrt{64}+\sqrt{36}$
   b) $\sqrt{144+81}$ und $\sqrt{144}+\sqrt{81}$
   c) $\sqrt{25-9}$ und $\sqrt{25}-\sqrt{9}$
   d) $\sqrt{169-25}$ und $\sqrt{169}-\sqrt{25}$

$\sqrt{a}+\sqrt{b} > \sqrt{a+b}$?
$\sqrt{a}+\sqrt{b} = \sqrt{a+b}$?
$\sqrt{a}+\sqrt{b} < \sqrt{a+b}$?

Beispiel 3: Ziehe die Wurzel ohne Taschenrechner so weit wie möglich.
a) $\sqrt{324}$
b) $\sqrt{45}$

Lösung:
a) Prüfe, ob die Zahl unter der Wurzel durch Quadratzahlen wie 4; 9; 16; 25 usw. teilbar ist. Schreibe sie als Produkt. Aus den Quadratzahlen kannst du dann einzeln die Wurzel ziehen.

   324 ist durch 4 teilbar.
   $324 = 4 \cdot 81$
   $\sqrt{324} = \sqrt{4 \cdot 81} = \sqrt{4} \cdot \sqrt{81} = 2 \cdot 9 = 18$

b) Ziehe nur aus den Quadratzahlen die Wurzel. Der Rest bleibt als Wurzel stehen.
   $\sqrt{45} = \sqrt{9 \cdot 5} = \sqrt{9} \cdot \sqrt{5} = 3 \cdot \sqrt{5}$

Hinweis:
Den „Malpunkt" zwischen Zahl und Wurzel kann man weglassen.
$6 \cdot \sqrt{7} = 6\sqrt{7}$

Basisaufgaben

10. Zerlege die Zahl unter der Wurzel in ein Produkt aus Quadratzahlen. Wende Wurzelgesetze an und berechne ohne Taschenrechner.
    a) $\sqrt{400}$
    b) $\sqrt{3600}$
    c) $\sqrt{144}$
    d) $\sqrt{16\,900}$
    e) $\sqrt{2025}$

11. Ziehe die Wurzel so weit wie möglich.
    a) $\sqrt{12}$
    b) $\sqrt{18}$
    c) $\sqrt{27}$
    d) $\sqrt{44}$
    e) $\sqrt{48}$
    f) $\sqrt{63}$
    g) $\sqrt{112}$
    h) $\sqrt{147}$
    i) $\sqrt{432}$
    j) $\sqrt{30\,000}$

12. Ziehe die Wurzel ohne Taschenrechner so weit wie möglich. Suche im Zähler und Nenner nach Zahlen oder Faktoren, die Quadratzahlen sind.
    a) $\sqrt{\dfrac{81}{4}}$
    b) $\sqrt{\dfrac{1}{4900}}$
    c) $\sqrt{\dfrac{10\,000}{144}}$
    d) $\sqrt{\dfrac{324}{2500}}$
    e) $\sqrt{\dfrac{1225}{576}}$
    f) $\sqrt{\dfrac{3}{49}}$
    g) $\sqrt{\dfrac{144}{20}}$
    h) $\sqrt{\dfrac{25}{45}}$
    i) $\sqrt{\dfrac{128}{64}}$
    j) $\sqrt{\dfrac{100}{288}}$

Weiterführende Aufgaben

13. Berechne im Kopf und erkläre deine Vorgehensweise.
a) $\sqrt{1600}$ b) $\sqrt{2{,}25}$ c) $\sqrt{729}$ d) $\sqrt{0{,}0025}$ e) $\sqrt{0{,}000001}$
f) $\sqrt{(-36)\cdot(-9)}$ g) $\sqrt{64}\cdot\sqrt{49}$ h) $\sqrt{242}:\sqrt{2}$ i) $\sqrt{75}\cdot\sqrt{12}$ j) $\sqrt{0{,}49\cdot 81}$
k) $\sqrt{\frac{800}{18}}$ l) $\sqrt{\frac{32}{5000}}$ m) $\frac{\sqrt{0{,}008}}{\sqrt{0{,}002}}$ n) $\frac{\sqrt{7}\cdot\sqrt{28}}{\sqrt{49}}$ o) $\frac{4\sqrt{3}}{\sqrt{75}}$

14. Untersuche, welche Wurzeln ganzzahlige Vielfache von $\sqrt{3}$ sind.

$\sqrt{75}$ $\sqrt{9}$ $\sqrt{27}$ $\sqrt{33}$ $\sqrt{12}$ $\sqrt{48}$ $\sqrt{300}$ $\sqrt{45}$

15. Fasse zusammen, indem du die Wurzel ausklammerst.
a) $4\sqrt{2}+7\sqrt{2}$ b) $19\sqrt{5}-2\sqrt{5}$ c) $0{,}25\sqrt{6}+\sqrt{6}$ d) $\frac{1}{3}\sqrt[3]{3}+\frac{3}{2}\sqrt[3]{3}$ e) $1\frac{1}{5}\sqrt[5]{7}-\frac{4}{5}\sqrt[5]{7}$

16. Ziehe den Faktor in die Wurzel. Beispiel: $5\sqrt{2}=\sqrt{25}\cdot\sqrt{2}=\sqrt{50}$
a) $2\sqrt{3}$ b) $8\sqrt{10}$ c) $0{,}1\sqrt{700}$ d) $10\sqrt{3{,}3}$ e) $\frac{1}{3}\sqrt{\frac{3}{4}}$ f) $3{,}5\sqrt{\frac{2}{7}}$
g) $2\sqrt[3]{3}$ h) $0{,}2\sqrt[4]{2}$ i) $2\sqrt[5]{2}$ j) $a\sqrt[3]{a}$ k) $x\sqrt[10]{x^2}$ l) $y\sqrt[4]{y^{-2}}$

17. Ermittle, welche Zahlen eingesetzt werden können, damit die Gleichung stimmt.
a) $\sqrt{(-3)\cdot\blacksquare}=3$ b) $\blacksquare\cdot\sqrt{15}=\sqrt{240}$ c) $\sqrt{16\cdot\blacksquare}=32$ d) $\sqrt{5}\cdot\sqrt{\blacksquare}=-5$
e) $\sqrt{\blacksquare}:\sqrt{7}=5$ f) $3\sqrt{\blacksquare}=6\sqrt{3}$ g) $\sqrt{\blacksquare^2}=231$ h) $2\sqrt{5}+\sqrt{\blacksquare}=5\sqrt{5}$

18. Ziehe die Wurzel so weit wie möglich und fasse dann zusammen.
a) $\sqrt{5}+\sqrt{20}$ b) $4\sqrt{2}+\sqrt{32}$ c) $7\sqrt{3}+2\sqrt{27}$ d) $\sqrt{50}-\sqrt{2}$ e) $8\sqrt{7}+\sqrt{28}$

19. Stolperstelle: Überprüfe die Rechnungen. Beschreibe und korrigiere die Fehler.
a) $a^{\frac{2}{3}}:a^3=a^2$ b) $\left(x^{\frac{3}{5}}\right)^2=x^{\frac{9}{5}}$ c) $\sqrt[3]{(-27)^4}=\sqrt[3]{(-27)\cdot(-27)^3}=-3\cdot(-27)=81$
d) $a^{\frac{3}{4}}\cdot a^4=a^3$ e) $b^{0{,}3}+b^{0{,}7}=b$ f) $\sqrt[3]{28}=\sqrt[3]{27+1}=\sqrt[3]{27}+\sqrt[3]{1}=3+1=4$

20. Schreibe als Potenz und vereinfache.
a) $\sqrt{x^4}\cdot\sqrt{x^6}$ b) $\sqrt[3]{b^{10}}\cdot\sqrt[3]{b^5}$ c) $\sqrt[4]{x^7}:\sqrt[4]{x^3}$ d) $\sqrt[6]{s^{22}}:\sqrt[6]{s^4}$
e) $\sqrt[2]{\sqrt[3]{a^{18}}}$ f) $\sqrt[3]{\sqrt[4]{b^{40}}}:\sqrt[12]{b^{16}}$ g) $\frac{\sqrt[3]{1-x^2}}{\sqrt[5]{(1+x)(1-x)}}$ h) $\sqrt{a^2+2ab+b^2}\cdot\sqrt{(a+b)^2}$
i) $\left(\sqrt[4]{\frac{1}{x}}\right)^{-3}$ j) $\frac{\sqrt[5]{(ab)^6}}{\sqrt[5]{ab}}$ k) $\sqrt{c}:\frac{1}{\sqrt{c}}$ l) $\sqrt[n]{a^{n-1}}\cdot\sqrt[n]{a}$

21. Vereinfache mithilfe der Potenzgesetze.
a) $\frac{\sqrt[3]{a^2}\cdot\sqrt{32a^3}}{\sqrt{2a}\cdot\sqrt[3]{a^8}}$ b) $\frac{3\sqrt{x}+6\sqrt{x}-5\sqrt{x}}{\sqrt{1{,}6x^3}\cdot\sqrt{10}}$ c) $\sqrt{\frac{\sqrt{25x^2}}{x}\cdot\frac{1}{5\sqrt{x^3}}}$ d) $\sqrt{x\cdot\sqrt{x}\cdot\sqrt[3]{3}}$

22. Vergleiche die Terme: $\sqrt[4]{\sqrt{x}}$, $\sqrt[6]{x}$, $\sqrt[4]{\sqrt{x}}$, $\sqrt[24]{x^3}$ und $\sqrt[3]{\sqrt{x}}$ $(x>0)$.
Welcher Term wird für $x=256$ (für $x=0{,}5$; für $x=1$) am größten bzw. am kleinsten?

23. Begründe, dass die Wurzelgesetze Spezialfälle der Potenzgesetze sind.

24. Beweise die Wurzelgesetze für gleiche Basen ($a>0$; $m,n\neq 0$; m,n natürliche Zahlen).
a) $\sqrt[m]{a}\cdot\sqrt[n]{a}=\sqrt[m\cdot n]{a^{m+n}}$ b) $\sqrt[m]{a}:\sqrt[n]{a}=\sqrt[m\cdot n]{a^{m-n}}$

2.6 Rechnen mit Potenzen und Wurzeln

● **25.** Für eine positive Zahl a und eine ungerade natürliche Zahl n gilt $\left(-\sqrt[n]{a}\right)^n = -a$.
Trotzdem ist es nicht sinnvoll, Wurzeln aus negativen Zahlen zu definieren. Nimm an, dass $\sqrt[3]{-8}$ als -2 definiert wird. Finde einen Widerspruch zu einem der Potenzgesetze.

26. Den Nenner rational machen: Forme durch Erweitern so um, dass im Nenner keine Wurzel mehr vorkommt.
Beispiele: $\frac{2}{\sqrt{5}} = \frac{2 \cdot \sqrt{5}}{\sqrt{5} \cdot \sqrt{5}} = \frac{2 \cdot \sqrt{5}}{5}$; $\frac{a}{\sqrt{a}} = \frac{a \cdot \sqrt{a}}{\sqrt{a} \cdot \sqrt{a}} = \frac{a \cdot \sqrt{a}}{a} = \sqrt{a}$

a) $\frac{1}{\sqrt{2}}$ b) $\frac{5}{\sqrt{6}}$ c) $\frac{21}{\sqrt{7}}$ d) $\frac{1}{2 \cdot \sqrt{2}}$ e) $\frac{a}{\sqrt[4]{a}}$
f) $\frac{a}{b + \sqrt{c}}$ g) $\frac{2\sqrt{3}}{\sqrt{5}}$ h) $\frac{a-b}{\sqrt{a}-b}$ i) $\frac{a}{a - \sqrt{3}}$ j) $\frac{3 + 2\sqrt{x}}{5 + 3\sqrt{x}}$

● **27.** Prüfe, welche Brüche den gleichen Wert haben. Sortiere der Größe nach.

$\frac{1}{\sqrt{7}}$; $\frac{234}{351}$; $\frac{2\sqrt{45}}{\sqrt{324}}$; $\frac{\sqrt{7}}{7}$; $\frac{\sqrt{45}}{\sqrt{81}}$; $\frac{\sqrt{20}}{\sqrt{9}}$; $\frac{2}{3}$

$\frac{2}{3}\sqrt{5}$; $\frac{1}{3}\sqrt{5}$; $\frac{\sqrt{80}}{\sqrt{36}}$; $\frac{6}{\sqrt{252}}$; $\frac{\sqrt{256}}{\sqrt{576}}$; $\frac{10\sqrt{7}}{14\sqrt{25}}$; $\frac{5}{\sqrt{45}}$

CAS 28. a) Erläutere, wie das CAS im Bild rechts zu den Ergebnissen gekommen ist.
b) Vereinfache die Terme handschriftlich.
① $\sqrt{\sqrt{64}}$ ② $4\sqrt{48} + 5\sqrt{48}$
③ $\sqrt{\frac{81}{2}}$ ④ $\frac{2}{\sqrt{7}} - \frac{1}{\sqrt{7}}$
c) Vereinfache die Terme aus b) mit einem CAS. Vergleiche mit deinen Ergebnissen.
d) Formuliere Regeln, nach denen ein CAS Ergebnisse mit Wurzeln darstellt.

29. Löse die Gleichungen.
a) $\sqrt{x} = 4$ b) $\sqrt[3]{x} = 3$ c) $\sqrt[4]{x} = 7$ d) $\sqrt{4x} = 8$ e) $x^{\frac{1}{2}} = 6$
f) $x^{\frac{1}{3}} = 4$ g) $x^{\frac{2}{3}} = 9$ h) $\sqrt[6]{x^2} = 5$ i) $\sqrt[3]{4x} = 6$ j) $\left(x^{\frac{1}{4}}\right)^3 = 8$

30. Das dritte Keplersche Gesetz lautet: „Die Quadrate der Umlaufzeiten zweier Planeten verhalten sich wie die dritten Potenzen der großen Bahnhalbachsen."
Als Formel: $\frac{T_1^2}{T_2^2} = \frac{a_1^3}{a_2^3}$
a) Berechne die Umlaufzeiten von Mars und Jupiter.
b) Bestimme die große Halbachse der Venus.

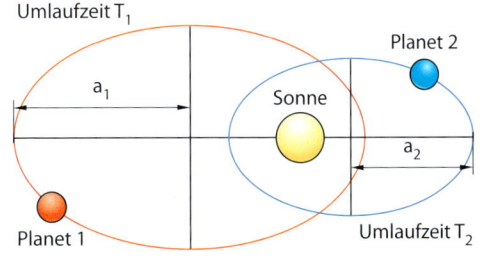

$T_{Erde} = 365{,}26$ Tage
$T_{Venus} = 224{,}7$ Tage
$a_{Erde} = 148 \cdot 10^6$ km
$a_{Mars} = 225 \cdot 10^6$ km
$a_{Jupiter} = 769{,}6 \cdot 10^6$ km

31. Vereinfache den Wurzelterm.
a) $\left(\sqrt[3]{5} - \sqrt[3]{4}\right) \cdot \left(\sqrt[3]{5} + \sqrt[3]{4}\right)$ b) $x\sqrt{y} + y\sqrt{x} \cdot \sqrt{x \cdot y}$ c) $\frac{a\sqrt[3]{b} + b\sqrt[3]{a}}{\sqrt[3]{ab}}$

● **32. Ausblick:** Löse die Gleichung.
a) $2^x = 64$ b) $5^y = \frac{1}{25}$ c) $\left(\frac{1}{4}\right)^x = 16$ d) $125^z = 5$ e) $6^m + 1 = 37$
f) $1^y - 1 = 0$ g) $2^n + 3 = 0$ h) $1000^y = 0{,}001$ i) $10^x = 0{,}01$ j) $3^y - 1 = 2^{y+1}$

Hinweis zu 32:
Solche Gleichungen nennt man Exponentialgleichungen.

Streifzug

2. Potenzen

Wurzelgleichungen

■ Löse das Zahlenrätsel. ■

Wenn man zu einer Zahl 1 addiert und dann die dritte Wurzel zieht, erhält man 4.

Gleichungen, in denen Variable unter dem Wurzelzeichen vorkommen, nennt man **Wurzelgleichungen**.
Zum Lösen von Wurzelgleichungen versucht man, die Wurzel zu entfernen. Dafür kann man die Wurzel auf einer Seite isolieren und dann die beiden Seiten der Gleichung quadrieren.
Aber Achtung: Das Potenzieren von beiden Seiten einer Gleichung ist keine Äquivalenzumformung. Denn das Potenzieren beseitigt beispielsweise Vorzeichenunterschiede zwischen den beiden Seiten der Gleichung. Deshalb muss man durch eine Probe überprüfen, ob die gefundenen Lösungen auch Lösungen der Ausgangsgleichung sind.

Hinweis:
Beim Quadrieren beider Gleichungsseiten können zusätzliche Lösungen entstehen, aber keine verschwinden.

> **Wissen: Lösen von Wurzelgleichungen**
> Beim Lösen von Wurzelgleichungen kann man wie folgt vorgehen:
> 1. Forme die Gleichung so um, dass der Wurzelterm allein auf einer Seite steht.
> 2. Potenziere die beiden Seiten der Gleichung.
> 3. Da das Potenzieren von beiden Seiten einer Gleichung keine Äquivalenzumformung ist, können Lösungen dazukommen. Führe eine Probe durch. Gib die Lösungsmenge an.

Beispiel 1: Löse die Wurzelgleichung. Gib auch den Definitionsbereich der Gleichung an.
a) $\sqrt{4x-8} = 8$
b) $\sqrt{x^2-9} + x = 1$

Lösung:

a) Bestimme den Definitionsbereich: Der Radikand muss größer oder gleich 0 sein. Definitionsbereich: $D = \{x \mid x \geq 2\}$

$4x - 8 \geq 0 \quad |+8$
$4x \geq 8 \quad |:4$
$x \geq 2$

Quadriere beide Seiten der Gleichung, um das Wurzelzeichen zu entfernen. Löse die Gleichung nach x auf.

$\sqrt{4x-8} = 8 \quad |(\ )^2$
$4x - 8 = 64 \quad |+8; :4$
$x = 18$

Führe eine Probe durch: Setze $x = 18$ in die Ausgangsgleichung ein. Prüfe ob 18 aus dem Definitionsbereich ist. Gib die Lösungsmenge an.

Probe: $\sqrt{4 \cdot 18 - 8} = \sqrt{72 - 8} = \sqrt{64} = 8$ ✓
$18 \geq 2$, also ist 18 aus dem Definitionsbereich.

Lösungsmenge: $L = \{18\}$

b) Bestimme den Definitionsbereich. Der Radikand muss größer oder gleich 0 sein. Definitionsbereich: $D = \{x \mid |x| \geq 3\}$

$x^2 - 9 \geq 0 \quad |+9$
$x^2 \geq 9 \quad |\sqrt{\ }$
$|x| \geq \sqrt{9} = 3$ Da das Quadrat einer negativen Zahl positiv ist, darf x auch negativ sein.

Isoliere den Wurzelterm und quadriere dann beide Seiten. Löse die Gleichung nach x auf.

$\sqrt{x^2-9} + x = 1 \quad |-x$
$\sqrt{x^2-9} = 1 - x \quad |(\ )^2$
$x^2 - 9 = (1-x)^2$ (binomische Formel)
$x^2 - 9 = 1 - 2x + x^2 \quad |-x^2; +9; +2x$
$x = 5$

Führe eine Probe durch. Setze $x = 5$ in die Ausgangsgleichung ein.

Probe: $\sqrt{5^2 - 9} + 5 = \sqrt{25 - 9} + 5 = \sqrt{16} + 5$
$= 4 + 5 = 9 \neq 1$
5 ist keine Lösung der Ausgangsgleichung.

Gib die Lösungsmenge an.

Lösungsmenge: $L = \{\}$

Aufgaben

1. Löse die Gleichungen im Kopf.
   a) $\sqrt{x} = 16$
   b) $\sqrt[3]{a} = 8$
   c) $\sqrt[3]{x} = 0{,}5$
   d) $\sqrt{x} - 1 = 5$
   e) $\sqrt{a} + 6 = 6$
   f) $\sqrt[4]{2x} = 1$
   g) $\sqrt[3]{x-1} = 4$
   h) $\sqrt{x+3} = 3$

2. Löse die Gleichungen. Bestimme den Definitionsbereich und führe eine Probe durch.
   a) $\sqrt{x-3} = 2$
   b) $3 \cdot \sqrt{x+1} = \sqrt{x-7}$
   c) $\sqrt{5x-4} = 2 \cdot \sqrt{x}$
   d) $\sqrt{5x+5} = 5$
   e) $3 \cdot \sqrt{x-1} = 2\sqrt{2x-1}$
   f) $\sqrt{4x^2-5} = 2 \cdot x - 1$

3. Löse die Gleichungen.
   a) $\sqrt[3]{4x-8} = 32$
   b) $\sqrt{x^2+20} = x + 10$
   c) $\sqrt[3]{x^2+2} = \sqrt[3]{x^2+1}$

4. Überprüfe die Lösungen. Berichtige sie und beschreibe die Fehler.
   a) $\sqrt{x+1} + 2 = 4$
      $x + 1 + 4 = 16$
      $x = 11$
      $L = \{11\}$
   b) $\sqrt{2x} + \sqrt{x-1} = 3$
      $2x + x - 1 = 9$
      $3x = 10$
      $x = \frac{10}{3}$
      $L = \left\{\frac{10}{3}\right\}$
   c) $\sqrt{3x-2} + 4 = 3$
      $\sqrt{3x-2} = -1$
      $3x - 2 = 1$
      $3x = 3$
      $x = 1, L = \{1\}$

5. Begründe ohne Rechnung, dass die Gleichung $\sqrt{x-4} + 2 = 1$ keine Lösung hat.

6. Löse die Zahlenrätsel.
   a) Wenn man vom Vierfachen einer Zahl 8 subtrahiert und anschließend die Wurzel zieht, erhält man 32.
   b) Wenn man zum Quadrat einer Zahl 60 addiert und anschließend die Wurzel zieht, erhält man dasselbe, als wenn man zur Zahl 4 addiert.
   c) Wenn man zum Quadrat einer Zahl 2 addiert und anschließend die Wurzel zieht, erhält man dasselbe, als wenn man zum Quadrat der Zahl 1 addiert und dann die Wurzel zieht.

7. Formuliere ein Zahlenrätsel, das auf die Gleichung $\sqrt{x-4} = 6$ führt.

8. Löse die Gleichungen.
   a) $\sqrt{\frac{1}{2}x - 8} + 8 = 9$
   b) $\sqrt{\frac{x-5}{x+7}} = 12$
   c) $\sqrt{x^2 - \frac{x}{2}} = x + \frac{1}{2}$
   d) $\sqrt{\frac{2x+2}{2x-1}} = \sqrt{\frac{3x+1}{3x+3}}$
   e) $\sqrt{2x^2+6} - \sqrt{4x^2+2} = 0$
   f) $-14 = 6 - 4\sqrt{100x+5}$

9. Die Zeit T (in Sekunden), in der ein Pendel einmal hin und her schwingt, hängt von der Länge l (in Meter) des Pendels ab. Es gilt: $T = 2\pi \sqrt{\frac{l}{g}}$ mit $g = 9{,}81 \frac{m}{s^2}$.
   Ein Pendel schwingt 30-mal in einer Minute hin und her. Berechne die Länge des Pendels.

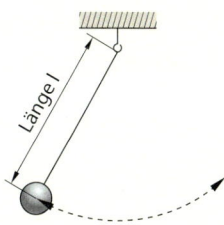

10. **Forschungsauftrag:** Löse die Wurzelgleichungen.
    a) $\frac{3}{\sqrt{x-1}} - \sqrt{x-4} = \sqrt{x-1}$
    b) $\sqrt{x-3} + \sqrt{x+2} = \sqrt{4x-3}$
    c) $\sqrt{x-9} \pm \sqrt{x-4} = -1$

2.7 Vermischte Aufgaben

1. Ein 10-€-Schein hat eine Dicke von etwa $9 \cdot 10^{-5}$ m und wiegt etwa $72 \cdot 10^{-5}$ kg.
   a) Berechne: Wie hoch und wie schwer ist ein Stapel 10-€-Scheine im Wert von 2 Mio. €?
   b) Berechne: Welcher Geldbetrag entspricht einem Stapel 10-€-Scheinen, der 40,50 Meter hoch ist?

2. Ein Foto von einer Digitalkamera benötigt etwa 5 MB Speicherplatz.
   Berechne: Wie viele derartige Fotos passen auf einen 32-GB-Speicherstick?
   A: 12 800   B: 6400   C: 3200   D: 1600

3. Die Masse der Erde beträgt rund $6{,}0 \cdot 10^{24}$ kg und die Masse des Mondes etwa $7{,}4 \cdot 10^{22}$ kg.
   a) Berechne, welchen Anteil an Masse der Mond im Vergleich zur Erde besitzt.
   b) Berechne, welchen Anteil an Masse der Mars ($6{,}4 \cdot 10^{21}$ kg) im Vergleich zur Erde besitzt.

4. a) Ein Lichtjahr ist eine Längeneinheit, die zur Angabe sehr großer Entfernungen im Weltall verwendet wird. Der Durchmesser unserer Galaxie, der Milchstraße, beträgt etwa 100 000 Lichtjahre, die Lichtgeschwindigkeit 300 000 $\frac{km}{s}$. Gib den Durchmesser der Milchstraße als Zehnerpotenz in Metern an.
   b) Wasserstoff ist mit einer Masse von etwa $1{,}67 \cdot 10^{-27}$ g das leichteste Atom. Wie viele Atome sind in 1 g Wasserstoff enthalten?

5. Gegeben ist der Term $\frac{1}{2} \cdot \frac{(n \cdot (-2n)^4 + 4 \cdot (-n)^5) \cdot n^{-2}}{(2n)^3}$. n ist eine ganze Zahl, n ≠ 0.
   a) Setze für n zuerst 5 und dann −3 ein und berechne den Wert des Terms.
   b) Begründe, dass das Ergebnis immer dasselbe bleibt – egal, welchen Wert man für n einsetzt.

6. Argumentiere.
   a) Sind die Ausdrücke $\left(\left(\left(\left(2^1\right)^2\right)^3\right)^4\right)^5$ und $\left(\left(\left(\left(2^5\right)^4\right)^3\right)^2\right)^1$ gleichwertig? Begründe.
   b) Berechne die Brüche und erkläre, wie die Zahlenfolge $\left(\frac{5}{2}\right)^3$; $\left(\frac{5}{2}\right)^2$; $\left(\frac{5}{2}\right)^1$; … sinnvoll fortgesetzt werden kann.
   c) Ordne die Zahlen der Größe nach. Erläutere deine Strategie.
   $(-4)^2$; $\sqrt{\frac{1}{4}}$; 4^{-2}; 2^{-4}; $\sqrt{4}$; $\sqrt[3]{\frac{-1}{8}}$; $\left(\frac{1}{8}\right)^{\frac{1}{3}}$; $\left(\frac{-1}{8}\right)^3$

7. Gib die Einheit als Vielfaches der Grundeinheit an. Verwende Zehnerpotenzen.
   a) Hektoliter   b) Megatonne   c) Mikrometer   d) Gigawatt   e) Milliampere

8. a) Ordne den Potenzen ihre Endziffern zu.

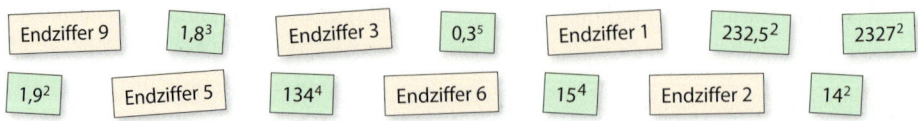

   b) Finde eigene Paare aus Potenz und Endziffer, ohne den Taschenrechner zu verwenden.

2.7 Vermischte Aufgaben

9. China ist weltweit der führende Produzent von Hühnereiern. In den letzten Jahren produzierte das Land jährlich etwa $4{,}97 \cdot 10^{11}$ Eier (Tendenz steigend).

- Wie hoch wäre ein Eierstapel, wenn die Eier in den üblichen 10er- oder 6er-Packungen (Höhe jeweils 6 cm) abgepackt und aufeinander geschichtet würden? Gib die Höhe in Kilometer an.
- Ein Ei wiegt durchschnittlich 55 g. Gib das Gewicht der Gesamtproduktion in Gramm, in Kilogramm und in Tonnen an. Vergleiche das Gesamtgewicht der Eier mit dem Gewicht eines ausgewachsenen Elefanten (etwa 5 t).
- Deutschland produzierte in einem Jahr etwa 12 430 000 000 Hühnereier. Formuliere eine geeignete Aufgabenstellung.
- Ein Huhn legt im Jahr etwa 300 Eier. Gib an, wie viele Hühner zur Jahresproduktion an Eiern in China (Deutschland) etwa benötigt werden.

10. Das „Schneeballprinzip" ist eine beliebte Art, Gäste zum Tanzen aufzufordern. Ein Paar beginnt und sucht sich nach einer gewissen Zeit neue Tanzpartner. Auch die so entstandenen Partner suchen sich dann wieder neue Tanzpartner usw.
Zum Semperopernball 2016 in Dresden waren in der Semperoper 2500 Gäste und auf dem Platz vor der Semperoper 15 000 Gäste.
   a) Berechne, wie oft die Tanzpartner nach dem Schneeballprinzip gewechselt werden müssten, damit etwa 250 Paare in der Semperoper auf der Tanzfläche sind.
   b) Berechne, wie oft die Tanzpartner im Saal gewechselt werden müssten, damit alle 2500 Gäste auf der Tanzfläche sind.
   c) Nach wie vielen Minuten wären auf dem Vorplatz der Oper 4096 Tanzpaare, wenn jedes Tanzpaar nur 1,5 Minuten zusammen tanzen (einschließlich Wechsel) und nach dem Schneeballprinzip ein Partnerwechsel erfolgen würde?
   d) Reflektiere die Ergebnisse mit Blick auf die Realität. Mögliche Fragen dazu sind: Werden die berechneten Anzahlen und Zeiten eher größer oder eher kleiner als in der Praxis sein? Wie lange sollte ein solcher Schneeballtanz höchstens dauern? Wie viel Platz benötigen 2500 Tanzpaare? Passen sie alle auf die Bühne der Oper?

11. Um das Produkt $9 \cdot 27$ zu ermitteln, kann man in der Tabelle die Zahlen addieren, die über den Zahlen 9 und 27 stehen, also 2 und 3. Das Ergebnis des Produkts steht dann unter der Summe aus 2 und 3, also unter der Zahl 5. Es ist die Zahl 243.

n	1	2	3	4	5	6	7	8	9	10
3^n	3	9	27	81	243	729	2187	6561	19683	59049

   a) Gib drei weitere Multiplikationsaufgaben an, die du mit dieser Tabelle lösen kannst.
   b) Erläutere und begründe am Beispiel $6561 : 27$, wie man mithilfe der Tabelle Divisionsaufgaben lösen kann.
   c) Gib zu a) und b) jeweils das Potenzgesetz an, mit dem man das Vorgehen mathematisch begründen kann.

12. Löse die Gleichungen durch inhaltliche Überlegungen.
   a) $2 \cdot \sqrt{x} = 4$
   b) $\sqrt[3]{x} + 4 = 6$
   c) $-\dfrac{\sqrt[3]{x}}{3} = -1$
   d) $-4 \cdot (-x) = 1$
   e) $x^2 = -2$
   f) $\sqrt{x} = x$
   g) $36 : \sqrt{x} = \sqrt{x}$
   h) $\sqrt{x} = \sqrt[3]{x}$
   i) $\sqrt{x} : \sqrt{x} = 1$
   j) $\sqrt[3]{|-1|} = x + 1$

Prüfe dein neues Fundament

2. Potenzen

Lösungen → S. 234

1. Schreibe alle Produkte als Potenzen und die Potenzen als Produkte. Berechne.
   a) $2 \cdot 2 \cdot 2 \cdot 2$
   b) 4^3
   c) $(-3)^5$
   d) $(-1,5) \cdot (-1,5) \cdot (-1,5) \cdot (-1,5)$
   e) $0,3 \cdot 0,3 \cdot 0,3$
   f) $\frac{1}{2} \cdot \frac{1}{2} \cdot \frac{1}{2} \cdot \frac{1}{2}$
   g) $\left(\frac{2}{3}\right)^6$
   h) a^4 für $a = 5; -0,8; \frac{1}{6}; \left(-\frac{4}{3}\right)$

2. Halbiere ein Blatt Papier durch Zusammenfalten. Halbiere das zusammengefaltete Blatt ein weiteres Mal durch Zusammenfalten.
   a) In das zweimal zusammengefaltete Blatt wird mit einem Bürolocher ein Loch gestanzt. Gib an, wie viele Löcher hat das Blatt insgesamt hat, wenn man es auseinanderfaltet.
   b) Stell dir vor, das Blatt wird vor dem Lochen zehnmal durch Zusammenfalten halbiert. Berechne, wie viele Löcher es dann hätte.
   c) Gib einen Term an, der die Anzahl der Löcher in Abhängigkeit von der Anzahl der Faltschritte n darstellt.
   d) Ermittle durch Probieren, beim wievielten Faltschritt das Blatt erstmals mehr als 200 Löcher hat.
   e) Stell dir vor, es werden jeweils vier Löcher statt einem Loch in das zusammengefaltete Blatt gestanzt. Erläutere, wie sich dies auf den Term aus c) auswirkt.

3. Berechne mit einer Intervallschachtelung auf drei Nachkommastellen genau.
   a) $\sqrt{6}$
   b) $\sqrt{21}$
   c) $\sqrt{33}$
   d) $\sqrt{55}$
   e) $\sqrt{600}$

4. Schreibe in wissenschaftlicher Schreibweise.
   a) 11 500
   b) 14 Milliarden
   c) 27,1 Billiarden
   d) 121,8 Milliarden
   e) 0,0008
   f) 0,000 001 5
   g) 0,003 08
   h) 0,000 000 000 123

5. Schreibe ohne Zehnerpotenz.
   a) $0,001 \cdot 10^9$
   b) $2 \cdot 10^8$
   c) $0,91 \cdot 10^{12}$
   d) $2 \cdot 10^5$
   e) $1,12 \cdot 10^3$
   f) $1,2 \cdot 10^{-2}$
   g) $3,9 \cdot 10^{-4}$
   h) $2 \cdot 10^{-3}$
   i) $6,3 \cdot 10^{-6}$
   j) $2,3 \cdot 10^{-9}$

6. Schreibe den Zahlenwert der angegebenen Größen in wissenschaftlicher Schreibweise:
   Die Internationale Raumstation umkreist die Erde mit einer Geschwindigkeit von 28 000 $\frac{km}{h}$. Sie hat zur Erde einen Abstand von 400 000 m. Ihre Masse ist 450 000 kg. Im Vergleich dazu beträgt der Abstand Erde–Mond etwa 384 000 000 m und der Abstand Erde–Sonne etwa 149 600 000 000 m. Die Erde hat eine Masse von etwa 5 970 000 000 000 000 000 000 t.

7. Berechne. Schreibe zunächst die Potenzen als Produkte.
   a) $4^7 \cdot 4^{-5}$
   b) $4^{-3} \cdot 5^{-3}$
   c) $5^{-4} \cdot 5^{-3}$
   d) $(7^3)^{-2}$
   e) $15^2 : 3^2$
   f) $0,2^4 \cdot 0,1^4$
   g) $\left(\frac{1}{5}\right)^2 \cdot \left(\frac{1}{5}\right)^3$
   h) $(0,1^{-3})^3$
   i) $\left(\frac{1}{2}\right)^3 \cdot \left(\frac{1}{3}\right)^3$
   j) $2^0 \cdot 2^{-5}$
   k) $21^{-3} : 7^{-3}$
   l) $\left(\left(-\frac{2}{3}\right)^{-2}\right)^{-1}$

8. Berechne ohne Taschenrechner.
   a) $\sqrt[2]{\frac{9}{25}}$
   b) $\sqrt[3]{125}$
   c) $\sqrt[5]{32}$
   d) $\sqrt[4]{-125}$
   e) $\sqrt[4]{81^2}$
   f) $\sqrt[45]{64^{45}}$
   g) $\sqrt[5]{0,00001}$
   h) $\sqrt[99]{1}$
   i) $\sqrt[4]{256}$
   j) $\sqrt[4]{196^2}$
   k) $\sqrt[5]{10\,000\,000\,000}$
   l) $\sqrt[3]{0,125}$

9. Löse die Gleichungen.
   a) $x^2 = 9$
   b) $x^3 = 27$
   c) $x^3 - 125 = 0$
   d) $x^4 = 16$
   e) $x^3 = -8$
   f) $x^7 = -128$
   g) $x^5 = 1024$
   h) $2x^2 = 20\,000$
   i) $x^{-2} = \frac{1}{9}$
   j) $x^{10} = -1000$

Prüfe dein neues Fundament

10. Vereinfache. Gib an, welches Potenzgesetz du verwendest.
a) $3^5 \cdot 9$
b) $121 \cdot 2^2$
c) $(5^{-4})^3$
d) $27^3 : 3^2$
e) $\frac{2 \cdot 3^4}{6^3}$
f) $(0{,}3^{-5})^{-7}$
g) $\left(\frac{1}{5}\right)^4 \cdot 5^2$
h) $\frac{20^{-5}}{5^{-3} \cdot 4^4}$
i) $19^{-3} : 19^{-45}$
j) $\frac{x^3 \cdot x^6}{x^9}$
k) $\frac{(2a)^{-5} \cdot (2a)^7}{4a^2}$
l) $\frac{(5a)^3 \cdot (2b)^3 \cdot 3^3}{30 a^3 b^3 \cdot (ab^{-1})}$

Lösungen
↗ S. 235

11. Vereinfache mithilfe von Potenzgesetzen.
a) $b^{-3} \cdot b^5$
b) $x^7 : x^3$
c) $a^3 b a^{-1} b^{-2}$
d) $\sqrt{3^0} : y$
e) $(b^{-2})^{-1}$
f) $\frac{x \cdot x^{-2} \cdot y^3}{x^3 \cdot y}$
g) $a^{0{,}25} \cdot a^{\frac{3}{4}}$
h) $(a^1)^{-2}$
i) $(u^{-3} \cdot v^6)^{\frac{2}{3}}$
j) $2 \cdot (y^0)^3$

12. Berechne ohne Taschenrechner.
a) $7^5 : 7^3$
b) $0{,}1^2 \cdot 0{,}1^{-5}$
c) $2^{0{,}5} : 8^{0{,}5}$
d) $9^{\frac{1}{3}} \cdot 3^{\frac{1}{3}}$
e) $8^{\frac{1}{4}} \cdot 2^{\frac{1}{4}}$
f) $0{,}01^{-3} : \left(\frac{1}{10}\right)^{-3}$
g) $2^0 : 2^1$
h) $\left(\left(\frac{1}{2}\right)^3\right)^2$
i) $(0{,}1^2)^{-1}$
j) $16^3 : 8^3$
k) $\frac{5^4}{5^2 \cdot 5^3}$
l) $\frac{20^2}{5^{-3}} \cdot 5^{-4}$
m) $169^{\frac{1}{2}} : 13^2$
n) $\frac{2 \cdot 3^3}{27^{\frac{1}{3}}}$
o) $\frac{0{,}5^2}{2^0}$

13. Berechne mit einem Taschenrechner.
a) $\sqrt[4]{10}$
b) $\sqrt[3]{343}$
c) $\sqrt[4]{2401}$
d) $\sqrt[3]{1331}$
e) $\sqrt[3]{4913}$
f) $\sqrt[6]{0{,}015\,625}$
g) $\sqrt[5]{7{,}593\,75}$
h) $\sqrt[3]{8120{,}601}$
i) $\sqrt[4]{96\,059\,601}$
j) $\sqrt[7]{0{,}000\,218\,7}$
k) $\sqrt[5]{3\,200\,000}$
l) $\sqrt[7]{\frac{128}{2187}}$

14. Schreibe die Wurzel als Potenz und vereinfache, falls möglich.
a) $\sqrt[3]{a^2}$
b) $\sqrt[2]{n^2}$
c) $\sqrt[4]{(xy)^{-2}}$
d) $\sqrt[5]{\frac{12^{10}}{4^{-10}}}$
e) $\sqrt[4]{(u^2 v)^8}$

Wiederholungsaufgaben

1. Entscheide, ob eine proportionale Zuordnung, eine antiproportionale Zuordnung oder eine andere Zuordnung vorliegt.
a) *Anzahl der Lkw → Anzahl der Fahrten pro Lkw* (Abtransport einer großen Schutthalde)
b) *Gewicht eines Briefes → Porto für einen Brief*
c) *Dauer einer Fernsehsendung → Anzahl der eingeschlafenen Zuschauer*
d) *Geldbetrag → Anzahl der dafür mindestens benötigten Münzen*

2. a) Konstruiere ein Dreieck ABC mit b = 4 cm, c = 5 cm und α = 38°.
b) Berechne die Größen a, β, γ und A.

3. Ermittle, wenn vorhanden, die Nullstellen der quadratischen Funktion f mit der angegebenen Gleichung.
a) $f(x) = x^2 - 4x + 2$
b) $f(x) = x^2 + 3x + 10$
c) $f(x) = 3x^2 - 6x - 9$

4. Eine Straße hat eine Steigung von 8 %. Berechne den Höhenunterschied bei einer Länge der Straße von 5,2 km.

5. Entscheide, ob die Dreiecke rechtwinklig sind. Begründe deine Aussage.

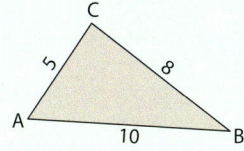
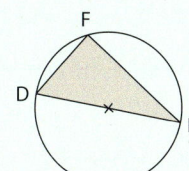
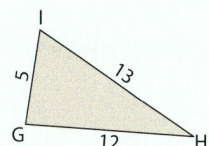

Zusammenfassung

2. Potenzen

Potenzen mit ganzzahligen Exponenten

Für alle Zahlen a und natürliche Zahlen n gilt:
$a^0 = 1$ ($a \neq 0$); $a^1 = a$

$\underbrace{a \cdot a \cdot a \cdot \ldots \cdot a}_{n \text{ Faktoren}} = a^n$ (für n > 1)

Exponent → a^n ← Basis

$a^{-n} = \dfrac{1}{a^n} = \dfrac{1}{\underbrace{a \cdot a \cdot a \cdot \ldots \cdot a}_{n \text{ Faktoren}}}$ mit $a \neq 0$

$5^0 = 1$; $\left(-\dfrac{3}{7}\right)^0 = 1$

0^0 ist nicht definiert

$7^1 = 7$; $(-0{,}5)^1 = -0{,}5$; $0^1 = 0$

$3 \cdot 3 \cdot 3 \cdot 3 = 3^4$; $a \cdot a \cdot a = a^3$

$3^{-2} = \dfrac{1}{3^2} = \dfrac{1}{3 \cdot 3} = \dfrac{1}{9}$; $\left(\dfrac{2}{3}\right)^{-1} = \dfrac{1}{\left(\dfrac{2}{3}\right)^1} = \dfrac{3}{2}$

Zehnerpotenzen

Sehr große und sehr kleine Zahlen können mithilfe von **Zehnerpotenzen** dargestellt werden.
Für alle natürliche Zahlen n (n > 1) gilt:

$10^n = \underbrace{10 \cdot 10 \cdot 10 \cdot \ldots \cdot 10}_{n \text{ Faktoren } 10} = \underbrace{1000 \ldots 0}_{1 \text{ mit } n \text{ Nullen}}$

$10^{-n} = \dfrac{1}{10^n} = \underbrace{0{,}0 \ldots 01}_{\substack{n \text{ Nullen,} \\ \text{eine davon vor dem Komma}}}$

Bei der **wissenschaftlichen Schreibweise mit abgetrennten Zehnerpotenzen** ist der Faktor vor der Zehnerpotenz größer als 1 (oder gleich 1) und kleiner als 10.

$10^6 = 10 \cdot 10 \cdot 10 \cdot 10 \cdot 10 \cdot 10 = 1\,000\,000$

$10^{-3} = \dfrac{1}{10^3} = \dfrac{1}{1000} = 0{,}001$

Beachte: $10^0 = 1$; $10^1 = 10$

$6{,}34 \cdot 10^4 = 63\,400$
$18\,900\,000 = 1{,}89 \cdot 10^7$
$4{,}2 \cdot 10^{-3} = 0{,}0042$
$0{,}000\,005\,1 = 5{,}1 \cdot 10^{-6}$

Potenzgesetze

Für alle positiven Zahlen a, b und rationale Zahlen r, s gilt:

Potenzen multiplizieren:
$a^r \cdot a^s = a^{r+s}$ (gleiche Basen)
$a^r \cdot b^r = (a \cdot b)^r$ (gleiche Exponenten)

Potenzen dividieren:
$a^r : a^s = a^{r-s}$ (gleiche Basen)
$a^r : b^r = (a : b)^r$ (gleiche Exponenten)

Potenzen potenzieren: $(a^r)^s = a^{r \cdot s} = (a^s)^r$

Sind r und s ganzzahlig, so reicht es, $a \neq 0$ und $b \neq 0$ zu fordern.

$3^2 \cdot 3^3 = 3^{2+3} = 3^5 = 243$
$2^2 \cdot 1{,}5^2 = (2 \cdot 1{,}5)^2 = 3^2 = 9$

$5^4 : 5^3 = 5^{4-3} = 5^1 = 5$
$0{,}4^3 : 0{,}2^3 = (0{,}4 : 0{,}2)^3 = 2^3 = 8$

$\left(4^{\frac{1}{3}}\right)^6 = 4^{\frac{1}{3} \cdot 6} = 4^2 = 16$

Wurzeln und Potenzen mit rationalen Exponenten

$\sqrt[n]{a}$ ist diejenige nichtnegative Zahl b, für die $b^n = a$ ist.
($a \geq 0$; n ist eine natürliche Zahl ≥ 2.)

a heißt **Radikand**; n heißt **Wurzelexponent**

Es wird festgelegt:
$\sqrt[n]{a} = a^{\frac{1}{n}}$
(a rationale Zahl, $a \geq 0$; n natürliche Zahl; $n \geq 2$)

$\sqrt[n]{a^m} = (a^m)^{\frac{1}{n}} = a^{\frac{m}{n}}$
(a rationale Zahl, $a > 0$; n, m ganze Zahl; $n \geq 2$)

$\sqrt[3]{27} = 3$, denn $3^3 = 27$.
$\sqrt{(-2)^2} = \sqrt{4} = 2$, denn $2^2 = 4$

$\sqrt[3]{27} = 27^{\frac{1}{3}}$; $\sqrt{5} = 5^{\frac{1}{2}}$

$\sqrt[3]{2^5} = 2^{\frac{5}{3}}$

3. Exponentielle Zusammenhänge

Der Holzbestand in einem Wald wächst pro Jahr um einen bestimmten Prozentsatz. Das Wachstum ist nicht ohne Grenzen. Je älter die Bäume werden, desto geringer wird die Zunahme des Holzbestandes. Es kommt der Zeitpunkt, ab dem der Holzbestand sogar wieder abnehmen kann.

Nach diesem Kapitel kannst du …
- exponentielles Wachstum oder exponentielle Abnahme erkennen und explizit und rekursiv beschreiben,
- Wachstumsvorgänge mithilfe von Exponential- funktionen modellieren,
- Exponentialgleichungen mit dem Logarithmus lösen.

Dein Fundament

3. Exponentielle Zusammenhänge

Lösungen
↗ S. 235

Größenangaben umrechnen

1. Berechne im Kopf.
   a) 10 % (20 %; 50 %; 5 %; 1 %; 3 %; 0,1 %) von 450 €
   b) 50 % (25 %; 75 %; 20 %; 90 %; 80 %) von 60 000 cm³

2. Berechne die fehlenden Werte in der Tabelle.

	a)	b)	c)	d)	e)
ursprünglicher Preis	69 €	190 €	89 €	299 €	1450 €
Veränderung des Preises	Senkung um 20 %	Erhöhung um 5 %	Senkung um 25 %	Senkung um 3 %	Erhöhung um 4,2 %
neuer Preis					

3. Löse die Aufgaben.
   a) Der Preis eines Fahrrads beträgt 499 €. Für eine Aktion wird der Preis auf 469 € gesenkt. Berechne, um wie viel Prozent der Preis gesenkt wurde. Gib auch an, wie viel Prozent des ursprünglichen Preises der neue Preis beträgt.
   b) Eine Angestellte verdiente bislang 2470 € pro Monat brutto. Ihr Verdienst wird auf 2512 € pro Monat erhöht. Berechne, um wie viel Prozent der Verdienst erhöht wurde. Gib auch an, wie viel Prozent des ursprünglichen Verdienstes der neue Verdienst beträgt.

4. Die Preise im Schwimmbad sind in den letzten fünf Jahren um durchschnittlich 2,6 % pro Jahr gestiegen. Aktuell kostet der Eintritt für Schülerinnen und Schüler 3,50 €.
   a) Berechne den Eintrittspreis vor fünf Jahren.
   b) Gib auf verschiedene Weise an, wie sich der Preis in den letzten fünf Jahren verändert hat. Nutze auch Prozentangaben.

5. Berechne die fehlenden Werte in der Tabelle.

	a)	b)	c)	d)	e)
ursprünglicher Preis	59 €	399 €			
Veränderung des Preises in %			Erhöhung um 2,4 %	Senkung um 4,5 %	Senkung um 0,8 %
neuer Preis	64 €	349 €	19,46 €	23,78 €	34,72 €

Potenzen

6. Berechne.
   a) 2^6 b) 3^5 c) $(-2)^4$ d) $(-0,5)^3$ e) $42^{1,5}$
   f) $0,4^3$ g) 31^0 h) $(-1,125)^4$ i) 3^{-2} j) $4^{-0,5}$

7. Berechne.
   a) $2 \cdot 5^3$ b) $4^3 \cdot 2^4$ c) $6^{-4} \cdot 6^4$ d) $8^4 \cdot 8^3$ e) $25^3 \cdot 25^{-2,5}$

8. Ordne die Potenzen nach ihrem Wert, ohne sie zu berechnen.
   a) 2^4; 2^{-4}; 2^0; 2^1; $(-2)^4$; $(-2)^{-4}$
   b) 3^{10}; 0^{10}; $(-3,3)^{10}$; 1^{10}; $(-2,5)^{10}$; 5^{10}

Lineare Funktionen

Lösungen ↗ S. 236

9. Stelle für die Funktion f eine Wertetabelle für −3 ≤ x ≤ 5 auf und zeichne den Graphen.
   a) $f(x) = 2{,}5x - 4$ b) $f(x) = -3x + 1$ c) $f(x) = \frac{1}{4}x + 2$

10. Ermittle die Steigung, den Schnittpunkt mit der y-Achse und die Nullstelle der linearen Funktion, die durch die Punkte A und B verläuft.
    a) A(3|2); B(4|5) b) A(1|4); B(2|2) c) A(−1|−2); B(1|6) d) A(1|2,5); B(3|1,5)

11. Im Bild rechts sind vier Zuordnungen grafisch dargestellt.
    a) Gib an, welche Graphen zu linearen Funktionen gehören. Begründe.
    b) Ermittle die Steigungen und die Funktionsgleichungen der linearen Funktionen aus a).
    c) Wähle einen Graphen aus. Beschreibe eine Sachsituation, die zu ihm passt.

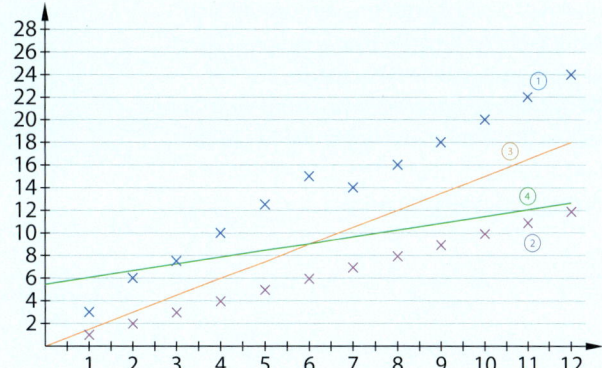

Quadratische Funktionen

12. Stelle für die Funktion f eine Wertetabelle für −2 ≤ x ≤ 4 auf und zeichne den Graphen.
    a) $f(x) = 1{,}5x^2$ b) $f(x) = (x-1)^2$ c) $f(x) = (x+3)^2 - 6$

13. Ermittle, wenn vorhanden, die Nullstellen der Funktion f.
    a) $f(x) = x^2 + x - 12$ b) $f(x) = x^2 - 1{,}5x - 1$ c) $f(x) = x^2 - 4x + 4$

14. Bestimme t so, dass die quadratische Funktion f mit der Funktionsgleichung $f(x) = (x-3)^2 + t$ keine Nullstellen (eine Nullstelle, zwei Nullstellen) hat.

15. Ermittle die Funktionsgleichung der verschobenen Normalparabel bei
    a) einer Verschiebung um 3 Einheiten nach links und um 2 Einheiten nach oben,
    b) einer Verschiebung um 4 Einheiten nach rechts und um 1 Einheit nach unten.

Vermischtes

16. Berechne die Lösungsmenge des Gleichungssystems.
    $\begin{vmatrix} 3x - 3y = 3 \\ 6x - 18y = 3 \end{vmatrix}$

17. Ein Stromanbieter hat zwei Tarife im Angebot:
    − Tarif A: Grundpreis 9,90 € pro Monat; 27 Cent pro Kilowattstunde
    − Tarif B: Grundpreis 4,90 € pro Monat; 28,5 Cent pro Kilowattstunde
    Ermittle, bei welchem Verbrauch pro Jahr der Tarif A günstiger ist als der Tarif B.

3.1 Exponentielles Wachstum

■ Zwei Bauern dürfen sich für 20 Tage eine dieser Belohnungen aussuchen:
A: „An jedem Tag bekommst du 5 kg Reis."
B: „Am ersten Tag bekommst du 1 g Reis, am zweiten Tag 2 g, dann 4 g, dann 8 g usw. …"
Für welche Belohnung würdest du dich entscheiden? Begründe. ■

Hinweis:
Mit B(n) wird der Bestand an Bakterien zum Zeitpunkt n bezeichnet.

Vermehrt sich eine Bakterienkultur um 1000 Bakterien pro Tag, so spricht man von **linearem Wachstum**. Dabei wächst der Bestand in gleich langen Zeitspannen immer um die gleiche Anzahl Bakterien. Verdoppelt sich jedoch die Anzahl der Bakterien pro Tag, so liegt **exponentielles Wachstum** vor. Im Gegensatz zu linearem Wachstum vermehren sich in diesem Fall die Bakterien je gleich lange Zeiteinheit um den gleichen Faktor, nicht um die gleiche Anzahl.

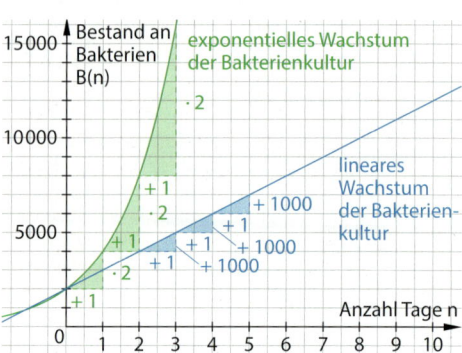

Exponentielles Wachstum erkennen

> **Wissen: Exponentielles Wachstum**
> Wenn sich eine Größe in gleichen Zeitspannen immer um den gleichen Faktor vervielfacht, dann liegt **exponentielles Wachstum** vor. Dieser Faktor heißt **Wachstumsfaktor**.

Hinweis:
Ist B(n + 1) − B(n) konstant und ungleich 0 für alle n, liegt lineares Wachstum vor.
Ist B(n + 1) : B(n) konstant und ungleich 1 für alle n, liegt exponentielles Wachstum vor.

Beispiel 1: Prüfe, ob lineares oder exponentielles Wachstum vorliegt und begründe.

a)
n	0	1	2	3	4
B(n)	2	4	6	8	10

b)
n	0	1	2	3	4
B(n)	2	4	8	16	32

c)
n	0	1	2	3	4
B(n)	5	10	30	120	600

d)
n	0	1	2	3	4
B(n)	5	20	80	320	1280

Lösung: Bilde Differenzen und Quotienten aus benachbarten Werten B(n + 1) und B(n).

a)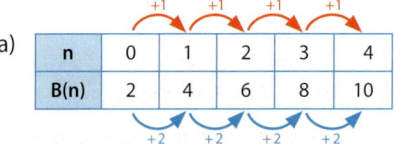

Lineares Wachstum, da
B(n + 1) − B(n) = 2 für alle n.

b)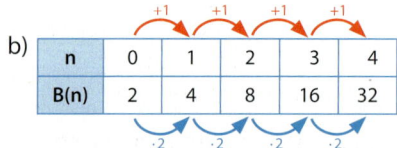

Exponentielles Wachstum, da
B(n + 1) : B(n) = 2 für alle n.

c)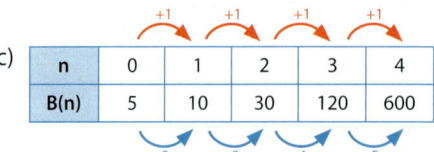

Kein lineares oder exponentielles Wachstum.

d)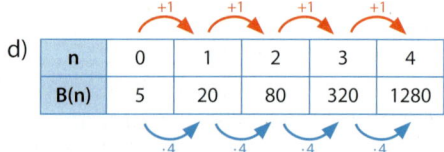

Exponentielles Wachstum, da
B(n + 1) : B(n) = 4 für alle n.

3.1 Exponentielles Wachstum

Basisaufgaben

1. Prüfe, ob lineares oder exponentielles Wachstum vorliegt.

   a)
n	0	1	2	3	4
B(n)	1,5	3	4,5	6	7,5

   b)
n	0	1	2	3	4
B(n)	1	4	16	64	256

   c)
n	0	1	2	3	4
B(n)	0,5	3	18	108	648

   d)
n	0	1	2	3	4
B(n)	0	1	8	27	64

2. Die Tabelle stellt exponentielles Wachstum dar. Gesucht sind die fehlenden Werte.

n	1	2	4	6	8
B(n)	0,5	1,9			

   a) Begründe, warum der Wachstumsfaktor 3,8 ist.
   b) Berechne aus dem Wachstumsfaktor und B(2) den Wert B(3) als Zwischenschritt. Berechne dann aus dem Wachstumsfaktor und B(3) den gesuchten Wert B(4).
   c) Ermittle B(6) und B(8) mit einem Zwischenschritt wie in Aufgabe b).

3. Die Wertetabellen stellen exponentielles Wachstum dar. Ergänze die fehlenden Einträge.

   a)
n	0	1	2	3	4
B(n)	3	9			

   b)
n	0	1	2	3	4
B(n)	1,5	15			

   c)
n	0	1	2	3	5
B(n)		1	5		

   d)
n	0	1	2	3	5
B(n)	2,5			160	2560

   Hinweis zu 3:
   Unter den Werten befinden sich die gesuchten Einträge

4. a) Entscheide, ob in den folgenden Situationen exponentielles Wachstum vorliegt.
      I : Der Preis einer Kugel Eis steigt jedes Jahr um 10 ct.
      II : Das Volumen einer Hefekultur verdreifacht sich alle 45 Minuten.
      III : Die Einwohnerzahl einer Stadt nimmt pro Jahr um den Faktor 1,05 zu.
      IV : Jeder Empfänger einer Nachricht schickt diese Nachricht an fünf weitere Menschen.
   b) Nenne je zwei eigene Beispiele für lineares und für exponentielles Wachstum.

Lineares und exponentielles Wachstum rekursiv beschreiben

Wenn lineares oder exponentielles Wachstum vorliegt, dann können die Bestände schrittweise berechnet werden. Dafür müssen lediglich der Anfangswert sowie die Änderung je Zeitspanne bekannt sein. Schrittweise Berechnungen auf dieser Grundlage nennt man rekursiv.

Hinweis:
Rekursionen bzw. rekursive Formen werden häufig in der Mathematik und der Informatik verwendet, um Situation zu beschreiben und schrittweise zu berechnen.

Eine Bakterienkultur besteht zum Anfang aus 500 Bakterien. Sie vermehrt sich um 1000 Bakterien pro Tag (lineares Wachstum). Es ergibt sich:
Anfang: $B(0) = 500$
nach 1 Tag: $B(1) = B(0) + 1000$
                  $ = 500 + 1000 = 1500$
nach 2 Tagen: $B(2) = B(1) + 1000$
                  $ = 1500 + 1000 = 2500$
...
nach n Tagen: $B(n) = B(n-1) + 1000$

Eine Bakterienkultur besteht zum Anfang aus 500 Bakterien. Jeden Tag verdoppelt sich die Anzahl Bakterien (exponentielles Wachstum). Es ergibt sich:
Anfang: $B(0) = 500$
nach 1 Tag: $B(1) = 2 \cdot B(0)$
                  $ = 2 \cdot 500 = 1000$
nach 2 Tagen: $B(2) = 2 \cdot B(1)$
                  $ = 2 \cdot 1000 = 2000$
...
nach n Tagen: $B(n) = 2 \cdot B(n-1)$

Bei rekursiven Berechnungen eines Bestandes wird der Bestand B(n) zu einem Zeitpunkt n immer aus dem Bestand B(n – 1) des vorherigen Zeitpunkts n – 1 berechnet.

> **Wissen: Rekursive Formeln für lineares und exponentielles Wachstum**
>
> **Formel für lineares Wachstum:**
> B(n) = B(n – 1) + c
> c ist konstant.
> c ist der Wert, um den der Bestand
> je Zeiteinheit zunimmt.
>
> **Formel für exponentielles Wachstum:**
> B(n) = b · B(n – 1)
> Der Wachstumsfaktor b > 1 beschreibt den
> Faktor, um den sich der Bestand
> je Zeiteinheit vermehrt.

Beispiel 2: Stelle eine rekursive Formel zur Wertetabelle auf. Berechne damit B(4) und B(6).

a)
n	0	1	2	3
B(n)	7,5	30	120	480

b)
n	0	1	2	3
B(n)	3	36	69	102

Lösung:

a) Pro Einheit vermehrt sich der Bestand um den Faktor 4. Folglich liegt exponentielles Wachstum vor. Der Startbestand ist 7,5.

exponentielles Wachstum, b = 4
B(n) = 4 · B(n – 1)
mit B(0) = 7,5

Setze nacheinander 4, 5 und 6 für n in die rekursive Formel ein. Verwende das Ergebnis für den nächsten Rechenschritt.

B(4) = b · B(3) = 4 · 480 = 1920
B(5) = b · B(4) = 4 · 1920 = 7680
B(6) = b · B(5) = 4 · 7680 = 30 720

b) Pro Einheit vermehrt sich der Bestand um 33. Es liegt also lineares Wachstum vor. Der Startbestand ist 3.

lineares Wachstum, c = 33
B(n) = B(n – 1) + 33
mit B(0) = 3

Setze nacheinander 4, 5 und 6 für n in die rekursive Formel ein. Verwende das Ergebnis für den nächsten Rechenschritt.

B(4) = B(3) + c = 102 + 33 = 135
B(5) = B(4) + c = 135 + 33 = 168
B(6) = B(5) + c = 168 + 33 = 201

Basisaufgaben

5. Berechne die Bestände B(1), B(2), B(3) und B(4).
   a) B(n) = 11 · B(n – 1);
      B(0) = 2
   b) B(n) = 2,5 · B(n – 1);
      B(0) = 10
   c) B(n) = B(n – 1) + 25;
      B(0) = 5

6. Beschreibe das Wachstum mit einer rekursiven Formel.

   a)
n	0	1	2	3
B(n)	35	60	85	110

   b)
n	0	1	2	3
B(n)	6	15	37,5	93,75

7. Stelle zur Situation eine rekursive Formel auf.
   a) Petra hat zu Beginn 120 € auf ihrem Sparkonto. Jeden Monat zahlt ihr Großvater 25 € ein.
   b) Eine Ameisenpopulation besteht zu Beginn aus etwa 1000 Ameisen. Ihre Anzahl wächst jeden Monat um den Faktor 1,3.
   c) Eine neue App zur Organisation der Freizeit wird bereits am ersten Tag 1000-mal installiert. Die Anzahl der Installationen nimmt jeden Tag um das 1,2-fache zu.

3.1 Exponentielles Wachstum

Exponentielles Wachstum explizit beschreiben

Möchte man mit einer rekursiven Formel aus dem Bestand B(0) den Bestand B(100) berechnen, so müssen dafür alle Bestände B(1), B(2), …, B(99) berechnet werden. Das ist unpraktisch.

Ziel ist es daher, einen Bestand wie B(100) direkt aus dem Anfangsbestand B(0) und dem Wachstumsfaktor b zu berechnen. Dafür setzt man in der rekursiven Formel schrittweise den vorherigen Term ein.

$B(1) = b \cdot B(0)$
$B(2) = b \cdot B(1) = b \cdot (b \cdot B(0)) = b^2 \cdot B(0)$
$B(3) = b \cdot B(2) = b \cdot (b^2 \cdot B(0)) = b^3 \cdot B(0)$
…
$B(n) = b^n \cdot B(0)$

Hinweis: Ebenfalls umständlich ist es, aus gegebenen Werten wie B(60) und B(0) Zwischenwerte wie B(12) zu berechnen.

> **Wissen: Explizite Formel für exponentielles Wachstum**
> Mit der expliziten Formel für exponentielles Wachstum kann man jeden Bestand B(n) direkt aus n, dem Wachstumsfaktor b und dem Anfangsbestand B(0) berechnen.
> Es gilt die Formel: $B(n) = B(0) \cdot b^n$.

Hinweis: Die explizite Formel für lineares Wachstum ist $B(n) = B(0) + n \cdot c$. Damit wird eine Gerade beschrieben.

Beispiel 3: Beschreibe die exponentielle Zuordnung durch eine explizite Formel der Form $B(n) = B(0) \cdot b^n$. Berechne dann B(10) und B(12,25).

n	0	1	2	3	4
B(n)	5	15	45	135	405

Lösung:
Nimm einen Bestand B(n) und dividiere ihn durch den Bestand zum vorherigen Zeitpunkt B(n − 1). Der Quotient ist der Wachstumsfaktor.

Lies den Anfangsbestand B(0) ab und stelle die explizite Formel auf.

Setze 10 bzw. 12,25 für n in die explizite Formel ein. Berechne.

Wachstumsfaktor: $b = \frac{B(1)}{B(0)} = \frac{15}{5} = 3$

Startwert: $B(0) = 5$

Formel: $B(n) = B(0) \cdot b^n$
$B(n) = 5 \cdot 3^n = 3^n$

$B(10) = B(0) \cdot b^{10} = 5 \cdot 3^{10} = 295\,245$
$B(12,25) = B(0) \cdot b^{12,25} = 5 \cdot 3^{12,25} \approx 3\,497\,078$

Basisaufgaben

8. Gib den Wachstumsfaktor und den Anfangsbestand an.
   a) $B(n) = 25 \cdot 2,5^n$ b) $B(n) = 2,5 \cdot 10^n$ c) $B(n) = 3 \cdot 4^n$ d) $B(n) = 12 \cdot \left(\frac{7}{5}\right)^n$

9. Eine Population besteht zu Beginn aus 10 000 Ameisen. Ihre Anzahl wächst jedes Jahr um den Faktor 1,2. Gib an, für welchen Zeitpunkt n der Bestand berechnet wird.
   a) $B(n) = 10\,000 \cdot 1,2^4$ b) $B(n) = 10\,000 \cdot 1,2^{1,5}$ c) $B(n) = 10\,000 \cdot 1,2^{0,25}$
   d) $B(n) = 10\,000 \cdot 1,2^2$ e) $B(n) = 10\,000 \cdot 1,2^{\frac{7}{12}}$ f) $B(n) = 10\,000 \cdot 1,2^{\frac{100}{365}}$

10. Beschreibe die exponentielle Zuordnung durch eine Formel der Form $B(n) = B(0) \cdot b^n$.

    a)
n	0	1	2	3	4
B(n)	1	5	25	125	625

    b)
n	0	1	2	3	4
B(n)	0,2	1,2	7,2	43,2	259,2

    c)
n	0	1	2	3	4
B(n)	1,8	7,2	28,8	115,2	460,8

    d)
n	0	1	2	3	4
B(n)	2	3	4,5	6,75	10,125

11. Eine Bakterienpopulation besteht zu Beginn aus 1000 Bakterien. Die Anzahl verdoppelt sich jede Woche.
    a) Stelle die Entwicklung der Bakterienpopulation mit einer expliziten Formel dar.
    b) Berechne die Anzahl der Bakterien: nach 2 Wochen (nach 5 Wochen, nach 3,5 Wochen, nach 3 Tagen, nach 10 Tagen, nach 2 Wochen und 5 Tagen).

12. a) Übertrage die Wertepaare in ein Koordinatensystem.

    ①
n	0	1	2	3
B(n)	4	4,8	5,8	6,9

    ②
n	0	5	10	15
B(n)	1	11	21	31

    ③
n	0	1	2	3
B(n)	2,5	7,5	22,5	67,5

    ④
n	0	5	10	15
B(n)	10	15	18	32,4

    b) Entscheide, welche Tabellen exponentielles Wachstum darstellen.
    c) Beschreibe die Graphen, die zu den Tabellen mit exponentiellem Wachstum gehören.

13. a) Entscheide: Welcher Graph gehört zur exponentiellen Zuordnung mit der Formel $B(n) = 2^n$? Begründe.
    b) Notiere die Koordinaten des Schnittpunktes des Graphen mit der y-Achse. Was stellst du fest?

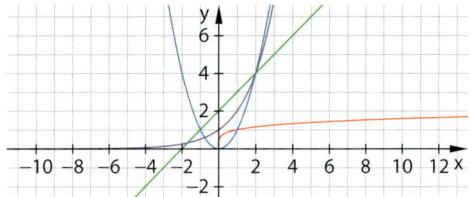

Weiterführende Aufgaben

14. Ein Blatt Papier hat eine Dicke von 0,1 mm. Wenn man es einmal zusammenfaltet, hat es eine Dicke von 0,2 mm.
    a) Berechne die Dicke des Papiers nach zwei-, drei- und viermaligem Zusammenfalten.
    b) Schätze die Dicke nach 20-maligem Zusammenfalten. Berechne dann und vergleiche mit deinem Schätzwert.
    c) Angenommen, man könnte ein Blatt Papier immer weiter falten. Bestimme durch Probieren, wie oft man das Blatt falten müsste, bis es so dick ist, dass die Höhe des Mount Everest von 8848 m erreicht wäre.

15. **Stolperstelle:** Finde die Fehler in den Gleichungen. Erkläre und korrigiere sie.
    a) Die Zahl der Bakterien in einer Probe steigt von anfangs 600 Bakterien um den Faktor 2 pro Tag.
    $y = 600 \cdot 1,2^t$
    (y: Anzahl der Bakterien, t: Zeit in Tagen)
    b) In einem Park wurden an einem Montag 50 Kaninchen gezählt. Sechs Wochen später waren es 3-mal so viele Tiere. Die Kaninchen vermehrten sich in den nächsten Wochen genauso weiter.
    $y = 50 + 3^t$
    (y: Anzahl der Kaninchen, t: Zeit in Wochen)

3.1 Exponentielles Wachstum

16. Auf der Oberfläche eines Sees breiten sich Algen aus. Zu Beobachtungsbeginn sind etwa 2 m² der Wasseroberfläche von den Algen bedeckt, eine Woche später sind es 6 m².
  a) Gehe von exponentiellem Wachstum aus. Bestimme den Wachstumsfaktor, mit dem sich die Seealgen …
     ① pro Tag ausbreiten,   ② pro Woche ausbreiten,   ③ pro Monat ausbreiten.
  b) Berechne die Größe der von Algen bedeckten Fläche nach 10 Tagen, nach 20 Tagen und nach 50 Tagen.
  c) Auf einem Nachbarsee wird eine andere Algenart beobachtet, die eine Fläche von 5 m² bedeckt. Zwei Wochen später sind es 31,25 m².
     Entscheide, welche Algenart sich schneller ausbreitet.

17. Die Grafik zeigt die Anzahl der Carsharing-Nutzer in Deutschland für die Jahre 2006 bis 2016 (gerundet).
  a) Bilde alle Quotienten benachbarter Werte $B(n) : B(n-1)$.
  b) Erkläre: „Sind die Quotienten aus a) etwa identisch, so liegt näherungsweise exponentielles Wachstum vor."
  c) Carla meint: „Als Wachstumsfaktor wähle ich den Durchschnitt der Quotienten aus a). Damit stelle ich die explizite Formel auf."
     Setze Carlas Idee um. Wähle für das Jahr 2006 n = 0, für das Jahr 2007 n = 1 usw.
  d) Untersuche mit der Formel aus c), wann die Zahl der Nutzer 1 Million übersteigen wird.

18. Ausblick: Ebolafieber ist eine Infektionskrankheit, die durch Viren übertragen wird und sehr oft tödlich verläuft. Während der Ebola-Epidemie 2014 in Westafrika berichteten Medien vielfach über die Ausbreitung der Krankheit:

> *Die Weltgesundheitsorganisation WHO erwartet noch in diesem Monat Tausende neue Ebola-Fälle. Der Grund für die pessimistische Prognose ist das mathematische Gesetz vom exponentiellen Wachstum. „Das ist für die Ausbreitung von Krankheitserregern (…) charakteristisch", sagt Ehrhard Behrends, Professor für Mathematik.*
> *Bereits seit Mai verdoppelt sich die Zahl der Infizierten ungefähr alle drei Wochen.*
> *Quelle: www.welt.de [Zugriff am 27.9.2016]*

  a) Untersuche anhand der Abbildung, ob die Entwicklung der Infektionsfälle im Zeitraum 1. Mai bis 4. August näherungsweise exponentiell ist.
  b) Schätze die Zahl der Ebola-Infektionsfälle am 1. September.
  c) Nimm Stellung zum letzten Satz des Artikels. Beziehe die Grafik ein.
  d) Petra behauptet: „Am Graphen sieht man, dass der Anstieg der Infektionsfälle im September zurückgeht. Er beträgt nur noch etwa 500 Infizierte."
     Nimm Stellung zu Petras Aussage.
  e) Skizziere den weiteren Verlauf des Graphen. Begründe deine Vermutungen.

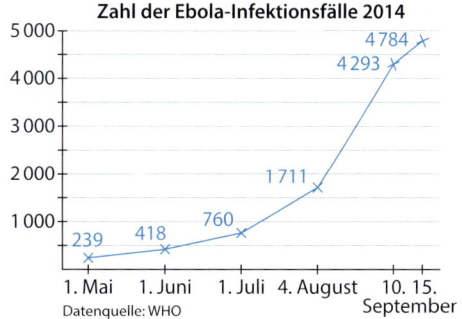

3.2 Prozentuale Wachstumsrate und Zinseszins

■ Ein Internetunternehmen plant, die Zahl seiner Kunden in den nächsten Jahren um 20 % pro Jahr zu steigern.
a) Vervollständige die Wertetabelle dazu.

Zeit	Jahr 0	Jahr 1	Jahr 2	Jahr 3	Jahr 4
Kunden	10 000				

b) Um welchen Faktor verändert sich die Zahl der Kunden pro Jahr?
c) Gib an, welche Art von Wachstum vorliegt, und begründe. ■

In vielen Situationen werden Veränderungen mit Prozentangaben beschrieben, zum Beispiel bei der Bevölkerung von Ländern, der Wirtschaftsleistung eines Landes oder dem Holzbestand eines Waldes. Ist die prozentuale Veränderung je Zeitspanne über einen bestimmten Zeitraum hinweg konstant, dann liegt für diesen Zeitraum exponentielles Wachstum vor.

Prozentuales Wachstum und prozentuale Wachstumsrate

Erinnere dich:
$3\% = \frac{3}{100} = 0{,}03$

Eine Stadt gibt in einem Jahr 40 000 € (= B(0)) für Sportanlagen aus. Dieses Budget wird laut Plan jedes Jahr um 3 % erhöht. Das Budget B(0) verändert sich im ersten Jahr um den Faktor $b = 1{,}03 = 1 + \frac{3}{100}$.
Das wiederholt sich jedes Jahr.

Daraus lässt sich eine Formel für das Budget B(n) zu einem beliebigen Zeitpunkt n herleiten.

$B(0) = 40\,000\,€$
$B(1) = 40\,000\,€ + 0{,}03 \cdot 40\,000\,€$
$ = 40\,000\,€ \cdot (1 + 0{,}03)$
$ = 40\,000\,€ \cdot 1{,}03 = 41\,200\,€$
$B(2) = B(1) \cdot 1{,}03 = B(0) \cdot 1{,}03 \cdot 1{,}03$
$ = 40\,000\,€ \cdot 1{,}03^2 = 42\,436\,€$
$B(3) = B(2) \cdot 1{,}03 = B(0) \cdot 1{,}03 \cdot 1{,}03 \cdot 1{,}03$
$ = 40\,000\,€ \cdot 1{,}03^3 = 43\,709{,}08\,€$
…
$B(n) = 40\,000\,€ \cdot 1{,}03^n$

> **Wissen: Prozentuale Wachstumsrate**
> Wächst ein Bestand in gleichen Zeitspannen immer um den gleichen Prozentsatz r %, so liegt exponentielles Wachstum mit einem Wachstumsfaktor $b = 1 + \frac{r}{100}$ vor.
> Man nennt r % **prozentuale Wachstumsrate**.
> **rekursive Formel:** $\quad B(n) = B(n-1) \cdot \left(1 + \frac{r}{100}\right)$
> **explizite Formel:** $\quad B(n) = B(0) \cdot \left(1 + \frac{r}{100}\right)^n$

> **Beispiel 1:** Eine Population besteht zu Beginn aus 80 Käfern. Ihre Anzahl nimmt pro Woche um konstant 5 % zu. Berechne den Bestand an Käfern nach zwei Wochen und nach 10 Tagen.

Lösung:
Aus der Wachstumsrate von 5 % kann direkt der Wachstumsfaktor b pro Woche bestimmt werden.

$r\% = 5\%$
$b = 1 + \frac{r}{100}$
$ = 1 + 0{,}05 = 1{,}05$

Nun kann die explizite Formel für exponentielles Wachstum verwendet werden. 10 Tage sind $\frac{10}{7}$ Wochen.

$B(2) = B(0) \cdot b^2 = 80 \cdot 1{,}05^2 \approx 88$
$B\left(\frac{10}{7}\right) = B(0) \cdot b^{\frac{10}{7}} = 80 \cdot 1{,}05^{\frac{10}{7}} \approx 86$

3.2 Prozentuale Wachstumsrate und Zinseszins

Basisaufgaben

1. Gib den Wachstumsfaktor oder die prozentuale Wachstumsrate an.

r %	25 %			110 %	500 %		0,5 %	
b		1,8	2,4			5		1,001

Hinweis zu 1:
Unter den Werten findest du die passenden Wachstumsfaktoren

1,25   6
2,1
1,005   1,1
5   1,05

2. Eine Hefekultur hat zu Beginn ein Volumen von $2\,cm^3$. Ihr Volumen nimmt jeden Tag um 15 % zu. Berechne das Volumen der Hefekultur nach …
   a) 5 Tagen, b) 10 Tagen, c) 15 Stunden, d) 40 Stunden.

3. Je drei der Aussagen beschreiben dasselbe Wachstum je Zeitspanne. Ordne zu.

| Ein Bestand wächst um 50 %. | Ein Bestand wächst um 150 %. | Ein Bestand wächst um den Faktor 1,5. | Ein Bestand wächst um den Faktor 5. | Ein Bestand wächst um 400 %. |

| Ein Bestand wächst auf 500 %. | Ein Bestand wächst auf 250 %. | Ein Bestand wächst um den Faktor 2,5. | Ein Bestand wächst auf 150 %. |

Geldanlagen und Zinseszins

Wird für Kapital auf einem Sparbuch ein fester Zinssatz pro Jahr gezahlt, dann wächst das Kapital exponentiell. Auch für die Zinsen aus den Vorjahren erhält man Zinsen. Diesen Effekt nennt man Zinseszins.

Legt man beispielsweise 1000 € zu einem Zinssatz von 2 % an, so ergibt sich nach einem Jahr ein Kapital von 1020 €.
Es wurden 20 € Zinsen gezahlt.

$K(0) = 1000\,€;\ p\% = 2\% = 0{,}02$
$K(1) = 1000\,€ + 0{,}02 \cdot 1000\,€$
$\quad\ \ = 1000\,€ \cdot (1 + 0{,}02)$
$\quad\ \ = 1000\,€ \cdot 1{,}02 = 1020\,€$

Das Kapital vermehrt sich im zweiten Jahr stärker als im ersten Jahr (um 20,40 € statt um 20,00 €). Ursache ist, dass auch für die 20 € Zinsen aus dem Vorjahr Zinsen gezahlt werden.

$K(2) = 1020\,€ + 0{,}02 \cdot 1020$
$\quad\ \ = 1020\,€ \cdot 1{,}02 = 1040{,}40\,€$
$K(2) = (1000\,€ \cdot 1{,}02) \cdot 1{,}02$
$\quad\ \ = 1000\,€ \cdot 1{,}02 \cdot 1{,}02 = 1000\,€ \cdot 1{,}02^2$

Hinweis:
Der Zinssatz p % entspricht der prozentualen Wachstumsrate r % bei exponentiellem Wachstum. Das Anfangskapital K(0) entspricht dem Anfangswert B(0).

> **Wissen: Zinseszins und Zinsformeln**
> Die Verzinsung eines Startkapitals K(0) zu einem festen Zinssatz p % pro Jahr führt auf exponentielles Wachstum. Für das Kapital K(n) nach n Jahren gilt:
> **rekursive Zinsformel:** $K(n) = K(n-1) \cdot \left(1 + \frac{p}{100}\right)$
> **explizite Zinzformel:** $K(n) = K(0) \cdot \left(1 + \frac{p}{100}\right)^n$

> **Beispiel 2:** Max legt 2500 € zu einem Zinssatz von 3,5 % pro Jahr an. Berechne das Kapital nach 5 Jahren.
>
> **Lösung:**
> Das Startkapital K(0) beträgt 2500 €. Zur Berechnung des Kapitals K(n) werden der Zinssatz 3,5 % sowie die Laufzeit 5 Jahre in die explizite Formel eingesetzt.
>
> $K(n) = K(0) \cdot \left(1 + \frac{p}{100}\right)^n$
> $K(5) = 2500\,€ \cdot \left(1 + \frac{3{,}5}{100}\right)^5$
> $\quad\ \ = 2500\,€ \cdot 1{,}035^5$
> $\quad\ \ \approx 2969{,}22\,€$

3. Exponentielle Zusammenhänge

> **Beispiel 3:** Isabel legt 4000 € zu einem festen Zinssatz an. Nach 5 Jahren hat sie 4866,61 € auf dem Konto. Berechne den Zinssatz.

Lösung:

Setze K(0) = 4000 €, K(5) = 4866,61 € und n = 5 in die explizite Zinsformel ein.

Es entsteht eine Gleichung, die nach $\frac{p}{100}$ aufgelöst werden muss. (Die Gleichung wird ohne Einheiten geschrieben.) Dafür wird die 5. Wurzel gezogen (Umkehrung des Potenzierens).

$$K(n) = K(0) \cdot \left(1 + \frac{p}{100}\right)^n$$

$$K(5) = K(0) \cdot \left(1 + \frac{p}{100}\right)^5$$

$$4866{,}61 = 4000 \cdot \left(1 + \frac{p}{100}\right)^5 \quad |:4000$$

$$1{,}21665 \approx \left(1 + \frac{p}{100}\right)^5 \quad | \text{ 5. Wurzel}$$

$$1{,}04 \approx 1 + \frac{p}{100} \quad |-1$$

$$0{,}04 = \frac{p}{100}; \quad \rightarrow p\% = 4\%$$

Basisaufgaben

4. Berechne das Kapital nach 3, 5, 10 und 30 Jahren.
   a) K(0) = 250 €; p% = 4,5 %   b) K(0) = 2500 €; p% = 1 %   c) K(0) = 10 000 €; p = 0,75 %

5. Berechne den Zinssatz, zu dem das Geld angelegt wurde.
   a) K(0) = 1000 €;
      K(3) = 1045,68 €
   b) K(0) = 400 €;
      K(10) = 863,57 €
   c) K(0) = 5500 €;
      K(20) = 6711,05 €

6. Mario und Thomas haben beide vor einigen Jahren 5000 € zu einem festen Zinssatz angelegt. Mario hat nach 10 Jahren 6094,97 € auf dem Sparbuch. Bei Thomas sind es nach 15 Jahren sogar 6534,11 €.
   Untersuche, wer sein Geld zum besseren Zinssatz angelegt hat.

7. Überprüfe, ob das Kapital über die Jahre immer mit dem gleichen Zinssatz verzinst wurde.
   a) K(0) = 3000 €;   K(1) = 3045 €;   K(2) = 3090,68 €;   K(3) = 3137,04 €;   K(4) = 3184,09 €
   b) K(0) = 500 €;   K(1) = 520 €;   K(3) = 562,43 €;   K(5) = 608,33 €;   K(10) = 740,12 €
   c) K(0) = 1500 €;   K(5) = 1576,52 €;   K(10) = 1698,35 €;   K(20) = 2070,28 €

Weiterführende Aufgaben

8. Ein Land hat 40 Mio. Einwohner. Für die nächsten 20 Jahre wird ein konstantes Bevölkerungswachstum von 1,3 % pro Jahr vorhergesagt.
   a) Berechne die Einwohnerzahl in 20 Jahren.
   b) Die Vorhersagegenauigkeit beträgt ± 0,3 Prozentpunkte. Untersuche, wie sich diese Ungenauigkeit auf die prognostizierte Einwohnerzahl auswirkt.
   c) Untersuche, wie groß die jährliche Wachstumsrate maximal sein darf, damit die Einwohnerzahl in 20 Jahren 45 Mio. nicht überschreitet.

9. Sandro legt 2000 € zu einem festen Zinssatz pro Jahr an. Nach 3 Jahren beträgt sein Kapital 2128,66 €. Jessica legt zum selben Zeitpunkt 1000 € an. Sie hat nach 3 Jahren 1131,37 € auf ihrem Konto. Beide heben zwischenzeitlich nichts ab.
   a) Berechne die Zinssätze, die Sandro und Jessica für ihre Geldanlagen bekommen haben.
   b) Untersuche, wer nach 20 Jahren mehr Geld auf dem Sparbuch hat. Die Zinssätze bleiben jeweils unverändert. Zwischendurch wird weiterhin kein Geld abgehoben.
   c) Bestimme das Jahr, in dem das Kapital von Jessica das Kapital von Sandro übersteigt.

Hinweis zu 9 c:
Nutze eine Tabellenkalkulation.

3.2 Prozentuale Wachstumsrate und Zinseszins

1. Stolperstelle: Moritz liest: Eine Käferpopulation vermehrt sich um 5 % pro Woche. Er behauptet: „In den nächsten 10 Wochen vermehrt sich die Population um insgesamt 50 %."
 a) Erkläre, welchen Fehler Moritz gemacht hat.
 b) Gib die korrekte Wachstumsrate für die nächsten 10 Wochen an.

10. Eine Bank bietet zwei Möglichkeiten für eine langfristige Geldanlage.
 a) Max möchte 1000 € für 10 Jahre anlegen. Ermittle die effektivere Anlageform. Begründe deine Entscheidung.
 b) Untersuche, nach wie vielen Jahren sich das Angebot „Wachsende Zinsen" lohnt. Gehe von einem Startguthaben von 1000 € aus.

Dynamische Anlage: 2 % Zinsen pro Jahr in den ersten 3 Jahren. Danach 0,5 % pro Jahr.

Wachsende Zinsen: 0,5 % Zinsen pro Jahr in den ersten 5 Jahren. Danach pro Jahr 0,2 Prozentpunkte mehr Zinsen pro Jahr.

Hinweis zu Aufgabe 11 b: Nutze eine Tabellenkalkulation oder löse durch gezieltes Probieren.

11. a) Berechne die fehlenden Werte.

	Kapital K(0)	Zinsen Z	Kapital K(1) nach einem Jahr	Zinssatz p %
①	1000 €		1040 €	
②	800 €			5 %
③		150 €		4 %

 b) Finde zwei weitere Wertepaare (K(0); K(1)), die denselben Zinssatz p % wie in ① ergeben.
   Finde zwei weitere Wertepaare (K(0); p %), die dieselben Zinsen wie in ② ergeben.
   Finde zwei weitere Wertepaare (Z; p %), die dasselbe Kapital wie in ③ ergeben.
 c) Erkläre, wie die Wertepaare zusammenhängen. Beschreibe dazu Folgendes:
   Wenn man die erste Größe des Wertepaares verdoppelt, wie muss man die zweite Größe wählen, damit die Bedingungen aus b) erfüllt sind?

12. Verdopplungszeit: Mit der „72er-Formel" kann näherungsweise die Zeitspanne t_v berechnet werden, in der sich ein Bestand bei einem exponentiellem Wachstum um konstant p % pro Zeiteinheit verdoppelt. Es gilt: $t_v \approx \frac{72}{p}$.
 a) Berechne näherungsweise die Verdopplungszeit t_v für p % = 2 %; p % = 6 % p % = 0,5 %.
 b) Ein Startbestand soll sich in 20 Jahren (in 50 Jahren, in 100 Jahren) verdoppeln. Berechne mit der Näherungsformel die dafür nötige prozentuale Wachstumsrate p %.
 c) Der Holzbestand in einem Wald vermehrt sich pro Jahr um 3,5 %. Berechne die Zeitspanne, in der sich der Holzbestand verdoppelt.

13. Ein Verein hat 2500 Mitglieder. Er will seine Mitgliederzahl in den kommenden 30 Jahren um jährlich 40 % steigern. Was hältst du davon?

2. Ausblick: Bei einer vierteljährlichen Verzinsung von beispielsweise 3 % pro Jahr werden je Vierteljahr $\frac{3\%}{4} = 0{,}75\%$ Zinsen gezahlt. Ben und Kim möchten die 5000 € auf dem Klassenkonto nicht jährlich, sondern vierteljährlich verzinst anlegen.
 a) Berechne jeweils das Kapital am Ende eines Jahres bei einer jährlichen und bei einer vierteljährlichen Verzinsung. Beurteile die Ergebnisse.
 b) Melissa erfährt von der vierteljährlichen Verzinsung und sagt: „Dann sollten wir fragen, ob das Geld nicht auch monatlich verzinst werden kann, dann haben wir am Ende des Jahres noch mehr Geld." Überprüfe Melissas Idee durch eine Rechnung.
 c) Zeige, dass das Kapital nicht ins Unermessliche ansteigt, wenn man es in immer kleineren Zeitspannen verzinst. Berechne dazu das Kapital am Ende des Jahres, wenn das Geld jeden Tag, jede Stunde oder jede Minute verzinst wird.

Hinweis zu 15 c: Nutze eine Tabellenkalkulation.

3.3 Exponentielle Abnahme

■ 200 Reißzwecken werden geworfen. Alle Reißzwecken, die mit der Spitze nach oben liegen bleiben, werden aussortiert. Mit den übrigen wird das Spiel fortgesetzt. Die Tabelle zeigt die Anzahl der Reißzwecken nach den ersten 3 Runden.

Spielrunde n	0	1	2	3
Reißzwecken R	200	122	74	44

a) Berechne für n = 1, n = 2 und n = 3 den Quotienten $\frac{R(n)}{R(n-1)}$.

b) Gib anhand der Ergebnisse aus a) eine Prognose an, wie sich die Anzahl der Reißzwecken in den Runden 4, 5 und 6 entwickelt. Begründe deine Werte. ■

Ein Patient bekommt 8 mg eines Medikaments. Sein Körper baut pro Stunde 5 % des Medikaments im Blut ab. Zu jedem Zeitpunkt enthält das Blut also noch 95 % der Medikamentenmenge, die es eine Stunde zuvor enthielt. Es gelten die Formeln:

$B(n) = 0{,}95 \cdot B(n-1)$ oder $\frac{B(n)}{B(n-1)} = 0{,}95$ mit $B(0) = 8$ mg.

Der Wachstumsfaktor b ist also größer als 0 und kleiner als 1. Es liegt eine exponentielle Abnahme vor.

Hinweis:
Statt exponentieller Abnahme sagt man auch **exponentieller Zerfall**.

Wissen: Exponentielle Abnahme
Nimmt ein Bestand in jeder gleich langen Zeitspanne um den gleichen Prozentsatz r % ab, so liegt eine **exponentielle Abnahme** vor. Für den Wachstumsfaktor $b = 1 - \frac{r}{100}$ gilt $0 < b < 1$. Für den Bestand B(n) zum Zeitpunkt n gilt dann:

Rekursive Formel: $B(n) = B(n-1) \cdot \left(1 - \frac{r}{100}\right)$

Explizite Formel: $B(n) = B(0) \cdot \left(1 - \frac{r}{100}\right)^n$

Beispiel 1: Untersuche, ob die Wertetabelle eine exponentielle Abnahme beschreibt. Wenn ja, beschreibe die Entwicklung rekursiv und explizit.

a)
n	0	1	2	3
B(n)	50	45	36	25,2

b)
n	0	1	2	3
B(n)	35	24,5	17,15	12

Lösung:

a) Bilde die Quotienten $\frac{B(n)}{B(n-1)}$. Sie sind nicht (näherungsweise) konstant, größer als 0 und kleiner als 1. Es liegt keine exponentielle Abnahme vor.

$\frac{B(1)}{B(0)} = \frac{45}{50} = 0{,}9$ $\frac{B(2)}{B(1)} = \frac{36}{45} = 0{,}8$

$\frac{B(3)}{B(2)} = \frac{25{,}2}{36} = 0{,}7$ keine exponentielle Abnahme

b) Bilde die Quotienten $\frac{B(n)}{B(n-1)}$. Sie sind (näherungsweise) konstant, größer als 0 und kleiner als 1. Also liegt eine exponentielle Abnahme vor.
Der konstante Quotient 0,7 ist der Wachstumsfaktor b. Der Anfangswert ist $B(0) = 35$

$\frac{B(1)}{B(0)} = \frac{24{,}5}{35} = 0{,}7$ $\frac{B(2)}{B(1)} = \frac{17{,}15}{24{,}5} = 0{,}7$

$\frac{B(3)}{B(2)} = \frac{12}{17{,}15} \approx 0{,}7$ exponentielle Abnahme

rekursiv: $B(n) = B(n-1) \cdot 0{,}7;\ B(0) = 35$
explizit: $B(n) = 35 \cdot 0{,}7^n$

3.3 Exponentielle Abnahme

Basisaufgaben

1. Ein Bestand verringert sich jede Stunde …
   a) um 25 %, b) um 1,5 %, c) auf 80 %, d) auf 97,2 %, e) um den Faktor 0,35.
   Gib den Wachstumsfaktor b und die prozentuale Abnahmerate r % an.

2. Untersuche, ob in der Wertetabelle eine exponentielle Abnahme vorliegt.
   Wenn ja: Gib eine rekursive und eine explizite Formel an.

   a)
n	0	1	2	3	4
B(n)	81	27	9	3	1

   b)
n	0	1	2	3
B(n)	120	90	60	30

   c)
n	0	1	2	3
B(n)	150	90	54	32,4

3. Die folgenden Graphen und Wertetabellen zeigen die Entwicklung von Legionellen-
   beständen in Wasseranlagen in Abhängigkeit von der Zeit. Die Bestände werden in der
   Einheit koloniebildende Einheiten (KBE) pro 100 ml angegeben.

   ① 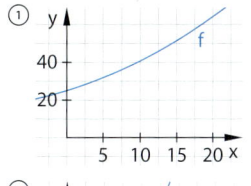   ②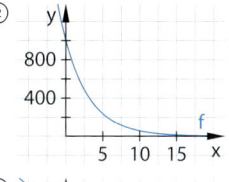

   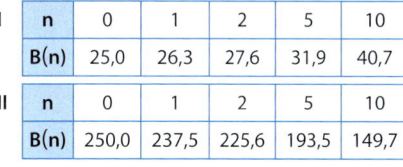

   I
n	0	1	2	5	10
B(n)	25,0	26,3	27,6	31,9	40,7

   II
n	0	1	2	5	10
B(n)	250,0	237,5	225,6	193,5	149,7

   ③ 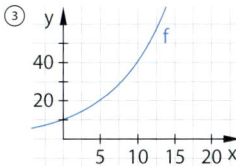   ④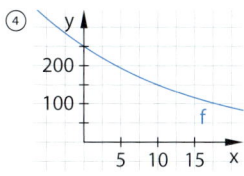

   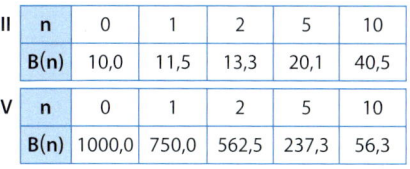

   III
n	0	1	2	5	10
B(n)	10,0	11,5	13,3	20,1	40,5

   IV
n	0	1	2	5	10
B(n)	1000,0	750,0	562,5	237,3	56,3

   a) Ordne die Graphen den Wertetabellen zu.
   b) Entscheide jeweils, ob exponentielle Abnahme oder exponentielles Wachstum vorliegt.
      Begründe deine Entscheidung auch anhand der Wachstumsfaktoren.
   c) Stelle anhand der Graphen und Wertetabellen Gemeinsamkeiten und Unterschiede von
      exponentieller Abnahme und exponentiellem Wachstum tabellarisch dar.

Weiterführende Aufgaben

4. Die Höhe des Bierschaumes h(t) in einem Bierglas wird jede Minute t gemessen und in
   einer Tabelle notiert.

t in min	0	1	2	3	4	5	6
h(t) in cm	6,4	4,4	2,9	2,0	1,4	1,0	0,7

   a) Zeige, dass die Höhe des Bierschaumes annähernd exponentiell abnimmt.
   b) Beschreibe die Höhe des Bierschaumes rekursiv und explizit.
   c) Bestimme die Höhe des Bierschaumes nach 8 Minuten und nach 10,5 Minuten.
   d) Untersuche, nach wie vielen Minuten der Bierschaum nur noch 0,1 cm hoch sein wird.

5. **Stolperstelle:** Der Hersteller eines bestimmten Mittels zur Bekämpfung von Blattläusen
   verspricht „Die Anwendung verringert die Anzahl der Läuse um 15 % pro Woche."
   a) Max modelliert die Anzahl der Blattläuse durch die Formel $B(n) = B(0) \cdot 0{,}15^n$.
      Erkläre, welchen Fehler Max hierbei macht. Gib die korrekte Formel an.
   b) Samira modelliert den Verlauf rekursiv mit $B(n) = B(n-1) - 0{,}85 \cdot B(n)$.
      Beschreibe ihre Fehler.

6. Vor einer Operation wird einem Patienten ein Narkosemittel mit einer Konzentration von 2 mg pro Liter Blut im Körper verabreicht. Die Konzentration im Blut verringert sich alle 10 Minuten um 5 %.
   a) Weise rechnerisch nach: Die Konzentration im Blut sinkt um ca. 26,5 % pro Stunde.
   b) Beschreibe die Konzentration im Blut in Abhängigkeit von der Zeit in Stunden durch eine explizite Formel.
   c) Zeichne den Graphen der expliziten Darstellung mit dem Taschenrechner.
   d) Der Patient erwacht, sobald die Konzentration im Blut unter 0,75 mg pro Liter fällt. Bestimme den Zeitpunkt anhand des Graphen aus c). Erkläre dein Vorgehen.

7. Ein Mittel gegen Blattläuse kommt alle 12 Stunden zum Einsatz. Ein Test ergibt: Innerhalb von zwei Stunden nach dem Einsatz des Bekämpfungsmittels sinkt die Zahl der Blattläuse um 20 %. Danach wächst die Zahl der Blattläuse wieder um 2,5 % pro Stunde.
   a) Zeige, dass der Befall mit Blattläusen so nicht effektiv bekämpft werden kann.
   b) Untersuche, wie effektiv das Bekämpfungsmittel in den ersten zwei Stunden mindestens sein müsste, damit der Befall langfristig bekämpft werden kann.

Information
Caesium-137 ist ein radioaktives Isotop. Verschiedene Isotope eines Elements unterscheiden sich in der Anzahl der Neutronen im Atomkern; die Anzahl Protonen ist dabei immer gleich.

8. **Halbwertzeit:** Beim Reaktorunfall von Fukushima wurde radioaktives Caesium-137 freigesetzt.
   Die Halbwertzeit eines Stoffes gibt die Zeitspanne an, in der sich die Intensität der radioaktiven Strahlung halbiert.
   a) Der Graph zeigt die Radioaktivität von Caesium-137 in Prozent in Abhängigkeit von der Zeit. Ermittle anhand des Graphen die Halbwertzeit.
   b) Ermittle anhand der Halbwertzeit die prozentuale Abnahmerate und den Wachstumsfaktor b für den Zerfall von Caesium-137 pro Jahr.

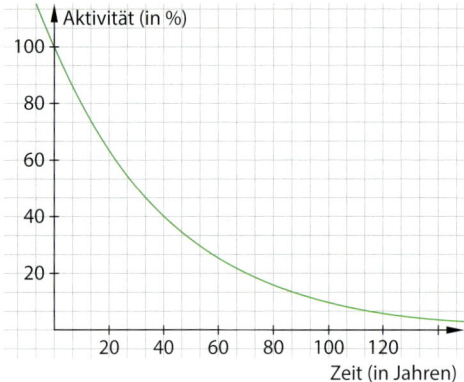

9. In lebenden Organismen ist der Anteil des Kohlenstoffisotops C14 fast konstant. Direkt nach dem Tod enthält der Körper noch 100 Prozent des C14. Danach zerfällt das C14, sein Anteil im toten Organismus sinkt nach und nach. Die Halbwertzeit von C14 beträgt rund 5730 Jahre. Dies wird bei der Bestimmung des Alters von Fossilien genutzt.
   a) Erkläre die explizite Darstellung $C(n) = 100\,\% \cdot \left(\frac{1}{2}\right)^{\frac{n}{5730}}$ für diesen Sachzusammenhang. Die Variable n steht darin für die Zeit in Jahren nach dem Absterben des Organismus.
   b) Zeige, dass der Zerfall von C14 pro Jahr einen Wachstumsfaktor von $b \approx 0{,}999\,88$ hat. Erkläre die Bedeutung dieses Wachstumsfaktors im Sachzusammenhang.
   c) Im Jahr 1991 wurde in einem Gletscher in den Alpen die Mumie „Ötzi" gefunden. Die Mumie hatte zu diesem Zeitpunkt einen C14-Anteil von 53,35 %. Zeichne den Graphen der expliziten Darstellung aus a) bzw. b) mit dem Taschenrechner. Bestimme mithilfe des Graphen näherungsweise das Todesjahr von „Ötzi".

10. **Ausblick:** Plutonium-238 hat eine Halbwertzeit von etwa 90 Jahren, was einer Abnahme um 0,8 % pro Jahr entspricht. Gehe von einer Stoffmenge zu Beginn von 1000 g aus.
    a) Zeige, dass es eine konstante „10 % (20 %, 25 %)-Zeit" gibt, in der sich der Bestand jeweils um 10 % (20 %, 25 %) reduziert.
    b) Untersuche, ob die 20 %-Zeit genau doppelt so lang ist wie 10 %-Zeit.

3.4 Exponentialfunktionen

- Die Abbildung zeigt vier Funktionsgraphen.
a) Entscheide, welche beiden Graphen exponentielles Wachstum darstellen.
b) Beschreibe Gemeinsamkeiten der beiden Graphen aus a) und Unterschiede zu den anderen beiden Graphen. ■

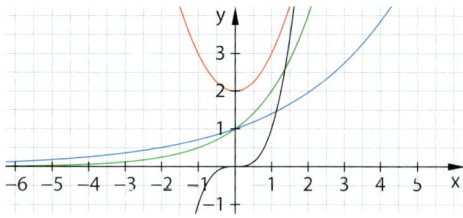

Exponentialfunktionen mit der Gleichung f(x) = b^x

Bei einer Exponentialfunktion steht in der Funktionsgleichung die **Variable im Exponenten**. Für immer größer (kleiner) werdende x-Werte nähern sich der Graph einer Geraden beliebig dicht an, ohne diese zu berühren. Eine solche Gerade nennt man **Asymptote**.

> **Wissen: Exponentialfunktionen mit der Gleichung f(x) = b^x**
> Eine Funktion f mit der Funktionsgleichung $f(x) = b^x$ mit $b > 0$ und $b \neq 1$ heißt **Exponentialfunktion**. Dabei heißt b **Basis** der Exponentialfunktion.
> Alle Exponentialfunktionen dieser Form schneiden die y-Achse im Punkt S(0|1).
>
> Ist $b > 1$, so liegt exponentielle Zunahme vor. Der Graph ist monoton steigend. Die x-Achse ist die Asymptote des Graphen.
>
>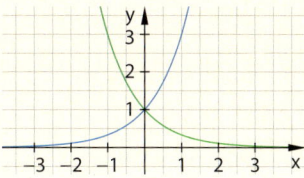
>
> Ist $0 < b < 1$, so liegt exponentielle Abnahme vor. Der Graph ist monoton fallend. Die x-Achse ist die Asymptote des Graphen.

Beispiel 1: Der Graph einer Funktion f mit $f(x) = b^x$ geht durch den Punkt R(−3|0,125).
a) Entscheide, ohne eine Rechnung, ob exponentielle Zu- oder Abnahme vorliegt.
b) Bestimme den Wert der Basis b und zeichne den Graphen.

Lösung:
a) Der Graph verläuft durch den Punkt P(0|1). Der Punkt R liegt links von P und tiefer als P. Die y-Werte wachsen von links nach rechts. Also wächst der Graph.

P(0|1)   R(−3|0,125)
−3 < 0 → R liegt links von P.
0,125 < 1 → R liegt tiefer als P.
Exponentielle Wachstum

b) Setze die Koordnaten von W in die allgemeine Funktionsgleichung $f(x) = b^x$ ein. Stelle die Gleichung nach b um. Durch Einsetzen erhältst du die Funktionsgleichung $f(x) = 2^x$.
Zeichne ein Koordinatensystem und trage die Punkte P und R ein. Berechne für die x-Werte −1, 1 und 2 weitere Punkte und zeichne Sie ein. Verbinde die Punkte zu einer Kurve.
Für kleiner werdende x-Werte nähert sich die Kurve der x-Achse an ohne sie zu berühren.

$f(−3) = b^{−3} = 0{,}125$
$\frac{1}{b^3} = 0{,}125$ | Kehrwert
$b^3 = 8$
$b = 2$

S(−1|0,5)
T(1|2)
U(2|4)

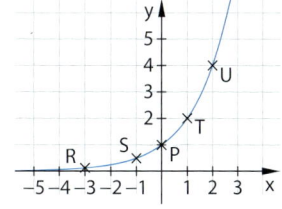

Basisaufgaben

1. Der Graph der Funktion f mit $f(x) = b^x$ geht durch den angegebenen Punkt.
   ① A(2|6,25)   ② B(−3|1000)   ③ C(4|1,4641)   ④ D(−6|15 625)
   a) Beschreibe die Lage des Punktes in Bezug auf die Lage von P(0|1). Entscheide ohne eine Rechnung, ob exponentielle Zunahme oder exponentielle Abnahme vorliegt.
   b) Bestimme rechnerisch den Wert der Basis b.

2. Die Funktionsgleichungen
   $f(x) = 1{,}5^x$; $g(x) = 3^x$; $h(x) = 0{,}75^x$ und
   $k(x) = 0{,}2^x$ gehören zu den abgebildeten Funktionsgraphen.
   a) Ordne die Funktionsgleichungen den Funktionsgraphen zu. Begründe.
   b) Tim sagt: „Der Wert der Basis b kann direkt am Graphen abgelesen werden." Prüfe und begründe.
   c) Vervollständige auf unterschiedliche Weise: „Je größer der Wert von b, …"

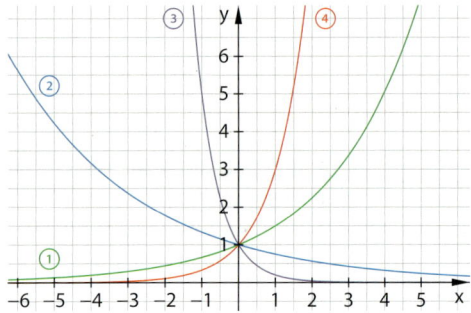

3. a) Zeichne den Graphen der Funktion f mit $f(x) = 2^x$ ($-3 \leq x \leq 3$ und $-0{,}5 \leq y \leq 10$).
   b) Spiegele den Graphen von f an der y-Achse. Gib dazu eine Funktionsgleichung an.
   c) Die Graphen der Funktionen g mit $g(x) = 5^x$ und h mit $h(x) = 0{,}1^x$ werden an der y-Achse gespiegelt. Gib zu den gespiegelten Graphen passende Funktionsgleichungen an.

4. Betrachte die Exponentialfunktion f mit der Gleichung $f(x) = 3^x$. Berechne, wie sich der Funktionswert verändert, wenn man den x-Wert …
   a) um 2 vergrößert;   b) um 5 vergrößert;   c) verdoppelt;   d) halbiert.

Streckung in Richtung der y-Achse

Parameter in Funktionsgleichungen sind eine spezielle Art von Variablen.
Im Gegensatz zur Variablen x wird der Parameter a in $f(x) = a \cdot 4^x$ für die gerade betrachtete Situation festgelegt.
Wie bei den quadratischen Funktionen, bewirkt dieser eine Streckung oder Stauchung des Graphen. Dies zeigen die Werte und Graphen der Funktionen f, g und h.

x	−2	−1	0	1	2	3
$f(x) = 4^x$	$\frac{1}{16}$	$\frac{1}{4}$	1	4	16	64
$g(x) = 2 \cdot 4^x$	$\frac{2}{16}$	$\frac{2}{4}$	2	8	32	128
$h(x) = -2 \cdot 4^x$	$-\frac{2}{16}$	$-\frac{2}{4}$	−2	−8	−32	−128

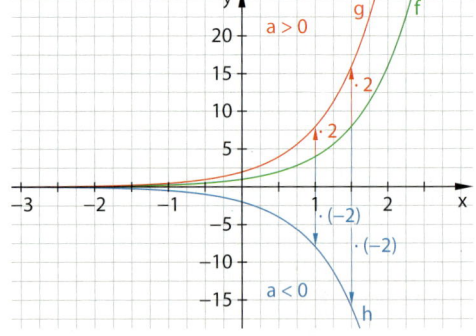

> **Wissen: Exponentialfunktionen strecken**
> Der Parameter a in $f(x) = a \cdot b^x$ bewirkt für $a \neq 0$ eine **Streckung/Stauchung** des Graphen in Richtung der y-Achse. Der Schnittpunkt mit der y-Achse ist dann S(0|a).
> |a| > 1 Streckung |a| < 1 Stauchung
> Für a < 0 wird der Graph zusätzlich an der x-Achse gespiegelt.

3.4 Exponentialfunktionen

Beispiel 2: a) Zeichne die Graphen der Funktionen f, g und h mit $f(x) = 3^x$, $g(x) = 1{,}5 \cdot 3^x$ und $h(x) = -1{,}5 \cdot 3^x$.
b) Beschreibe die Auswirkungen des Wertes des Parameters a auf den Graphen.

Lösung:
a) Für das Zeichnen der Graphen kannst du den GTR nutzen.

b) Im Vergleich zum Graphen von f ist der Graph von g in Richtung der y-Achse gestreckt (um den Faktor 1,5).
Der Graph von h ergibt sich durch Spiegelung des Graphen von g an der x-Achse, da sich die Streckfaktoren nur im Vorzeichen unterscheiden.
Alle drei Graphen haben die x-Achse als Asymptote.

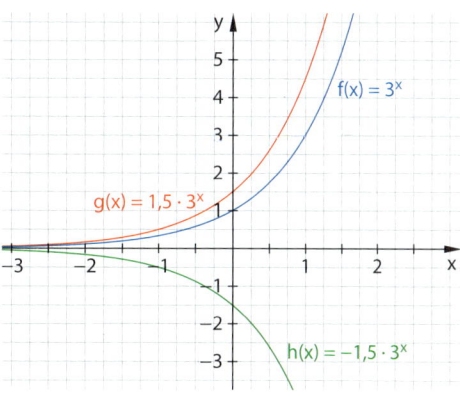

Basisaufgaben

5. a) Bestimme anhand der Wertetabelle zu den Funktionen f, g_1 und g_2 die Werte der Streckfaktoren a_1 und a_2. Erkläre dein Vorgehen.
   b) Zeichne die Graphen der Funktionen per Hand in ein Koordinatensystem.

x	−2	−1	0	1	2
$f(x) = 2^x$	0,25	0,5	1	2	4
$g_1(x) = a_1 \cdot 2^x$	1	2	4	8	16
$g_2(x) = a_2 \cdot 2^x$	−1,25	−2,5	−5	−10	−20

6. Die Gleichungen der Funktionen im Bild rechts haben entweder die Basis $b = 2$ oder die Basis $b = 0{,}5$.
   a) Lies die Streckfaktoren ab und stelle die Funktionsgleichungen auf.
   b) Erkläre dein Vorgehen.

7. Gegeben sind die Funktionen f, g, h und k mit $f(x) = -2 \cdot 4^x$, $g(x) = 1{,}5 \cdot 6^x$, $h(x) = -4 \cdot 0{,}5^x$ und $k(x) = 4 \cdot 2^x$.
   Löse jeweils, ohne die Funktionsgraphen zu zeichnen.
   a) Ordne die Funktionswerte an der Stelle $x = 1$ der Größe nach.
   b) Gib zu jeder Funktion an, durch welche Quadranten ihr Graph verläuft.
   c) Entscheide, welche der Graphen einander schneiden.

8. Die Wertetabelle gehört zu einer Funktion g. Entscheide, ob es sich um eine gestreckte oder gestauchte Exponentialfunktion der Form $g(x) = a \cdot b^x$ handelt.
   Wenn ja, gib die Funktionsgleichung an.

a)
x	0	1	2	3
g(x)	2	6	18	54

b)
x	0	1	2	3
g(x)	3	6	9	12

c)
x	−2	−1	0	1
g(x)	−0,25	−1	−4	−24

d)
x	−1	0	1	2
g(x)	2	7	24,5	85,75

Hinweis:
Quadranten im Koordinatensystem

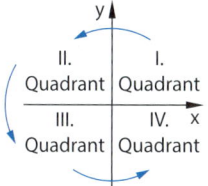

Verschieben in Richtung der y-Achse

Vergleicht man die Graphen der Funktionen f und g mit $f(x) = 1{,}5^x$ und $g(x) = 1{,}5^x + 2$, so gilt $g(x) = f(x) + 2$.
Die Funktionswerte g(x) ergeben sich, indem zu den Funktionswerten f(x) der Wert 2 addiert wird. Anschaulich führt dies zu einer Verschiebung des Graphen um 2 in y-Richtung.

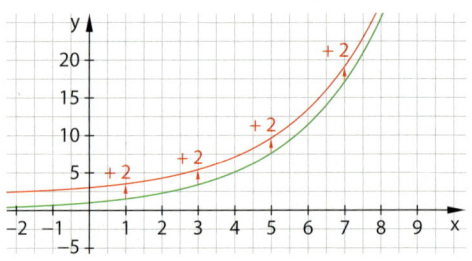

Erinnere dich:
Der Parameter c in der Gleichung $g(x) = x^2 + c$ einer **quadratischen Funktion** bewirkt für c > 0 eine Verschiebung nach oben in y-Richtung, für c < 0 nach unten.

> **Wissen: Exponentialfunktionen verschieben; allgemeine Form**
> Der Parameter c in der Funktionsgleichung $f(x) = b^x + c$ bewirkt eine **Verschiebung** des Graphen um c **in y-Richtung**. Der Schnittpunkt des Graphen mit der y-Achse ist $S(0\,|\,1 + c)$. Die Asymptote des Graphen ist eine Gerade parallel zur x-Achse mit der Gleichung $y = c$.
>
> Funktionsgleichungen mit Parametern der Form $f(x) = a \cdot b^x + c$ und $b > 0$, $b \neq 1$, $a \neq 0$, stellen allgemeine Exponentialfunktionen dar. Der Graph von f schneidet die y-Achse im Punkt $S(0\,|\,a + c)$.

Beispiel 3: Gib zu den Funktionen g mit $g(x) = 3^x + c$ für den Parameter $c = 4$ und $c = -2$ den Schnittpunkt mit der y-Achse und die Asymptote an.

Lösung:
Der Wert des Parameters c gibt an, um wie viele Einheiten in y-Richtung der Graph im Vergleich zum Graphen der Funktion f mit $f(x) = 3^x$ verschoben ist.

Der Schnittpunkt mit der y-Achse liegt im Punkt $S(0\,|\,c + 1)$.
Die Asymptote hat die Gleichung $y = c$.

$g(x) = 3^x + 4$
Schnittpunkt mit y-Achse $(0\,|\,1 + 4)$ bzw. $(0\,|\,5)$.
Die Asymptote hat die Gleichung $y = 4$.

$g(x) = 3^x - 2$
Schnittpunkt mit y-Achse $(0\,|\,1 - 2)$ bzw. $(0\,|\,-1)$; Asymptote bei $y = -2$.

Basisaufgaben

9. Gegeben ist eine Funktion f. Gib den Schnittpunkt mit der y-Achse und die Asymptote an.
   a) $f(x) = 2^x + 4$
   b) $f(x) = 4{,}5^x - 10$
   c) $f(x) = 0{,}5^x - 3$

10. Ordne den abgebildeten Funktionsgraphen die passenden Funktionsgleichungen zu.
    $f(x) = 1{,}5^x + 2$ $g(x) = 1{,}5^x - 2$
    $h(x) = 0{,}75^x + 2$ $j(x) = 0{,}75^x - 3$
    $k(x) = 0{,}5^x + 3$

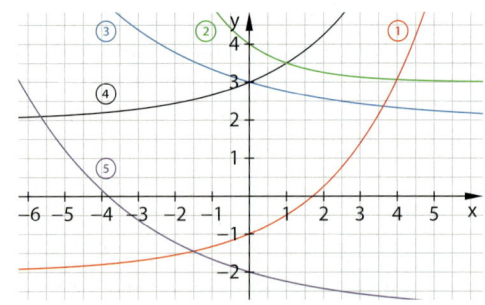

11. Betrachte die Funktionen f, g und h mit $f(x) = 5^x + 2$; $g(x) = 2^x - 4$; $h(x) = 0{,}5^x + 3$.
    a) Gib für die Funktionen jeweils den Funktionswert an der Stelle $x = 1$ an.
    b) Richtig oder falsch? Tina behauptet: „An der Stelle $x = 1$ hat eine Funktion mit der Gleichung $f(x) = b^x + c$ immer den Funktionswert $b + c$."

3.4 Exponentialfunktionen

12. Zeichne im Heft ein Koordinatensystem mit $-4 \leq x \leq 4$ und $-3 \leq y \leq 10$. Skizziere darin die Graphen der folgenden Funktionen, ohne eine Wertetabelle aufzustellen. Nutze stattdessen den Schnittpunkt mit der y-Achse, die Asymptote und das Monotonieverhalten.
a) $f(x) = 2{,}5^x + 2$
b) $g(x) = 0{,}25^x + 0{,}75$
c) $h(x) = 3^x - 3$
d) $k(x) = 1{,}5^x - 2$

13. Gegeben sind die Funktionen f, g, h und k mit $f(x) = 4^x + 1$, $g(x) = 4^x - 3$, $h(x) = 0{,}25^x - 2$ und $k(x) = 0{,}25^x + 3$.
a) Gib die Asymptote und den Schnittpunkt mit der y-Achse an.
b) Gegeben sind zusätzlich die Punkte $P(4|3{,}004)$, $Q(-1|-2{,}75)$, $R(0{,}8|0)$ und $S(-0{,}5|0)$. Entscheide, welcher Punkt auf welchem Funktionsgraphen liegt.

14. a) Stelle den Graphen der Funktion g mit $g(x) = 3 \cdot 2^x - 4$ dar. [GTR]
Lies, wenn vorhanden, die Schnittpunkte mit der x-Achse bzw. der y-Achse ab.
b) Beschreibe, wie der Graph von g gegenüber dem Graphen der Exponentialfunktion f mit $f(x) = 2^x$ verschoben und gestreckt/gestaucht wurde.

15. Begründe, warum der Parameter b von Funktionen h mit $h(x) = a \cdot b^x + c$ nicht 0 oder 1 werden darf, wenn eine Exponentialfunktion angegeben werden soll.

Weiterführende Aufgaben

16. In der Gleichung der Funktion wird der angegebene Parameter variiert. [GTR]
① Funktion f mit $f(x) = 2 \cdot b^x + 3$ ($b > 0$ und $b \neq 1$); Parameter b
② Funktion g mit $g(x) = a \cdot 1{,}5^x - 3$ ($a \neq 0$); Parameter a
③ Funktion h mit $h(x) = -3 \cdot 0{,}5^x + c$; Parameter c
a) Zeichne den Graphen für unterschiedliche Werte des angegebenen Parameters.
b) Beschreibe Auswirkungen auf den Verlauf des Graphen, die Asymptote und den Schnittpunkt mit der y-Achse in Abhängigkeit vom Wert des Parameters.

17. Stolperstelle: Gegeben ist eine Exponentialfunktion mit der Basis $b = 2{,}5$, deren Graph die y-Achse im Punkt $S(0|5)$ schneidet. [GTR]
a) Marie behauptet: „Der Graph muss mit dem Faktor 5 gestreckt sein."
Gib die Funktionsgleichung für die von Marie beschriebene Funktion an. Zeichne den Graphen mit dem Taschenrechner.
b) Marie behauptet weiter: „Das ist die einzige Funktion mit diesen Eigenschaften."
Zeige, dass Marie nicht recht hat. Zeichne dafür den Graphen einer weiteren passenden Exponentialfunktion mit dem Taschenrechner.
c) Gib an, welche Zusatzinformationen in dieser Situation nötig sind, damit es nur eine passende Exponentialfunktion gibt. (Es gibt dafür mehr als eine Möglichkeit.)

18. Gib die Gleichung der beschriebenen Exponentialfunktion in der Form $f(x) = a \cdot b^x + c$ an.

a) Es gilt $S(0|6)$ und $f(1) = 10$.
Die Asymptote liegt bei $y = 4$.

b) Die Asymptote liegt bei $y = 3$,
Es gilt $S(0|1)$ und $f(1) = -1$.

c) Die Asymptote liegt bei $y = 0$.
Die Punkte $S(0|-3)$ und $P(1|-1{,}5)$ liegen auf dem Graphen.

d) Die Asymptote $y = 3$ wird für $x < 0$ von unten angenähert. Der Graph verläuft durch den Koordinatenursprung.
Gib mehrere Möglichkeiten an.

- **18.** Die Grafik zeigt drei Funktionsgraphen.
    a) Ordne den Graphen die passenden Gleichungen $f(x) = 3^{x-3}$, $g(x) = 3^x$ und $h(x) = 3^{x+3}$ zu. Begründe.
    b) Beschreibe den Einfluss des Parameters d auf Graphen von Funktionen k mit $k(x) = 3^{x-d}$.

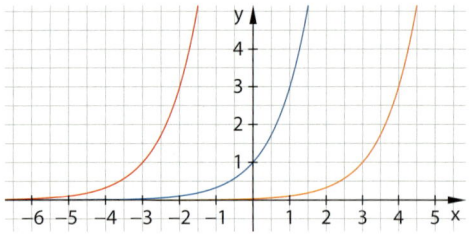

GTR **19.** Gegeben sind die Funktionen f mit $f(x) = 2^{x-1}$ und g mit $g(x) = \frac{1}{2} \cdot 2^x$.
   a) Zeichne die Graphen von f und g. Beschreibe, was du feststellst.
   b) Zeichne die Graphen der Funktionen f_1, f_2, f_3 und f_4 mit
      $f_1(x) = 2^{x+2}$; $f_2(x) = 2^{x-3}$; $f_3(x) = 4 \cdot 2^x$ und $f_4(x) = \frac{1}{8} \cdot 2^x$.
      Untersuche, welche Funktionsgraphen identisch sind.
   c) Gib je eine weitere Funktionsgleichung an, die den gleichen Graphen erzeugt:
      ① $h(x) = 2^{x-4}$ ② $k(x) = 16 \cdot 2^x$
   d) Bestimme den Wert von a, sodass $a \cdot b^x = b^{x-c}$ gilt. Begründe.

- **20.** Frisch gekochter Kaffee hat etwa eine Temperatur von 80 °C. Die Raumtemperatur beträgt 20 °C. Der Unterschied beider Temperaturen verringert sich pro Minute um 15 Prozent.
    a) Gib die Gleichung einer Funktion d an, die den Unterschied zwischen der Kaffee- und der Raumtemperatur in Abhängigkeit von der Zeit t (in Minuten) beschreibt.
    b) Erkläre, warum die Funktion d eine Asymptote bei y = 0 hat. Welche Bedeutung hat die Annäherung an die Asymptote in der Sachsituation?
    c) Stelle die Gleichung einer Funktion k auf, die die Kaffeetemperatur in Abhängigkeit von der Zeit t (in Minuten) beschreibt.
    d) Fünf Minuten nach dem Kochen soll der Kaffee als Milchkaffee getrunken werden. Dabei werden Kaffee und Milch im Verhältnis 2 : 1 gemischt. Die Milch aus dem Kühlschrank hat eine Temperatur von 8 °C. Untersuche, ob die Milch gleich nach dem Kaffeekochen oder erst fünf Minuten später in den Kaffee gegeben werden sollte. Ziel ist, dass der Kaffee fünf Minuten nach dem Kochen möglichst stark abgekühlt ist.

* Prognose
**
1 Exabyte =
1 Milliarde Gigabyte

21. Die Tabelle zeigt den Internet-Datenverkehr über mobile Endgeräte weltweit.

Jahr	2014	2015	2016*	2017*	2018*	2019*	2020*
Exabyte/Monat**	2,5	3,7	6,2	9,9	14,9	21,7	30,6

   a) Zeige, dass die Daten einem exponentiellen Wachstumsmodell folgen. Stelle eine Funktionsgleichung auf, die die Daten modelliert.
   b) Untersuche mithilfe der Funktion aus b):
      ① Wann werden erstmals mehr als 100 Exabyte pro Monat zu erwarten sein?
      ② Wann wurde erstmals die Grenze von 1 Exabyte pro Monat überschritten?
      ③ In welcher Zeitspanne verdoppelt sich das Datenvolumen?

- **7. Ausblick:** Betrachte das Diagramm. Gehören die Daten zu exponentiellen Entwicklungen?
    a) Beschreibe die Skalierung der y-Achse.
    b) Prüfe, ob die Gerade durch die roten Punkte bei dieser Skalierung eine Nullstelle hat.
    c) Finde eine exponentielle Funktionsgleichung für die blau und die rot markierte Datenreihe.
    d) Erkläre, welchen Vorteil die hier verwendete Skalierung der y-Achse hat.

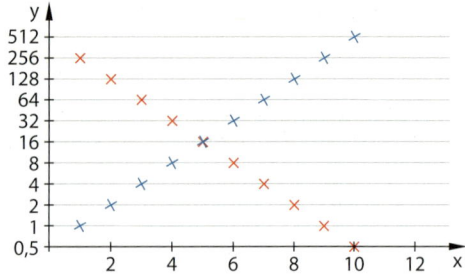

3.5 Wachstumsvorgänge modellieren

■ Ordne die beschriebenen Sachzusammenhänge je einem Diagramm ①, ② oder ③ zu.

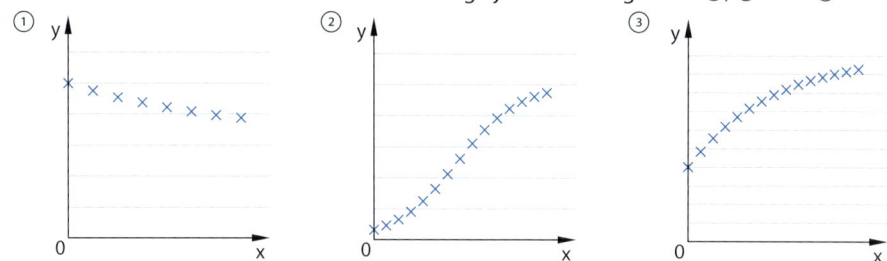

a) Apfelsaft wird aus dem Kühlschrank genommen und in die Sonne gestellt. Seine Temperatur wird gemessen.
b) Ein Organismus bekommt eine bestimmte Menge eines Medikaments. Er baut pro Stunde 15 % des Medikaments ab. Nach jeder vollen Stunde wird erneut 1 mg verabreicht.
c) Die Ausbreitung einer Algenart auf einem Baggersee wird untersucht. ■

Begrenztes Wachstum

Wird eine kalte Flüssigkeit in eine wärmere Umgebung gebracht, so nähert sich die Temperatur der Flüssigkeit der Umgebungstemperatur an.
Dabei kann beobachtet werden, dass die Temperaturdifferenz von Flüssigkeits- und Umgebungstemperatur exponentiell abnimmt.

Ein Liter Milch wird aus dem Kühlschrank genommen und in einen Raum mit einer Temperatur von 20 °C gestellt. Zu Beginn hat die Milch eine Temperatur von 8 °C.
In regelmäßigen Abständen wird die Temperatur der Milch gemessen und die Temperaturdifferenz berechnet.

Der Verlauf der Temperatur und der Differenz kann näherungsweise mit den Funktionen f und d beschrieben werden.

Zeitpunkt (min)	0	1	2	3	4
Temperatur (°C)	8	9,8	11,4	12,6	13,8
Differenz (°C)	12	10,2	8,6	7,4	6,2

Die Differenz nimmt pro Minute etwa um 15 % ab.

$d(t) = (20 - 8) \cdot 0{,}85^t$.
$f(t) = 20 - d(t)$
$ = 20 - (20 - 8) \cdot 0{,}85^t$.

Wissen: Begrenztes Wachstum
Bei begrenztem Wachstum nimmt die Differenz zwischen einer Grenze S und dem Bestand f(x) exponentiell ab. Ist f(0) der Anfangswert und b der Wachstumsfaktor der Differenz, so folgt:
$f(x) = \underbrace{S}_{\text{Grenze}} - \underbrace{(S - f(0)) \cdot b^x}_{\text{exponentiell abnehmende Differenz zur Grenze}}$, $0 < b < 1$.

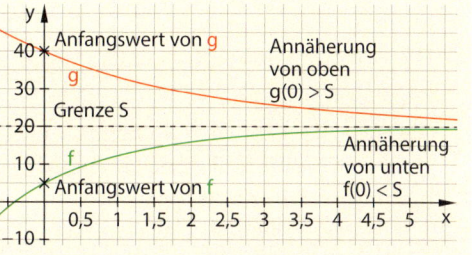

Ist der Startwert f(0) größer als die Grenze S, nähert sich der Graph der Grenze von oben. Umgekehrt nähert er sich von unten, wenn f(0) < S gilt.

Beispiel 1:

a) Zeige, dass die Wertetabelle ein begrenztes Wachstum mit der Grenze S = 30 beschreibt.

x	0	1	2	3	4	5
f(x)	80	55	42,5	36,25	33,125	31,562

b) Stelle eine zur Wertetabelle passende Funktionsgleichung auf.

Lösung:

a) Es werden die Differenzen f(x) − S zwischen den Funktionswerten und der Grenze S betrachtet.
Sie verringern sich pro Schritt um 50 %, also um den Faktor 0,5. Die Differenzen nehmen also exponentiell ab. Dies kann auch durch Bilden von Quotienten benachbarter Werte belegt werden.

x	0	1	2	3	4	5
f(x)	80	55	42,5	36,25	33,125	31,562
f(x) − 30	50	25	12,5	6,25	3,125	1,5625

$50 \cdot 0,5 = 25$ bzw. $\frac{25}{50} = 0,5$

$25 \cdot 0,5 = 12,5$ bzw. $\frac{12,5}{25} = 0,5$

…

Es liegt begrenztes Wachstum vor.

b) Bekannt sind die Parameter S (Grenze), f(0) (Anfangswert) und b (Wachstumsfaktor). Die Funktionsgleichung ergibt sich durch Einsetzen aller bekannten Parameter.

$S = 30$; $f(0) = 80$; $b = 0,5$
$S - f(0) = 30 - 80 = -50$
$f(x) = 30 - (-50) \cdot 0,5^x$
$ = 30 + 50 \cdot 0,5^x$

Basisaufgaben

1. Ordne die Gleichungen der Funktionen f, g, h und k den abgebildeten Funktionsgraphen ①, ②, ③ und ④ zu.
   $f(x) = 50 - 10 \cdot 0,65^x$
   $g(x) = 50 - 30 \cdot 0,35^x$
   $h(x) = 50 + 30 \cdot 0,35^x$
   $k(x) = 50 + 10 \cdot 0,65^x$

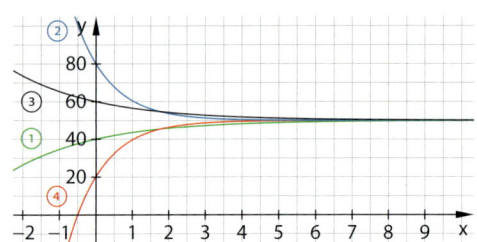

2. Stelle eine Funktionsgleichung für ein Modell mit begrenztem Wachstum auf.
   a) Es gilt f(0) = 10. Die Grenze liegt bei S = 100. Der Wachstumsfaktor beträgt 0,45.
   b) Die Grenze liegt bei S = 200. Es gilt f(0) = 250 und f(1) = 220.
   c) Die Differenz eines Bestandes B(n) zur Grenze S = 100 nimmt pro Zeiteinheit n um 20 % ab. Zusätzlich gilt B(0) = 1.

3. Die Verkaufszahlen eines neuen Geräts wurden von einem Marktforschungsunternehmen für die nächsten 13 Monate geschätzt.

Monat	0	1	2	3	4	5	6	7	8	9	10	11	12	13
Geräte (Mio.)	0,1	1,33	2,24	2,93	3,45	3,84	4,12	4,35	4,51	4,63	4,72	4,79	4,84	4,88

   a) Gehe von einer Obergrenze von 5 Mio. verkauften Geräten aus. Bestimme die Gleichung einer begrenzten Wachstumsfunktion f, die die geschätzte Anzahl verkaufter Geräte in Abhängigkeit von der Zeit in Monaten beschreibt.
   b) Bestimme f(1,5). Erkläre den Wert im Sachzusammenhang.
   c) Bestimme möglichst genau den Zeitpunkt, an dem nach diesem Modell erstmals die Grenze von einer Million verkaufter Geräte überschritten wird.

3.5 Wachstumsvorgänge modellieren

Überlagerung von linearem und exponentiellem Wachstum

Einem Patienten werden vor einer langen Operation 20 mg eines Medikaments verabreicht. Im Verlauf der Operation bekommt der Patient jede Stunde zusätzlich 2 mg des Medikaments. Der Körper baut kontinuierlich 15 % des vorhandenen Medikaments pro Stunde ab.
Durch die regelmäßige Zugabe des Medikaments und den kontinuierlichen Abbau kommt es zu einer Überlagerung von linearem Wachstum und exponentieller Abnahme:

① Einerseits reduziert sich im Verlauf einer Stunde die Menge des Medikaments im Blut exponentiell auf 85 Prozent des Werts zu Beginn der Stunde.
② Andererseits werden nach jeweils einer Stunde 2 mg des Medikaments verabreicht.

Rekursiv lässt sich die Menge des Medikamentes im Blut B(t) (in Milligramm) in Abhängigkeit von der Zeit t (in Stunden) durch die Gleichung $B(t) = B(t-1) \cdot 0{,}85 + 2$ beschreiben.

> **Wissen: Überlagerung von linearem und exponentiellem Wachstum**
> Bei einer Überlagerung von linearem und exponentiellem Wachstum wird eine exponentielle Zu- oder Abnahme mit dem **Wachstumfaktor b** mit einer linearen Entwicklung mit **konstanter Zunahme um c** kombiniert.
> Es gilt die **rekursive Formel**: $B(n) = \underbrace{B(n-1) \cdot b}_{\text{exponentiell}} + \underbrace{c}_{\text{linear}}$

Beispiel 2: Martin zahlt 1500 € auf sein Sparbuch ein. Er bekommt 2,5 % Zinsen. Am Ende jedes Jahres zahlt er zusätzlich 300 € ein.
a) Berechne das Guthaben in den nächsten vier Jahren mit der rekursiven Darstellung.
b) Zeige, dass sich das Guthaben nicht exponentiell vermehrt.

Lösung:
a) Der Anstieg um 2,5 % entspricht dem Wachstumsfaktor b = 1,025.
Für die Rechnungen benötigt man noch den Anfangswert B(0) = 1500 € und den Parameter für die lineare Entwicklung c = 300 €.

$B(n) = B(n-1) \cdot 1{,}025 + 300\,€$
$B(1) = 1500{,}00\,€ \cdot 1{,}025 + 300\,€ = 1837{,}50\,€$
$B(2) = 1837{,}50\,€ \cdot 1{,}025 + 300\,€ \approx 2183{,}44\,€$
$B(3) = 2183{,}44\,€ \cdot 1{,}025 + 300\,€ \approx 2538{,}03\,€$
$B(4) = 2538{,}03\,€ \cdot 1{,}025 + 300\,€ \approx 2901{,}48\,€$

Hinweis: Solche Rechnungen lassen sich gut mit einer Tabellenkalkulation am PC oder mit dem GTR durchführen.

b) Bei exponentiellem Wachstum müsste sich das Guthaben jedes Jahr um denselben Faktor vermehren. Zwar sind die Faktoren sehr ähnlich, allerdings nehmen sie mit jedem Jahr ab. Daher liegt kein exponentielles Wachstum vor.

$\frac{B(1)}{B(0)} = 1{,}225$ bzw. $B(1) = B(0) \cdot 1{,}225$
$\frac{B(2)}{B(1)} \approx 1{,}188$ bzw. $B(2) \approx B(1) \cdot 1{,}188$
$\frac{B(3)}{B(2)} \approx 1{,}162$ bzw. $B(3) \approx B(2) \cdot 1{,}162$
$\frac{B(4)}{B(3)} \approx 1{,}143$ bzw. $B(4) \approx B(3) \cdot 1{,}143$

Basisaufgaben

4. Paul hat auf seinem Sparkonto 2500 € als Guthaben. Jedes Jahr bekommt er dafür 3 % Zinsen. Zusätzlich zahlt er am Ende jedes Jahres 200 € ein.
   a) Berechne für die nächsten 5 Jahre jeweils Pauls Guthaben am Ende des Jahres.
   b) Berechne, wie viel Euro Zinsen und Zinseszinsen insgesamt Paul in den fünf Jahren bekommt.

5. Die Tabellen zeigen eine Überlagerung von exponentiellem und linearem Wachstum.

①
n	0	1	2	3
B(n)	500	675	885	1137

②
n	0	1	2	3
B(n)	800	310	212	192,4

a) Die lineare Wachstumskonstante beträgt 75. Bestimme den exponentiellen Wachstumsfaktor für Tabelle ①.
b) Der exponentielle Wachstumsfaktor beträgt 0,2. Bestimme die lineare Wachstumskonstante für Tabelle ②.

Weiterführende Aufgaben

6. Jonas eröffnet ein Sparkonto mit 5000 Euro. Für sein Guthaben bekommt er jährlich 1,5 Prozent Zinsen. Diese werden dem Konto am Jahresende gutgeschrieben. Zusätzlich zahlt Jonas jeweils am Jahresende 400 Euro ein.
   a) Berechne Jonas Guthaben nach zehn Jahren.
   b) Untersuche: Welchen Zinssatz hätte die Bank pro Jahr zahlen müssen, um ohne jährliche Einzahlung nach zehn Jahren das gleiche Guthaben zu erhalten?

Hinweis:
Formeln in Excel kopieren:
die Markierung in der Zelle unten rechts mit der Maus auf die Felder ziehen, in die die Formel kopiert werden soll
oder
Copy + Paste
(STRG + C und STRG + V oder Registerkarte Start)

7. Eine ansteckende Grippe breitet sich in einer Siedlung mit 2000 Bewohnern aus. Pro Woche wächst die Zahl der Angesteckten um 15 %. Allerdings gelingt es den Ärzten, pro Woche 50 Bewohner zu heilen. Zu Beginn wurden 250 Erkrankte registriert. Die weitere Entwicklung der Infektionsfälle soll mithilfe einer Tabellenkalkulation simuliert werden.
   a) Erkläre, wie die Formel im Feld B2 vervollständigt werden muss, damit sie zur Situation passt.
   b) Lege eine solche Tabelle an. Untersuche mithilfe der Tabelle, ob die Gefahr besteht, dass alle Bewohner der Siedlung erkranken werden.
   c) Untersuche, wie sich die Krankenzahl bei einer Ansteckungsrate von 20 % entwickelt.

8. Ein Meeresaquarium enthält 2000 Liter Wasser. Zur Förderung der mikrobiologischen Eigenschaften werden 15 ml des Präparats „Coral reef super plus" zugesetzt. Die Korallen entwickeln sich dann besser. Die Menge des Präparats im Wasser sinkt pro Stunde um 2 % durch Abbauprozesse. Alle 48 Stunden werden weitere 6,3 ml des Präparats zugesetzt.
   a) Die Menge des Präparats im Wasser soll für die ersten 48 Stunden grafisch dargestellt werden. Skizziere einen passenden Funktionsgraphen.
   b) Berechne die Menge des Präparats im Aquarium nach 48 Stunden und erfolgter Zufuhr der ergänzenden Menge des Präparats.
   c) Skizziere den Graphen für die Zuordnung
   Zeit (in Tagen) → *Präparatmenge im Wasser* (in ml) für einen Zeitraum von zwei Wochen.
   d) Berechne: Wie viel Präparat müsste alle 48 Stunden bei einer Abbaurate von 3,6 % zugesetzt werden, um die Menge des Präparats im Aquarium gleichmäßig zu halten?

9. **Stolperstelle:** Jona ermittelt anhand von B(1), B(2) und B(3) die rekursive Gleichung
B(n) = B(n − 1) · 1,5 + 50.
Er sagt, dass sie das Wachstum in der Tabelle als Überlagerung von exponentiellem und linearem Wachstum beschreibt. Erläutere Jonas Fehler.

n	1	2	3	5,5
B(n)	850	1325	2038	3106

3.5 Wachstumsvorgänge modellieren

● **10.** Die Abbildung zeigt die Entwicklung der Bevölkerungszahlen in Asien (Angaben in Milliarden Menschen).

Datenquelle: United Nations, Department of Economic and Social Affairs

  a) Modelliere die Bevölkerungszahlen von 1950 (t = 0) bis 1990 mit einem exponentiellen Wachstumsmodell.
  b) Modelliere die Bevölkerungszahlen von 1990 bis 2010 mit einem begrenzten Wachstumsmodell und einer Obergrenze von 5,5 Mrd. Menschen.
  c) Zeichne beide Funktionsgraphen sinnvoll verschoben in ein Koordinatensystem.
  d) Erkläre, warum die Bevölkerungsentwicklung nicht nur durch eines der beiden Modelle beschrieben werden kann.

● **11.** Nico schließt einen Ratenkredit für ein neues Auto über 15 000 € mit einem jährlichen Zins von 2,5 % ab. Als jährliche Rate bei der Rückzahlung werden 1000 € vereinbart. `TK`
  a) Stelle die Höhe der noch abzuzahlenden Beträge in Abhängigkeit von der Zeit in Jahren rekursiv dar.
  b) Stelle die Entwicklung des offenen Kreditbetrages mit einer Tabellenkalkulation dar.
  c) Untersuche, wie lange Nico so für die Rückzahlung des Kredits benötigen wird.
  d) Ein anderes Kreditangebot sieht vor, dass Nico nur 750 € pro Jahr zurückzahlen muss. Dafür steigen die Zinsen auf 2,75 % pro Jahr. Untersuche, welche Variante besser ist.

● **12.** Die angegebene Wertetabelle soll durch ein Wachstumsmodell beschrieben werden.

x	0	1	2	3	4	5	6	7	8	9	10	11
y	250,0	200,0	170,0	152,0	141,2	134,7	130,8	128,5	127,1	126,3	125,8	125,5

  a) Untersuche, ob die Daten der Wertetabelle durch ein begrenztes Wachstumsmodell beschrieben werden können. Bestimme, wenn möglich, eine passende Wachstumsfunktion. Wähle dafür selbst eine passende Grenze.
  b) Untersuche, ob die Wertetabelle auch durch eine Überlagerung von exponentiellem und linearen Wachstum mit einer linearen Wachstumskonstante von C = 50 beschrieben werden kann.

● **13. Ausblick:** In einem Ökosystem leben Hasen und Füchse. Die Hasen haben genügend Nahrung und vermehren sich ohne weitere Einflüsse jährlich um 18 %. Allerdings frisst jeder der im Gebiet lebenden Füchse pro Jahr 0,5 % der dort lebenden Hasen. Ohne diese Nahrungsquelle würde sich die Fuchspopulation pro Jahr um 15 % verringern. Je mehr Hasen als Nahrung zur Verfügung stehen, desto stärker wächst die Fuchspopulation. Man nimmt an, dass dieser Zusammenhang proportional mit dem Proportionalitätsfaktor 0,0075 ist. Zu Beobachtungsbeginn gibt es 5 Füchse und 75 Hasen. H(n) beschreibe die Anzahl der Hasen und F(n) die Anzahl der Füchse zum Zeitpunkt n (n in Jahren).
  a) Erkläre die rekursive Formel
     $F(n) = (1 - 0{,}15) \cdot F(n-1) + F(n-1) \cdot H(n-1) \cdot 0{,}0075; \; F(0) = 5$.
  b) Stelle analog eine rekursive Formel für die Anzahl der Hasen auf.
  c) Untersuche die langfristige Entwicklung der Populationen mit einer Tabellenkalkulation. `TK`
     ① Betrachte erst die nächsten 25 Jahre. Gib dann eine Prognose für die weitere Entwicklung an.
     ② Überprüfe deine Vermutung aus ① mit der Tabellenkalkulation. Interpretiere das Ergebnis.

3.6 Exponentialgleichungen und Logarithmus

■ Mithilfe von Funktionsgraphen können Gleichungen grafisch gelöst werden.
a) Ordne der Gleichung $3^x = 5$ die passende Abbildung zu.
b) Ordne der Gleichung $4 - 3^x = 2$ die passende Abbildung zu.
c) Ermittle die Lösungen der beiden Gleichungen näherungsweise durch Ablesen.
d) Zwei Grafiken passen nicht zu einer der Gleichungen. In beiden Fällen ist der Wachstumsfaktor b = 0,5.
Gib für diese Fälle jeweils eine Gleichung an, die mit der Abbildung grafisch gelöst werden kann. Lies auch die näherungsweisen Lösungen ab. ■

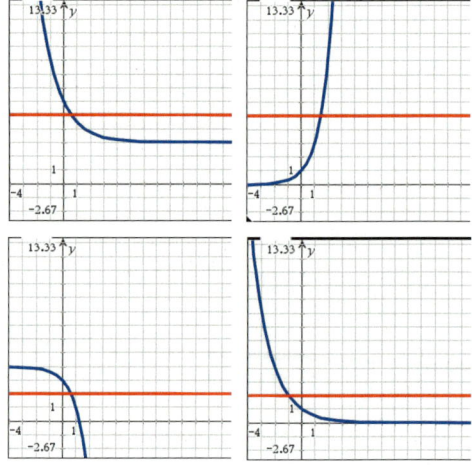

Gleichungen, bei denen die Variable x im Exponenten steht, heißen **Exponentialgleichungen**.

Exponentialgleichungen lassen sich durch bekannte Äquivalenzumformungen immer in die Form $b^x = r$ bringen.

$$2 \cdot 4^x - 28 = 100 \quad | + 28$$
$$2 \cdot 4^x = 128 \quad | : 2$$
$$4^x = 64$$

Exponentialgleichungen wie $4^x = 64$ sind bisher nur durch Probieren oder – bei einfachen Aufgaben – durch inhaltliche Überlegungen lösbar. Im Beispiel ergibt sich die Lösung x = 3, weil $4^3 = 64$ ist. Bei diesem Lösungsschritt wird das Potenzieren umgekehrt. Dies nennt man Logarithmieren. Man sagt: Der **Logarithmus von 64 zur Basis 4** ist 3.

Logarithmieren als Umkehrung des Potenzierens

Hinweis:
Potenzieren und Logarithmieren heben sich gegenseitig auf:
$b^{\log_b(x)} = x$ und
$\log_b(b^x) = x$.

> **Wissen: Der Logarithmus**
> Für $b^x = a$ gilt $x = \log_b(a)$. x ist der **Logarithmus von a zur Basis b** für Zahlen a > 0, b > 0 und b ≠ 1. Der Logarithmus von a zur Basis b ist der Exponent, mit dem die Basis b potenziert werden muss, um a zu erhalten.

> **Beispiel 1:**
> a) Schreibe $x = \log_4(16)$ als Potenz in der Form $b^x = a$ und gib die Lösung für x an.
> b) Berechne $\log_3(59049)$ mit dem Taschenrechner und notiere die Probe.
>
> **Lösung:**
> a) Die Basis ist 4. Der Exponent ist die Variable x. Der Wert der Potenz ist 16.
> $4^x = 16$
> Wegen $4^2 = 16$ folgt x = 2.
>
> b) Taschenrechner verfügen über eine Taste bzw. einen Menüpunkt zur Eingabe des Logarithmus in der Form $\log_b(a)$.
> $\log_3(59\,049) = 10$ (Taschenrechner)
> Probe: $3^{10} \stackrel{?}{=} 59\,049$ ✓

3.6 Exponentialgleichungen und Logarithmus

Basisaufgaben

1. Schreibe als Potenz in der Form $b^x = a$ und gib die Lösung für x ohne Taschenrechner an.
   a) $x = \log_2(16)$ b) $x = \log_3(81)$ c) $x = \log_2(32)$ d) $x = \log_4(0{,}0625)$

2. Berechne mit dem Taschenrechner. Führe eine Probe durch.
   a) $x = \log_4(16\,384)$ b) $x = \log_{0{,}5}(16)$ c) $x = \log_9(59\,049)$ d) $\log_5(248\,832)$

Exponentialgleichungen mit dem Logarithmus lösen

Das Logarithmieren als Umkehroperation zum Potenzieren kann genutzt werden, um Exponentialgleichungen zu lösen. Im Einstiegsbeispiel wurde die Exponentialgleichung $4^x = 64$ durch inhaltliche Überlegungen gelöst. Dies ist durch die Anwendung des Logarithmus nicht mehr notwendig. Auch schwierge Exponentialgleichungen sind nun rechnerisch lösbar.

> **Beispiel 2:**
> a) Löse die Exponentialgleichung $16^x = 8192$ rechnerisch.
> b) Löse die Exponentialgleichung $4 \cdot 25^x - 2500 = 10\,000$ rechnerisch.
>
> **Lösung:**
> a) Es kann direkt der Logarithmus zur Basis 16 angewendet werden. Dies macht auf der linken Seite der Gleichung das Potenzieren rückgängig. Die Gleichung hat die Lösung $x = 3{,}25$.
>
> $\quad 16^x = 8192 \quad | \log_{16}(\ )$
> $\log_{16}(16^x) = \log_{16}(8192) \quad |\text{Taschenrechner}$
> $\quad x = 3{,}25$
> Probe:
> $16^{3{,}25} \stackrel{?}{=} 8192 \checkmark$
>
> b) Die Gleichung muss zunächst durch Äquivalenzumformungen in die Form $b^x = a$ gebracht werden.
>
> $4 \cdot 25^x - 2500 = 10\,000 \quad |+2500$
> $4 \cdot 25^x = 12\,500 \quad |:4$
> $25^x = 3125 \quad | \log_{25}(\ )$
>
> Nun wird der Logarithmus zur Basis 25 angewendet. Dies macht auf der linken Seite der Gleichung das Potenzieren rückgängig.
> Die Gleichung hat die Lösung $x = 2{,}5$.
>
> $\log_{25}(25^x) = \log_{25}(3125)$
> $\quad x = 2{,}5$
> Probe:
> $4 \cdot 25^{2{,}5} - 2500$
> $\stackrel{?}{=} 12\,500 - 2500 = 10\,000 \checkmark$

Basisaufgaben

3. Löse die Gleichung rechnerisch.
   a) $5 \cdot 9^x = 1215$
   b) $2 \cdot 4^x = 168{,}897$
   c) $100 \cdot 1{,}5^x = 506{,}25$
   d) $1500 \cdot 15^x = 66\,469$

4. Löse die Gleichungen. Nutze den Taschenrechner nur zur Berechnung des Logarithmus.
   a) $250 + 3 \cdot 4^x = 1000$
   b) $0{,}5 \cdot 3{,}5^x + 15 = 115$
   c) $-2{,}5 \cdot 100^x + 800 = 200$
   d) $-1{,}2 \cdot 5^x - 26 = -86$

5. Herr Durstewitz legt ein Kapital von 5000 € zu einem Zinssatz von 2 % an.
   Die Zinsen werden dem Guthaben gutgeschrieben.
   a) Berechne, wie groß das Kapital nach 5 bzw. 10 Jahren ist.
   b) Bestimme, nach wie vielen Jahren sich das Kapital verdoppelt (verdreifacht) hat.
   c) Bestimme den Zinssatz, bei dem sich das Kapital nach 20 Jahren verdoppelt.

Weiterführende Aufgaben

6. Bestimme den Wert mit dem Taschenrechner. Runde auf zwei Nachkommastellen.
a) $x = \log_9(531\,441)$
b) $x = \log_3(177\,147)$
c) $x = \log_{0,3}(65)$
d) $x = \log_{0,2}\left(\frac{1}{8}\right)$
e) $x = \log_{\sqrt{6}}(5)$
f) $x = \log_5\left(\frac{1}{78\,125}\right)$
g) $x = \log_{1,5}\left(\frac{128}{2187}\right)$
h) $x = \log_{\frac{2}{3}}(\sqrt{8})$

Hinweis zu 7 e bis h:
$b^{x+c} = b^x \cdot b^c$

7. Forme die Gleichungen zunächst so um, dass die Potenz alleine steht. Löse die Gleichungen dann mit dem Logarithmus. Runde das Ergebnis auf zwei Nachkommastellen.
a) $3 \cdot 2^x = 192$
b) $1,5 \cdot 5^x = 937,5$
c) $0,25 \cdot 6^x = 54$
d) $2 \cdot 1,5^x = 115$
e) $2^{x+3} = 128$
f) $0,5^{x-1} = \frac{1}{64}$
g) $5^{-x+6} = 25$
h) $15^{1,5-x} = \frac{1}{225}$

8. Ordne die Logarithmen nach ihrer Größe (ohne Taschenrechner).
a) $\log_2(64);\ \log_3(64);\ \log_8(64)$
b) $\log_{10}(50);\ \log_{10}(5000);\ \log_{100}(500)$

Information
Caesium-137 ist ein radioaktives Isotop. Verschiedene Isotope eines Elements unterscheiden sich in der Anzahl der Neutronen im Atomkern; die Anzahl Protonen ist dabei immer gleich.

9. Das radioaktive Isotop Caesium-137 gelangte bei der Reaktorkatastrophe in Tschernobyl 1986 in die Umwelt und wurde über die Luft verteilt. Die Menge an Caesium-137 (in Prozent) in Abhängigkeit der Zeit t (in Jahren) kann durch die Funktion f mit der Gleichung $f(t) = 100 \cdot 0,977^t$ beschrieben werden.
a) Bestimme die Halbwertzeit von Caesium-137.
b) Untersuche, wie viel Prozent des 1986 freigesetzten Caesiums-137 heute noch vorhanden sind.
c) Untersuche, wann nur noch 10 % der 1986 freigesetzten Menge an Caesium-137 vorhanden sein werden.

10. Stolperstelle: Schülerinnen und Schüler haben Exponentialgleichungen gelöst. Überprüfe ihre Lösungen. Beschreibe die Fehler und korrigiere, wenn nötig.

Mark:
$2 \cdot 3^x = 27$
$2 \cdot x = \log_3(27)$
$2 \cdot x = 3$
$x = 1,5$

Anton:
$5^x + 100 = 125$
$x + \log_5(100) = \log_5(125)$
$x + 2,86 = 3$
$x = 0,14$

Melissa:
$7 \cdot 4^x + 28 = 14\,364$
$7 \cdot x + \log_4(28) = \log_4(14\,336)$
$7 \cdot x + 2,4 = 6,9$
$7 \cdot x = 4,5$
$x = 0,64$

11. Rechenregeln für Logarithmen
Für das Rechnen mit Logarithmen gelten allgemeine Regeln.
a) Entscheide, welche der folgenden Gleichungen korrekt sind.

① $\log_3(9 \cdot 27) = \log_3(9) \cdot \log_3(27)$
② $\log_3(9 \cdot 27) = \log_3(9) + \log_3(27)$
③ $\log_3(27 : 9) = \log_3(27) - \log_3(9)$
④ $\log_3(27 : 9) = \log_3(9) : \log_3(27)$
⑤ $\log_3(3^4) = \log_3(3)^4$
⑥ $\log_3(3^4) = 4 \cdot \log_3(3)$

b) Finde zu den richtigen Gleichungen je zwei weitere Gleichungen dieser Art.
c) Formuliere zu jeder richtigen Gleichung eine allgemeine Regel für das Rechnen mit Logarithmen.

12. Viele Taschenrechner haben eine eigene Taste für den besonderen 10er-Logaritmus, der kurz mit lg abgekürzt wird. Tim behauptet: „Eine Gleichung wie $9^x = 2187$ kann mit jedem beliebigen, also auch mit dem 10er-Logarithmus gelöst werden. Dann bekommt man $x = \frac{\lg(2187)}{\lg(9)} = 3,5$."
a) Zeige mithilfe der Regel $\log_b(a^n) = n \cdot \log_b(a)$, dass Tim recht hat.
b) Löse mit dem Verfahren von Tim die Exponentialgleichungen.
① $16^x = 64$
② $81^x = 19\,683$
③ $2 \cdot 3^x - 143 = -21,5$

3.6 Exponentialgleichungen und Logarithmus

13. **C14-Methode:** Im Jahr 1991 wurde in den Alpen im Eis eines Gletschers die Mumie eines Mannes gefunden („Ötzi"). Direkt nach dem Tod enthielt Ötzis Körper 100 Prozent des Kohlenstoffisotops C14. Seine Mumie enthielt beim Auffinden nur noch 57 Prozent der ursprünglichen Menge C14. Die Halbwertzeit von Kohlenstoff C14 beträgt 5730 Jahre.

Hinweis:
Bei Lebewesen ist der Anteil an Kohlenstoff C-14 konstant. Nach dem Tod nimmt der Anteil durch radioaktiven Zerfall ab. Mit der C14-Methode kann bestimmt werden, wie alt ein abgestorbener Organismus ist. Für die Untersuchungen genügt die Entnahme kleiner Proben mithilfe von Pipetten.

a) Erkläre in Bezug auf diese Situation die Funktionsgleichung $f(t) = 100 \cdot \left(\frac{1}{2}\right)^{\frac{t}{5760}}$.
b) Zeige durch Umformen der Gleichung aus a), dass $f(t) = 100 \cdot 0{,}99988^t$ gilt.
c) Berechne, in welchem Jahr Ötzi ungefähr gestorben ist.

14. Zeichne die Graphen der Funktionen f mit $f(x) = 2^x$ und g mit $g(x) = \log_2(x)$.
    a) Entscheide, auf welchem der beiden Graphen die folgenden Punkte liegen:
       $P_1(0|1)$; $P_2(1|0)$; $P_3(3|8)$; $P_4(2{,}64|6{,}25)$; $P_5(8|3)$; $P_6(8192|13)$; $P_7(0{,}5|-1)$; $P_8(0{,}25|-2)$.
    b) Beschreibe die Bedeutung der Geraden mit der Gleichung $y = x$ für den Verlauf der Graphen von f und g.
    c) Angenommen, auf beiden Koordinatenachsen gilt: 1 Längeneinheit = 1 cm. Untersuche, welchen maximalen Abstand von der x-Achse der Graph von g erreicht, wenn die x-Achse die Länge des Äquators hat. Erkläre das Ergebnis.

15. Die Stadt München wächst von allen deutschen Städten am schnellsten. Im Jahr 2012 lebten 1 410 000 Menschen in München, 567 000 in Essen und 598 000 Menschen in Stuttgart. Prognosen gehen davon aus, dass die Bevölkerungszahl in München zwischen 2012 und 2020 insgesamt um 7,8 % wächst. Für den gleichen Zeitraum schrumpft die Bevölkerung in Essen um 1,6 %, die Bevölkerung von Stuttgart sogar um 4,4 %. Nimm zur Vereinfachung an, dass die jährlichen Wachstumsraten im Zeitraum 2012–2020 konstant sind und darüber hinaus auch konstant bleiben.

a) Bestimme für München, Essen und Stuttgart die jährliche Wachstumsrate.
b) Berechne unter diesen Voraussetzungen die Einwohnerzahlen für München, Essen und Stuttgart im Jahr 2030.
c) Untersuche, wann die Einwohnerzahl Münchens 2 Millionen übersteigt.
d) Untersuche, wann in Essen mehr Menschen als in Stuttgart leben.

16. **Ausblick:** Viele Taschenrechner haben zwei spezielle Tasten für den Logarithmus, lg und ln. Lg steht für den Zehnerlogarithmus, ln steht für den natürlichen Logarithmus.
    a) Zeichne die Graphen der Funktionen f mit $f(x) = \lg(x)$ und g mit $g(x) = \ln(x)$.
    b) Entscheide anhand der Verläufe der Graphen, ob die zugrunde liegende Basis des natürlichen Logarithmus größer oder kleiner als 10 ist.
    c) Bestimme näherungsweise den x-Wert, für den $g(x) = 1$ gilt. Erkläre seine Bedeutung.

Streifzug

3. Exponentielle Zusammenhänge

Regression

- Entscheide, welche der vier folgenden Funktionsgleichungen am besten zur Wertetabelle passt. Begründe, zum Beispiel rechnerisch.

t (in h)	2	4	6	8	10
m (in g)	35	78	135	195	248

① $f(x) = 1{,}22^x + 15$ ② $g(x) = 1{,}2^x$ ③ $h(x) = 15 \cdot 1{,}22^x$ ④ $k(x) = 1{,}5(x+3)^2$ ■

Eine Regression ermöglicht es, eine Sammlung von Messpunkten näherungsweise durch einen funktionalen Zusammenhang zu beschreiben.

Hinweis: Taschenrechner können eine Regression mit verschiedenen Modellen durchführen (z.B. linear, quadratisch, exponentiell).

Wissen: Arbeit mit einem Regressionsmodell
Das Aufstellen einer passenden Funktionsgleichung zu einer Sammlung von Messpunkten wird von einem Rechner übernommen. Dafür werden die Parameter so bestimmt, dass die Summe der Quadrate der Abstände zwischen den Datenwerten und den Funktionswerten minimal sind. Anhand der Sachsituation muss zu Beginn ein passendes mathematisches Modell ausgewählt werden. Bei einer Exponential-Regression werden die Parameter a und b in einer Exponentialfunktion mit der Gleichung $f(x) = a \cdot b^x$ angepasst.

Beispiel 1: Ein Glas kalter Apfelsaft wird aus dem Kühlschrank genommen und in einen 20 °C warmen Raum gestellt. Die Safttemperatur wird gemessen

Zeit (in min)	0	2	6	10	15	20	25
Temperatur (in °C)	8	11,5	15,5	17,8	18,8	19,5	19,9

a) Wähle ein geeignetes mathematisches Modell, um die Entwicklung der Safttemperatur in Abhängigkeit von der Zeit zu beschreiben.
b) Bestimme durch Regression eine Funktion, die die Entwicklung der Safttemperatur bestmöglich darstellt.

Lösung:

a) Zunächst werden die Daten in einem Koordinatensystem dargestellt.

   Als mathematisches Modell ist begrenztes Wachstum mit einer Grenze bei S = 20 °C sinnvoll.

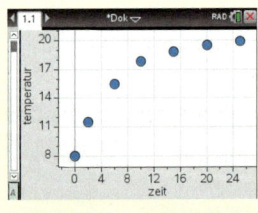

b) Bei begrenztem Wachstum kann die Differenz aus der Temperatur zum Zeitpunkt t und der Grenze S durch eine Exponential-Regression beschrieben werden. Dafür werden die Differenzen berechnet und in einem Koordinatensystem dargestellt.

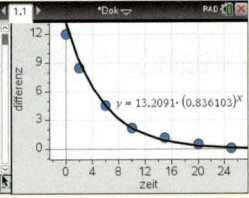

Durch die Regression ergibt sich die Funktionsgleichung $d(t) \approx 13{,}2 \cdot 0{,}836^t$. Für die Safttemperatur ergibt sich damit näherungsweise die Gleichung
$s(t) = 20 - d(t)$
$ = 20 - 13{,}2 \cdot 0{,}836^t$

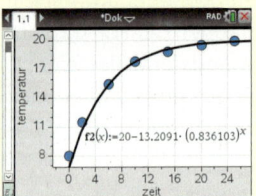

Aufgaben

1. Die abgebildeten Datenpunkte sollen mittels einer exponentiellen Regression durch eine Modellfunktion abgebildet werden.

   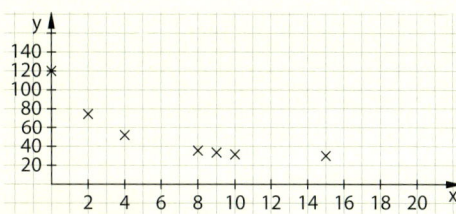

   a) Bringe die folgenden Schritte zur Durchführung der Regression in eine sinnvolle Reihenfolge.

A Wähle S = 30 als erkennbare Grenze des Prozesses.	**B** Mit f(0) = 120 und der Funktion r aus der Regression folgt: f(x) = 30 + r(x).	**C** Berechne die Differenzen der Datenwerte zur Grenze S.
D Stelle die Differenzen aus den Datenwerten und der Grenze S = 30 in einem Koordinatensystem dar.	**E** Entscheide, ob begrenztes Wachstum ein passendes Modell ist.	**F** Führe für die Differenzen eine Exponential-Regression durch. Dies ergibt die Funktion r.

   b) Bestimme eine passende Funktion, indem du die Schritte aus Aufgabenteil a) durchführst.

2. Nach dem Einbau eines Filters in eine Wasseranlage wird die Schadstoffmenge in mg/Liter in den folgenden Tagen gemessen und in einer Wertetabelle notiert.

Zeit (in Tagen)	0	1	2	3	4	5	6	7	8	9	10	11	12
Schadstoffmenge (in mg/l)	100,5	64,2	42,0	30,1	21,4	17,0	14,2	12,4	11,5	10,9	10,5	10,3	10,1

   a) Übertrage die Messwerte in ein Koordinatensystem.
   b) Wähle ein passendes mathematisches Modell für eine Regression. Begründe deine Entscheidung anhand der Wertetabelle oder des Graphen im Koordinatensystem.
   c) Bestimme durch Regression eine Funktion, die die Schadstoffmenge in Abhängigkeit von der Zeit bestmöglich beschreibt.

3. Wertetabellen wurden durch Regressionsmodelle beschrieben.

   Nico:

x	0	1	2	5	10
y	15	10	7,5	5,3	5,1

   Marie:

x	0	1	2	5	10
y	2	2,5	3,2	6,1	18,6

   Joana:

x	0	1	2	5	10
y	1	8,6	13,2	18,5	19,9

   Nico: $y = 11.0972 \cdot (0.909322)^x$

   Marie: $y = 1.6681 \cdot x + 0.474847$

   Joana: $y = 3.98507 \cdot (1.2301)^x$

   a) Beschreibe jeweils, inwieweit die Regressionsfunktion nicht zur Wertetabelle passt.
   b) Erkläre, welche Fehler Nico, Marie und Jona gemacht haben.
   c) Erstelle selbst mit einer Regression zu jeder Wertetabelle eine passende Funktion.

3.7 Vermischte Aufgaben

1. Beschreibe das Wachstum mit einer rekursiven und einer expliziten Formel.

   a)
n	0	1	2	3
B(n)	2	2,8	3,6	4,4

   b)
n	0	1	2	3
B(n)	2	2,8	3,92	5,488

2. Von einer Zuordnung sind die Wertepaare (1 | 1,5) und (2 | 4,5) bekannt.
   a) Erstelle eine Wertetabelle mit diesen beiden und weiteren Wertepaaren, die zu einer linearen Funktion passt (zu einer Exponentialfunktion der Form y = a · b^x passt).
   b) Prüfe, ob es jeweils eine oder mehrere mögliche Funktionen gibt.
   c) Zeichne die Graphen beider Funktionen aus a) in ein Koordinatensystem. Lies ab, wo die lineare Funktion kleinere Funktionswerte hat als die Exponentialfunktion.

3. Ermittle die Schnittpunkte der Funktionen f und g mit den Funktionsgleichungen f(x) = 2x + 1 und g(x) = 4^x – 5.

4. Entscheide, ob in der Situation eine exponentielle Veränderung vorliegt. Wenn ja, gib den Wachstumsfaktor an und stelle eine Wachstumsgleichung auf.
   ① In einem Labor wird die Vermehrung von zunächst 500 Bakterien untersucht. Die Anzahl verdreifacht sich jeden Tag.
   ② Im Pool steht das Wasser 100 cm hoch. Jede Stunde fließt davon so viel Wasser aus dem Becken, dass der Wasserspiegel um 20 cm sinkt.
   ③ Die Anzahl an radioaktiven Kernen nimmt von anfangs 10 000 Kernen jede Sekunde um die Hälfte ab.
   ④ Vincent bekommt mit 10 Jahren 10 € Taschengeld. Jedes Jahr bekommt er 5 € mehr.
   ⑤ In einem Teich sind 20 Seerosen, nach zwei Jahren sind es 80 Stück und nach vier Jahren schon 320.
   ⑥ Eine Pflanze ist anfangs 15 cm hoch, nach zwei Wochen 25 cm und nach vier Wochen 35 cm hoch.

5. Ein elastischer Ball fällt aus 2 Metern Höhe auf eine feste Unterlage und springt nach jedem Aufprall jeweils auf 80 % der zuletzt erreichten Höhe zurück.
   a) Berechne, wie hoch der Ball nach dem zweiten, dritten und vierten Aufprall springt. Gib das Ergebnis als Potenz und als Zahl an.

   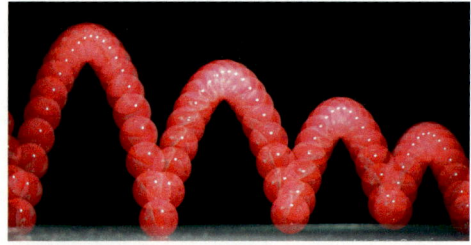

   b) Berechne, welche Höhe der Ball nach dem 20. Aufprall erreichen würde.
   c) Gib an, für welche x-Werte Berechnungen sinnvoll sind.
   d) Stelle eine Funktionsgleichung auf, die beschreibt, welche Höhe der Ball nach dem n-ten Aufprall erreicht.
   e) Erstelle eine Tabelle, in der du die Höhe bis zum 20. Aufprall notierst.

6. Bei einem Konto wird ein Kapital von 4000 € zu 2,5 % verzinst. Die Zinsen werden dem Konto gutgeschrieben. Es wird nichts abgehoben.
   a) Berechne das Kapital und die Zinsen (in €) nach einem (vier; sieben) Jahren.
   b) Bestimme durch Probieren, wann das Kapital auf mehr als 5200 € angestiegen ist.
   c) Auf einem zweiten Konto werden 4000 € angelegt. Nach 5 Jahren sind daraus 4500 € geworden. Bestimme den Zinssatz.

3.7 Vermischte Aufgaben

7. Beim Vergleich verschiedener Tagesgeldkonten stößt Frau Müller auf zwei interessante Angebote. Bank A verspricht in den ersten zwei Anlagejahren einen jährlichen Zinssatz von 2,4 %, danach von 2,2 %. Bank B garantiert einen jährlichen Zinssatz von 2,25 %.
   a) Berechne: Auf welchen Betrag wächst ein Guthaben von 1000 € jeweils innerhalb von 5 Jahren an?
   b) Berechne: In wie vielen Jahren verdoppelt sich das Anfangskapital von Frau Müller jeweils?

8. Radioaktive Atomkerne zerfallen im Laufe der Zeit. Das Isotop Polonium-218 hat eine Halbwertzeit von 3 min.
   a) Ermittle den Wachstumsfaktor b. Beschreibe die Anzahl der vorhandenen Kerne in Abhängigkeit von der Zeit t in min durch eine Gleichung.
   b) Bestimme, wie viel Prozent der Kerne noch nach 2 min (4 min, 8 min, 10 min) vorhanden sind.
   c) Bestimme wann 95 % der Polonium-Kerne zerfallen sind.

9. Lena bekommt 50 Milligramm eines Medikamentes verabreicht. Nach jeder vollen Stunde bekommt sie weitere 3 Milligramm des Medikaments. Ihr Körper baut pro Stunde 8 Prozent des Medikaments ab.
   a) Die Menge des Medikaments in Lenas Körper soll für die ersten 3 Stunden dargestellt werden. Skizzieren einen passenden Funktionsgraphen.
   b) Berechne die Menge des Medikaments in Lenas Körper für die nächsten 36 Stunden jeweils zur vollen Stunde. Nutze eine Tabellenkalkulation. [TK]
   c) Erstelle auf dem gleichen Arbeitsblatt der Tabellenkalkulation eine Wertetabelle zur Funktion f mit $f(t) = 20 + 30 \cdot 0{,}85^t$.
   d) Vergleiche die Werte aus der Tabelle in b) und der Wertetabelle in c).
   e) Anna behauptet: „Die Funktion f passt nicht zur Situation." Hat sie recht? Begründe.

10. Betrachte die exponentielle Zunahme der von Algen bedeckten Fläche auf einem See.
    a) Begründe, warum eine exponentielle Ausbreitung nur in bestimmten Zeitabschnitten auftreten kann.
    b) Skizziere einen Graphen, der die Ausbreitung der Algen realistisch darstellt. Begründe.

11. Julias Großeltern möchten ihrer Enkelin zum 15. Geburtstag Geld schenken, das sie für einen Führerschein nutzen soll. Einen Teil des Geldes darf sie auch für andere Wünsche ausgeben. Sie kann aus zwei Vorschlägen wählen.
    Vorschlag A: Julia erhält am Geburtstag 150 €. Im darauf folgenden Jahr erhält sie 12-mal eine Zahlung, die sich jedes Mal um 2 € erhöht.
    Vorschlag B: Julia erhält am Geburtstag 50 ct. Im folgenden Jahr bekommt sie 12-mal Geld, wobei sich die Höhe der Zahlung mit jedem Mal verdoppelt.
    a) Begründe durch eine Rechnung, für welches Angebot sich Julia entscheiden sollte, wenn sie in 4 Monaten einen 500 € teuren Urlaub finanzieren möchte.
    b) Bestimme, ab welchem Monat sich das zunächst ungünstigere Angebot für Julia lohnt, weil sie ab diesem Monat mehr Geld bekommt.
    c) Julia möchte über das ganze Jahr gesehen einen möglichst großen Gewinn machen. Entscheide, welches Angebot sie wählen sollte, und bestimme den maximalen Gewinn.

12. Für $b^x = a$ gilt $x = \log_b(a)$. Begründe, warum in dieser Definition des Logarithmus …
    a) $a > 0$ als Einschränkung vorgenommen werden muss,
    b) $b \neq 1$ als Einschränkung vorgenommen werden muss,
    c) $b > 0$ als Einschränkung vorgenommen werden muss.

Prüfe dein neues Fundament
3. Exponentielle Zusammenhänge

Lösungen
↗ S. 236

1. Falte ein quadratisches Blatt Papier.
   Schritt 1: Falte so, dass die Faltlinie das Quadrat in zwei gleich große Rechtecke teilt.
   Schritt 2: Falte so, dass die Faltlinien das Quadrat in vier gleich große Quadrate teilen.
   Schritt 3: Falte so, dass die Faltlinien das Quadrat in acht gleich große Rechtecke teilen.
   Schritt 4: …

   a) Angenommen, du setzt diesen Faltprozess immer weiter fort: In wie viele gleich große Teilflächen (Quadrate oder Rechtecke) teilen die Faltlinien das große Quadrat nach dem 5. Schritt (nach dem 7. Schritt)?
   b) Stelle eine explizite Formel auf, die die Anzahl der gleich großen Teilflächen in Abhängigkeit von der Anzahl der Schritte beschreibt. Berechne damit die theoretisch mögliche Anzahl der Teilflächen nach dem 100. Schritt.

2. Die Wertetabellen stellen exponentielle Vorgänge dar. Ergänze die fehlenden Einträge.

   a)
n	0	1	2	3	6
B(n)	30	54			

   b)
n	0	1	2	3	6
B(n)	140	70			

3. Prüfe, ob es sich um einen linearen oder einen exponentiellen Vorgang handelt. Gib eine rekursive und eine explizite Gleichung dazu an.

   a)
n	1	2	3	4	5
B(n)	180	189	198,5	208,4	218,8

   b)
n	0	1	2	3	4
B(n)	25	20	15	10	5

4. Entscheide, ob in den folgenden Situationen exponentielle Vorgänge vorliegen. Begründe. Wenn ja: Stelle eine explizite Wachstumsformel auf.
   a) Die Mieten in einer Wohnung steigen pro Jahr um durchschnittlich 3,5 %.
   b) Das Guthaben auf einem Sparkonto nimmt pro Jahr um 250 € ab.
   c) Der Holzbestand eines Waldes nimmt jedes Jahr um den Faktor 1,04 zu.
   d) Die Parkgebühren steigen mit jeder angefangenen Stunde um 1,50 €.
   e) Das Guthaben auf einem Sparkonto wird pro Jahr mit 0,8 % verzinst. Die Zinsen werden dem Konto immer am Jahresende gutgeschrieben. Es wird nichts abgehoben.
   f) An einer Infektion sind zum Zeitpunkt der Entdeckung 1200 Menschen erkrankt. Die Anzahl der Erkrankten nimmt jede Woche um ca. 250 Menschen zu.

5. Ein Grundkapital von 300 € wird bei der Bank zu einem Zinssatz von 1,35 % angelegt. Berechne das Kapital mit Zinseszinsen nach der angegebenen Zeitspanne.
   a) 1 Jahr   b) 3 Jahre   c) 7 Jahre   d) 19 Jahre   e) 35 Jahre

6. Bestimme den Zinssatz.
   a) Vince hatte ein Kapital von 200 € für 10 Jahre angelegt. Es ist auf 269 € angewachsen.
   b) Steve hatte ein Kapital von 1000 € für 7 Jahre angelegt. Es ist auf 1361 € angewachsen.
   c) Frau Nolte hatte vor 15 Jahren 12 589 € angelegt. Jetzt sind es 15 739 €.

Prüfe dein neues Fundament

7. In der Tabelle findest du Daten zur Population des Amurtigers.

Jahr	1930	1940	1950	1960	1970
Anzahl Tiere	30	45	65	100	150

a) Begründe, dass sich die Entwicklung annähernd durch exponentielles Wachstum beschreiben lässt.
Gib eine Wachstumsformel an.
b) Berechne mit der Formel aus a) Schätzwerte für 1980, 1990 und 2000 und 2010.
c) Im Jahr 1980 wurden 170 Tiere gezählt, 1990 rund 300 Tiere, 2000 rund 430 Tiere und 2010 rund 400 Tiere.
Vergleiche die tatsächliche Entwicklung mit den Schätzwerten aus b).

8. Gib den Schnittpunkt mit der y-Achse, den Funktionswert an der Stelle x = 1 und die Asymptote der Funktion f an.
   a) $f(x) = 3{,}5 \cdot 5^x$ b) $f(x) = 4 \cdot 0{,}2^x$ c) $f(x) = 3^x + 4$ d) $f(x) = (-3) \cdot 2^x - 5$

9. a) Stelle den Graphen der Funktion g mit $g(x) = 0{,}5 \cdot 3^x - 10$ dar.
   Lies, wenn vorhanden, die Schnittpunkte mit der x-Achse bzw. der y-Achse ab.
   b) Beschreibe, wie der Graph von g gegenüber dem Graphen der Exponentialfunktion f mit $f(x) = 3^x$ verschoben, gestreckt bzw. gestaucht wurde.
   c) Vergleiche den Graphen der Exponentialfunktion h mit $h(x) = 0{,}5 \cdot 3^x$ und den Graphen der Exponentialfunktion i mit $i(x) = 0{,}5 \cdot 3^{x-10}$.

10. Eine Exponentialfunktion der Form $f(x) = a \cdot b^x + c$ hat die Asymptote y = 1. Der Graph verläuft durch die Punkte (0|7) und (1|10). Gib eine Gleichung der Funktion an.

11. Prüfe, ob das Modell des begrenzten Wachstums auf die Situation anwendbar ist. Wenn ja: Stelle eine Funktionsgleichung auf. Gib dafür an, ob die Annäherung an die Grenze von oben oder von unten erfolgt.
    a) Eine Bakterienkultur besteht zu Beginn aus 1000 Bakterien. Ihre Anzahl nimmt um 75 % pro Tag zu. In der Kultur können höchstens 30 000 Bakterien leben.
    b) Eine gekühlte Flüssigkeit hat eine Temperatur von 5 °C. Sie wird in eine Umgebung mit der Temperatur 24 °C gebracht. Die Temperaturdifferenz zwischen der Umgebungs- und der Flüssigkeitstemperatur nimmt um 10 % pro Minute ab.

12. Ermittle den Logarithmus im Kopf.
    a) $\log_2(16)$ b) $\log_{10}(1000)$ c) $\log_4(64)$ d) $\log_5(1)$ e) $\log_3\left(\frac{1}{3}\right)$

13. Löse die Exponentialgleichungen. Runde auf zwei Stellen nach dem Komma.
    a) $3^x = 1000$ b) $1{,}02^x - 300 = 450$ c) $40 + 0{,}92^x = 71{,}8$ d) $2 \cdot 1{,}18^x = 48\,000$

14. a) Eine Population besteht aus 500 Kaninchen. Ihre Anzahl nimmt pro Jahr um 30 % zu.
    Berechne, wann sich die Anzahl der Tiere verdreifacht hat.
    b) In einem Gewächshaus werden 20 Gramm eines Schädlingsbekämpfungsmittels versprüht und dabei gleichmäßig verteilt. Der Abbau des Mittels in Abhängigkeit von der Zeit t (in Tagen) wird durch die Gleichung $f(t) = 20\,g \cdot 0{,}995^t$ beschrieben.
    Berechne die Zeitspanne, nach der noch 18 Gramm (noch 15 Gramm, noch 2 Gramm) des Mittels im Gewächshaus vorhanden sind.

Zusammenfassung
3. Exponentielle Zusammenhänge

Exponentielles Wachstum, exponentielle Abnahme

Wenn eine Größe je Einheit immer um den gleichen Faktor zunimmt (abnimmt), dann liegt **exponentielles Wachstum (exponentielle Abnahme)** vor.
Der Faktor heißt Wachstumsfaktor b.
- b > 1 exponentielles Wachstum
- 0 < b < 1 exponentielle Abnahme

n	0	1	2	3	4
B(n)	8	12	18	27	40,5

(+1 jeweils in n; ·1,5 jeweils in B(n))

Es liegt exponentielles Wachstum vor.
Der Wachstumsfaktor ist 1,5.

Rekursive und explizite Formel

Lineares Wachstum (bzw. lineare Abnahme):
rekursiv: $B(n) = B(n-1) + C$
explizit: $B(n) = B(0) + n \cdot C$
C ist konstant. C ist der Wert, um den sich der Bestand je Zeiteinheit verändert.

Exponentielles Wachstum (bzw. exponentielle Abnahme):
rekursiv: $B(n) = b \cdot B(n-1)$
explizit: $B(n) = B(0) \cdot b^n$
Um den Wachstumsfaktor b > 0, b ≠ 1, verändert sich der Bestand je Zeiteinheit.

Gib eine rekursive und eine explizite Formel zu der Wertetabelle an. Berechne B(15).

n	0	1	2	3	4
B(n)	4	12	36	108	324

Es liegt exponentielles Wachstum vor; b = 3.
rekursiv: $B(n) = 3 \cdot B(n-1)$ mit $B(0) = 4$
explizit: $B(n) = 4 \cdot 3^n$

$B(n) = 4 \cdot 3^n$
$B(15) = 4 \cdot 3^{15} = 57\,395\,628$

Prozentuales Wachstum

Wächst (sinkt) ein Bestand je Einheit immer um den gleichen Prozentsatz r %, so liegt exponentielles Wachstum (exponentielle Abnahme) vor. Für den Wachstumsfaktor gilt:

exponentielles Wachstum: $b = 1 + \frac{r}{100}$
exponentielle Abnahme: $b = 1 - \frac{r}{100}$

In der Zinsrechnung wird die Zinsformel
$K(n) = K(0) \cdot \left(1 + \frac{p}{100}\right)^n$ verwendet.

(K(0): Startkapitel; n: Zeit in Jahren; p%: Zinssatz pro Jahr; K(n): Kapital nach n Jahren)

Die Schadstoffkonzentration in einem Gewässer liegt bei 80 mg/l. Sie nimmt pro Tag um 0,5 % ab. Berechne die Konzentration nach 30 Tagen.

r = 0,5; B(0) = 80 mg/l
$b = 1 - \frac{0,5}{100} = 0,995$ (exponentielle Abnahme)
$B(n) = B(0) \cdot b^n$
$B(30) = 80\,\text{mg/l} \cdot 0,995^{30} \approx 68,8\,\text{mg/l}$

Exponentialfunktionen

Funktionsgleichungen mit Parametern der Form $f(x) = a \cdot b^x + c$ und b > 0, b ≠ 1, a ≠ 0, stellen allgemeine Exponentialfunktionen dar.
Der Parameter a bewirkt eine Streckung/Stauchung in Richtung der y-Achse. Der Patameter c bewirkt eine Verschiebung in Richtung der y-Achse.

Untersuche die Funktion f mit $f(x) = 3 \cdot 2^x$ auf ihre Eigenschaften.
- Schnittpunkt mit der y-Achse: (0|3)
- Die x-Achse ist Asymptote.
- Parameter 3 bewirkt Streckung des Graphen von g mit $g(x) = 2^x$ in Richtung der y-Achse.
- keine Nullstelle

Logarithmus

Für $b^x = a$ gilt $x = \log_b(a)$.
x ist der Logarithmus von a zur Basis b für Zahlen a > 0, b > 0 und b ≠ 1.
Der Logarithmus von a zur Basis b ist der Exponent, mit dem die Basis b potenziert werden muss, um a zu erhalten.

Löse die Exponentialgleichung $8^x = 1448$.

$8^x = 1448$ | $\log_8()$
$\log_8(8^x) = \log_8(1448)$
$x = \log_8(1448)$ | Taschenrechner
$x \approx 3,5$

4. Kreisberechnungen

Der Kreis ist eine der einfachsten geometrischen Figuren. Will man aber den Umfang oder den Flächeninhalt von Kreisen oder Kreisteilen berechnen, taucht immer wieder die geheimnisvolle Zahl π auf.

Nach diesem Kapitel kannst du …
- Umfang und Flächeninhalt eines Kreises berechnen,
- Flächeninhalte von Kreisausschnitten und Längen von Kreisbögen berechnen,
- Näherungswerte für „pi" bestimmen.

Dein Fundament

4. Kreisberechnungen

Lösungen
S. 237

Rund um den Kreis

1. Ermittle Radius und Durchmesser des Kreises.

   a) 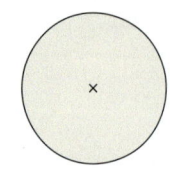 b) 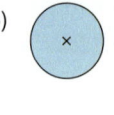 c) 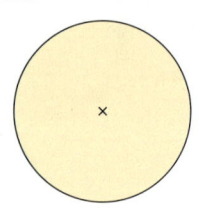 d)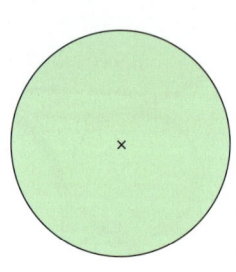

2. Zeichne ein Quadrat mit der Seitenlänge a = 4 cm.
   a) Zeichne in das Quadrat einen Kreis, der die Seiten in ihren Mittelpunkten berührt.
   b) Zeichne einen Kreis durch alle vier Eckpunkte des Quadrates.
   c) Beschreibe die Lage der Mittelpunkte beider Kreise. Miss und vergleiche ihre Radien.

3. Zeichne einen Kreis mit $r_1 = 5{,}5$ cm und einen Kreis mit $r_2 = 3$ cm. Zeichne beide Kreise so,
   a) dass sie einander nicht schneiden;
   b) dass der Abstand ihrer Mittelpunkte 5,5 cm beträgt;
   c) dass sie den gleichen Mittelpunkt haben.

4. Zeichne ein gleichseitiges Dreieck mit der Seitenlänge 5 cm.
   a) Konstruiere den Umkreis und den Inkreis des Dreiecks.
   b) Beschreibe die Lage beider Kreise zueinander.
   c) Untersuche, ob das Ergebnis aus b) auch bei beliebigen Dreiecken zutrifft.

5. a) Zeichne zwei zueinander parallele Geraden g und h in einem Abstand von 6 cm.
   b) Zeichne mehrere Kreise, die beide Geraden berühren.
   c) Beschreibe die Lage der Mittelpunkte dieser Kreise.

Einheiten des Flächeninhalts

6. Entscheide, ob eine Einheit des Flächeninhalts angegeben ist oder nicht.
   a) cm   b) cm^2 c) ℓ d) ha   e) cm^3 f) a   g) km^2 h) $h\ell$

7. Rechne in die Einheit um, die in Klammern steht.
   a) $5\,cm^2$ (mm^2)   b) $3{,}2\,m^2$ (cm^2)   c) $1\,ha$ (m^2)   d) $2{,}3\,a$ (m^2)

8. Ordne den Flächen die gerundeten Größen zu.
   a) Fläche einer Seite deines Mathematikbuches
   b) Fläche von Deutschland
   c) Sitzfläche eines Stuhles
   d) Handfläche eines Menschen
   e) Fläche des Bundeslands Brandenburg

   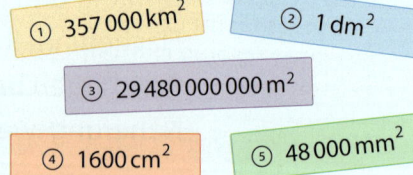

9. Gib an, wie oft die erste der beiden gegebenen Flächen in der zweiten Fläche enthalten ist.
   a) $4\,mm^2$ in $16\,cm^2$ b) $25\,dm^2$ in $1\,m^2$ c) $4\,cm^2$ in $80\,cm^2$ d) $10\,m^2$ in $1\,a$

Dein Fundament

Umfang und Flächeninhalt von Figuren

Lösungen ↗ S. 238

10. Berechne den Umfang und den Flächeninhalt der gegebenen Figur. Beachte die Bilder und Bezeichnungen in der Randspalte.
    a) Rechteck mit den Seitenlängen $a = 3\,cm$ und $b = 2,5\,cm$
    b) Quadrat mit der Seitenlänge $a = 1,1\,cm$
    c) Dreieck mit den Seitenlängen $a = 3\,cm$; $b = 4\,cm$; $c = 50\,mm$ und dem Innenwinkel $\gamma = 90°$
    d) Parallelogramm mit den Seitenlängen $a = 3,0\,cm$; $b = 2,5\,cm$ und der Höhe $h_a = 2,0\,cm$

Rechteck:
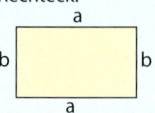

Quadrat:
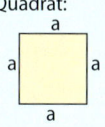

Dreieck (rechtwinklig):
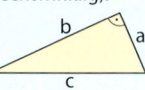

Parallelogramm:
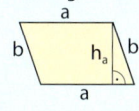

11. a) Ermittle den Umfang eines Quadrats, das den Flächeninhalt $144\,dm^2$ hat.
    b) Gib drei mögliche Paare von Seitenlängen eines Rechtecks an, das den Flächeninhalt $30\,cm^2$ hat.

12. Gib den Flächeninhalt der Figur an. Der Flächeninhalt eines Kästchens beträgt $1\,cm^2$.

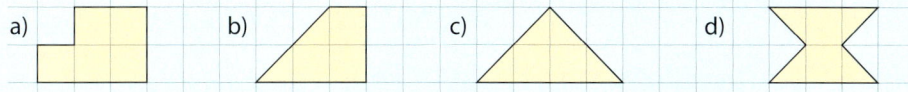

13. Berechne den Flächeninhalt der gelben Fläche, wenn die Seitenlängen der Quadrate 1,5 cm und 2,5 cm betragen. (Zeichnung nicht maßstäblich.)

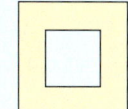

Vermischtes

14. Berechne im Kopf.
    a) 9^2 b) 11^2 c) $0,1^2$ d) $1,1^2$ e) 12^2 f) $0,7^2$ g) $1,2^2$ h) $\left(\frac{2}{3}\right)^2$

15. Berechne im Kopf.
    a) $\sqrt{4}$ b) $\sqrt{25}$ c) $\sqrt{0,01}$ d) $\sqrt{0,81}$ e) $\sqrt{196}$ f) $\sqrt[3]{8}$ g) $\sqrt[3]{64}$ h) $\sqrt[3]{0,027}$

16. Stelle die Gleichung nach der Variablen x um.
    a) $2x = y$ b) $xy = z\ (y \neq 0)$ c) $\frac{x}{4} = r$ d) $\frac{5}{x} = a\ (x \neq 0, a \neq 0)$

17. Die Tabelle gehört zu einer proportionalen Zuordnung. Übertrage sie ins Heft und fülle sie aus. Gib den Proportionalitätsfaktor an.

a)

0,5	1	2	3	4
		6,2		

b)

1	1,5	2		5	7
			9,42	15,7	

18. Gib den Zusammenhang zwischen dem Durchmesser und dem Radius eines Kreises an.

19. Welchen Anteil hat der gefärbte Ausschnitt bezogen auf den ganzen Kreis? Gib diesen Anteil als Bruch an. Wie groß ist der zugehörige Winkel α?

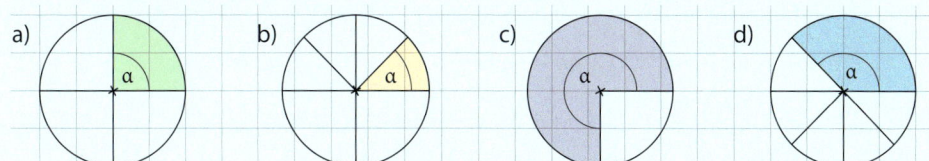

4.1 Umfang eines Kreises

■ Mit einem Messrad lassen sich Streckenlängen auf ebenem Boden ermitteln. Messräder werden beispielsweise beim Straßenbau und beim Ausmessen von Bremswegen bei Verkehrsunfällen verwendet.
Erläutere, wie du mit einem Messrad die Länge einer Strecke messen kannst. ■

Da ein Kreis von einer gekrümmten Linie begrenzt wird, kann der Umfang nicht so einfach wie bei einem Vieleck bestimmt werden. Man kann regelmäßige Vielecke zu Hilfe nehmen, da sich ihr Erscheinungsbild bei zunehmender Eckenzahl einem Kreis annähert.

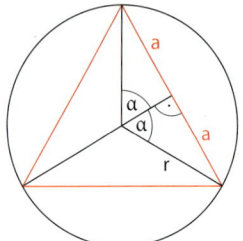 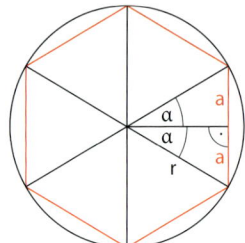 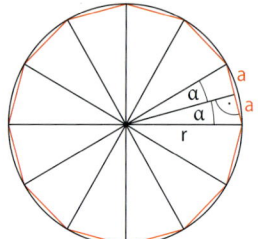

Die regelmäßigen n-Ecke werden wie im Bild in jeweils n kongruente gleichschenklige Dreiecke zerlegt. Diese werden wiederum in jeweils zwei rechtwinklige Dreiecke geteilt. Für diese Dreiecke gilt dann:

$\sin(\alpha) = \frac{\text{Gegenkathete von } \alpha}{\text{Hypotenuse}} = \frac{a}{r}$ und damit $a = r \sin(\alpha)$.

Da der Umfang u des Vielecks 2n-mal so groß ist wie die Länge von a und $\alpha = \frac{360°}{2n} = \frac{180°}{n}$ gilt, folgt:

$u = 2 \cdot n \cdot r \cdot \sin\left(\frac{180°}{n}\right)$.

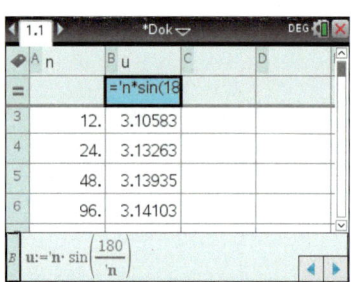

Nun wird r = 0,5 Längeneinheiten gesetzt und $n \cdot \sin\left(\frac{180°}{n}\right)$ als Funktionsterm in den GTR eingegeben. Eine Tabelle der Funktionswerte zeigt, dass sich diese Werte für steigende Werte von n etwa dem Wert 3,141 59 annähern. Dies scheint der Umfang eines Kreises zu sein, dessen Durchmesser d = 2r = 1 Längeneinheit ist. Der exakte Wert wird mit dem griechischen Buchstaben π (pi) bezeichnet.

Bei beliebigen Kreisen ist der Umfang gleich dem π-fachen des Durchmessers. Die Zuordnung zwischen Durchmesser und Umfang eines Kreises ist damit proportional mit dem Faktor π.

Hinweis:
π = 3,141592653589…
π ist eine irrationale Zahl mit unendlich vielen Nachkommastellen.

> **Wissen: Umfang eines Kreises**
> Für den **Umfang u eines Kreises** mit dem Radius r und dem Durchmesser d gilt:
> $u = 2 \cdot \pi \cdot r$
> $u = \pi \cdot d$
>
>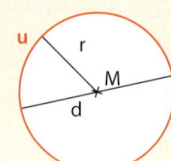

4.1 Umfang eines Kreises

Beispiel 1: Berechne die gesuchten Größen. Runde auf Millimeter genau.
a) Kreis mit dem Radius r = 38 cm; gesucht: Umfang u
b) Kreis mit dem Umfang u = 730 mm; gesucht: Durchmesser d

Lösung:
a) Setze r = 38 cm in die Formel u = 2 · π · r
   ein und berechne. Runde das Ergebnis
   auf eine Stelle nach dem Komma.

   u = 2 · π · r
   u = 2 · π · 38 cm
   u ≈ 238,8 cm

b) Stelle die Formel u = π · d nach d um.
   Setze dann die gegebene Größe ein und
   berechne.
   Runde das Ergebnis.

   u = π · d | : π, Seitentausch
   $d = \frac{u}{\pi}$
   $d = \frac{730\,mm}{\pi}$
   d ≈ 232 mm

Hinweis: Verwende auf dem Taschenrechner die Taste π.

Basisaufgaben

1. Berechne den Umfang des Kreises. Runde das Ergebnis auf eine Nachkommastelle.
   a) d = 25 mm   b) r = 8 cm   c) r = 1,3 km   d) d = 174 m

2. Ein Kreis hat den Umfang u. Berechne den Durchmesser d und den Radius r.
   a) u = 60 cm   b) u = 960 mm   c) u = 1,6 m   d) u = 3,7 km

   Hinweis zu 2: Beim Überschlag kannst du für π mit 3 rechnen

3. Berechne …
   a) … die Länge der Tischkante eines kreisrunden Tisches mit dem Radius r = 70 cm.
   b) … die Länge des Randes einer Pizza mit dem Radius r = 9 cm.
   c) … die Länge einer Hecke zur Begrenzung eines kreisrunden Blumenbeetes mit dem Durchmesser d = 9 m.

4. Bilde Dreierpäckchen aus einer orangefarbenen Karte (Radius), einer grünen Karte (Durchmesser) und einer blauen Karte (Umfang), die jeweils zum selben Kreis gehören.

7,13 cm	6,52 cm	2,47 cm	1,81 cm	4,36 cm	8,72 cm	3,62 cm	14,26 cm
4,94 cm	13,04 cm	11,37 cm	27,39 cm	40,97 cm	44,8 cm	15,52 cm	

Weiterführende Aufgaben

5. [GTR] In der Einleitung wurde die Zahl π näherungsweise durch regelmäßige n-Ecke bestimmt, die einem Kreis einbeschrieben sind. Übertrage dieses Verfahren auf n-Ecke, deren Seiten durch den Kreis von innen berührt werden (siehe Bild).

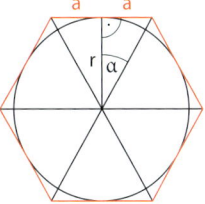

 6. **Stolperstelle:** Überprüfe die Behauptungen. Korrigiere, falls erforderlich.
   a) Verena erklärt: „Von hier bis zum Erdmittelpunkt sind es 6371 km. Also müsste ich 2 · 6371 km = 12 742 km laufen, um einmal die Erde zu umrunden."
   b) Tim sagt: „Wenn ich einen Schlüsselbund an einer 60 cm langen Schnur kreisen lasse, dann legt das Schlüsselbund pro Umdrehung knapp zwei Meter zurück."

7. Der Abstoßkreis beim Kugelstoßen hat einen Durchmesser von 2,135 m. Er wird ringsrum von einem Blechstreifen begrenzt. Berechne: Wie lang ist dieser Blechstreifen?

8. Die rote Linie besteht aus Halbkreisbögen. Berechne, wie lang die rote Linie bei einem Kreis mit dem Durchmesser 24 cm ist.

a)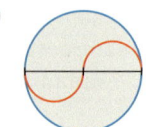
b)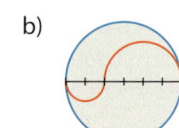

9. Beim Voltigieren wird eine 8 m lange Longierleine zum Führen des Pferdes verwendet. Das Pferd bewegt sich auf einer kreisförmigen Bahn.
   a) Berechne die Weglänge, die das Pferd bei einer Runde maximal zurücklegt.
   b) Begründe, warum die tatsächlich zurückgelegte Strecke kürzer sein kann.
   c) Wie lang ist die Longierleine, wenn bei 25 Runden insgesamt 1492 m zurücklegt werden?

TK 10. Ermittle durch Probieren, mit welchem Bruch, dessen Nenner nicht größer als 10 ist, du der Zahl π am nächsten kommst.

11. Julian beschwert sich darüber, dass sein Taschenrechner kein π-Symbol hat und er deshalb ungenaue Ergebnisse bekommt. Sein Vater weist ihn darauf hin, dass er bei der Berechnung des Umfangs eines Kreises doch einfach den Durchmesser mit 3 multiplizieren und zum Ergebnis 5 % addieren kann. Untersuche, ob man damit π gut annähern kann.

12. Die blaue Linie besteht aus Halbkreisbögen. Ermittle ihre Länge.

a)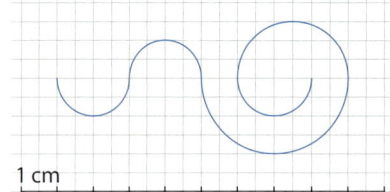
b)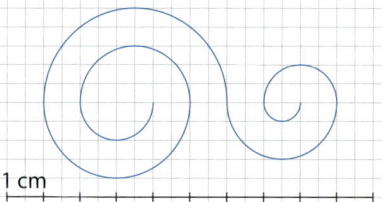

13. Um ein kreisförmiges Blumenbeet mit dem Durchmesser 10 m verläuft ein 4 m breiter Weg. Am äußeren und inneren Rand des Weges sollen die Randsteine erneuert werden. Ein Randstein ist 30 cm lang. Auf 6 m Länge des äußeren Rands gibt es keine Randsteine, da dort Nebenwege abgehen.
Berechne die ungefähre Anzahl der Randsteine, die benötigt werden.

14. Der Umfang eines etwa zylinderförmigen Eichenstamms misst 530 cm, der Umfang eines ebenfalls zylinderförmigen Fichtenstamms 610 cm.
   a) Berechne jeweils den Radius des Baumstamms.
   b) Bei der Eiche beträgt die durchschnittliche Dicke eines Jahresrings 3 mm, bei der Fichte sind es 5 mm. Entscheide, welcher der beiden Bäume älter ist.

15. a) Stelle dir vor, dass ein 40 000 km langes Seil straff um den Erdäquator gespannt wird. Dann wird das Seil um einen Meter verlängert und so gehalten, dass der Abstand zwischen dem Seil und der Erde überall gleich ist. Kann eine Maus unter diesem Seil hindurchkriechen? Schätze ab und rechne danach.
   b) Wie würde sich der Abstand zwischen Seil und Erdoberfläche ändern, wenn das Seil um weitere 1 m, 2 m bzw. 3 m verlängert würde?
   c) Wie lang müsste das Seil sein, damit du aufrecht unter dem Seil hindurchgehen kannst?

4.1 Umfang eines Kreises

16. Florian besitzt ein 24-Zoll-Fahrrad. Der Durchmesser der Räder beträgt 61 cm.
  a) Wenn Florian mit dem Fahrrad zur Schule fährt, drehen sich die Räder durchschnittlich 105-mal pro Minute. Berechne, mit welcher Geschwindigkeit Florian unterwegs ist.
  b) Florian benötigt für seinen Schulweg mit dem Fahrrad 20 Minuten. Bestimme die Länge seines Schulwegs. Nutze die Geschwindigkeit aus a).
  c) Wie oft drehen sich die Räder pro Minute bei einer Geschwindigkeit von 15 km/h? Wie viele Minuten wäre Florian bei dieser Geschwindigkeit früher in der Schule?

17. Viele Weltumsegler orientieren sich bei ihrer Fahrt am 60. südlichen Breitenkreis, da sie hier kein Festland kreuzen. Sein Radius beträgt ungefähr 3185 km.
  a) Berechne, wie lange ein Schiff mit einer Durchschnittsgeschwindigkeit von 25 km/h für eine vollständige Umrundung der Erde entlang dieses Breitenkreises braucht.
  b) Stattdessen könnte ein Schiff auch entlang des 61. südlichen Breitenkreises mit einer Geschwindigkeit von 30 km/h fahren. Dieser Breitenkreis hat einen Radius von ungefähr 3089 km. Da man hier jedoch Festland kreuzt, müsste man einen Umweg von 500 km in Kauf nehmen. Entscheide, ob diese Umrundung schneller wäre.

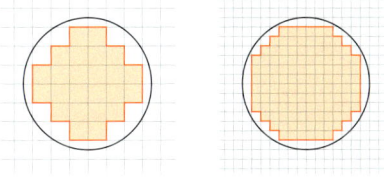

18. Die Laufbahn eines Sportplatzes umrahmt eine Fläche, die aus einem Rechteck und zwei Halbkreisen zusammengesetzt ist (s. Bild).
Berechne die Länge der Bahn.

19. Paul denkt sich folgendes Verfahren zur Bestimmung des Kreisumfangs aus: „Wenn ich auf einem Raster einen Kreis zeichne und alle Kästchen färbe, die vollständig im Kreis liegen, erhalte ich ein ‚gezacktes' Vieleck, dessen Umfang ich bestimmen kann. Je kleiner ich die Karos mache, desto mehr nähert sich das Vieleck dem Kreis an, sodass sich auch der Umfang des Vielecks dem des Kreises annähern muss." Was hältst du davon?

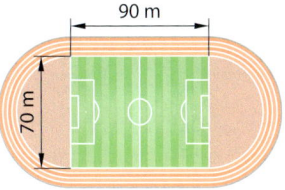

20. Ausblick: Ein Spirograph ist ein geometrisches Spielzeug, mit dem man verschiedene Muster zeichnen kann. Im einfachsten Fall besteht er aus einem Festkreis und einem kleinen Rollkreis mit Löchern. Man zeichnet eine Figur, indem man den Festkreis festhält, einen Stift durch eines der Löcher des kleinen Rollkreises steckt, ihn innen abrollt und dabei auf ein Blatt Papier zeichnet. So können auch „quadratische" Muster entstehen.
  a) Wie oft muss sich der Rollkreis beim Zeichnen drehen, damit eine „Quadratseite" entsteht?
  b) Ziehe daraus Rückschlüsse über das Verhältnis der Kreisumfänge. Wie groß muss der Festkreis im Vergleich zum Rollkreis sein, damit beim Zeichnen ein „quadratisches" Muster entsteht?

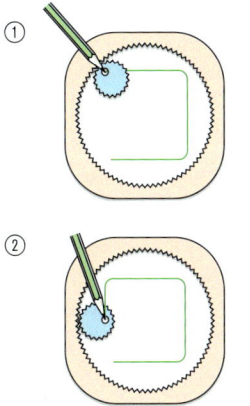

4.2 Fläcehinhalt eines Kreises

■ a) Zeichne mit Zirkel und Lineal einen Kreis mit dem Radius r = 3 cm auf Karopapier. Bestimme dann durch Abzählen der Kästchen näherungsweise den Flächeninhalt des Kreises.
b) Wiederhole das Zeichnen und Kästchenzählen für Kreise mit den Radien r = 2 cm und r = 5 cm.
c) Vergleicht eure Ergebnisse in der Klasse. ■

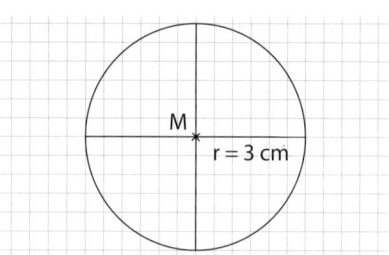

Eine Flächeninhaltsformel für Kreise kann mithilfe der Formel für den Kreisumfang (u = 2 · π · r) hergeleitet werden.

Ein in gleich große Teile zerlegter Kreis kann näherungsweise zu einem Rechteck zusammengesetzt werden. Die Breite dieses Rechtecks entspricht dann etwa dem Kreisradius und die Länge etwa dem halben Kreisumfang.

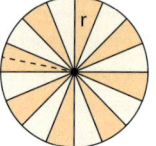 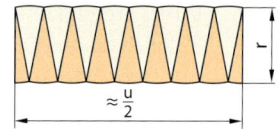

Je schmaler die Kreisteile werden, um so genauer wird die Annäherung an ein Rechteck.

Es gilt: $A_{\text{Rechteck}} \approx \frac{u}{2} \cdot r = \frac{2 \cdot \pi \cdot r}{2} \cdot r = \pi \cdot r^2$

Da die Flächeninhalte des näherungsweise zusammengesetzten Rechtecks und des Kreises gleich groß sind, gilt diese Formel auch für den Kreis.

Hinweis:
Es gilt:
$r = \frac{d}{2} \rightarrow r^2 = \left(\frac{d}{2}\right)^2 = \frac{d^2}{4}$

> **Wissen: Flächeninhalt eines Kreises**
> Für den **Flächeninhalt A eines Kreises** mit dem Radius r und dem Durchmesser d gilt:
> $A = \pi \cdot r^2$
> $A = \frac{\pi}{4} \cdot d^2$
>
>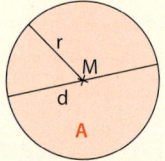

> **Beispiel 1:** Berechne die gesuchten Größen. Runde auf eine Nachkommastelle.
> a) Kreis mit dem Radius r = 4 cm; gesucht: Flächeninhalt A
> b) Kreis mit dem Flächeninhalt A = 63,675 km²; gesucht: Radius r
>
> **Lösung:**
> a) Setze r = 4 cm in die Formel $A = \pi \cdot r^2$ ein und berechne. Runde das Ergebnis auf eine Stelle nach dem Komma.
>
> $A = \pi \cdot r^2$
> $= \pi \cdot (4\,\text{cm})^2$
> $= \pi \cdot 16\,\text{cm}^2$
> $\approx 50{,}3\,\text{cm}^2$
>
> b) Stelle die Formel $A = \pi \cdot r^2$ nach r um. Nur die positive Lösung der quadratischen Gleichung ist eine Lösung, da der Radius nicht negativ sein kann. Setze A = 63,675 km² ein und berechne. Runde dann das Ergebnis sinnvoll.
>
> $A = \pi \cdot r^2 \qquad |:\pi$
> $r^2 = \frac{A}{\pi} \qquad |\sqrt{}$
> $r = +\sqrt{\frac{A}{\pi}}$
> $r = \sqrt{\frac{63{,}675\,\text{km}^2}{\pi}} \approx 4{,}5\,\text{km}$

4.2 Flächeninhalt eines Kreises

Basisaufgaben

1. Berechne den Flächeninhalt des Kreises mit dem angegebenen Radius bzw. Durchmesser. Runde das Ergebnis auf Hundertstel.
   a) r = 2 cm
   b) r = 10 dm
   c) d = 2 m
   d) d = 20 mm

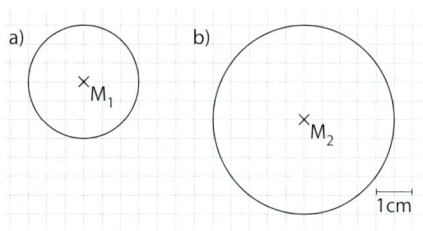

2. Berechne die Flächeninhalte der abgebildeten Kreise rechts.

Hinweis: Verwende auf dem Taschenrechner die Taste π.

3. Berechne die fehlenden Größen der Kreise.

	a)	b)	c)	d)	e)	f)
Radius r	6 cm		52 mm		0,5 m	
Durchmesser d		14 cm		75 dm		0,025 km
Flächeninhalt A						

Hinweis: Um Ergebnisse im Kopf zu überschlagen, kannst du mit 3 für π rechnen.

4. Berechne den Radius r und den Durchmesser d des Kreises. Runde auf eine Stelle nach dem Komma.
   a) A = 200 cm²
   b) A = 314,159 m²
   c) A = 61 mm²

5. Ein Kreis hat den Umfang 80 cm. Berechne seinen Flächeninhalt.

6. a) Ein Mobilfunksender hat eine Reichweite von 7 km. Berechne, wie groß das Gebiet ist, in dem der Sender empfangen wird.
   b) Ein Mobilfunksender soll ein Gebiet von 180 km² versorgen. Berechne seine Reichweite.

Weiterführende Aufgaben

7. Der Kreis in der Abbildung hat den Radius r = 25 mm.
   a) Bestimme den Flächeninhalt des roten und des grünen Sechsecks.
   b) Bestimme jeweils einen Term für den Flächeninhalt eines ein- bzw. umbeschriebenen regelmäßigen n-Ecks.
   c) Bestimme durch Einschachtelung mit großen Werten für n einen Näherungswert für die Kreisfläche.

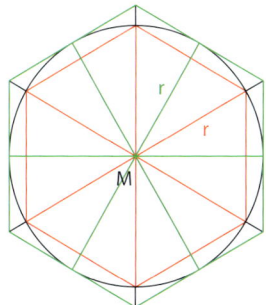

8. Von einem Kreis wurde jeweils eine Größe gemessen. Berechne die fehlenden Größen.

	Durchmesser d	Radius r	Umfang u	Flächeninhalt A
a)	3,2 m			
b)		14,5 dm		
c)			24 cm	
d)				100 cm²

9. **Stolperstelle:** Überprüfe die Aussagen. Korrigiere, falls erforderlich.
   a) Wenn man den Radius eines Kreises verdreifacht, verdreifacht sich auch der Umfang.
   b) Wenn man den Radius eines Kreises drittelt, drittelt sich auch der Flächeninhalt.
   c) Wenn man den Umfang eines Kreises halbiert, halbiert sich auch der Flächeninhalt.

10. Mit dem Radius wachsen auch der Umfang und der Flächeninhalt des Kreises.
    Wie verändert sich der Flächeninhalt, wenn man
    a) den Radius verdreifacht,   b) den Radius viertelt,   c) den Umfang halbiert?
    d) Prüfe: Gibt es einen Zusammenhang zwischen dem Flächeninhalt und dem Umfang eines Kreises? Stelle dafür die Formel für den Umfang nach r um und setze das Ergebnis in die Formel für den Flächeninhalt ein.

11. Mit einem Seil der Länge 22 m wird ein großer Kreis gelegt. Berechne, wie groß die Kreisfläche ist, die das Seil begrenzt.

12. Berechne den Flächeninhalt eines kreisförmigen Beetes mit einem Radius von 2,5 m. Entscheide, wie viele Rosen auf dieser Fläche gepflanzt werden können, wenn für eine Rose 100 cm² benötigt werden.

13. Herr Arndt möchte einen zylindrischen Swimmingpool im Garten bauen. Die Grundfläche soll einen Flächeninhalt von 80 m² haben. Berechne ihren Durchmesser.

14. Der Anstoßkreis auf einem Fußballfeld hat den Radius 9,15 m. Berechne: Wie groß ist sein Anteil an der Rasenfläche eines Fußballfeldes, das 105 m lang und 70 m breit ist?

15. Für eine kreisförmige Tischplatte mit 1,20 m Durchmesser soll eine Tischdecke genäht werden. Die Decke soll 30 cm über die Tischkanten hängen.
    a) Wie viel Quadratmeter Stoff werden für die Tischdecke benötigt?
    b) Die Decke soll mit einer Spitzenbordüre eingefasst werden.
       Wie viele Meter Bordüre werden benötigt?

16. Julia und Luisa machen einen gemeinsamen Film-Abend und möchten Pizza bestellen. Im Prospekt der Pizzeria Diaboli suchen sie dazu nach Angeboten.
    a) Die Pizzeria bietet die kleine Pizza Salami mit einem Durchmesser von 20 cm für 3,60 € an. Die Maxi-Ausführung der Pizza Salami hat eine doppelt so große Fläche wie die kleine Pizza. Berechne den Durchmesser der Maxi-Pizza.
    b) Die Pizzeria bietet die Pizza ebenfalls als Familienpizza an, die einen Durchmesser von 40 cm hat und 11,70 € kostet. Berechne: Bekommt man bei der kleinen Pizza, bei der Maxi-Ausführung oder bei der Familienpizza mehr Pizza pro Euro?
    c) Gib Länge, Breite, Höhe und Volumen eines quaderförmigen Pizzakartons für die kleine Pizza an.
    d) Schätze den Materialbedarf der Kartons aus c).
       Gib den Wert in Quadratzentimetern an.

4.2 Flächeninhalt eines Kreises

17. Bei einem Spiel muss man versuchen, aus fünf Metern Entfernung kleine, mit Sand gefüllte Säckchen auf ein kreisrundes Zielfeld zu werfen, das auf dem Boden liegt.
    Trifft man in den roten Kreis in der Mitte, so erhält man fünf Punkte. Beim grünen Ring bekommt man drei Punkte, beim blauen Ring einen Punkt. Das Zielfeld hat einen Gesamtdurchmesser von 60 cm. Die beiden Ringe sind jeweils 10 cm breit.
    a) Berechne die Flächeninhalte der beiden Ringe und des roten Kreises.
    b) Hältst du die Punkteverteilung für sinnvoll? Begründe deine Entscheidung.

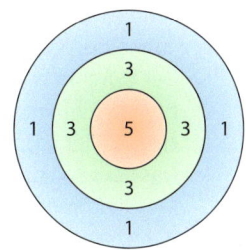

18. **Kreisringe:** Berechne den Flächeninhalt des Kreisrings.
    a) $r_1 = 6$ cm; $r_2 = 5$ cm
    b) $r_1 = 10$ cm; $r_2 = 2$ cm
    c) $r_1 = 3,7$ cm; $r_2 = 2,4$ cm
    d) $r_1 = 0,7$ cm; $r_2 = 3$ mm

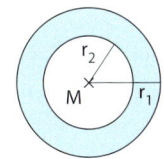

19. Gib eine allgemeine Formel für den Flächeninhalt eines Kreisrings an.

20. Ein Rohr hat einen äußeren Durchmesser von 11,5 cm und eine Wanddicke von 1,5 cm. Berechne den Flächeninhalt des Querschnitts des Rohres ohne die Wand.

21. Das Verkehrszeichen 250 (Verbot für Fahrzeuge aller Art) hat den Durchmesser 600 mm. Gib den Anteil der roten Fläche an der Gesamtfläche des Verkehrszeichens in Prozent an. Gehe davon aus, dass der rote Ring 15 mm vom äußeren Rand entfernt ist und eine Breite von 80 mm hat.

22. Die Grundfläche einer Unterlegscheibe hat die Form eines Kreisrings mit dem äußeren Durchmesser $d_1 = 8,2$ mm und dem inneren Durchmesser $d_2 = 5,8$ mm. Berechne ihren Flächeninhalt.

23. Ein Rechteck hat die Seitenlängen $a = 6$ cm und $b = 4$ cm. Daraus wird ein Halbkreis mit dem Durchmesser a an der oberen Seite ausgeschnitten. Ermittle Umfang und Flächeninhalt der auf diese Weise entstehenden zusammengesetzten Figur.

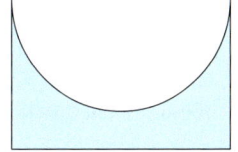

24. Berechne den Flächeninhalt der gefärbten Figur.

a)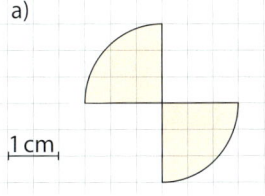
b)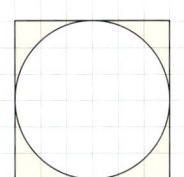
c)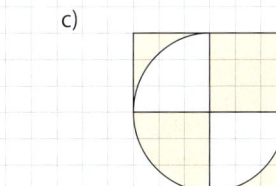

Hinweis zu Aufgabe 25:
Hier findest du die Lösungen.

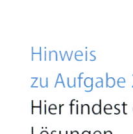

25. Gib einen Term zur Berechnung des Flächeninhalts der gefärbten Figur an.

a)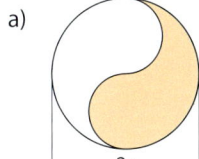
b)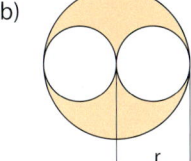
c)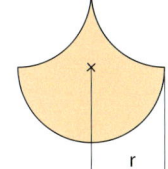
d)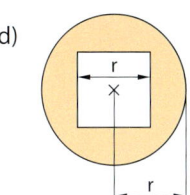

26. Herr Möller ist Landschaftgärtner. In einem Park soll er ein Beet anlegen, das die abgebildete Form eines Kleeblatts hat. Es besteht aus einem Quadrat und vier Halbkreisen.
    a) Der Durchmesser der Halbkreise beträgt 2 m. Fertige eine maßstäbliche Zeichnung an, bei der 1 cm in der Zeichnung 1 m in der Wirklichkeit entspricht.
    b) Herr Möller hat zur Gestaltung des Beets insgesamt ein Budget in Höhe von 1500 €. Das Beet soll mit einer Umzäunung ausgestattet werden. Die Kosten pro laufenden Meter betragen 82 €.
       Berechne die Gesamtkosten für die Umzäunung.
    c) Für die Pflanzenausstattung des Beets ist mit Kosten von etwa 30 € pro m² zu rechnen. Wird das Budget ausreichen?
       Begründe deine Antwort.

27. Berechne den Umfang und den Flächeninhalt der zusammengesetzten Figur.

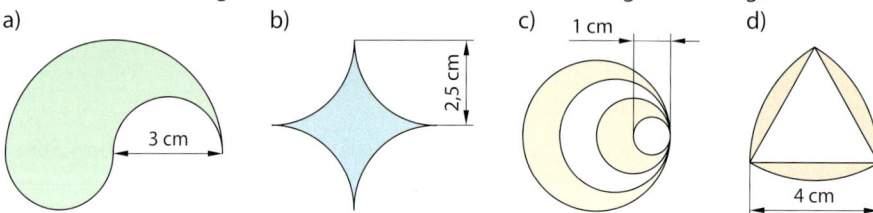

28. Berechne den Umfang und den Flächeninhalt der grün markierten Figur.
    Überlege, wie du möglichst geschickt vorgehen kannst.

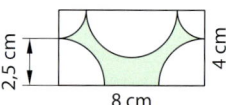

29. a) Prüfe: Reicht ein rechteckiger Hof mit einer Fläche von 500 m² aus, um darauf einen Kreis mit einem Radius von 12 m zu zeichnen?
    b) Berechne, welche Maße der Hof mindestens haben muss, damit dies möglich ist.

30. **Ausblick:** Wegen der Zahl π erhält man bei der Flächenberechnung eines Kreises immer sehr „krumme" Ergebnisse. Der griechische Mathematiker Hippokrates von Chios hat allerdings bereits im 5. Jahrhundert v. Chr. gezeigt, dass der Flächeninhalt von bestimmten Figuren, die durch Kreisbögen begrenzt sind, sehr einfache Werte haben kann.

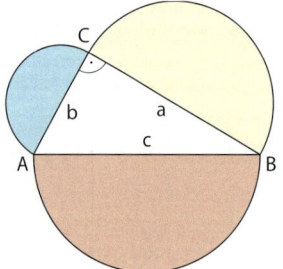
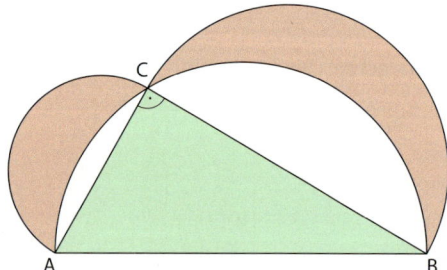

a) Zeige mit dem Satz des Pythagoras, dass der Flächeninhalt des roten Halbkreises in der Figur links ebenso groß ist wie die Summe der Flächeninhalte der beiden anderen Halbkreise.
b) Zeige mithilfe von a), dass in der Figur rechts die roten Flächen („**Möndchen des Hippokrates**") zusammen den gleichen Flächeninhalt haben wie das grüne rechtwinklige Dreieck. Gib an, welchen geometrischen Satz du dafür benötigst.
c) Berechne die Summe der Flächeninhalte der „Möndchen" für den Fall b = 3 cm und c = 5 cm.

4.3 Kreisausschnitt, Kreisbogen

■ Begründe: Welches der drei dargestellten Pizzaportionen ist am größten? ■

r = 10 cm   r = 15 cm   r = 18 cm

Kreisausschnitt

Verbindet man den Mittelpunkt eines Kreises durch zwei Strecken mit zwei Punkten, die auf der Kreislinie liegen, so wird die Kreisfläche dadurch in zwei **Kreisausschnitte** geteilt. Die zugehörigen Abschnitte der Kreislinie werden **Kreisbögen** genannt.
Jeder Kreisausschnitt und jeder Kreisbogen wird durch den Radius des Kreises und durch den zugehörigen Winkel am Mittelpunkt des Kreises bestimmt. Dieser Winkel heißt **Öffnungswinkel**.

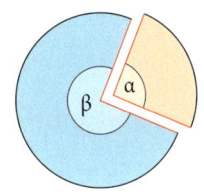

Ein Kreis und ein Kreisausschnitt haben den Radius r. Der Kreisausschnitt hat den Öffnungswinkel α. Der Anteil von α am Vollwinkel 360° ist gleich dem Anteil des Flächeninhalts des Kreisausschnitts $A_α$ am Flächeninhalt des gesamten Kreises A. Daraus folgt:

$\frac{A_α}{A} = \frac{α}{360°}$ | für A einsetzen $π \cdot r^2$

$\frac{A_α}{π \cdot r^2} = \frac{α}{360°}$ | $\cdot π \cdot r^2$

$A_α = \frac{α}{360°} \cdot π \cdot r^2$

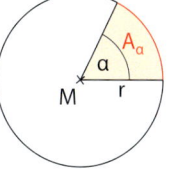

:::
Wissen: Kreisausschnitt
Für den Flächeninhalt $A_α$ eines Kreisausschnitts mit dem Radius r und dem Öffnungswinkel α gilt: $\mathbf{A_α = \frac{α}{360°} \cdot π \cdot r^2}$.
:::

Hinweis:
Statt Öffnungswinkel sagt man auch Zentriwinkel oder Mittelpunktswinkel.

:::
Beispiel 1: Ein Kreis hat den Radius 5 cm.
a) Berechne den Flächeninhalt des Kreisausschnitts mit dem Öffnungswinkel α = 54°.
b) Berechne den Öffnungswinkel des Kreisausschnitts mit dem Flächeninhalt $A_α$ = 22,9 cm².

Lösung:
a) Setze α = 54° und r = 5 cm in die Formel ein. Rechne dann aus. Runde das Ergebnis.

$A_α = \frac{α}{360°} \cdot π \cdot r^2$

$A_α = \frac{54°}{360°} \cdot π \cdot (5\,\text{cm})^2 ≈ 11{,}8\,\text{cm}^2$

b) Stelle die Formel nach α um. Setze nun die gegebenen Größen ein. Rechne dann aus. Runde das Ergebnis.

$A_α = \frac{α}{360°} \cdot π \cdot r^2$ | $\cdot 360° : π : r^2$

$α = \frac{A_α \cdot 360°}{π \cdot r^2}$

$α = \frac{22{,}9\,\text{cm}^2 \cdot 360°}{π \cdot (5\,\text{cm})^2} ≈ 105{,}0°$
:::

Basisaufgaben

1. Ein Kreis hat den Radius 8 cm.
Berechne den Flächeninhalt des Kreisausschnitts mit dem angegebenen Öffnungswinkel α.
a) 36°   b) 60°   c) 90°   d) 120°   e) 172°   f) 250°

2. Berechne die Flächeninhalte der markierten Kreisausschnitte.

3. Berechne die gesuchte Größe des Kreisausschnitts.
   a) r = 4,5 cm; α = 220°; $A_α$ = ■
   b) d = 25 cm; α = 2°; $A_α$ = ■
   c) r = 18,2 cm; $A_α$ = 208,1 cm²; α = ■
   d) A_{Kreis} = 468 cm²; $A_α$ = 139,1 cm²; α = ■

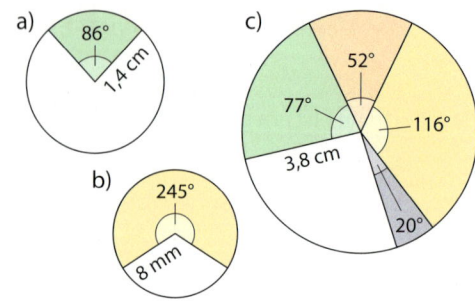

4. Die Bühne eines Freilichttheaters hat die Form eines Halbkreises mit einem Durchmesser von 41 m. Berechne, wie viel Quadratmeter die Bühnenfläche hat.

Kreisbogen

Die zu Kreisausschnitten gehörigen Abschnitte der Kreislinien werden Kreisbögen $b_α$ genannt. Sie werden neben dem Radius durch den Öffnungswinkel bestimmt. Ist u der Umfang des ganzen Kreises, so gilt:

$\frac{b_α}{u} = \frac{α}{360°}$ | u = 2 · π · r einsetzen

$\frac{b_α}{2 · π · r} = \frac{α}{360°}$ | · 2 · π · r

$b_α = \frac{α}{360°} · 2 · π · r = \frac{α}{180°} · π · r$

> **Wissen: Kreisbogen**
> Für die Länge eines Kreisbogens $b_α$ mit dem Radius r und dem Öffnungswinkel α gilt:
> $b_α = \frac{α}{180°} · π · r$

> **Beispiel 2:**
> a) Ein Kreis hat den Radius 5 cm. Berechne die Länge des Kreisbogens mit α = 54°.
> b) Ein Kreisbogen $b_α$ ist 8 cm lang. Der Öffnungswinkel ist α = 72°. Berechne den Radius r.
>
> **Lösung:**
> a) Setze α = 54° und r = 5 cm in die Formel ein. Rechne dann aus. Runde das Ergebnis.
> $b_α = \frac{α}{180°} · π · r$
> $b_α = \frac{54°}{180°} · π · 5\,cm ≈ 4,7\,cm$
>
> b) Stelle die Formel nach r um. Setze nun die gegebenen Größen ein. Rechne dann aus. Runde das Ergebnis.
> $b_α = \frac{α}{180°} · π · r$ | · 180° : π : α
> $r = \frac{b_α · 180°}{π · α}$
> $r = \frac{8\,cm · 180°}{π · 72°} ≈ 6,4\,cm$

Basisaufgaben

5. Ein Kreis hat den Radius 8 cm. Berechne die Länge des Kreisbogens $b_α$.
   a) α = 36°   b) α = 60°   c) α = 90°   d) α = 120°   e) α = 172°   f) α = 250°

6. Berechne die gesuchte Größe des Kreisbogens.
   a) r = 7 cm; α = 72°; $b_α$ = ■
   b) r = 2,24 km; $b_α$ = 156,4 m; α = ■

4.3 Kreisausschnitt, Kreisbogen

Weiterführende Aufgaben

7. Zeichne einen Kreisausschnitt mit den gegebenen Größen. Berechne seinen Flächeninhalt und die Länge des zugehörigen Kreisbogens.
   a) $r = 6\,cm; \alpha = 36°$
   b) $r = 4\,cm; \alpha = 85°$
   c) $d = 8{,}4\,cm; \alpha = 112°$
   d) $r = 0{,}42\,dm; \alpha = 45°$

8. Berechne die fehlenden Größen der Kreisausschnitte.

	a)	b)	c)	d)	e)	f)
Öffnungswinkel α	30°		210°			75°
Radius r	7 cm	5 m	50 cm	18 dm	12 cm	
Bogenlänge b_α		1 m		6 m		
Flächeninhalt A_α					45,2 cm²	140,8 cm²

9. **Stolperstelle:** Malte muss den Flächeninhalt der Treppenstufe einer Wendeltreppe berechnen. Prüfe seine Rechnung:

$A = \frac{25°}{360°} \cdot \pi \cdot (95\,cm)^2 \approx 1969\,cm^2$

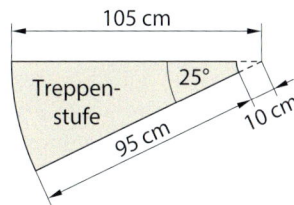

10. Ein Glaser muss für die Restaurierung eines Kirchenfensters mit Buntglas wie im Bild rechts acht verschiedene Glasfarben verwenden. Berechne die jeweilige Fläche für jede verwendete Farbe, wenn der äußere Durchmesser 1 m und der innere Durchmesser 40 cm beträgt.

11. Berechne den Umfang und den Flächeninhalt der zusammengesetzten Figur.

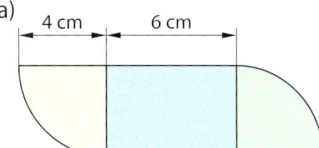
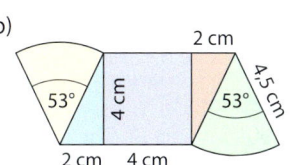
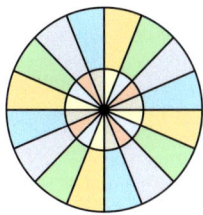

12. Sarah lässt den rechts abgebildeten Spiegel anfertigen.
    a) Berechne die Größe der Spiegelfläche.
    b) Das Spiegelglas kostet 60 € pro m². Für den Zuschnitt und den Kantenschliff muss sie zusätzlich 35 € bezahlen. Berechne den Gesamtpreis, den Sarah bezahlen muss.

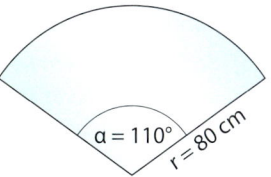

13. Berechne die Länge der roten Linie und den Flächeninhalt der eingeschlossenen Fläche.
    a)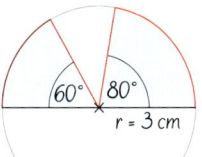
    b)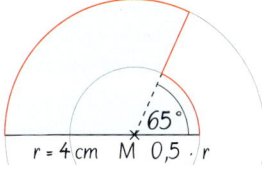

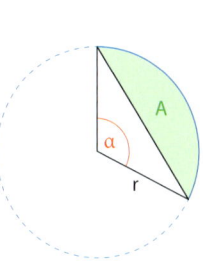

14. **Ausblick:** Eine Fläche, die von einem Kreisbogen und einer Strecke (**Kreissehne**) begrenzt wird, nennt man **Kreissegment**.
    a) Berechne den Flächeninhalt des Kreissegments: ① $r = 7\,cm; \alpha = 90°$ ② $r = 2\,cm; \alpha = 60°$
    b) Zeige allgemein für $\alpha < 180°$, dass die Formel $A = r^2 \left(\frac{\alpha}{360°} \cdot \pi - \frac{1}{2} \cdot \sin(\alpha) \right)$ gilt.

Streifzug

4. Kreisberechnungen

Wege zu Pi

■ Die Zahl π taucht als Verhältnis von Durchmesser und Umfang eines Kreises indirekt in der Bibel auf. Im Alten Testament wird im ersten Buch der Könige vom Bau des Jerusalemer Tempels unter König Salomo berichtet (siehe Kasten rechts). Ermittle: Welcher Wert für π würde sich aus diesem Zitat ergeben? ■

> Der Kupferschmied Hiram stellte ein rundes Wasserbecken her. Es wurde „Meer" genannt. Dazu heißt es (1. Kön. 7, 23):
> „Und er machte das Meer, gegossen von einem Rand zum anderen zehn Ellen weit und fünf Ellen hoch, und eine Schnur von dreißig Ellen war das Maß ringsherum."

Archimedes-Statue in Rom

In babylonischen und ägyptischen Quellen aus der Zeit vor 1600 v. Chr. findet man Näherungswerte von 3,125 und 3,16 für die Kreiszahl π. Der Grieche **Archimedes von Syrakus** (3. Jh. v. Chr.) kam durch Einschachtelung auf einen Wert zwischen etwa 3,141 und 3,143. Im 15. Jahrhundert gab der persische Mathematiker al-Kaschi 16 Nachkommastellen von π an, der Niederländer Ludolph van Ceulen berechnete im 16. Jahrhundert 32 Nachkommastellen. 1761 zeigte Johann Heinrich Lambert, dass π unendlich viele Nachkommastellen hat, ohne dass sich eine Periode einstellt.

Portrait von Leonard Euler

Im Laufe der Jahrhunderte haben Mathematiker unterschiedliche Formeln entwickelt, mit deren Hilfe man Näherungswerte von π berechnen kann. **Leonhard Euler** fand im 18. Jahrhundert heraus, dass die Rechnung $\frac{1}{2\cdot 3\cdot 4} - \frac{1}{4\cdot 5\cdot 6} + \frac{1}{6\cdot 7\cdot 8} - \frac{1}{8\cdot 9\cdot 10} - \cdots$,

den Wert $\frac{\pi-3}{4}$ ergibt, wenn man sie ohne abzubrechen immer weiter weiterführt. Damit gilt:

$$\pi = 3 + \frac{4}{2\cdot 3\cdot 4} - \frac{4}{4\cdot 5\cdot 6} + \frac{4}{6\cdot 7\cdot 8} - \frac{4}{8\cdot 9\cdot 10} - \cdots$$

Beispiel 1: Näherungswerte für π mit Eulers Formel bestimmen

Bestimme einen Näherungswert für π mit den ersten drei Brüchen in der genannten Formel. Vergleiche den Näherungswert mit π.

Lösung:

Berechne die Brüche

$\frac{4}{2\cdot 3\cdot 4}$, $\frac{4}{4\cdot 5\cdot 6}$, $\frac{4}{6\cdot 7\cdot 8}$

mit dem Taschenrechner.

Schreibe die Ergebnisse als Dezimalbrüche.
Setze die Ergebnisse in die Formel ein.

Vergleiche das Ergebnis mit π.

$\frac{4}{2\cdot 3\cdot 4} \approx 0{,}166\,67$

$\frac{4}{4\cdot 5\cdot 6} \approx 0{,}033\,33$

$\frac{4}{6\cdot 7\cdot 8} \approx 0{,}011\,90$

$3 + 0{,}166\,67 - 0{,}033\,33 + 0{,}011\,90 = 3{,}145\,24$

$3{,}145\,24 - \pi \approx 0{,}003\,65$ (recht genau)

Eine andere Methode, Näherungswerte für π zu berechnen, ist die **Monte-Carlo-Methode**. Dabei zeichnet man einen Viertelkreis mit dem Radius 1 (Längeneinheit) in ein Koordinatensystem. Um diesen Viertelkreis zeichnet man ein Quadrat der Seitenlänge 1 (Längeneinheit). Nun werden Punkte zufällig in diesem Quadrat verteilt. Sie können beispielsweise mit Zufallszahlen aus dem Computer bestimmt oder mit einem Stift zufällig verteilt werden. Einige Punkte liegen dabei innerhalb des Viertelkreises, andere nicht.

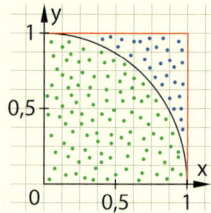

Der Flächeninhalt des Quadrates beträgt 1 (Flächeneinheit), der des Viertelkreises beträgt $\frac{1}{4} \cdot 1^2 \cdot \pi = \frac{\pi}{4}$ (Flächeneinheiten), da es sich um den vierten Teil eines ganzen Kreises mit dem Radius 1 (Längeneinheit) handelt.

Teilt man nun den Flächeninhalt des Viertelkreises durch den des Quadrats, ergibt sich:

$$\frac{\text{Flächeninhalt Viertelkreis}}{\text{Flächeninhalt Quadrat}} = \frac{\frac{\pi}{4}}{1} = \frac{\pi}{4}.$$

Anders aufgeschrieben gilt daher

$$\pi = 4 \cdot \frac{\text{Flächeninhalt Viertelkreis}}{\text{Flächeninhalt Quadrat}}.$$

Für Näherungswerte von π wird nun die Fläche des Quadrats und damit auch die des Viertelkreises zufällig mit Punkten gefüllt. Nach der obigen Formel dann:

$$\pi \approx 4 \cdot \frac{\text{Anzahl der Punkte im Viertelkreis}}{\text{Anzahl der Punkte im gesamten Quadrat}}$$

Beispiel 2: Näherungswerte für π mit der Monte-Carlo-Methode bestimmen
Bestimme mit der Monte-Carlo-Methode einen Näherungswert für π. Zähle dafür die zufällig im Quadrat verteilten Punkte.

Lösung:
Zähle die Punkte, die im gesamten Quadrat liegen, und die, die nur im Viertelkreis liegen. Hier sind es 138 im gesamten Quadrat und davon 107 im Viertelkreis. Mit der Formel der Monte-Carlo-Methode gilt dann:

$\pi \approx 4 \cdot \frac{107}{138} \approx 3{,}101\,449$

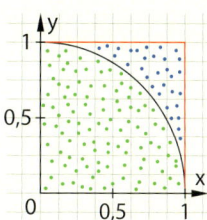

Aufgaben

1. Bestimme Näherungswerte von π mit den ersten vier Brüchen (mit den ersten fünf Brüchen) in Eulers Formel. Vergleiche die Näherungswerte mit π.

2. Bestimme mit der Monte-Carlo-Methode einen Näherungswert für π. Zähle dafür die zufällig im Quadrat verteilten Punkte.

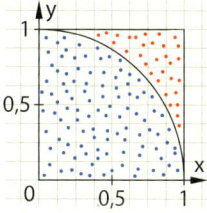

3. Bestimme Näherungswerte für π mithilfe der folgenden Formeln. Berechne jeweils das Produkt bzw. die Summe aus den ersten Faktoren bzw. Summanden und beurteile, wie gut sich die Formel zur Berechnung von π eignet.

   a) Francois Viète, 1593: $\pi = 2 \cdot \frac{2}{\sqrt{2}} \cdot \frac{2}{\sqrt{2+\sqrt{2}}} \cdot \frac{2}{\sqrt{2+\sqrt{2+\sqrt{2}}}} \cdot \ldots$

   b) John Wallis, 1625: $\pi = 2 \cdot \frac{2}{1} \cdot \frac{2}{3} \cdot \frac{4}{3} \cdot \frac{4}{5} \cdot \frac{6}{5} \cdot \frac{6}{7} \cdot \frac{8}{7} \cdot \frac{8}{9} \cdot \ldots$

   c) Gottfried Wilhelm Leibniz, 1682: $\pi = 4 \cdot \left(\frac{1}{1} - \frac{1}{3} + \frac{1}{5} - \frac{1}{7} + \frac{1}{9} - \frac{1}{11} + \ldots - \ldots\right)$

   d) Leonhard Euler, 1748: $\frac{\pi^2}{6} = \frac{1}{1^2} + \frac{1}{2^2} + \frac{1}{3^2} + \ldots$, d.h. $\pi = \sqrt{6 \cdot \left(\frac{1}{1^2} + \frac{1}{2^2} + \frac{1}{3^2} + \ldots\right)}$

4. **Forschungsauftrag:** Forsche im Internet und in Lexika zu den folgenden Themen.
   a) Wer sind die „Freunde der Zahl π"?
   b) Wie viele Nachkommastellen sind bislang gefunden? Berechne, wie hoch ein Stapel DIN-A4-Blätter wäre, auf denen alle bekannten Nachkommastellen geschrieben stehen. Überlege, wie du eine möglichst genaue Anzahl an Nachkommastellen pro Blatt finden kannst.

4.4 Vermischte Aufgaben

1. Berechne die fehlenden Größen eines Kreises. Runde auf zwei Stellen nach dem Komma.

	a)	b)	c)	d)	e)	f)	g)
Radius r	12 cm					$\frac{3}{5}$ cm	
Durchmesser d				6 m			
Umfang u			22,62 mm				4,4 dm
Flächeninhalt A		19,63 dm²			272,89 m²		

2. Ermittle den Radius des Kreises. Überschlage zunächst im Kopf mit $\pi \approx 3$.
   a) u = 72 cm   b) A = 24 dm²   c) u = 180 mm   d) A = 192 m²

3. Lena hat zum Geburtstag ein kreisförmiges Trampolin mit einem Durchmesser von 2,05 m geschenkt bekommen, das am Rand eine 20 cm breite Sicherheitsabdeckung hat.
   Berechne den Flächeninhalt der Sprungfläche und den der Sicherheitsabdeckung.

4. Marie und Jonas backen Plätzchen. Sie haben den Teig zu einem 28 cm langen und 20 cm breiten Rechteck ausgerollt. Ihre Ausstecher haben einen Durchmesser von 4 cm.
   a) Berechne die Anzahl der Plätzchen, die Marie und Jonas ausstechen können, wenn sie die Plätzchen wie im Bild ausstechen und noch etwa 0,5 cm Teig zwischen den Plätzchen übrig bleibt.
   b) Berechne den Flächeninhalt des Teigs, der übrig bleibt.
   c) Berechne, für wie viele weitere Plätzchen der Teig maximal noch reicht, wenn er immer wieder mit der gleichen Dicke ausgerollt wird.
   d) Überprüfe zeichnerisch, ob Marie und Jonas beim ersten Ausrollen des Teigs mehr Plätzchen hätten ausstechen können, wenn sie den Ausstecher versetzt angelegt hätten. Könnten sie dann insgesamt mehr Plätzchen aus dem Teig erhalten?
   e) Marie möchte die Plätzchen am Rand mit einem dünnen Marzipanstreifen verzieren. Berechne, wie lang dieser Streifen sein müsste, damit er für 20 Plätzchen reicht.

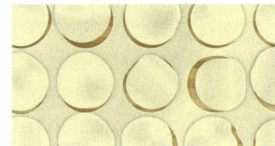

Hinweis zu 4 d:
Hier kann dynamische Geometrie-Software nützlich sein.

5. Betrachte die nebenstehenden Abbildungen und vergleiche die Größen der Kreise.
   a) Schätze zunächst und überprüfe anschließend durch eine Rechnung mit den angegebenen Werten:
      – Bild links: Wievielmal so groß ist der rote Kreis wie ein blauer Kreis?
      – Bild rechts: Wievielmal so groß ist ein blauer Kreis wie der rote Kreis?
   b) Beschreibe deine Beobachtung. Lag eine optische Täuschung vor? Wenn ja: Wodurch könnte sie verursacht worden sein?

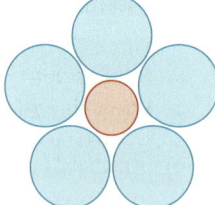

blaue Kreise d = 3 mm;
roter Kreis A = 9 π mm²

blaue Kreise u = 9 π mm;
roter Kreis u = 6 π mm

4.4 Vermischte Aufgaben

6. Das London Eye war 2013 mit einer Höhe von 135 m und einem Durchmesser von 121 m das höchste Riesenrad Europas.

   - Berechne den Weg, den die Besucher bei einer Umrundung zurücklegen.
   - Das London Eye hat 32 Kabinen, deren Aufhängungen außen auf dem Rad gleich weit voneinander entfernt sind. Bestimme den Abstand zweier Kabinen.
   - Die Kabinen bewegen sich mit einer Geschwindigkeit von 0,26 $\frac{m}{s}$ auf einer Kreisbahn. Berechne die Zeitdauer für eine Umrundung.
   - Das Riesenrad wurde vor dem Aufrichten liegend auf Schwimmkähnen zusammengebaut. Berechne die Kreisfläche, die es liegend einnahm.
   - Das London Eye hält nur an, wenn beispielsweise Rollstuhlfahrer ein- oder aussteigen wollen. Nimm an, du steigst in das London Eye ein und fährst 10 Minuten mit einer Geschwindigkeit von 0,26 $\frac{m}{s}$, bis es anhält. Ermittle den Winkel, um den sich das Riesenrad bis dahin gedreht hat.

7. Der Radius des Halbkreises im Bild rechts beträgt 4 cm. Das Dreieck ABC ist gleichseitig.
   a) Gib die Seitenlängen und Innenwinkel des Dreiecks BDC an.
   b) Berechne den Flächeninhalt des Halbkreises abzüglich der Dreiecke ABC und BDC.

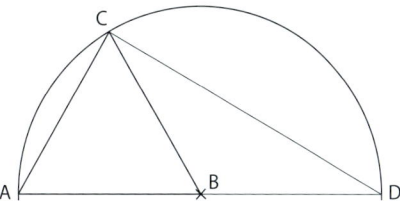

8. Berechne den Flächeninhalt der grün gefärbten zusammengesetzten Figur.

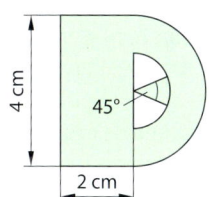

9. Mit der Leibniz-Formel $\pi = 4 \cdot \left(1 - \frac{1}{3} + \frac{1}{5} - \frac{1}{7} + \frac{1}{9} - \frac{1}{11} + \ldots\right)$ können Näherungswerte für die Kreiszahl π berechnet werden.   [TK]
   a) Ermittle die ersten vier Werte $4 \cdot 1$; $4 \cdot (1 - \frac{1}{3})$; $4 \cdot \left(1 - \frac{1}{3} + \frac{1}{5}\right)$; $4 \cdot \left(1 - \frac{1}{3} + \frac{1}{5} - \frac{1}{7}\right)$.
   b) Wann taucht bei der Berechnung mit der Leibniz-Formel das erste Mal eine 3 vor dem Komma auf?
   c) Wie viele Einträge der Leibniz-Formel braucht man mindestens, bis die erste Nachkommastelle mit der von π sicher übereinstimmt?
   d) Bestimme einen Näherungswert für π, indem du eine selbstgewählte Länge der Leibniz-Formel berechnest. Um wie viel Prozent weicht dein Näherungswert vom Wert von π ab?
   e) Finde mit der Leibniz-Formel einen Näherungswert, der um etwa 3 % vom Wert von π abweicht.

Prüfe dein neues Fundament

4. Kreisberechnungen

Lösungen
↗ S. 239

1. a) Zeichne ein Quadrat mit der Seitenlänge 5 cm. Zeichne in das Quadrat einen Kreis, der die Mittelpunkte der Quadratseiten von innen berührt. Zeichne in den Kreis ein Quadrat, dessen Eckpunkte die Berührungspunkte von großem Quadrat und Kreis sind.
   b) Ermittle die Umfänge der beiden Quadrate und ihr arithmetisches Mittel.
   c) Berechne nun den Umfang des Kreises mit der bekannten Formel.
   d) Vergleiche das arithmetische Mittel aus b) mit dem tatsächlichen Umfang des Kreises.
   e) Beschreibe, wie man das Näherungsverfahren zur Ermittlung des Kreisumfangs verbessern kann.

2. Berechne den Umfang des Kreises. Überschlage zunächst im Kopf.
   Runde das Ergebnis auf eine Stelle nach dem Komma.
   a) r = 25 cm   b) r = 14 mm   c) d = 2,8 km
   d) d = 4,65 m   e) r = 0,095 km   f) d = 2 π m

3. Berechne den Radius und den Durchmesser eines Kreises, der den Umfang 500 m hat.

4. Vervollständige die folgende Tabelle zu Planeten unseres Sonnensystems.
   Gehe davon aus, dass die Planeten die Form von Kugeln haben.

Planet	Venus	Erde	Mars	Jupiter	Neptun
Durchmesser	12 104 km		6 790 km		49 528 km
Länge des Äquatorkreises		40 074 km		449 197 km	

5. a) Zeichne einen Kreis mit dem Radius r = 4 cm und in den Kreis ein regelmäßiges Sechseck, dessen Eckpunkte auf der Kreislinie liegen.
   b) Berechne die Seitenlänge und den Flächeninhalt des Sechsecks.
   c) Vergleiche den Flächeninhalt des Sechsecks mit dem Flächeninhalt des Kreises.
   d) Beschreibe, wie man aus den Schritten a) und b) ein Näherungsverfahren zur Ermittlung der Kreisfläche entwickeln kann.

6. Berechne den Flächeninhalt des Kreises mit dem Radius r bzw. mit dem Durchmesser d.
   Überschlage zunächst im Kopf. Runde sinnvoll.
   a) r = 4 cm   b) r = 7,8 m   c) d = 2 cm
   d) r = 23,75 dm   e) d = 10,34 km   f) d = $2\sqrt{3}$ cm

7. Ermittle den Radius des Kreises.
   a) u = 36 cm   b) A = 48 cm²   c) u = 90 mm   d) A = 363 m²

8. Die Sendereichweite eines Sprechfunkgeräts beträgt 5 km. Berechne, wie groß das Gebiet ist, in dem man das Funkgerät empfangen kann.

9. Berechne Umfang und Flächeninhalt.
   a) 1-Cent-Münze   b) Schallplatte   c) Steinkreis   d) kreisförmiges Fenster
      d = 16,25 mm   d = 30 cm   d = 41,5 dm   d = 1,66 m

10. a) Zeichne einen Kreisausschnitt mit dem Radius 2,8 cm und dem Öffnungswinkel 60°. Markiere darin den Kreisbogen b_α farbig.
    b) Zeichne einen Kreisausschnitt, dessen Kreisbogen b_α die Länge 4 cm hat. Ermittle vorher rechnerisch passende Maße. Prüfe, ob mehr als eine Lösung möglich ist.

Prüfe dein neues Fundament

11. Berechne zu dem Kreisausschnitt mit dem Radius r und dem Öffnungswinkel α den Flächeninhalt A_α und die Länge des Kreisbogens b_α. Runde sinnvoll.
    a) r = 5 cm; α = 16°
    b) r = 11 mm; α = 58°

Lösungen ↗ S. 239

12. a) Gegeben ist ein Kreisausschnitt mit dem Radius 2,8 cm und der Länge des Kreisbogens b_α = 3,91 cm. Berechne den Öffnungswinkel α.
    b) Gegeben ist ein Kreisausschnitt mit dem Öffnungswinkel α = 36° und dem Flächeninhalt A_α = 60 cm². Berechne den Radius.

13. Das runde Zielfeld bei einem Wettkampf im Bogenschießen hat den Durchmesser 122 cm. Es besteht aus vier Kreisringen gleicher Breite (von außen nach innen: weiß, schwarz, blau, rot) und einem gelben Kreis in der Mitte, dessen Radius der Breite der Kreisringe entspricht. Berechne den Flächeninhalt des roten Rings.

14. Der Durchmesser des Halbkreises beträgt 6 cm. Der Fußpunkt der Höhe h_c teilt den Durchmesser des Halbkreises im Verhältnis 3 : 1. Berechne den Inhalt der grün gefärbten Fläche.

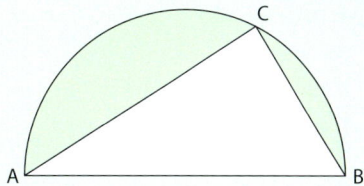

Wiederholungsaufgaben

1. Die Elbe hatte im April 2015 in Wittenberge folgende Wasserstände:

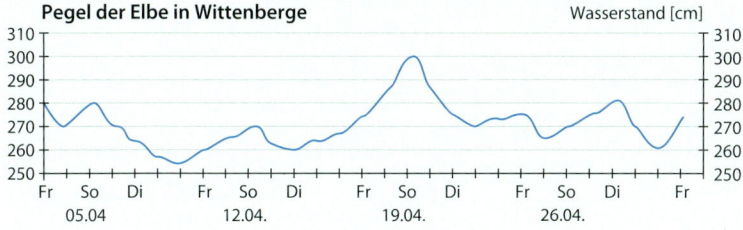

   a) Lies den Wasserstand am 14. April und am 30. April ab.
   b) Wann war im April der Pegelstand am niedrigsten?
   c) Wann war im April der Pegelstand am höchsten?

2. Beerechne den Wert des Terms möglichst geschickt.
   a) $15 \cdot 8 + 85 \cdot 8$
   b) $\frac{1}{7} \cdot (700 + 63)$
   c) $\frac{2}{5} \cdot 9 \cdot 2 \cdot \frac{15}{2} \cdot 5$

3. Setze 1, −1 und 0 ein und gib den Wert des Terms an, falls möglich:
   $(3x − (−x + 1)) \cdot \frac{1}{x}$

Zusammenfassung

4. Kreisberechnungen

Begriffe am Kreis

Kreis: Alle Punkte haben den gleichen Abstand vom Mittelpunkt M.
Radius: Die Verbindungsstrecken zwischen dem Mittelpunkt M und den Punkten auf der Kreislinie nennt man Radien. Als Radius eines Kreises bezeichnet man außerdem auch den Abstand der Punkte auf der Kreislinie vom Mittelpunkt M.
Durchmesser: Jeder Durchmesser eines Kreises ist doppelt so lang wie dessen Radius.

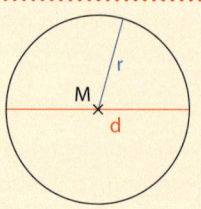

Es gilt: $d = 2r$ bzw. $r = \frac{d}{2}$

Umfang eines Kreises

Der **Umfang u eines Kreises** ist proportional zu seinem Durchmesser.

Es gilt: $u = \pi \cdot d = 2 \cdot \pi \cdot r$ ($\pi \approx 3{,}14$)

Ermittle den Umfang u eines Kreises, dessen Radius 12 cm beträgt.
$u = 2 \cdot \pi \cdot r$
$u = 2 \cdot \pi \cdot 12\,\text{cm}$
$u \approx 75{,}4\,\text{cm}$

Flächeninhalt eines Kreises

Für den **Flächeninhalt A eines Kreises** mit dem Radius r gilt:
$A = \pi \cdot r^2 = \frac{\pi}{4} \cdot d^2$ ($\pi \approx 3{,}14$)

Ermittle den Flächeninhalt A eines Kreises, dessen Radius 3 cm beträgt.
$A = \pi \cdot r^2$
$A = \pi \cdot (3\,\text{cm})^2$
$A \approx 28{,}3\,\text{cm}^2$

Kreisausschnitt

Der **Flächeninhalt eines Kreisausschnitts A_α** mit dem Radius r und dem Öffnungswinkel α beträgt:

$A_\alpha = \frac{\alpha}{360°} \cdot \pi \cdot r^2$

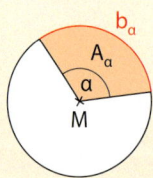

Berechne den Flächeninhalt A_α des Kreisausschnitts mit dem Radius 6 m und dem Öffnungswinkel 120°.
$A_\alpha = \frac{\alpha}{360°} \cdot \pi \cdot r^2$
$A_\alpha = \frac{120°}{360°} \cdot \pi \cdot (6\,\text{m})^2$
$A_\alpha \approx 37{,}7\,\text{m}^2$

Kreisbogen

Die **Länge eines Kreisbogens b_α** mit dem Radius r und dem Öffnungswinkel α beträgt:

$b_\alpha = \frac{\alpha}{180°} \cdot \pi \cdot r$

Berechne die Bogenlänge b_α des Kreisausschnitts mit dem Radius 6 m und dem Öffnungswinkel 120°.

$b_\alpha = \frac{\alpha}{180°} \cdot \pi \cdot r$
$b_\alpha = \frac{120°}{180°} \cdot \pi \cdot 6\,\text{m}$
$b_\alpha \approx 12{,}6\,\text{m}$

Kreiszahl π

Die Kreiszahl π hat unendlich viele Stellen nach dem Komma und keine Periode.
Für Überschläge kann $\pi \approx 3$ genutzt werden.

$\pi = 3{,}141\,592\,653\,589\,793\,238\,462\,643\,383$
$\phantom{\pi = 3{,}}279\,502\,884\,197\ldots$

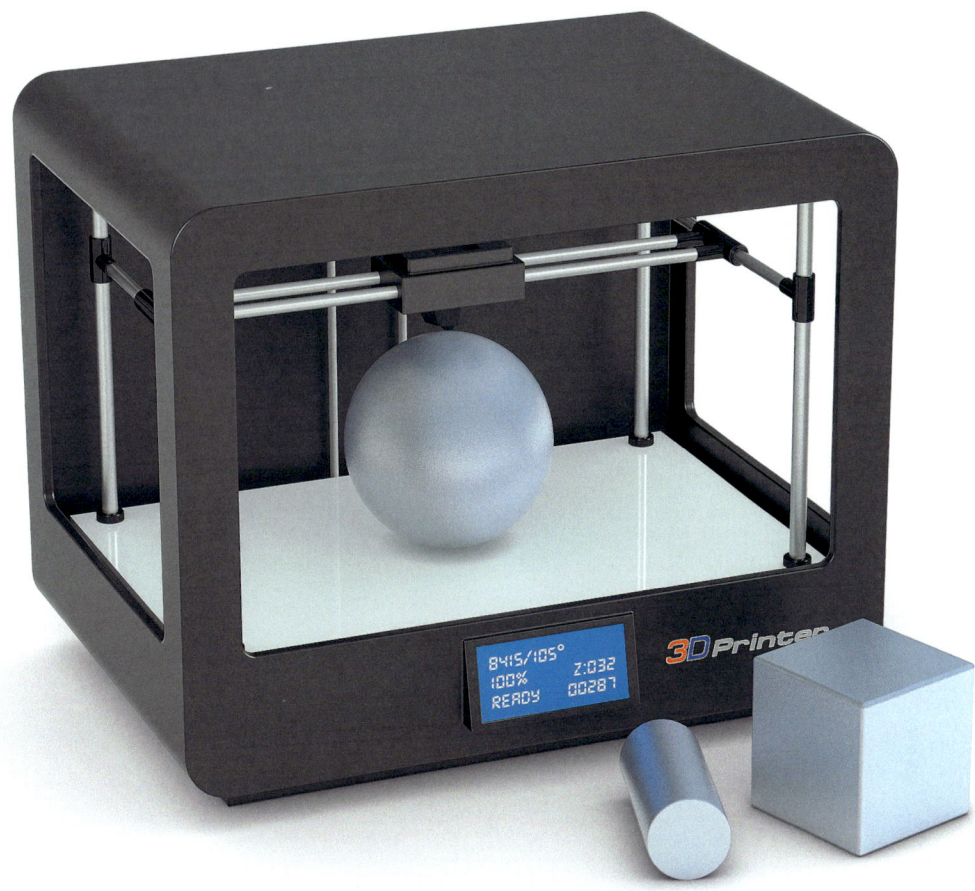

5. Körperberechnungen

Mit einem 3D-Drucker können nach Vorgabe aller nötigen Größen unterschiedliche Gegenstände hergestellt werden.
Solche Gegenstände können auch die Form geometrischer Körper haben, beispielsweise die Form eines Prismas, eines Kegels, eines Zylinders, einer Pyramide oder einer Kugel.

Nach diesem Kapitel kannst du …
- den Oberflächeninhalt und das Volumen von Pyramiden, Kegeln und Kugeln und von zusammengesetzten Körpern berechnen.

Dein Fundament

5. Körperberechnungen

Lösungen
↗ S. 240

Größenangaben umrechnen

1. Suche aus den Angaben mm³; a; dm; t; ℓ; ha; ml; km²; m; h; m²; dm³
   a) alle Flächeneinheiten;
   b) alle Volumeneinheiten heraus.

2. Rechne in die Einheit um, die in Klammern steht.
   a) 13 cm (mm)   b) 78,99 dm² (m²)   c) 0,89 dm³ (cm³)   d) 0,8 dm² (mm²)
   e) 9,8 m³ (cm³)   f) 1,5 ha (a)   g) 1 km² (m²)   h) 450 cm³ (m³)

3. Übertrage die Tabelle in dein Heft und vervollständige sie.

   a)
mm²	cm²	dm²	m²	a	ha
					0,1
50000000					
		101,5			

Hinweis zu 3 b:
1 Hektoliter (1 hℓ)
sind 100 ℓ.

   b)
mm³	cm³	dm³	ml	l	hl
				10	
	1000				
		15,4			

Körper darstellen

4. Zeichne von folgenden Körpern ein Netz und ein Schrägbild:
   a) Würfel mit einer Kantenlänge von 2 cm;
   b) Quader mit den Kantenlängen a = 2 cm, b = 3 cm, c = 1 cm.

5. Gib an, welche der Zeichnungen das Netz eines Prismas darstellen und welche nicht. Begründe jeweils deine Entscheidung.

   a)   b)   c)   d)

   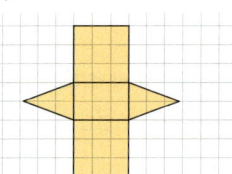 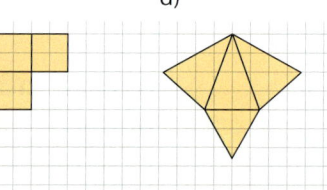

6. Entscheide und begründe, welche der dargestellten Körper Prismen sind.

   a)   b)   c)   d)   e)   f)

   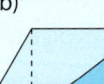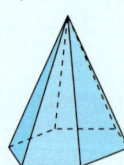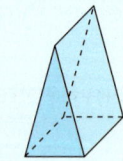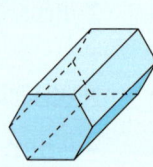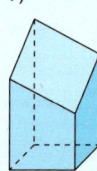

7. a) Gib an, wie viele Ecken, Kanten und Seitenflächen ein Prisma mit einem Fünfeck als Grundfläche hat.
   b) Skizziere ein Prisma mit einem Fünfeck als Grundfläche als Schrägbild.

Berechnungen am Kreis

Lösungen ↗ S. 240

8. Berechne den Umfang und den Flächeninhalt des Kreises mit dem gegebenen Radius r bzw. Durchmesser d. Runde auf Hundertstel.
   a) r = 1 cm   b) d = 4 cm   c) r = 1,4 cm   d) d = 2,6 cm

9. Berechne den Radius des Kreises. Runde das Ergebnis auf Zehntel.
   a) Umfang 42 cm   b) Flächeninhalt 3,14 cm²

10. Berechne den Flächeninhalt und den Umfang der Figur. Runde die Ergebnisse auf Hundertstel.

    a) 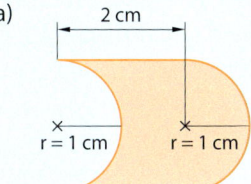   b)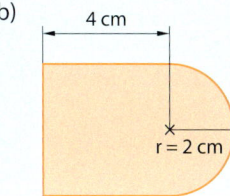

Oberflächeninhalt und Volumen berechnen

11. Berechne das Volumen und den Oberflächeninhalt
    a) eines Würfels mit der Kantenlänge 2 cm;
    b) eines Quaders mit den Kantenlängen a = 3 cm; b = 1 cm und c = 2 cm.

12. Berechne den Oberflächeninhalt und das Volumen des dargestellten Körpers (alle Maße in Zentimeter). Runde auf Quadratzentimeter bzw. auf Kubikzentimeter.

    a) 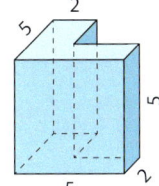   b) 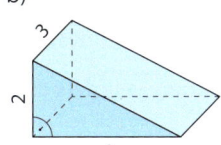   c)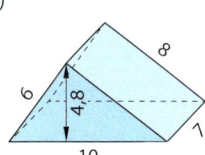

13. Ein Prisma hat ein Volumen von 30 cm³. Ermittle die Höhe des Prismas mit der angegebenen Grundfläche. Entnimm die erforderlichen Größenangaben der Zeichnung.

    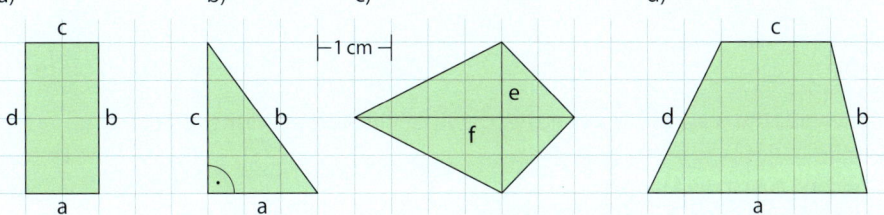

14. Der Oberflächeninhalt eines Quaders beträgt 1000 cm². Berechne die fehlende Kante.
    a) a = 10 cm; b = 5 cm   b) a = 50 mm; c = 20 cm   c) b = 1,2 dm; c = 8 cm

15. Sofia behauptet: „Es gibt einen Würfel, für den die Maßzahl des Oberflächeninhalts (in cm²) gleich der Maßzahl des Volumens (in cm³) ist."
    Gib, falls möglich, die Kantenlänge eines solchen Würfels in cm an.

5.1 Zylinder – Netz und Oberflächeninhalt

■ Eine Konservendose hat die Höhe 110 mm und den Durchmesser 73 mm. Sie soll mit einem Papieretikett beklebt werden. Gib die Maße des Etiketts an. Rechne für das Kleben mit einer Überlappung von 8 mm. ■

Die Oberfläche eines Zylinders besteht aus der kreisförmigen Deck- bzw. Grundfläche und der Mantelfläche. Rollt man die Mantelfläche eines Zylinders ab, ergibt sich ein Rechteck.

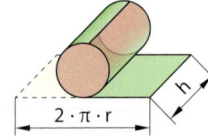

> **Wissen: Zylinder**
> Ein **Zylinder** ist ein Körper mit folgenden Eigenschaften:
> 1. Die **Grundflächen** sind Kreise.
> 2. Die beiden Grundflächen sind zueinander kongruent und parallel.
> 3. Die **Mantelfläche** eines Zylinders ist gekrümmt. Steht zusätzlich die Mantelfläche senkrecht auf der Grundfläche, dann handelt es sich um einen geraden Zylinder.
>
>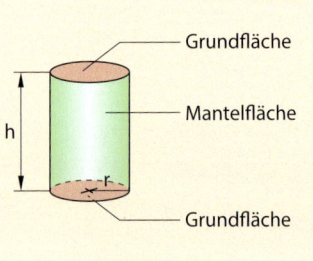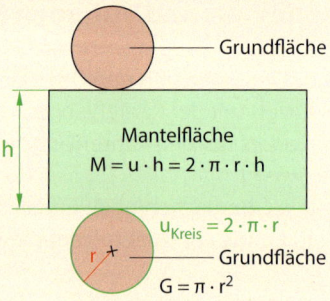
>
> Gerader Zylinder   Netz eines geraden Zylinders
>
> Für den Oberflächeninhalt eines geraden Zylinders gilt: $O = 2 \cdot G + M$
> $O = 2 \cdot \pi \cdot r^2 + 2 \cdot \pi \cdot r \cdot h$

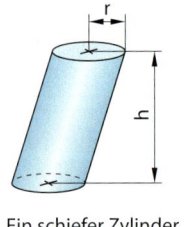

Ein schiefer Zylinder

Netz- und Oberflächeninhalt

Beispiel 1: Ein gerader Zylinder hat eine Höhe von 8 cm. Die Grundfläche hat einen Radius von 4 cm.
a) Zeichne ein Netz des Zylinders.
b) Berechne den Oberflächeninhalt.

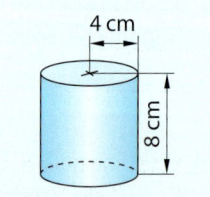

Lösung:
a) Zeichne zuerst die Mantelfläche mit der Höhe 8 cm. Die Breite entspricht dem Kreisumfang der Grundfläche.
Zeichne oben und unten an die Mantelfläche die Kreise von Grund- und Deckfläche. Ihre Mittelpunkte ergeben sich dadurch, dass du den Radius im rechten Winkel mit der Länge 4 cm abträgst.

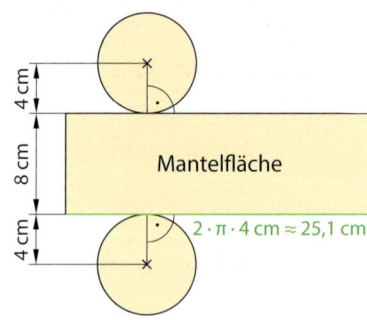

5.1 Zylinder – Netz und Oberflächeninhalt

b) Berechne zuerst den Mantelflächeninhalt M und den Grundflächeninhalt G. Addiere dann M und das Doppelte von G.

$M = 2 \cdot \pi \cdot r \cdot h$
$ = 2 \cdot \pi \cdot 4\,cm \cdot 8\,cm \approx 201\,cm^2$
$G = \pi \cdot r^2 = \pi \cdot (4\,cm)^2$
$ \approx 50\,cm^2$
$O = 2 \cdot G + M$
$ \approx 2 \cdot 50\,cm^2 + 201\,cm^2 = 301\,cm^2$

Hinweis: Im Beispiel wurden Zwischenergebnisse gerundet, wenn nötig. Mit den gerundeten Zwischenergebnissen wurde weiter gerechnet. Es gibt auch andere Möglichkeiten, z. B. mit dem Taschenrechner.

Basisaufgaben

1. Berechne den Oberflächeninhalt eines Zylinders mit $G = 12{,}6\,cm^2$ und $M = 25{,}2\,cm^2$.

2. Zeichne ein Netz und berechne den Oberflächeninhalt des Zylinders.
   a) 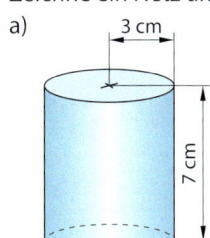   b) 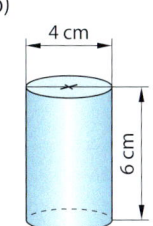   c)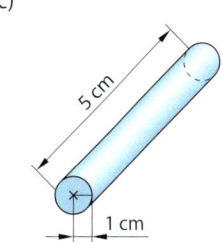

Hinweis: Wenn im Folgenden nichts anderes benannt wird, handelt es sich immer um gerade Zylinder.

3. Zeichne ein maßstäbliches Netz des Zylinders. Berechne den Oberflächeninhalt.
   a) $h = 2{,}5\,m;\ r = 0{,}5\,m$ b) $h = 1\,m;\ d = 36\,cm$

Höhe und Radius berechnen

Beispiel 2: Ein Zylinder hat einen Oberflächeninhalt von $500\,cm^2$.
a) Die Grundfläche hat einen Radius von 4 cm. Bestimme die Höhe des Zylinders.
b) Die Höhe ist 9 cm. Berechne den Radius.

Lösung:
a) Stelle die Formel $O = 2 \cdot \pi \cdot r^2 + 2 \cdot \pi \cdot r \cdot h$ nach h um.

$\frac{2 \cdot \pi \cdot r^2}{2 \cdot \pi \cdot r}$ lässt sich durch $2 \cdot \pi \cdot r$ kürzen.

Setze dann $O = 500\,cm^2$ und $r = 4\,cm$ ein. Berechne. Gib das gerundete Ergebnis an.

$O = 2 \cdot \pi \cdot r^2 + 2 \cdot \pi \cdot r \cdot h \quad | -2 \cdot \pi \cdot r^2$
$O - 2 \cdot \pi \cdot r^2 = 2 \cdot \pi \cdot r \cdot h \quad | :(2 \cdot \pi \cdot r)$
$\frac{O}{2 \cdot \pi \cdot r} - \frac{2 \cdot \pi \cdot r^2}{2 \cdot \pi \cdot r} = h \quad | \text{Kürzen}$
$h = \frac{O}{2 \cdot \pi \cdot r} - r = \frac{500\,cm^2}{2 \cdot \pi \cdot 4\,cm} - 4\,cm \approx 15{,}9\,cm$

b) Setze die bekannten Größen in die Formel ein. Vereinfache. Du erhältst eine quadratische Gleichung. Löse sie und runde. Nur die positive Lösung ist hier sinnvoll, da ein Radius nicht negativ sein kann.

$O = 2 \cdot \pi \cdot r^2 + 2 \cdot \pi \cdot r \cdot h$
$500\,cm^2 = 2 \cdot \pi \cdot r^2 + 2 \cdot \pi \cdot r \cdot 9\,cm$
$\frac{500\,cm^2}{2\pi} = r^2 + r \cdot 9\,cm$
$r \approx 5{,}5\,cm$

Hinweis: Bei Berechnungen ohne Taschenrechner kannst du 3,14 als Näherungswert für π verwenden.

Basisaufgaben

4. Berechne die Höhe des Zylinders mit den gegebenen Größen.
   a) $O = 6300\,cm^2;\ r = 20\,cm$ b) $O = 829\,cm^2;\ d = 10\,cm$

5. Berechne den Durchmesser eines Zylinders mit $O = 50{,}4\,cm^2$ und $h = 12\,cm$.

Weiterführende Aufgaben

6. Berechne den Oberflächeninhalt des Zylinders. Entnimm die Maße dem Netz.
   a)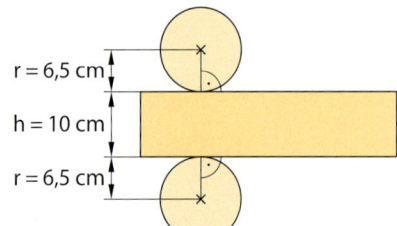
   b)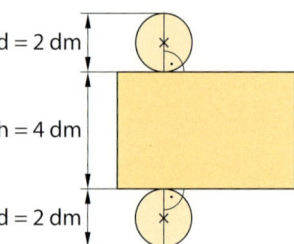

7. Bestimme den Oberflächeninhalt der zylinderförmigen Dose. Lies die erforderlichen Maße aus der Zeichnung ab.
   a)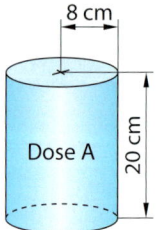
   b)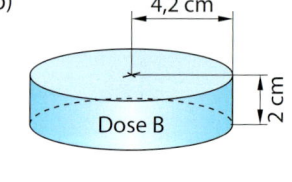
   c)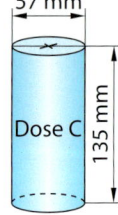

   d) Suche in deinem Klassenzimmer oder in deiner Umwelt nach zylinderförmigen Gegenständen. Bestimme deren Oberflächeninhalt.
   Tauscht eure Gegenstände untereinander und vergleicht die Ergebnisse eurer Berechnungen.

8. Hendrik möchte eine zylinderförmige Schachtel farbig streichen. Die Schachtel ist 6 cm hoch und hat einen Durchmesser von 24 cm. Mit einer Tube Farbe kann man ungefähr 1 m² Fläche streichen. Berechne, ob eine Tube Farbe zum Streichen der Schachtel reicht.

9. Ein Zylinder hat einen Radius von 5 cm und ist 10 cm hoch.
   a) Berechne den Oberflächeninhalt.
   b) Beim Zylinder wird nun die Höhe verdoppelt. Überprüfe durch eine Rechnung, ob sich der Mantelflächeninhalt und der Oberflächeninhalt auch verdoppeln.

10. Ein Zylinder hat einen Radius von 5 cm und eine Höhe von 6 cm.
    a) Berechne den Oberflächeninhalt.
    b) Beim Zylinder wird der Radius halbiert. Überprüfe durch eine Rechnung, ob sich der Mantelflächeninhalt und der Oberflächeninhalt auch halbieren.

11. Der Oberflächeninhalt eines Zylinders beträgt 2000 cm². Bestimme die gesuchte Größe.
    a) r = 7,4 cm; h = ■
    b) r = 86 mm; h = ■
    c) d = 0,22 m; h = ■
    d) h = 1,7 dm; r = ■
    e) h = 4,1 cm; r = ■
    f) h = 89 mm; r = ■

12. Eine zylinderförmige Dose hat einen Oberflächeninhalt von 550 cm².
    a) Die Grundfläche hat einen Radius von 6 cm. Berechne, wie hoch die Dose ist.
    b) Die Grundfläche umfasst 150 cm². Bestimme den Radius der Grundfläche und die Höhe der Mantelfläche.
    c) Die Dose ist 10 cm hoch. Bestimme den Radius der Grundfläche.

5.1 Zylinder – Netz und Oberflächeninhalt

13. **Stolperstelle:** Finde den Fehler und notiere eine richtige Rechnung im Heft. Ein Zylinder ist 12 cm breit und 20 cm hoch. Berechne den Oberflächeninhalt.

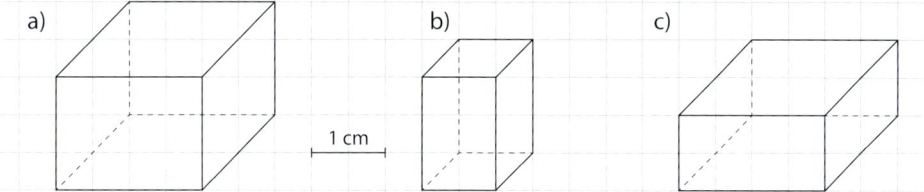

$O = 2\pi r^2 + 2\pi r \cdot h =$
$2\pi \cdot 12^2 + 2\pi \cdot 12 \cdot 20 = 768\pi \approx 2412$
Der Oberflächeninhalt ist 2412 cm².

14. Ein Baustellenfahrzeug mit Walze wird beim Straßenbau zur Verdichtung von Asphalt eingesetzt. Die Walze hat eine Breite von 1820 mm und einen Durchmesser von 1220 mm. Es wird ein 500 m langer Straßenabschnitt erneuert.
    a) Berechne, wie viele Walzenumdrehungen für die Erneuerung notwendig sind.
    b) Berechne die Fläche in Quadratmetern, die bei einer Umdrehung gewalzt wird.

15. Zeichne das Schrägbild des Quaders ab. Zeichne darin das Schrägbild des größtmöglichen Zylinders ein, der sich in den Quader einbeschreiben lässt. Gib dessen Radius und Höhe an.

    a)   b)   c)

    1 cm

16. Eine Firma, die Konservendosen herstellt, hat zwei Vorschläge für die Maße einer Konservendose aus Blech entwickelt. Die Füllmenge soll jeweils 425 mℓ sein.
    a) Entscheide, welche Dose aus Blech die Firma produzieren sollte. Bestimme dafür für beide Varianten die Größe der auf die Mantelfläche geklebten Papier-Etiketten und den Materialverbrauch an Blech.
    b) Für Testzwecke wird die Dose mit geringerem Materialverbrauch produziert. Für Rand und Verschnitt werden 14 % Blech pro Dose zusätzlich benötigt. Es stehen 20 m² Blech zur Verfügung. Berechne, wie viele Dosen aus dem Blech hergestellt werden können.

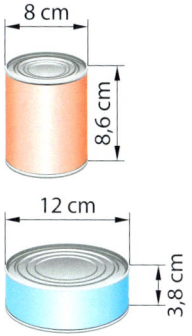

Hinweis zu 16a:
Überlege auch, welche anderen Kriterien noch entscheidend sein könnten.

17. Die Firma Becker vermietet 68 Litfaßsäulen. Die Säulen haben jeweils eine Höhe von 3,60 m und einen Umfang von 4 m. Ein DIN-A1-Plakat ist 0,5 Quadratmeter groß.
    a) Bestimme die Größe der gesamten Werbefläche auf allen Litfaßsäulen zusammen.
    b) DIN-A1-Plakate sind 594 mm breit und 841 mm hoch. Berechne: Wie viele dieser Plakate passen maximal auf eine Litfaßsäule?
    c) Für ein Konzert wird mit 50 Plakaten der Größe DIN A1 geworben. 1 m² Werbefläche kostet 70 € zuzüglich 19 % Mehrwertsteuer. Berechne, wie teuer die Plakatwerbung wird.

Hinweis zu 17:
Plakatsäulen werden auch Litfaßsäulen genannt, weil sie vom Berliner Drucker Ernst Litfaß Ende des 19. Jahrhunderts erfunden wurden.

18. **Ausblick:** Ein Ring wie im Bild rechts wurde komplett vergoldet. Die Innenseite des Rings hat einen Umfang von 59,5 mm. Der Ring ist 1 mm dick und 5 mm breit.
    a) Bestimme, wie groß die vergoldete Oberfläche ist.
    b) Stelle eine allgemeine Formel für den Oberflächeninhalt eines Rings mit dem Innenradius r_1 und dem Außenradius r_2 sowie der Breite b auf.

5.2 Volumen eines Zylinders

■ Familie Meier hat im Garten ein rundes Schwimmbecken mit dem Durchmesser 3 m aufgestellt. Es wird bis zu einer Höhe von 1,10 m mit Wasser gefüllt.
Welcher der folgenden Werte könnte die Wassermenge angeben? Begründe.
• 20 m³   • 9,9 m³   • 7,8 m³   • 1,1 m³ ■

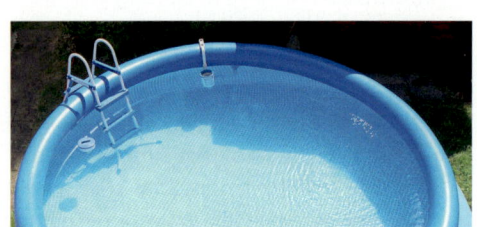

Das Volumen eines Zylinders kann man mit der Formel für das Volumen eines Quaders herleiten. Dazu teilt man den Zylinder in gleich große Tortenstücke. Ein Tortenstück wird zusätzlich noch halbiert. Dann werden die Tortenstücke neu zusammengesetzt, sodass annähernd die Form eines Quaders entsteht. Je schmaler die Tortenstücke werden, desto genauer nähert sich die Form einem Quader an.

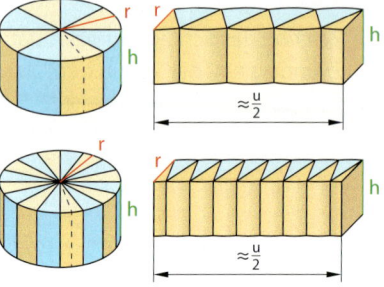

Für das Volumen des Quaders gilt: $V_{Quader} \approx \frac{u}{2} \cdot r \cdot h$

Setzt man für $u = 2 \cdot \pi \cdot r$ ein, ergibt sich: $V_{Quader} \approx \frac{2 \pi r}{2} \cdot r \cdot h = \pi \cdot r^2 \cdot h$

Da der Zylinder und der angenäherte Quader das gleiche Volumen haben, lässt sich verallgemeinern: $V_{Zylinder} = \pi \cdot r^2 \cdot h$

Hinweis:
Wenn nichts anderes gesagt wird, handelt es sich im Folgenden immer um einen geraden Zylinder.

> **Wissen: Volumen eines Zylinders**
> Das **Volumen eines Zylinders** wird berechnet, indem man den Inhalt der Grundfläche G mit der Höhe h des Zylinders multipliziert:
> **V = G · h**
> **V = π · r² · h**

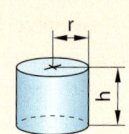

Volumen berechnen

Beispiel 1: Berechne das Volumen des abgebildeten Zylinders.

a) 10 cm, 30 cm

b) 5 mm, 18 mm

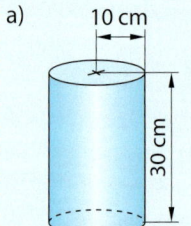

Lösung:
a) Setze r und h in die Formel für das Volumen ein.

$V = \pi \cdot r^2 \cdot h$
$= \pi \cdot (10\,cm)^2 \cdot 30\,cm \approx 9425\,cm^3$

b) Berechne erst den Radius der kreisförmigen Grundfläche und anschließend das Volumen des Zylinders.

$r = \frac{d}{2} = \frac{5\,mm}{2} = 2,5\,mm$

$V = \pi \cdot r^2 \cdot h$
$= \pi \cdot (2,5\,mm)^2 \cdot 18\,mm \approx 353\,mm^3$

5.2 Volumen eines Zylinders

Basisaufgaben

1. Berechne das Volumen des Zylinders.
   a) 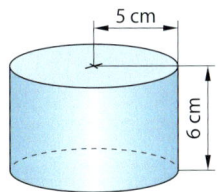 b) 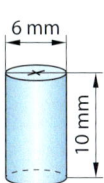 c)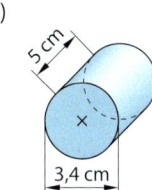

2. Eine zylinderförmige Thermoskanne hat einen Innendurchmesser von 70 mm und eine Füllhöhe von 18 cm. Berechne: Wie viele Becher mit einem Innendurchmesser von d = 6 cm kann man damit 5 cm hoch füllen?

3. Berechne das Volumen des Zylinders aus den angegebenen Größen.
   a) r = 5 cm; h = 20 cm   b) r = 2,5 cm; h = 2 cm   c) d = 8 m; h = 1,5 m

Höhe und Radius berechnen

Beispiel 2: Ein Zylinder hat ein Volumen von V = 500 cm³.
a) Die Grundfläche hat einen Radius von 3,5 cm. Berechne die Höhe des Zylinders.
b) Der Zylinder ist 20 cm hoch. Berechne den Radius der Grundfläche.

Lösung:
a) Stelle die Formel $V = \pi \cdot r^2 \cdot h$ nach h um.

   Setze die Größen V = 500 cm³ und r = 3,5 cm in die Formel ein. Berechne und runde das Ergebnis.

   $V = \pi \cdot r^2 \cdot h \quad | : (\pi \cdot r^2)$
   $\frac{V}{\pi r^2} = h$
   $h = \frac{500 \, cm^3}{\pi \cdot (3,5 \, cm)^2} \approx 13 \, cm$

b) Stelle die Formel nach r^2 um und setze die Größen V = 500 cm³ und h = 20 cm ein.

   Die Gleichung $r^2 = \frac{25 \, cm^2}{\pi}$ hat zwei Lösungen, eine negative und eine positive. Nur die positive Lösung ist sinnvoll, weil Längen immer positiv sind. Daher kommt nur $r = \sqrt{\frac{25 \, cm^2}{\pi}}$ als Lösung in Frage.

   $V = \pi \cdot r^2 \cdot h \quad | : (\pi \cdot h)$
   $\frac{V}{\pi \cdot h} = r^2$
   $r^2 = \frac{500 \, cm^3}{\pi \cdot 20 \, cm} \quad | \text{Kürzen}$
   $r^2 = \frac{25 \, cm^2}{\pi}$
   $r = \sqrt{\frac{25 \, cm^2}{\pi}}$
   $\approx 2,8 \, cm$

Basisaufgaben

4. Ein Zylinder hat ein Volumen von V = 200 cm³.
   a) Die Grundfläche hat einen Radius von 2 cm. Berechne die Höhe des Zylinders.
   b) Der Zylinder ist 10 cm hoch. Berechne den Radius der Grundfläche.

5. Ein zylinderförmiger Turm hat bei einem Durchmesser von 12,5 m ein Volumen von 45 000 m³.
   Berechne die Höhe des Turms.

5. Körperberechnungen

Weiterführende Aufgaben

Hinweis zu 6:
Die gerundeten Lösungen zu a) bis c) findest du in der Blüte, zu d) bis f) in den Blättern (ohne Einheiten).

6. Übertrage die Tabelle in dein Heft und fülle sie aus.

	a)	b)	c)	d)	e)	f)
Radius r	5 cm					3,2 cm
Durchmesser d		2,5 cm		1,1 m		
Höhe h	7,8 cm		8 cm	35 dm	10 cm	
Volumen V		6,25 cm³	1200 cm³		10 000 mm³	7,18 cm³

7. Erkläre, wie sich das Volumen eines Zylinders ändert, wenn
   a) die Höhe h verdoppelt wird und der Radius r gleich bleibt,
   b) die Höhe h gleich bleibt und der Radius r verdoppelt wird,
   c) die Höhe h verdoppelt und der Radius r halbiert wird,
   d) die Höhe h halbiert und der Radius r verdoppelt wird,
   e) die Höhe h vervierfacht und der Radius r halbiert wird.

8. Gib drei verschiedene Maße für einen Zylinder mit einem Volumen von 1 m³ an.

Erinnere dich:
1 ℓ = 1 dm³
1 mℓ = 1 cm³

9. Eine zylinderförmige Regentonne hat einen Innendurchmesser von 82 cm und eine Höhe von 95 cm.
   a) Berechne, wie viel Liter Wasser höchstens in die Tonne passen.
   b) In der Tonne sind 300 ℓ Wasser. Berechne, wie hoch das Wasser in der Tonne steht.
   c) Nach einem Gewitter ist die Tonne zu 80 % gefüllt. Berechne, wie hoch das Wasser in der Tonne steht.

10. Getränkedosen werden in zwei verschieden Größen angeboten: 330 mℓ und 500 mℓ. Beide Varianten haben einen Durchmesser von 6,7 cm. Bestimme die Höhen der Dosen.

 11. **Stolperstelle:** Finde die Fehler und korrigiere sie.
   a) Paul berechnet das Volumen für den abgebildeten Zylinder.

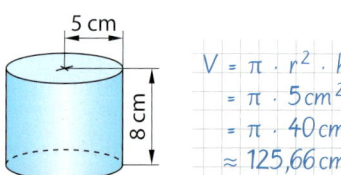

   b) Verena berechnet für einen Zylinder mit dem Volumen V = 300 cm³ und dem Radius r = 6 cm die Höhe mit der Formel $h = \frac{V}{\pi r^2}$. Sie tippt in den Taschenrechner ein:

   Als Ergebnis erhält sie 3437,74677.

12. Stelle eine Formel auf, mit der das Volumen eines Zylinders direkt aus den Größen Durchmesser d und Höhe h berechnet werden kann.

13. Zwanzig zylinderförmige Waffelröllchen mit d = 3,6 cm und h = 5,8 cm sollen in zwei Schichten in eine quaderförmige Verpackung gelegt werden. Bestimme die Packungsgröße.

14. Eine zylinderförmige Verpackung enthält Pulver für 4 Liter Zitronentee. Sie ist 18 cm hoch. Ihr Umfang beträgt 28 cm. Berechne: Wie hoch müsste die Verpackung bei gleichbleibender Grundfläche sein, wenn sie das fertige Getränk enthielte?

5.2 Volumen eines Zylinders

15. Die Verbraucherzentrale Hamburg untersucht Produkte auf das Verhältnis von Fassungsvermögen und Verpackungsgröße. Falls die Größe der Verpackung um mehr als 30 % von der Füllmenge abweicht, also eine größere Füllmenge durch die Verpackung vorgetäuscht wird, spricht man von einer Mogelpackung.
    a) Ermittle, welche der Verpackungen rechts eine Mogelpackung ist, zum Beispiel durch eine Rechnung.
    b) Wie hoch dürfte die Verpackung höchstens sein, damit es sich nicht um eine Mogelpackung handelt?

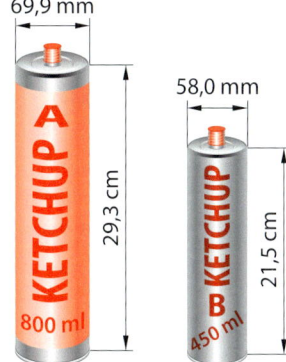

16. Die Bielefelder Sparrenburg hat einen 42 m tiefen zylinderförmigen Brunnen mit dem Durchmesser 1,5 m. In dem Brunnen steht das Wasser 5 m hoch. Ein Kubikmeter Wasser wiegt 1000 kg.
    a) Berechne, wie viel Kubikmeter Wasser in dem Brunnen sind.
    b) Bestimme die Masse des Wassers im Brunnen.

17. Ein Hersteller hat eine neue Hantel aus Stahl entwickelt. Der Stahl hat eine Dichte von 7,85 $\frac{g}{cm^3}$. Die Maße der Hantel sind in der Abbildung dargestellt.
    a) Berechne die Masse der Hantel.
    b) Der Hersteller möchte eine weitere Hantel anbieten. Die Maße der beiden Scheiben sollen gleich bleiben. Die Länge der Stange wird verändert. Berechne, wie lang die Stange sein muss, damit die Hantel genau 5 kg wiegt.

Hinweis zu 17: $m = \varrho \cdot V$

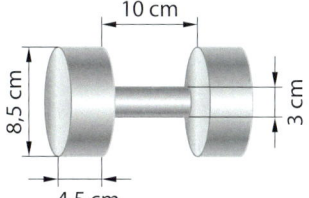

● 18. Die abgebildeten Regenwassertanks sind jeweils aus verschiedenen Körpern zusammengesetzt.
    a) Erkläre, wie du die Tanks in Teilkörper zerlegen kannst, die sich leicht berechnen lassen.
    b) Berechne, wie viel Liter Wasser in die Tanks passen.
    c) Die Tanks sind nur zu $\frac{2}{3}$ mit Wasser gefüllt. Bestimme jeweils, wie hoch das Wasser in den Tanks steht.

● 19. **Ausblick:** Ein schräg abgeschnittener Zylinder hat zwei verschiedene Höhen. Die Höhe h_1 bezeichnet die Höhe an der höchsten Stelle und h_2 die Höhe an der tiefsten Stelle. Das Volumen eines schräg abgeschnittenen Zylinders ist: $V_{abgeschnitten} = \pi \cdot r^2 \cdot \frac{h_1 + h_2}{2}$
    a) Berechne das Volumen eines schräg abgeschnittenen Zylinders mit r = 2 cm, h_1 = 8 cm und h_2 = 3 cm.
    b) Berechne das Volumen eines herkömmlichen Zylinders mit r = 2 cm und h = 5,5 cm. Vergleiche das Ergebnis mit dem Ergebnis aus a). Beschreibe, was dir auffällt.
    c) Erkläre, warum für das Volumen eines schräg abgeschnittenen Zylinders die obige Formel gilt.

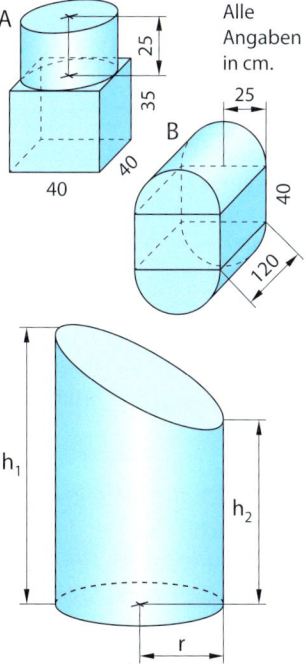

5.3 Pyramide – Netz und Oberflächeninhalt

■ Den Haupteingang zum Louvre in Paris bildet eine Glaspyramide. Die Pyramide ist etwa 22 Meter hoch und 35 Meter breit.
a) Gib an, welche geometrischen Figuren die Glaspyramide bilden.
b) Berechne die Größe der Glasfläche. ■

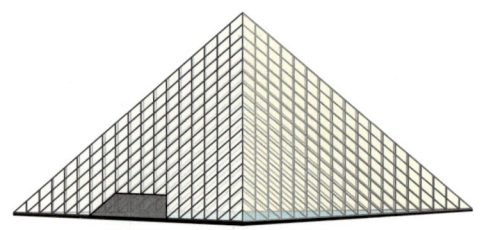

Wissen: Pyramide
Eine Pyramide ist ein Körper mit folgenden Eigenschaften:
1. Die **Grundfläche G** ist ein Vieleck (n-Eck).
2. Die n **Seitenflächen** sind Dreiecke, die sich in einem Punkt, der Spitze, treffen. Die Seitenflächen bilden zusammen die **Mantelfläche M**.

Die Grundfläche und die Mantelfläche bilden zusammen die Oberfläche der Pyramide.
Für den Oberflächeninhalt O gilt: $O = G + M$

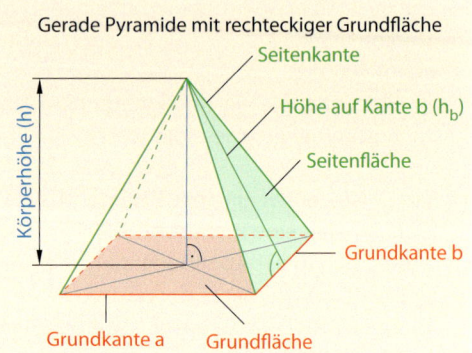

Gerade Pyramide mit rechteckiger Grundfläche

Hinweis:
Die Spitze einer Pyramide kann bei gleicher Körperhöhe unterschiedliche Lagen haben. Ist die Grundfläche punktsymmetrisch und liegt die Spitze senkrecht über dem Symmetriezentrum der Grundfläche, so nennt man die Pyramide gerade.

Pyramiden bezeichnet man nach der Art ihrer Grundfläche und der Lage ihrer Spitze.

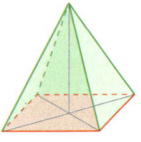 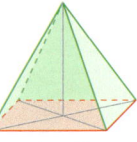 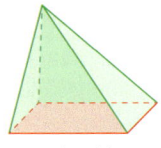 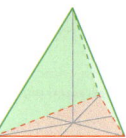 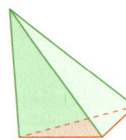

quadratische gerade Pyramide | rechteckige gerade Pyramide | rechteckige schiefe Pyramide | Tetraeder | dreiseitige schiefe Pyramide

Beispiel 1:
Eine gerade Pyramide mit rechteckiger Grundfläche hat die in der Zeichnung angegebenen Maße.
a) Skizziere ein Netz der Pyramide. Schätze dafür die Längen von h_a und h_b.
b) Berechne den Oberflächeninhalt der Pyramide.

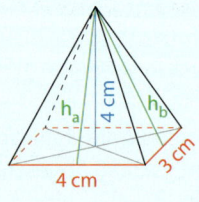

Lösung:
a) Zeichne die rechteckige Grundfläche. Zeichne die vier dreieckigen Seitenflächen.
Da die Pyramide gerade ist, stehen die Höhen h_a bzw. h_b jeweils senkrecht auf den Seiten a bzw. b. Ihr Fußpunkt ist jeweils der Mittelpunkt der Seite.

Netz:

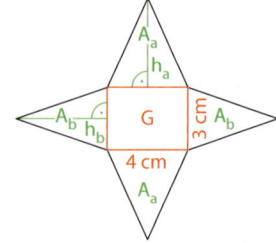

5.3 Pyramide – Netz und Oberflächeninhalt

b) Die Körperhöhe h, die Höhe einer Seitenfläche h_a bzw. h_b und die kürzeste Verbindungsstrecke zwischen dem Höhenfußpunkt und der Grundkante bilden jeweils rechtwinklige Dreiecke. Die Längen h_a und h_b lassen sich deshalb mit dem Satz des Pythagoras berechnen.

Die Oberfläche setzt sich aus den vier **Seitenflächen** und der **Grundfläche** zusammen. Da bei einer Pyramide mit rechteckiger Grundfläche je zwei Seitenflächen (A_a und A_b) kongruent zueinander sind, vereinfacht sich die Formel für den Oberflächeninhalt. Setze die Größen in die Formel ein und berechne.

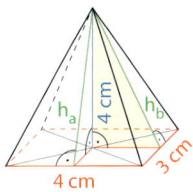

$h_b^2 = (2\,\text{cm})^2 + (4\,\text{cm})^2 = 20\,\text{cm}^2 \quad |\sqrt{}$
$h_b = \sqrt{20\,\text{cm}^2} \approx 4{,}5\,\text{cm}$
$h_a^2 = (1{,}5\,\text{cm})^2 + (4\,\text{cm})^2 = 18{,}25\,\text{cm}^2 \quad |\sqrt{}$
$h_a = \sqrt{18{,}25\,\text{cm}^2} \approx 4{,}3\,\text{cm}$

$\begin{aligned} O &= G + 2 \cdot A_a + 2 \cdot A_b \\ &= G + 2 \cdot \frac{a \cdot h_a}{2} + 2 \cdot \frac{b \cdot h_b}{2} \\ &\approx 12\,\text{cm}^2 + 17{,}2\,\text{cm}^2 + 13{,}5\,\text{cm}^2 = 42{,}7\,\text{cm}^2 \end{aligned}$

Hinweis:
Im Beispiel wurden Zwischenergebnisse gerundet, wenn nötig. Mit den gerundeten Zwischenergebnissen wurde weitergerechnet. Es gibt auch andere Möglichkeiten, z. B. mit dem Taschenrechner.

Hinweis:
Für Pyramiden mit quadratischer Grundfläche vereinfacht sich die Formel für den Oberflächeninhalt zu $O = a^2 + 2 \cdot a \cdot h_a$.

Basisaufgaben

Hinweis:
Wenn im Folgenden nichts anderes benannt wird, handelt es sich immer um gerade Pyramiden.

1. Berechne den Oberflächeninhalt der Pyramide.

a) 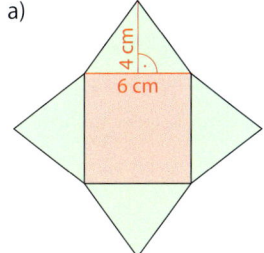   b) 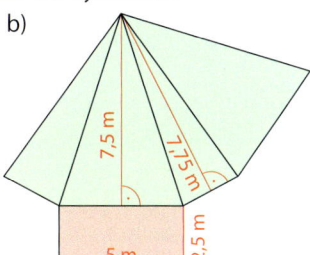   c)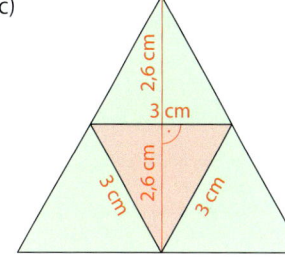

Hinweis zu 1 und 3:
Die teilweise gerundeten Lösungen findest du hier.

2. Eine Pyramide mit quadratischer Grundfläche hat die Maße $a = 3\,\text{cm}$ und $h_a = 5\,\text{cm}$.
   a) Skizziere ein Netz.
   b) Berechne den Oberflächeninhalt.

3. Berechne den Oberflächeninhalt der Pyramide.

a) 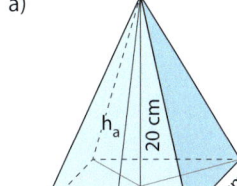   b) 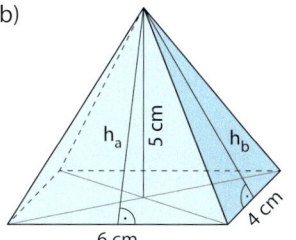   c)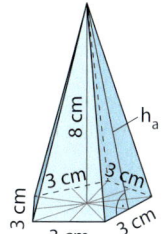

4. Eine Pyramide hat eine quadratische Grundfläche mit $a = 6\,\text{cm}$ und eine Körperhöhe von 12 cm. Berechne den Oberflächeninhalt.

5. Die Chefren-Pyramide hat eine quadratische Grundfläche mit einer Kantenlänge von 215 m und eine Körperhöhe von 143,5 m. Berechne den Mantelflächeninhalt der Pyramide.

Weiterführende Aufgaben

6. Stelle die folgenden Pyramiden her. Verwende dafür z. B. Zeichenkarton.
   a) G ist ein Quadrat mit a = 5 cm; h = 10 cm.
   b) G ist ein Rechteck mit a = 8 cm und b = 5 cm.
      Die Seitenkanten sind 10 cm lang.
   c) G ist ein gleichseitiges Dreieck mit a = b = c = 6 cm. Die Seitenflächen sind jeweils kongruent zur Grundfläche. (Es handelt sich also um einen Tetraeder.)

7. a) Gib die Anzahl der Ecken, Kanten und Flächen einer Pyramide mit dreieckiger Grundfläche an.
   b) Gib die Anzahl der Ecken, Kanten und Flächen einer Pyramide mit n-eckiger Grundfläche für n = 4; 5; 6; 7; 8 und als Term allgemein für n an.

8. **Stolperstelle:** Der Oberflächeninhalt der Pyramide mit quadratischer Grundfläche sollte berechnet werden.
   Beschreibe und korrigiere die Fehler.

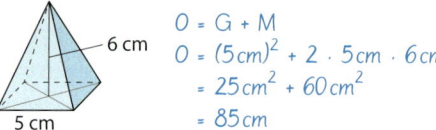

$$O = G + M$$
$$O = (5\,cm)^2 + 2 \cdot 5\,cm \cdot 6\,cm$$
$$= 25\,cm^2 + 60\,cm^2$$
$$= 85\,cm$$

9. Trage die Punkte A(−3|−1), B(1|−1), C(3|1) und S(0|4) in ein Koordinatensystem ein.
   a) Ergänze einen Punkt D, sodass ABCDS das Schrägbild einer Pyramide mit quadratischer Grundfläche ist. Gib die Koordinaten von D an.
   b) Berechne den Oberflächeninhalt der Pyramide aus a).

10. a) Übertrage die Zeichnung und ergänze sie, wenn möglich, zu einem Pyramidennetz.
    b) Berechne den Oberflächeninhalt der Pyramiden. Entnimm die Maße der Zeichnung.

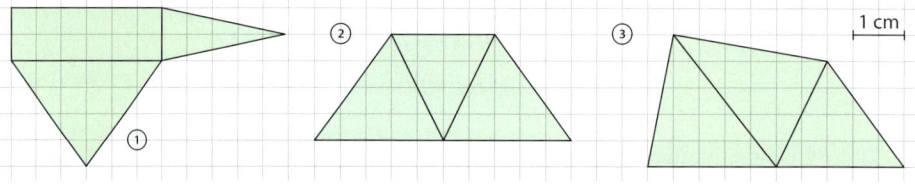

11. Eine Pyramide hat eine quadratische Grundfläche mit a = 4 cm und eine Seitenkantenlänge von s = 3 cm. Beschreibe, wie man ihren Oberflächeninhalt berechnen kann.

12. Berechne den Oberflächeninhalt der Pyramide.

   a) Grundfläche: Quadrat
   b) Grundfläche: Rechteck
   c) Grundfläche: gleichseitiges Dreieck
   d) Grundfläche: regelmäßiges Sechseck

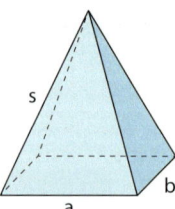 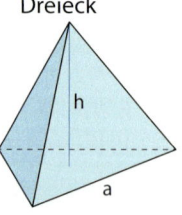 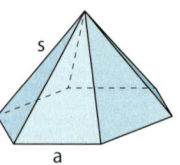

a) a = 5,5 cm; s = 7 cm

b) a = 4,2 cm; b = 3,3 cm; s = 6,4 cm

c) a = 45 mm; h = 36 mm

d) a = 29 mm; s = 3 cm

5.3 Pyramide – Netz und Oberflächeninhalt

13. Ermittle die Höhe h der quadratischen Pyramide aus den gegebenen Größen.
    a) a = 6 cm; h_a = 5 cm
    b) a = 2 m; O = 16,65 m²

14. Berechne die fehlenden Größen der Pyramide mit quadratischer Grundfläche.

	a	s	h	h_a	O
a)	8 cm			12 cm	
b)			10 m	15 m	
c)		12 cm		90 mm	
d)	12 mm	1,5 cm			

15. Ordne die Pyramidennetze nach der Größe ihrer Flächeninhalte. Schätze zuerst und überprüfe dann durch eine Rechnung.

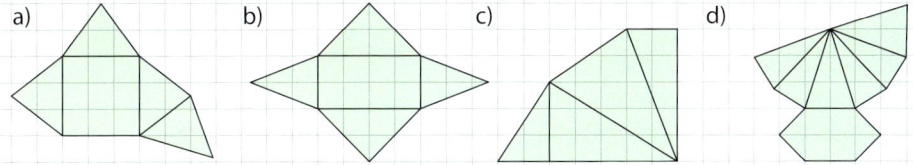

16. Bei einer Pyramide mit quadratischer Grundfläche und der Grundkante a beträgt die Höhe einer Seitenfläche h_a = 41 m und der Oberflächeninhalt O = 2943 m². Ermittle alle Kantenlängen der Pyramide.

● 17. In einem Würfel mit der Kantenlänge 5 cm befindet sich eine Pyramide mit den angegebenen Eigenschaften. Zeichne ein Schrägbild des Würfels mit der Pyramide. Skizziere ein Netz der Pyramide und berechne den Oberflächeninhalt.
    a) Die Grundfläche der Pyramide ist die Grundfläche des Würfels. Die Spitze der Pyramide liegt in der Mitte der Deckfläche des Würfels.
    b) Die Grundfläche der Pyramide ist die Grundfläche des Würfels. Die Spitze der Pyramide befindet sich in einer Ecke der Deckfläche des Würfels.
    c) Die Spitze der Pyramide ist eine Ecke des Würfels. Die drei Würfelkanten, die von dieser Ecke ausgehen, sind die Seitenkanten der Pyramide.

18. Das Dach eines Kirchturms hat die Form einer quadratischen Pyramide mit den Maßen a = 7,2 m und h = 6,3 m. Das Dach soll mit Kupferplatten gedeckt werden. Berechne, wie viel Quadratmeter Kupferplatten man benötigt. Berücksichtige 5 % Verschnitt.

● 19. Eine Pyramide aus Holz hat eine quadratische Grundfläche (a = 40 cm, h_a = 30 cm). Sie wird auf der halben Körperhöhe parallel zur Grundfläche zersägt. Die Spitze wird entsorgt.
    a) Berechne, um wie viel Prozent sich der Oberflächeninhalt dadurch verkleinert hat.
    b) Untersuche, ob es eine Kombination aus den beiden gegebenen Größen a und h_a gibt, bei der eine Oberflächenvergrößerung eintritt.

● 20. **Ausblick:** Stelle eine möglichst einfache Formel für den Oberflächeninhalt eines Tetraeders mit der Kantenlänge a auf.

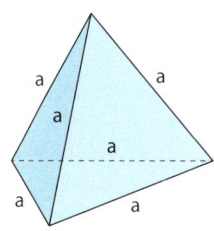

5.4 Volumen einer Pyramide

■ Ein Papierstapel wird wie dargestellt verschoben. Wie lässt sich begründen, dass die Volumina aller Papierstapel gleich sind? ■

Satz von Cavalieri

Ein Stapel runder Bierdeckel bildet einen geraden Zylinder. Verschiebt man die einzelnen Schichten, so entstehen (näherungsweise) schiefe Zylinder und verdrehte Zylinder. Die Höhe der Körper bleibt gleich. Schneidet man die Körper parallel zur Grundfläche durch, so haben die Schnittflächen F_1, F_2 und F_3 alle den gleichen Flächeninhalt. Auch das Volumen der Körper bleibt gleich.

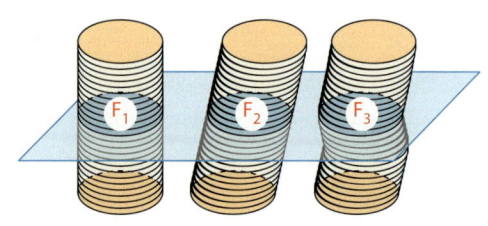

Hinweis:
Bonaventura Francesco Cavalieri lebte im 17. Jh. in Italien.

Wissen: Satz von Cavalieri

Das Volumen zweier Körper ist gleich groß, wenn beide Körper
1. den gleichen Grundflächeninhalt,
2. die gleiche Höhe und
3. in jeder beliebigen Höhe jeweils gleich große Querschnittsflächen besitzen.

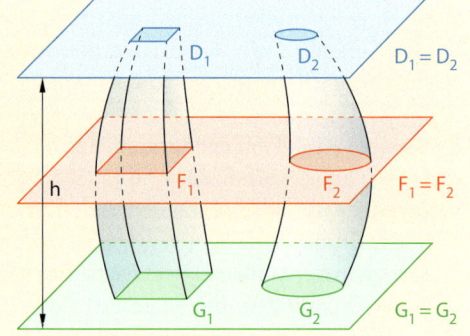

Beispiel 1:
Ein schiefes Prisma ist 5,3 cm hoch und hat ein rechtwinkliges Dreieck
($a = 4\,cm$; $b = 6\,cm$; $\gamma = 90°$) als Grundfläche. Berechne sein Volumen.

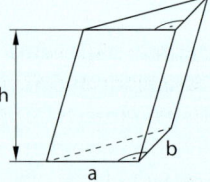

Lösung:
Das schiefe und das gerade Prisma im Bild rechts haben das gleiche Volumen, denn alle drei Bedingungen des Satzes von Cavalieri sind erfüllt.

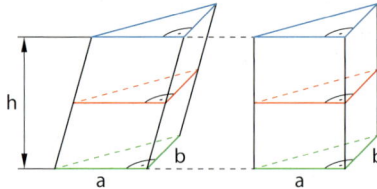

Daher lässt sich das Volumen des schiefen Prismas mit der Formel $V = G \cdot h$ berechnen. Für die **Grundfläche** gilt die Formel $G = \frac{1}{2} \cdot a \cdot b$. Die gegebenen Größen können direkt in die Formel eingesetzt werden.

$V = G \cdot h$
$ = \frac{1}{2} \cdot a \cdot b \cdot h$
$ = \frac{1}{2} \cdot 4\,cm \cdot 6\,cm \cdot 5{,}3\,cm = 63{,}6\,cm^3$

5.4 Volumen einer Pyramide

Basisaufgaben

1. Berechne das Volumen des abgebildeten Körpers.

a) 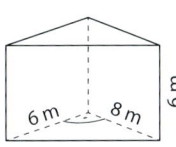   b) 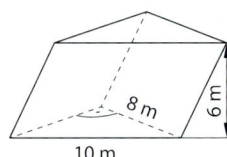   c)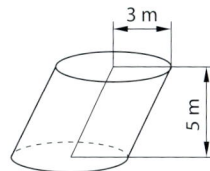

2. Begründe, ob für das Körperpaar der Satz von Cavalieri anwendbar ist oder nicht.

a) 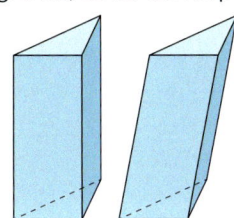   b)    c)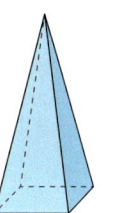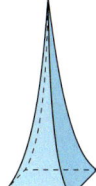

3. Gib fünf weitere Möglichkeiten an, den Würfel so zu zerschneiden, dass jeweils zwei Prismen mit gleichem Volumen entstehen. Begründe die Gleichheit der Volumina.

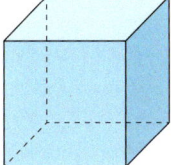 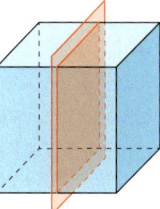

Volumen einer Pyramide

Vergleiche zwei Pyramiden mit dreieckiger gleich großer Grundfläche $G_1 = G_2$ und gleicher Höhe h.
Die Dreiecke F_1 und F_2 in der Schnittebene sind ähnlich zur Grundfläche mit dem Ähnlichkeitsfaktor $k = \frac{h'}{h}$.
Damit gilt $F_1 = k^2 \cdot G_1$ und $F_2 = k^2 \cdot G_2$, also folgt aus $G_1 = G_2$ auch $F_1 = F_2$. Nach dem Satz von Cavalieri haben beide Pyramiden also das gleiche Volumen.

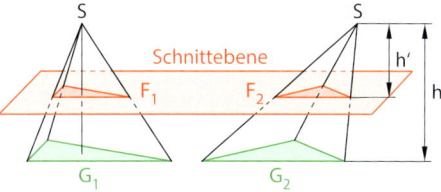

Zerlege nun ein beliebiges Prisma mit dreieckiger Grundfläche in drei volumengleiche Pyramiden:
P_1 und P_3 haben die gleiche Grundfläche und die gleiche Höhe, also das gleiche Volumen.

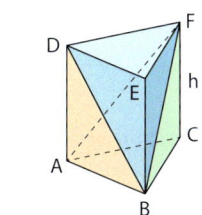

Die Dreiecke ABD und BDE sind gleich groß, da die Diagonale $\overline{BD}$ das Rechteck ABED in zwei kongruente Dreiecke teilt. Der Punkt F ist die gemeinsame Spitze der beiden Pyramiden P_2 und P_3, also haben auch P_2 und P_3 das gleiche Volumen, jeweils ein Drittel des Prismavolumens $G \cdot h$.
Damit gilt $V_{P_1} = V_{P_2} = V_{P_3} = \frac{1}{3} \cdot G \cdot h$.

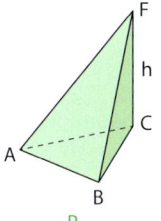 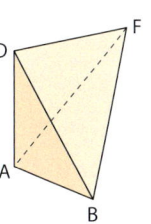 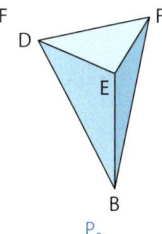

Jede beliebige Pyramide lässt sich in dreiseitige Pyramiden gleicher Körperhöhe zerlegen.
Im Beispiel rechts sind es drei Pyramiden mit den Grundflächen A_1, A_2 und A_3. Für das Volumen der fünfseitigen Pyramide gilt dann:

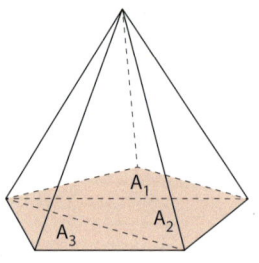

$$V = \frac{1}{3} \cdot A_1 \cdot h + \frac{1}{3} \cdot A_2 \cdot h + \frac{1}{3} \cdot A_3 \cdot h$$
$$= \frac{1}{3} \cdot (A_1 + A_2 + A_3) \cdot h$$
$$= \frac{1}{3} \cdot G \cdot h$$

Damit ist gezeigt, dass die Volumenformel für beliebige Pyramiden gilt.

Wissen: Volumen Pyramide
Für das Volumen einer Pyramide mit der Grundfläche G und der Körperhöhe h gilt:

$V = \frac{1}{3} \cdot G \cdot h$

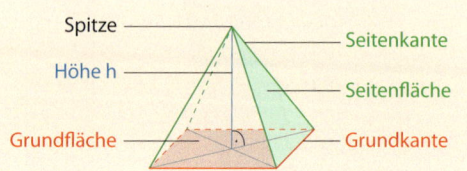

Beispiel 2:
a) Eine gerade Pyramide hat die Körperhöhe h = 7 cm und eine rechteckige Grundfläche mit a = 4 cm und b = 6 cm. Berechne ihr Volumen.
b) Berechne das Volumen der abgebildeten geraden Pyramide mit rechteckiger Grundfläche.

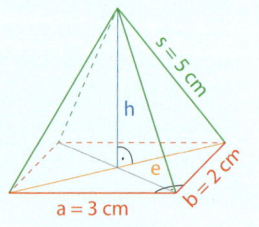

Lösung:

a) Berechne den Grundflächeninhalt G. Setze G und h in die Formel für das Volumen ein.

$G = a \cdot b$
$= 4\,\text{cm} \cdot 6\,\text{cm} = 24\,\text{cm}^2$
$V = \frac{1}{3} \cdot G \cdot h$
$= \frac{1}{3} \cdot 24\,\text{cm}^2 \cdot 7\,\text{cm} = 56\,\text{cm}^3$

b) Berechne den Grundflächeninhalt G.

Um die Körperhöhe h zu berechnen, muss zuerst die Diagonalenlänge e der Grundfläche berechnet werden. Dafür lässt sich der Satz des Pythagoras nutzen.

Berechne nun mit e die Körperhöhe h. Nutze auch hier den Satz des Pythagoras. Setze G und h in die Formel für das Volumen ein.

$G = a \cdot b$
$= 3\,\text{m} \cdot 2\,\text{m} = 6\,\text{m}^2$
$e^2 = a^2 + b^2 \qquad |\sqrt{}$
$e = \sqrt{(3\,\text{m})^2 + (2\,\text{m})^2} \approx 3{,}6\,\text{m}$
$h^2 = s^2 - \left(\frac{e}{2}\right)^2 \qquad |\sqrt{}$
$h \approx \sqrt{(5\,\text{m})^2 - (1{,}8\,\text{m})^2} \approx 4{,}66\,\text{m}$
$V = \frac{1}{3} \cdot G \cdot h$
$\approx \frac{1}{3} \cdot 6\,\text{m}^2 \cdot 4{,}66\,\text{m} = 9{,}32\,\text{m}^3$

Hinweis:
Wenn im Folgenden nichts anderes benannt wird, handelt es sich immer um gerade Pyramiden.

Basisaufgaben

4. Berechne das Volumen der Pyramide.
   a) G ist ein Quadrat mit a = 9 cm; h = 10 cm.
   b) G ist ein gleichschenkliges Dreieck mit c = 5 cm und a = b = 4 cm; h = 8,5 cm.
   c) G ist ein Rechteck mit a = 3 dm und b = 7 dm; h = 10 dm.

5.4 Volumen einer Pyramide

5. Berechne das Volumen der Pyramide.
   a) 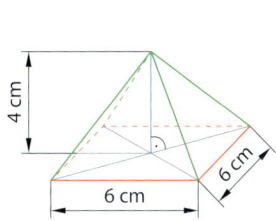   b) 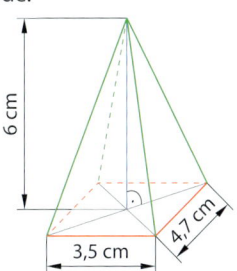   c)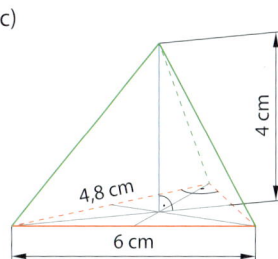

Hinweis zu 5:
Die teilweise gerundeten Lösungen findest du hier.

19,2 cm³
32,9 cm³
48 cm³

6. Die Cheops-Pyramide war ursprünglich 147 m hoch. Ihre quadratische Grundfläche hatte eine Kantenlänge von 230 m. Heute ist sie nur noch 139 m hoch. Ihre Kantenlänge beträgt noch 225 m.
   a) Berechne das ursprüngliche und das heutige Volumen der Pyramide.
   b) Gib den Volumenunterschied in Prozent an.

7. Berechne das Volumen der Pyramide.
   a) Grundfläche: Rechteck mit a = 3,5 cm, b = 4,6 cm; Seitenkantenlänge s = 4 cm
   b) Grundfläche: Quadrat mit a = 5 cm; Seitenhöhe h_a = 3 cm

8. Ermittle die Höhe der Pyramide aus den gegebenen Größen.
   a) V = 32 cm³; G ist ein Quadrat mit a = 4 cm
   b) V = 20 m³; G ist ein Rechteck mit a = 3 m und b = 4 m
   c) V = 20 000 cm³; G ist ein Parallelogramm mit a = 40 cm und h_a = 35 cm

Hinweis:
In 8 c) bezeichnet h_a die Höhe des Parallelogramms auf der Seite a.

Weiterführende Aufgaben

9. Berechne das Volumen der Pyramide.
   a) Grundfläche: b) Grundfläche: c) Grundfläche:

   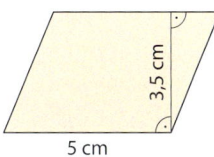   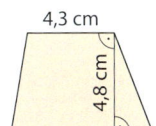   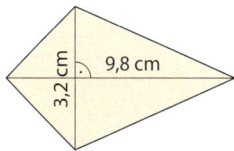

   Körperhöhe: 4 cm   Körperhöhe: 8,5 cm   Körperhöhe: 11,4 cm

10. Wie verändert sich das Volumen einer Pyramide, wenn man
    a) den Grundflächeninhalt verdoppelt (verdreifacht, vervierfacht, …);
    b) die Länge der Höhe verdoppelt (halbiert, verdreifacht, drittelt, …)?

11. Von einer Pyramide mit quadratischer Grundfläche sind die Maße a = 12 m und h_a = 20 m gegeben. Berechne ihr Volumen und ihren Oberflächeninhalt.

12. Stelle die Formel nach den in der Klammer gegebenen Größen um.
    a) $V = \frac{1}{3} \cdot G \cdot h$; (h, G)   b) $O = G + 2 \cdot a \cdot h_a$; (a, h_a)   c) $V = \frac{1}{3} \cdot a^2 \cdot h$; (h, a)

13. Der „Turning Torso" (siehe Foto links) ist ein 190 Meter hohes Gebäude in der schwedischen Stadt Malmö. Das Gebäude hat 54 Stockwerke. Jedes Stockwerk ist um etwa 1,6 Grad zum darunterliegenden Stockwerk verdreht. Auf der ganzen Höhe verdreht sich das Gebäude um rund 90 Grad. Erläutere, ob sich gegenüber einem quaderförmigen Bau mit gleicher Grundfläche und Höhe ein Verlust an nutzbarem Gebäudevolumen ergibt.

14. Berechne die fehlenden Größen der quadratischen Pyramide.

	a)	b)	c)	d)	e)	f)
a	32 cm		21,0 cm			
s						
h	63 cm					
h_a	65 cm	65 m				
V			19 913,5 cm³		600 m³	
G		5184 m²		25 m²	36 m²	
M						800 m²
O				85 m²		1200 m²

15. **Stolperstelle:** Von einer Pyramide mit einem Rechteck als Grundfläche sind a = 3 cm, b = 5 cm und h_a = 6 cm bekannt. Beschreibe und korrigiere die Fehler in Piets Hausarbeiten.

> Berechne G:
> $G = a \cdot b = 3\,cm \cdot 5\,cm = 15\,cm$
> Berechne h:
> $h = \sqrt{h_a^2 + \left(\frac{a}{2}\right)^2} = \sqrt{(6\,cm)^2 + (1{,}5\,cm)^2} \approx 6{,}2\,cm$
> Berechne V:
> $V \approx \frac{1}{3} \cdot 15\,cm^2 \cdot 6{,}2\,cm = 31\,m^3$

16. Berechne das Volumen der Pyramide: Körperhöhe: 11 cm; Grundfläche: regelmäßiges Sechseck mit a = 5 cm.

17. Eine 20 cm hohe Pyramide hat als Grundfläche ein Rechteck, bei dem eine Seite doppelt so lang ist wie die andere Seite. Das Volumen der Pyramide beträgt 1080 cm³. Berechne den Oberflächeninhalt dieser Pyramide.

18. Jonas behauptet, dass man ein Prisma mit einem gleichseitigen Dreieck als Grundfläche auf mindestens vier verschiedene Arten so halbieren kann, dass die entstehenden Körper auch Prismen sind.
    a) Prüfe Jonas Behauptung.
    b) Begründe, dass die Aussage für jede beliebige dreieckige Grundfläche gilt.
    c) Verallgemeinere die Aussage für ein Prisma, dessen Grundfläche n Symmetrieachsen besitzt.

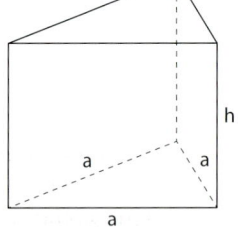

19. Der abgebildete Quader wurde in drei Pyramiden zerlegt. Begründe, dass die drei Pyramiden das gleiche Volumen haben.

20. Aus einem quaderförmigen Stein (a = 5 cm, b = 3 cm und c = 6 cm) soll eine Pyramide mit rechteckiger Grundfläche mit möglichst großem Volumen herausgearbeitet werden.
    a) Bestimme die Maße der Pyramide mit dem größten Volumen.
    b) Zeichne ein Schrägbild des Quaders mit der Pyramide.
    c) Gib den Abfall in Kubikzentimetern und in Prozent an.

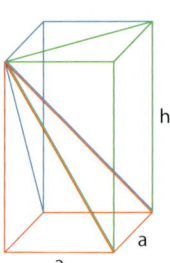

5.4 Volumen einer Pyramide

21.
a) Überlege, welche Abmessungen angegeben werden müssen, damit Volumen und Oberflächeninhalt des zusammengesetzten Körpers berechenbar sind.
b) Berechne Oberflächeninhalt und Volumen deines Körpers.
c) Prüft gegenseitig eure Rechnungen.

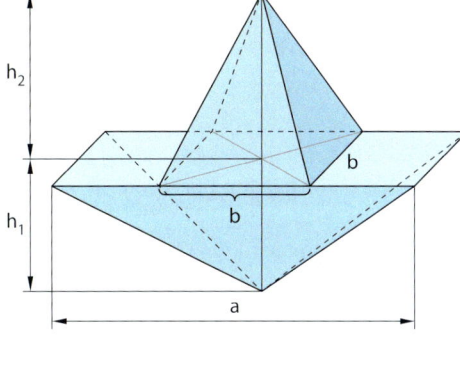

Hinweis zu 21: Achtet bei der Berechnung des Oberflächeninhalts darauf, welche Flächen sichtbar und welche verdeckt sind.

22.
a) Stelle eine Formel für das Volumen eines Tetraeders mit der Kantenlänge a auf.
b) Ein Tetraeder hat ein Volumen von 100 m³. Berechne seine Kantenlänge.

23. In dieser Verpackung befinden sich 0,2 ℓ Saft.
a) Modelliere die Form der Verpackung mit einem möglichst einfachen Körper.
b) Gib Maße des Körpers an, die zum Volumen der Verpackung passen.

24. Eine Pyramide mit quadratischer Grundfläche (Grundkante a = 2,5 cm) besteht aus Kupfer (Dichte 8,92 g/cm³). Die Pyramide wiegt 44,6 g.
Berechne die Höhe der Pyramide.

25. Das Bürogebäude „Transamerica Pyramid" in San Francisco ist 260 m hoch. Seine quadratische Grundfläche hat eine Seitenlänge von 45 m. Die zwei angesetzten Flügel stabilisieren das Gebäude bei Erdbeben. Sie enthalten einen Fahrstuhl und ein Treppenhaus.
a) Berechne den umbauten Raum (ohne die Flügel).
b) Gib Maße eines zylinderförmigen Gebäudes (eines quaderförmigen Gebäudes) mit dem gleichen umbauten Raum und dem gleichen Grundflächeninhalt an.

26. Ausblick: Eine Pyramide hat eine quadratische Grundfläche. Sie wird mit der Spitze nach unten schrittweise ins Wasser getaucht. Bei jedem Schritt wird das von ihr verdrängte Wasservolumen gemessen.
a) Begründe, warum keine Proportionalität zwischen der Tiefe der eingetauchten Pyramidenspitze und dem verdrängten Wasservolumen vorliegt.
b) Man verdoppelt (verdreifacht, vervierfacht) die Eintauchtiefe der Pyramide. Berechne jeweils, um das Wievielfache sich das Volumen der eingetauchten Pyramidenspitze vergrößert.
c) Prüfe die folgende Aussage: „Das verdrängte Wasservolumen ist proportional zur dritten Potenz der Grundkantenlänge der eingetauchten Teilpyramide, da das Verhältnis aus Höhe und Grundkantenlänge konstant ist."
d) Zeige, dass sich das Volumen des aus dem Wasser ragenden Teils der Pyramide (Pyramidenstumpf) mit der Formel $V = \frac{1}{3} \cdot h \cdot (a_2^2 + a_1 \cdot a_2 + a_1^2)$ berechnen lässt.

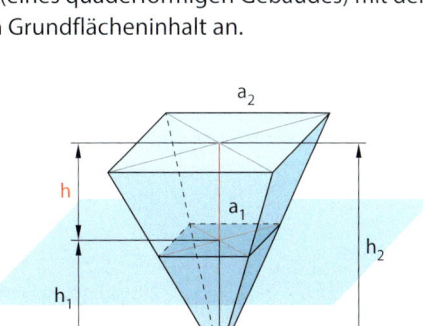

Hinweis zu 26 d):
$a^3 - b^3 = (a - b) \cdot (a^2 + a \cdot b + b^2)$

5.5 Kegel – Netz und Oberflächeninhalt

■ Aus Filz wird ein 60 cm hoher Hut gebastelt.
a) Skizziere ein passendes Schnittmuster.
b) Eine Person mit dem Kopfumfang 55 cm soll den Hut tragen. Ermittle Maße für den Zuschnitt. ■

Bei einer Pyramide wird die Grundfläche von einem Vieleck gebildet. Ist die Grundfläche stattdessen ein Kreis, so bezeichnet man den Körper als Kreiskegel oder kurz **Kegel**.

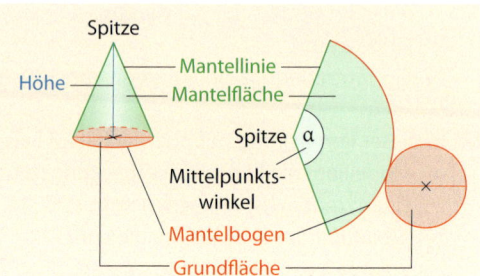

Ein schiefer Kegel

> **Wissen: Kegel**
> Ein gerader Kegel ist ein Körper mit einem Kreis als **Grundfläche**. Die Spitze liegt senkrecht über dem Mittelpunkt der Grundfläche.
> Die **Mantelfläche** ist gewölbt. Abgerollt und eben ausgebreitet bildet sie einen Kreisausschnitt.

Um den Mantelflächeninhalt M eines geraden Kegels zu berechnen, betrachten wir die Mantelfläche zum Grundflächenradius r genauer:
Der **Mantelbogen** ist genau so lang wie der Umfang der Grundfläche des Kegels, also $2 \cdot \pi \cdot r$. Die **Mantellinie s** bildet den Radius der Mantelfläche.
Vervollständigt man den Kreisausschnitt zu einem Kreis mit dem Radius s, so ergibt sich folgendes Verhältnis: $\frac{2 \cdot \pi \cdot r}{u_{Kreis}} = \frac{M}{A_{Kreis}}$.

Da dieser Kreis den Radius s hat, gilt $\frac{2 \cdot \pi \cdot r}{2 \cdot \pi \cdot s} = \frac{M}{\pi \cdot s^2}$.

Umgeformt ergibt sich $M = \frac{2 \cdot \pi \cdot r \cdot \pi \cdot s^2}{2 \cdot \pi \cdot s} = \pi \cdot r \cdot s$.

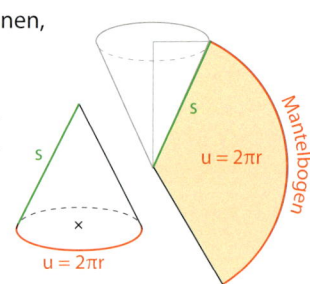

> **Wissen: Oberflächeninhalt Kegel**
> Für den Oberflächeninhalt O eines Kegels mit dem Grundflächenradius r und der Mantellinie s gilt: $O = G + M$
> $= \pi \cdot r^2 + \pi \cdot r \cdot s = \pi \cdot r \cdot (r + s)$

> **Beispiel 1:** Ein 4 cm hoher gerader Kegel hat eine Grundfläche mit einem Radius von 2 cm. Berechne den Oberflächeninhalt des Kegels.

Hinweis:
In den Beispielen wird die π-Taste am Taschenrechner verwendet. Mann kann auch mit 3,14 als Näherungswert für π rechnen.

Lösung:
Fertige eine Skizze an.
Berechne die Mantellinie s mit dem Satz des Pythagoras.

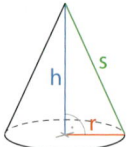

$s^2 = r^2 + h^2 = (2\,cm)^2 + (4\,cm)^2$
$= 20\,cm^2$
$s = \sqrt{20\,cm^2} \approx 4{,}5\,cm$

Berechne den Flächeninhalt der Grundfläche (Kreis) und den Flächeninhalt der Mantelfläche (Kreisausschnitt). Addiere die Flächeninhalte G und M.

$G = \pi \cdot r^2 \approx \pi \cdot (2\,cm)^2 \approx 12{,}6\,cm^2$

$M = \pi \cdot r \cdot s = \pi \cdot 2\,cm \cdot 4{,}5\,cm \approx 28{,}3\,cm^2$

$O = G + M \approx 12{,}6\,cm^2 + 28{,}3\,cm^2 = 40{,}9\,cm^2$

5.5 Kegel – Netz und Oberflächeninhalt

Basisaufgaben

1. Berechne den Oberflächeninhalt des abgebildeten Kegels.

   a) 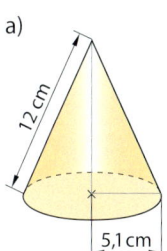   b) 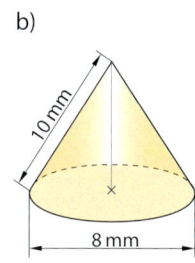   c)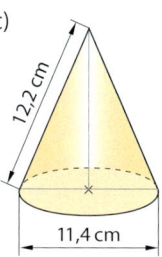

   Hinweis: Wenn im Folgenden nichts anderes gesagt wird, dann handelt es sich immer um einen geraden Kegel.

2. Berechne den Oberflächeninhalt des Kegels mit den gegebenen Maßen.
   a) $r = 3\,cm$; $h = 4\,cm$
   b) $r = 1{,}5\,cm$; $h = 2{,}5\,cm$
   c) $r = 5\,cm$; $h = 5\,cm$
   d) $r = 1\,cm$; $h = 3\,cm$

3. Eine Schultüte soll eine Höhe von 45 cm haben. Die Öffnung soll einen Umfang von 60 cm haben. Berechne, wie viel cm² Pappe für die Herstellung nötig sind.

4. Von einem Kegel sind die Größen $O = 20\,dm^2$ und $r = 10\,cm$ bekannt. Berechne die Mantellinie s.

Weiterführende Aufgaben

5. **Stolperstelle:** Ein Kegel hat den Radius 4 cm. Seine Mantelfläche hat den Radius 6 cm. Henry sollte den Oberflächeninhalt des Kegels berechnen. Beschreibe und berichtige seine Fehler.

   $O = G + M$
   $= \pi \cdot (6\,cm)^2 + \pi \cdot 6\,cm \cdot 4\,cm$
   $\approx 113{,}1\,cm^2 + 75{,}4\,cm^2$
   $= 188{,}5\,cm^2$

6. Ein Kreis aus Papier wird entlang eines Radius vom Rand bis zum Mittelpunkt eingeschnitten. Daraus kann man unterschiedliche Kegelmäntel formen. Fülle dazu die Tabelle aus.

   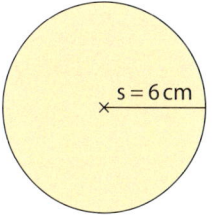

G	4 cm²	8 cm²	12 cm²		
h				4 cm	3 cm

7. Berechne den Oberflächeninhalt eines Kegels, dessen Mantelfläche 1000 cm² groß ist und dessen Mantellinie $s = 10\,cm$ lang ist.

8. Stelle einen Kegel her mit $r = 4\,cm$ und $h = 10\,cm$. Verwende z. B. Zeichenkarton.

9. Berechne den Radius r des Kegels mit den angegebenen Maßen.
   a) $O = 219{,}91\,cm^2$; $s = 9\,cm$
   b) $O = 573{,}53\,mm^2$; $s = 15{,}3\,mm$
   c) $O = 23\,926{,}37\,m^2$; $s = 80\,m$
   d) $O = 225\,m^2$; $s = 17{,}5\,m$

10. Das Dach eines Turms hat die Form eines Kegels, dessen Höhe 6 m und dessen Radius 3 m beträgt. Berechne die Materialkosten für die Neueindeckung des Dachs, wenn der Preis pro Quadratmeter 87 € beträgt.

Der Buddenturm in Münster

11. Eine Fabrik stellt aus Blech Lampenschirme her, die etwa die Form eines Kegels haben. Die Höhe eines Lampenschirms beträgt 30 cm, der Umfang der Grundfläche 80 cm.
    a) Ermittle, wie viel Blech für die Herstellung eines Lampenschirms benötigt wird.
    b) Die Materialkosten für 1 cm² Blech betragen 0,275 €. Berechne die Materialkosten für die Herstellung eines Lampenschirms.
    c) Für welchen Preis sollte ein Händler den Schirm anbieten? Begründe deine Antwort.

12. Handelt es sich um das Netz eines Kegels? Begründe deine Antwort.
    a) 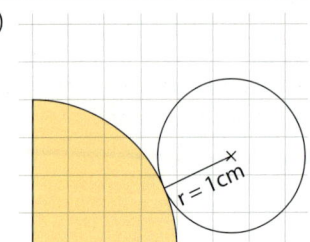   b) 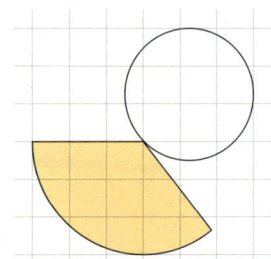   c)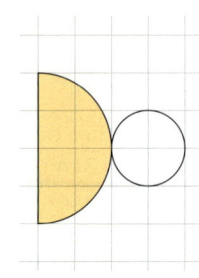

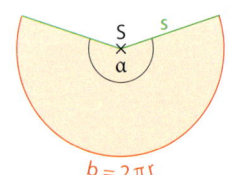

13. Die Größe eines Kreisausschnitts lässt sich auch mithilfe des Mittelpunktswinkels α angeben.
    a) Ein Kreisausschnitt mit dem Radius s = 5 cm und dem Mittelpunktswinkel α = 180° soll einen Kegelmantel ergeben. Berechne den Radius r und die Höhe h des Kegels.
    b) Begründe, dass für den Mittelpunktswinkel α folgende allgemeine Formel gilt: $\alpha = \frac{360° \cdot r}{s}$.
    c) Von einem Kegel sind der Mittelpunktswinkel α = 100° und s = 15 cm gegeben. Berechne seinen Oberflächeninhalt.

14. Bei einem kegelförmigen Sandhaufen ist das Verhältnis Höhe : Radius = 0,6. Seine Mantellinie ist 5 m lang.
    a) Entscheide: In welchem Winkel steigt der Sandhaufen an?
       ① α = 10°   ② α = 25°   ③ α = 31°   ④ α = 38°   ⑤ α = 85°?
    b) Berechne: Wie hoch ist der Sandhaufen?
    c) Berechne: Wie groß ist die Oberfläche des Sandhaufens (ohne die Grundfläche)?
    d) Zeige für Kegel mit dem Verhältnis Höhe : Radius = 0,6, dass man den Oberflächeninhalt nur aus dem Radius berechnen kann. Gib dafür eine passende Formel an.
    e) Stelle für Kegel mit dem Verhältnis Höhe : Radius = 0,6 den Zusammenhang *Radius r (in cm) → Oberflächeninhalt (in cm²)* grafisch dar.
    f) Gib an, welche Art Funktion sich in e) ergibt..

15. **Ausblick:** Aus der schraffierten Stofffläche soll ein Lampenschirm gefertigt werden (Angaben in cm).
    a) Beschreibe, welche geometrische Form der Schirm haben wird.
    b) Begründe, warum die Strecke x 70 cm lang ist.
    c) Berechne die Fläche des Stoffs, die mindestens für die Herstellung benötigt wird.
    d) Zeige, dass der gestrichelte Kreisausschnitt genau ein Viertel der Gesamtfläche ausmacht.
    e) Es sollen mehrere dieser Schirme hergestellt werden. Dabei soll der Verschnitt möglichst klein sein. Finde dafür ein geeignetes Schnittmuster. Skizziere es.
    f) Welches Längenverhältnis müssten der blaue und der grüne Kreisbogen haben, damit der gestrichelt markierte Teil den selben Flächeninhalt wie der Lampenschirm hat?

5.6 Volumen eines Kegels

■ Ein kegelförmige Portion Eis hat den Durchmesser 5,6 cm und die Höhe 15,2 cm. Wie viel Kubikzentimeter Eis sind es? Begründe deine Wahl.
- 500 cm³
- 375 cm³
- 250 cm³
- 187 cm³
- 125 cm³
- 25 cm³ ■

Die Volumenformel für Pyramiden gilt für beliebige n-eckige Grundflächen. Je mehr Ecken eine solche Grundfläche besitzt, desto mehr ähnelt sie einem Kreis. Aus dieser Überlegung folgt für die Volumenformel eines Kegels:

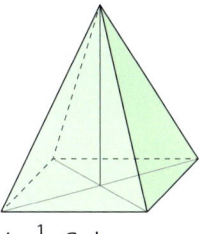 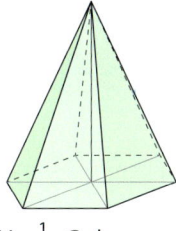 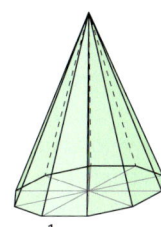 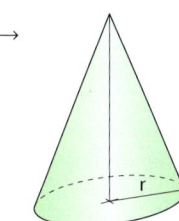

$V = \frac{1}{3} \cdot G \cdot h$ $V = \frac{1}{3} \cdot G \cdot h$ $V = \frac{1}{3} \cdot G \cdot h$ $\rightarrow V = \frac{1}{3} \cdot G \cdot h$

> **Wissen: Volumen Kegel**
> Für das Volumen eines Kegels mit der Grundfläche G, dem Grundflächenradius r und der Höhe h gilt:
> $V = \frac{1}{3} \cdot G \cdot h$
> $= \frac{1}{3} \cdot \pi \cdot r^2 \cdot h$

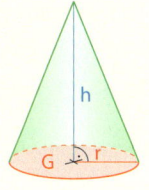

Beispiel 1: Berechne das Volumen eines Kegels mit der Höhe h = 20 cm und dem Radius r = 10 cm.

Lösung:
Die Grundfläche ist ein Kreis.
Berechne die Grundfläche G. Setze dafür in die Formel ein. Runde das Ergebnis.

$G = \pi \cdot r^2$
$= \pi \cdot (10\,\text{cm})^2$
$\approx 314{,}16\,\text{cm}^2$

Berechne aus der Grundfläche G und der Höhe h das Volumen. Setze dafür in die Formel ein. Runde das Ergebnis.

$V = \frac{1}{3} \cdot G \cdot h$
$\approx \frac{1}{3} \cdot 314{,}16\,\text{cm}^2 \cdot 20\,\text{cm}$
$= 2094{,}4\,\text{cm}^3$

Hinweis:
Sofern nichts anderes gesagt ist, handelt es sich immer um gerade Kegel.

Hinweis:
Man kann r und h auch direkt in die Formel $V = \frac{1}{3} \cdot \pi \cdot r^2 \cdot h$ einsetzen.

Hinweis zu 1:
Die teilweise gerundeten Maßzahlen findest du hier.

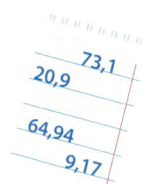

Basisaufgaben

1. Berechne das Volumen des Kegels mit den angegebenen Längen.
   a) r = 2 m; h = 5 m
   b) r = 3,5 dm; h = 5,7 dm
   c) r = 19,1 cm; h = 24 cm
   d) r = π m; h = 2π m

2. Eine Kerze hat die Form eines geraden Kegels (Radius r = 3 cm; Höhe h = 10 cm). Berechne das Volumen an Wachs, das zur Herstellung der Kerze benötigt wird.

3. Stelle die Formel für das Volumen eines Kegels $V = \frac{1}{3} \cdot \pi \cdot r^2 \cdot h$ nach h und nach r um.

4. Berechne den Radius des Kegels aus den gegebenen Größen.
   a) $V = 500\,cm^3$; $h = 20\,cm$
   b) $V = 188,5\,cm^3$; $h = 5\,cm$
   c) $V = 689,92\,dm^3$; $h = 7,3\,dm$
   d) $V = 6647,61\,m^3$; $h = 12\,m$

5. Berechne die Höhe des Kegels aus den gegebenen Größen.
   a) $V = 50\,cm^3$; $r = 3\,cm$
   b) $V = 20\,cm^3$; $r = 2,5\,cm$
   c) $V = 6,25\,cm^3$; $r = 1,25\,cm$
   d) $V = 7,2\,cm^3$; $d = 6,4\,cm$

6. Begründe, warum sich das Volumen eines Kegels, von dem der Durchmesser d und die Höhe h gegeben sind, mit der Formel $V = \frac{1}{12} \cdot \pi \cdot d^2 \cdot h$ berechnen lässt.

Weiterführende Aufgaben

7. Beschreibe, wie sich das Volumen eines Kegels ändert, wenn …
   a) der Radius verdoppelt bzw. verdreifacht wird und die Höhe konstant bleibt;
   b) die Höhe halbiert wird und der Radius konstant bleibt;
   c) der Radius verdoppelt und die Höhe halbiert wird;
   d) der Radius und die Höhe verdoppelt werden.

8. Berechne das Volumen und den Oberflächeninhalt eines Kegels mit den angegebenen Maßen.
   a) $r = 2\,m$; $h = 5\,m$
   b) $d = 7\,dm$; $h = 5,7\,dm$
   c) $d = 38,2\,cm$; $h = 24\,cm$
   d) $r = \pi\,m$; $h = 2\pi\,m$

 9. **Stolperstelle:** Erkläre, was beim Berechnen des Volumens des nebenstehenden Kegels falsch gemacht wurde: $V = 3\,cm^2 \cdot 4\,cm = 12\,cm^3$.

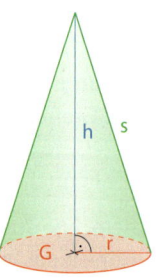

10. Berechne die fehlenden Größen des Kegels.

	a)	b)	c)	d)	e)
Radius r	3,5 cm			12 cm	
Körperhöhe h	8,2 cm	14 mm	50 mm		
Mantellinie s		17 mm			
Grundflächeninhalt G			22,9 cm²		172 dm²
Volumen V				2262 cm³	
Oberflächeninhalt O					379 dm²

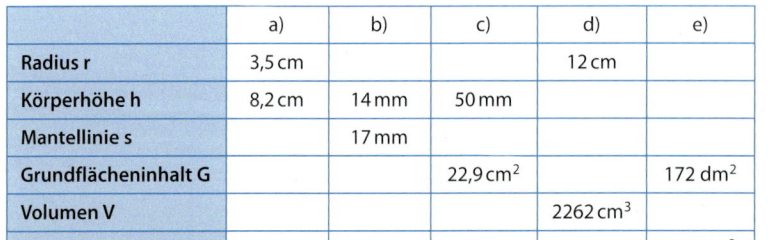

11. Stelle mit einem Graphen die Abhängigkeit des Volumens eines Kegels von seinem Radius dar. Bedenke, welche Größe des Kegels dabei konstant bleiben muss. Beschreibe den Graphen und gib eine passende Funktionsgleichung an.

Erinnere dich:
Kreisförmige Grundflächen im Schrägbild lassen sich so skizzieren:

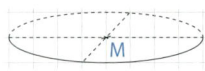

12. Skizziere das Schrägbild eines Kegels mit den angegebenen Größen.
    a) $r = 1\,cm$; $h = 2\,cm$
    b) $d = 1,5\,cm$; $h = 4\,cm$
    c) $r = 2,5\,cm$; $h = 4,5\,cm$

13. Ein Kunstwerk aus Beton hat die Form eines Kegels mit dem Grundflächendurchmesser $d = 150\,cm$ und der Mantellinie $s = 2,75\,m$.
    Ermittle die Masse des Kunstwerks, wenn $1\,m^3$ Beton etwa 1,8 t wiegt.

5.6 Volumen eines Kegels

14. Eine Sanduhr besteht aus zwei kegelförmigen Glaselementen, deren Höhe jeweils 4 cm ist und deren Grundflächenradius jeweils 0,5 cm misst. Ermittle, wie viel Sand in die Sanduhr zu füllen ist, wenn ein Glaselement zu 80 Prozent gefüllt werden soll.

15. Aus einem zersprungenen Glas, das zuvor voll gefüllt war, tritt Wasser aus. Nach einer Stunde ist der Wasserstand nur noch halb so hoch wie zu Beginn.
  a) Begründe, warum das Glas nach weniger als einer weiteren Stunde leer ist.
  b) Gib eine Vermutung über den Zusammenhang zwischen Höhe des Wasserstands und Volumen an.

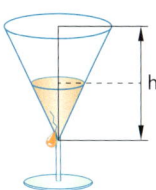

16. Schätze, welcher der Körper das größte Volumen hat. Überprüfe deine Schätzung anschließend durch eine Rechnung.

a) 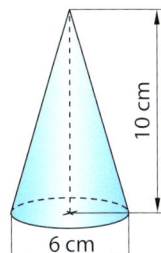   b) 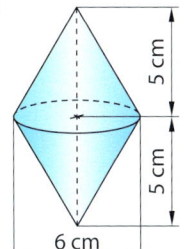   c)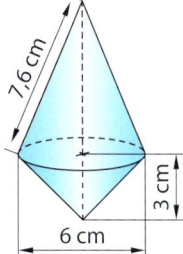

17. Eine Fabrik stellt Bleikörper in verschiedenen Größen her. Der obere und der untere Teil eines Körpers haben jeweils die Form eines Kegels.
  a) Gib je eine Formel zur Berechnung von Oberflächeninhalt und Volumen beliebiger Bleikörper in dieser Form an.
  b) Berechne die Oberfläche und das Volumen eines Bleikörpers mit $x = 10$ cm, $y = 25$ cm und $r = 15$ cm.
  c) Ein Bleikörper hat einen Radius von 10 mm und ein Volumen von 15 700 mm³. Gib drei mögliche Längen der Strecken x und y an. Wie lang kann x maximal sein? Begründe deine Antwort.
  d) Die Dichte von Blei beträgt 11,342 g/cm³. Berechne die Masse eines Bleikörpers mit $x = 2$ cm, $y = 4$ cm und $r = 1,5$ cm.

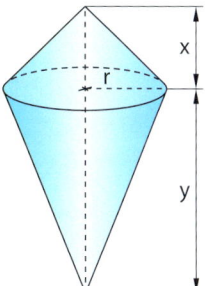

Tipp zu 17c:
Verwende einen Taschenrechner und probiere verschiedene Werte für x und y.

18. Die obere Öffnung eines kegelförmigen Messbechers soll einen Radius von 5 cm haben. Das Volumen soll mindestens 1 ℓ betragen.
Berechne, in welchen Höhen die Markierungen für $\frac{1}{4}$ ℓ, $\frac{1}{2}$ ℓ und $\frac{3}{4}$ ℓ angebracht werden müssen.

19. a) Recherchiere oder schätze die Höhe und den Grundflächenradius einer kegelförmigen Eistüte.
  b) Berechne das Volumen, wenn man nur die in der Tüte enthaltene Eismenge betrachtet.
  c) Schätze, wie viel Eis (in ml) eine Tüte im Durchschnitt etwa enthält, wenn sie durch eine Halbkugel gekrönt wird. Vergleiche mit einem Trinkglas Wasser.

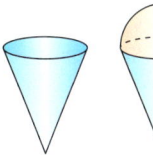

20. Der Salzkegel hat eine Mantellinie von 2,4 m und an der Basis einen Umfang von 7,5 m. Salz hat eine Dichte von 2,17 g/cm³.
    a) Berechne: Wie viel Kilogramm Salz enthält der Salzkegel?
    b) Berechne: Wie viele Salzstreuer mit 0,05 ℓ Inhalt könnten mit dem Salz dieses Salzkegels befüllt werden?

● 21. Aus einem Würfel wird zunächst eine größtmögliche Pyramide hergestellt. Aus der Pyramide wird danach ein größtmöglicher Kegel hergestellt.
    a) Begründe, warum im ersten Schritt rund 66,7 % Abfall entstehen.
    b) Berechne, wie viel Prozent Abfall insgesamt beim Schneiden des Kegels entstehen.
    c) Berechne, um wie viel Prozent sich der Oberflächeninhalt mit jedem Herstellungsschritt verkleinert.
    d) Begründe, warum sich an den Ergebnissen aus a) und b) nichts verändert, wenn ein Quader mit quadratischer Grundfläche als Ausgangswerksstück verwendet wird.
    e) Begründe, warum du mit schiefen Pyramiden bzw. Kegeln bei a) und b) das gleiche Ergebnis erhältst.

22. Vergleiche das Volumen der beiden Gläser.

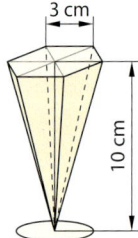 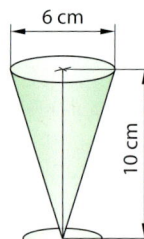

● 23. Überprüfe, ob für die Pyramide und den Kegel die Bedingungen des Satzes von Cavalieri zutreffen.

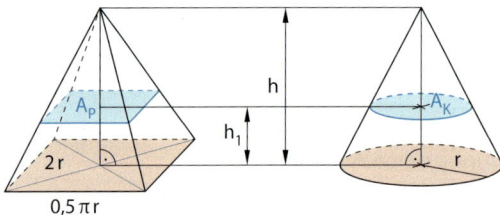

● 24. **Ausblick:** Ein **Kegelstumpf** entsteht durch Abtrennen eines Kegels parallel zur Grundfläche des Ausgangskegels.
    a) Begründe, dass sich der Oberflächeninhalt eines Kegelstumpfes mit der Formel
    $O = \pi \cdot (r_2^2 + r_1^2 + s \cdot (r_2 + r_1))$ berechnen lässt.
    b) Begründe, dass sich das Volumen eines Kegelstumpfes mit der Formel
    $V = \frac{\pi}{3} \cdot h \cdot (r_2^2 + r_2 \cdot r_1 + r_1^2)$ berechnen lässt.
    c) Berechne das Volumen und den Oberflächeninhalt eines Kegelstumpfes mit $r_1 = 44$ mm, $r_2 = 28$ mm und $h = 32$ mm.

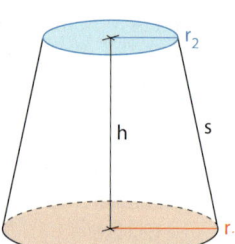

5.7 Volumen einer Kugel

■ Eine Kugel mit dem Radius r wird in einen wassergefüllten Zylinder mit dem gleichen Radius r und der Höhe h = 2 · r getaucht. Messungen ergeben, dass genau $\frac{2}{3}$ des Wassers aus dem Zylinder überlaufen.
Stelle eine Formel für das Kugelvolumen auf. ■

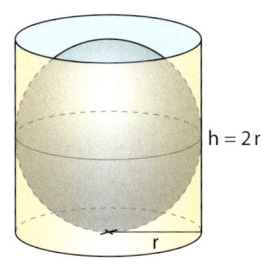
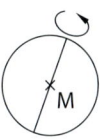
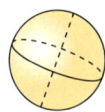

Wenn man einen Kreis um einen seiner Durchmesser dreht, so entsteht eine Kugel.

> **Wissen: Kugel**
> Alle Punkte eines Raumes, die von einem festen Punkt M den gleichen Abstand r haben, bilden eine Kugel.
>
> M ist der **Mittelpunkt**, r der **Radius** und d der **Durchmesser** der Kugel.

Schüttet man den Inhalt einer vollständig gefüllten Halbkugel mit dem Radius r und den Inhalt eines vollständig gefüllten Kegels mit dem Radius r und der Höhe r in einen Zylinder mit dem Radius r und der Höhe r, so ist der Zylinder vollständig gefüllt.

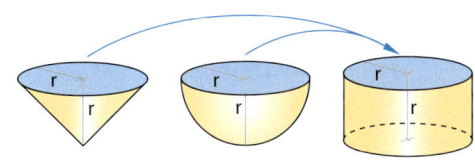

Es gilt also $V_{Halbkugel} + V_{Kegel} = V_{Zylinder}$. Durch Umformen und Einsetzen folgt:

$$V_{Halbkugel} = V_{Zylinder} - V_{Kegel} = \pi \cdot r^2 \cdot r - \frac{1}{3} \cdot \pi \cdot r^2 \cdot r$$
$$= \pi \cdot r^3 - \frac{1}{3} \cdot \pi \cdot r^3$$
$$= \frac{2}{3} \cdot \pi \cdot r^3$$

Für eine Kugel mit dem Radius r gilt demnach: $V_{Kugel} = 2 \cdot V_{Halbkugel} = \frac{4}{3} \cdot \pi \cdot r^3$

> **Wissen: Volumen einer Kugel**
> Für das Volumen einer Kugel mit dem Radius r gilt: $V = \frac{4}{3} \cdot \pi \cdot r^3$

Beispiel 1:
a) Berechne das Volumen einer Kugel mit dem Radius r = 5 cm.
b) Eine Kugel hat das Volumen V = 500 cm³. Berechne den Radius r der Kugel.

Lösung:
a) Setze 5 cm für r in die Formel $V = \frac{4}{3} \cdot \pi \cdot r^3$ ein, berechne und runde das Ergebnis.

$$V = \frac{4}{3} \cdot \pi \cdot r^3$$
$$= \frac{4}{3} \cdot \pi \cdot (5\,\text{cm})^3 \approx 523{,}6\,\text{cm}^3$$

b) Löse die Formel für das Volumen der Kugel nach r auf.

$$V = \frac{4}{3} \cdot \pi \cdot r^3 \quad |\cdot 3 \quad |:4\pi$$
$$\frac{3 \cdot V}{4 \cdot \pi} = r^3 \quad |\sqrt[3]{}$$
$$r = \sqrt[3]{\frac{3 \cdot V}{4 \cdot \pi}}$$

Setze 500 cm³ für V in die umgestellte Formel ein und berechne das Ergebnis.

$$= \sqrt[3]{\frac{3 \cdot 500\,\text{cm}^3}{4 \cdot \pi}}$$
$$\approx 4{,}9\,\text{cm}$$

Basisaufgaben

1. Berechne das Volumen der Kugel mit dem Radius r.
   a) r = 2 cm
   b) r = 4 cm
   c) r = 2,5 dm
   d) r = 4π mm

2. Ein Lederfußball hat einen Durchmesser von 24,0 cm. Berechne sein Volumen.

3. Von einer Kugel ist das Volumen bekannt. Berechne die Länge des Radius.
   a) V = 33,51 cm³
   b) V = 6 370 626,3 mm³

4. Auf einem Parkplatz begrenzen Betonhalbkugeln mit einem Durchmesser von 80 cm die Parkbuchten. Berechne die Menge an Beton, die für die Herstellung einer Halbkugel benötigt wird.

Weiterführende Aufgaben

5. a) Stelle eine Formel auf, mit der das Volumen einer Kugel aus ihrem Durchmesser berechnet werden kann.
   b) Berechne das Volumen der Kugel mit dem Durchmesser d.
      ① d = 2 cm   ② d = 4,5 dm   ③ d = 12,2 cm   ④ d = 3π mm

6. a) Beschreibe, wie sich das Volumen einer Kugel verändert, wenn man den Radius verdoppelt, verdreifacht …
   b) Wie muss sich der Radius einer Kugel verändern, wenn sich das Volumen verdoppeln (verzehnfachen, halbieren) soll?

7. **Stolperstelle:** Aline hat das Volumen dreier Kugeln berechnet. Kontrolliere und berichtige, falls nötig.

   a) r = 3 cm
   $V = \frac{4}{3}\pi \cdot (3\,cm)^2$
   $V = 37{,}7\,cm^2$

   b) r = 5 cm
   $V = \pi \cdot (5\,cm)^3$
   $V = 392{,}7\,cm^3$

   c) r = 1,7 cm
   $V = \frac{(1{,}7\,cm)^3 \cdot \pi \cdot 4}{3}$
   $V = 20{,}58\,cm^3$

8. Ein Wasserhahn tropft ununterbrochen 72 Stunden lang. Die nahezu kugelförmigen Wassertropfen haben einen Durchmesser von 5 mm. Alle zwei Sekunden fällt ein Tropfen. Berechne, wie viel Liter Wasser insgesamt verloren gehen.

9. Durch Umschmelzen sollen aus einer Metallplatte gleich große Kugeln mit d = 4 cm hergestellt werden. Die Platte ist 2,30 m lang, 0,45 m breit und 0,008 m dick. Berechne, wie viele Kugeln hergestellt werden können.

Hinweis zu 10:
Für die Dichte ϱ gilt
Dichte = $\frac{Masse}{Volumen}$.

10. In der Leichtathletik werden beim Kugelstoßen Kugeln mit einer Masse von 7,25 kg benutzt. Sie werden aus Stahl mit der Dichte ϱ = 7,5 g/cm³ hergestellt. Ermittle den Radius einer solchen Kugel.

11. Schätze, welche der vier Kugeln die größte Masse hat. Überprüfe durch eine Rechnung.
    a) Holzkugel (Dichte 0,8 $\frac{g}{cm^3}$; r = 30 cm)
    b) Bleikugel (Dichte 11,342 $\frac{g}{cm^3}$; r = 10 cm)
    c) Goldkugel (Dichte 19,32 $\frac{g}{cm^3}$; r = 5 cm)
    d) Aluminiumkugel (Dichte 2,7 $\frac{g}{cm^3}$; r = 50 cm)

5.7 Volumen einer Kugel

● 12. Der Durchmesser einer Kugel wird um 1 cm vergrößert. Dadurch vergrößert sich ihr Volumen um 100 cm³. Bestimme den ursprünglichen Durchmesser.

13. Aus einer Holzkugel mit dem Radius 5 cm wird der größtmögliche Würfel herausgeschnitten.
    a) Berechne die Volumina von Kugel und Würfel.
    b) Schätze zuerst und berechne dann: Wie viel Prozent des Kugelvolumens fallen beim Ausschneiden des Würfels als Abfall an? Wie genau hast du geschätzt?

14. Der Äquator der Erde ist etwa 40 000 km lang.
    a) Berechne mit dieser Größe den Erdradius und das Volumen der Erde.
    b) In einem Lexikon wird das Volumen der Erde mit $1,083\,3 \cdot 10^{12}$ km³ angegeben. Vergleiche mit deinem Ergebnis aus a). Erkläre den Unterschied.

15. Ein Öltropfen hat einen Durchmesser von 0,5 cm. Er verteilt sich als kreisförmiger Ölfleck mit 1 m Durchmesser auf einer Wasseroberfläche.
    Berechne das Volumen des Tropfens und gib die Dicke des Ölflecks an.

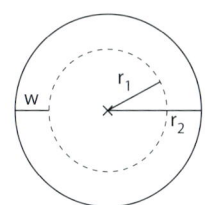

● 16. **Hohlkugeln:** r_1 bezeichnet den inneren Radius einer Hohlkugel, r_2 ihren äußeren Radius und w ihre Wanddicke.
    a) Leite eine Formel zur Berechnung des Volumens einer Hohlkugel her.
    b) Berechne das Volumen einer Hohlkugel mit $r_1 = 10$ cm und $r_2 = 8$ cm.
    c) Leite eine Formel für das Hohlraumvolumen her, wenn w und r_1 gegeben sind.
    d) Berechne das Hohlraumvolumen einer Hohlkugel mit $r_1 = 12$ cm und w = 2 cm.

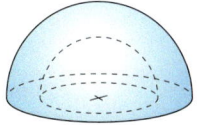
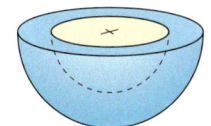

17. Ein Tischtennisball hat einen Durchmesser von 40 mm und wiegt zwischen 2,67 und 2,77 g. Er besteht aus Kunststoff mit der Dichte 1,1 g/cm³.
    a) Sechs Tischtennisbälle werden in einem quaderförmigen Karton verpackt. Der Karton hat die Innenmaße 40 mm × 40 mm × 240 mm. Berechne die Differenz zwischen dem Volumen des Kartons und dem Raum, den die sechs Bälle insgesamt einnehmen.
    b) Berechne die Wanddicke eines Tischtennisballs.

● 18. **Ausblick:** Die Volumenformel für eine Kugel lässt sich auch mithilfe des Satzes von Cavalieri herleiten.
    Betrachte dafür eine Halbkugel mit dem Radius r. Wähle einen Zylinder, der die Halbkugel genau umschließt. Schneide aus diesem Zylinder einen Kegel mit der gleichen Grundfläche und der Höhe r heraus. So entsteht ein Restkörper (siehe Bilder rechts).
    a) Begründe, dass für den Restkörper gilt: $V_{Restkörper} = \frac{2}{3} \cdot \pi \cdot r^3$.
    b) Zeige, dass der Satz von Cavalieri auf die Halbkugel und den Restkörper anwendbar ist.

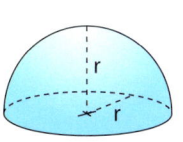
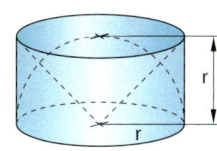

Betrachte dafür eine beliebige Schnittebene. Sie schneidet den Restkörper in der Fläche A_1 und die Halbkugel in der Fläche A_2.
A_1 ist ein Kreisring mit den Radien r und r_1. A_2 ist ein Kreis mit dem Radius r_2.
Zeige, dass $A_1 = A_2$ gilt.
c) Leite mithilfe von a) und b) die Volumenformel für Kugeln her.

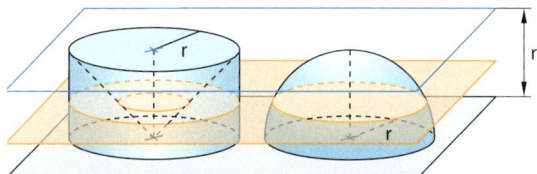
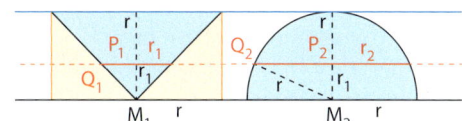

5.8 Oberflächeninhalt einer Kugel

■ Auf dieser Spiegelkugel kleben etwa 3000 Mosaiksteinchen mit quadratischen Spiegelflächen. Erläutere eine Strategie, wie sich der Oberflächeninhalt der Kugel näherungsweise bestimmen lässt. ■

Für Pyramiden oder Kegel lassen sich Netze zeichnen. Aus den Teilfiguren der Netze lässt sich der Oberflächeninhalt berechnen. Kugeln haben dagegen keine Netze: Ihre Oberfläche ist eine gekrümmte Fläche, die sich nicht in die Ebene abwickeln lässt. Um den Oberflächeninhalt einer Kugel zu bestimmen, muss ein anderer Ansatz verfolgt werden. Man stellt sich vor, dass ein kugelähnlicher Körper aus sehr vielen gleichen Pyramiden mit dreieckiger Grundfläche zusammengesetzt ist. Hat die Kugel den Radius r, so haben die Pyramiden annähernd die Höhe r.

① 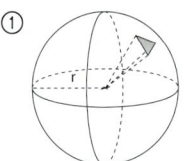 ② 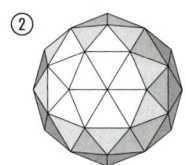 ③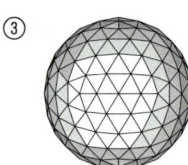

Sind $G_1, G_2, \ldots, G_n$ die Grundflächen der Pyramiden und $V_1, V_2, \ldots, V_n$ ihre Volumina, so gilt für das Gesamtvolumen V des Körpers:
$$V = V_1 + V_2 + \ldots + V_n$$
$$\approx \tfrac{1}{3} \cdot G_1 \cdot r + \tfrac{1}{3} \cdot G_2 \cdot r + \ldots + \tfrac{1}{3} \cdot G_n \cdot r$$
$$= \tfrac{1}{3} \cdot r \cdot (G_1 + G_2 + \ldots + G_n)$$

Der Term $G_1 + G_2 + \ldots + G_n$ beschreibt den Oberflächeninhalt O des Körpers, also ist $V = \tfrac{1}{3} \cdot r \cdot O$. Wählt man immer kleinere Dreiecke als Grundflächen der Pyramiden, so nähert sich die Form des Körpers immer mehr einer Kugel an. Also gilt annähernd $V \approx \tfrac{4}{3} \cdot \pi \cdot r^3$.
Durch Gleichsetzen ergibt sich: $\tfrac{4}{3} \cdot \pi \cdot r^3 = \tfrac{1}{3} \cdot r \cdot O$.

Nach O aufgelöst, ergibt sich die Formel für den Oberflächeninhalt einer Kugel: $O = 4 \cdot \pi \cdot r^2$.

> **Wissen: Oberflächeninhalt einer Kugel**
> Für den Oberflächeninhalt O einer Kugel mit dem Radius r gilt:
> $O = 4 \cdot \pi \cdot r^2$
>
>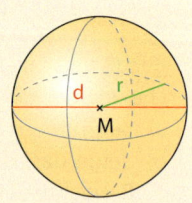

Beispiel 1:
a) Berechne den Oberflächeninhalt einer Kugel mit dem Radius r = 8 m.
b) Eine Kugel hat den Oberflächeninhalt 201 cm². Berechne ihren Radius.

Lösung:
a) Setze den gegebenen Wert 8 m für r in die Formel $O = 4 \cdot \pi \cdot r^2$ ein, berechne und runde das Ergebnis.

$O = 4 \cdot \pi \cdot r^2$
$= 4 \cdot \pi \cdot (8\,\text{m})^2$
$\approx 804{,}2\,\text{m}^2$

5.8 Oberflächeninhalt einer Kugel

b) Löse die Formel für den Oberflächeninhalt der Kugel nach r auf.

$$O = 4 \cdot \pi \cdot r^2 \quad |:4\pi$$
$$\frac{O}{4 \cdot \pi} = r^2 \quad |\sqrt{}$$
$$r = \sqrt{\frac{O}{4 \cdot \pi}}$$

Setze den Wert 201 cm² für O in die umgestellte Formel ein, berechne und runde das Ergebnis.

$$r = \sqrt{\frac{201\,\text{cm}^2}{4 \cdot \pi}}$$
$$r \approx 4{,}0\,\text{cm}$$

Basisaufgaben

1. Berechne den Oberflächeninhalt der Kugel mit dem gegebenen Radius r.
   a) r = 4 m   b) r = 3,5 cm   c) r = 12,5 mm   d) r = 2π m

2. Von einer Kugel ist der Oberflächeninhalt bekannt. Berechne ihren Radius.
   a) O = 1256,64 cm²   b) O = 6939,78 m²   c) O = 467,59 dm²   d) O = 28,274 cm²

3. Ein kugelförmiger Gaskessel hat den Durchmesser 43 m. Er soll außen mit Rostschutzfarbe gestrichen werden. Berechne die Größe der Fläche, die gestrichen werden muss.

Weiterführende Aufgaben

4. a) Stelle eine Formel auf, mit der sich der Oberflächeninhalt einer Kugel aus ihrem Durchmesser d berechnen lässt.
   b) Berechne den Oberflächeninhalt der Kugel mit dem Durchmesser d.
      ① d = 1,5 cm   ② d = 6 dm   ③ d = 7,4 m   ④ d = π mm

5. Eine Kugel hat das Volumen V = $113\frac{1}{7}$ cm³. Berechne ihren Oberflächeninhalt ohne Taschenrechner. Verwende als Näherungswert für π den Bruch $\frac{22}{7}$.

6. a) Beschreibe wie sich der Oberflächeninhalt einer Kugel verändert, wenn man den Radius verdoppelt, verdreifacht …
   b) Wie muss sich der Radius einer Kugel verändern, wenn sich ihr Oberflächeninhalt verdoppeln (halbieren, verdreifachen) soll?

7. **Stolperstelle:** Luca hat in seiner Hausaufgabe den Oberflächeninhalt verschiedener Kugeln berechnet. Kontrolliere und berichtige, falls nötig.

   a) r = 3 cm   b) r = 2 cm   c) r = 5 cm   d) r = 1,7 cm
      O = 4π · 3 cm   O = π · (2 cm)²   O = π · 5   O = 4π 2 · 1,7 cm
      O = 37,7 cm²   O = 12,57 cm²   O = 15,7   O = 67,11 cm

8. Berechne die fehlenden Größen der Kugel.

	a)	b)	c)	d)	e)	f)
Radius r	12,6 cm	3,14 m				
Durchmesser d				120 dm		
Volumen V					650 m³	
Oberflächeninhalt O			1000 m²			314 cm²

9. Schätze den Oberflächeninhalt, das Volumen und den Durchmesser des Gegenstands. Recherchiere und prüfe dann durch eine Rechnung.
   a) Orange   b) Erbse   c) Melone   d) Basketball   e) Tennisball

10. Eine Kugel, ein Zylinder und ein Kegel haben denselben Radius r.
    Berechne die Höhe des Zylinders und des Kegels, wenn alle drei Körper
    a) das gleiche Volumen,   b) den gleichen Oberflächeninhalt haben.

11. Die Innenfläche eines kugelförmigen Öltanks, der 25 000 Liter fasst, wird neu beschichtet. Berechne die Größe der Innenfläche.

Hinweis zu 12 c:
Dichte von Beton: $\approx 2{,}1 \frac{g}{cm^3}$

12. Das Foto zeigt überdimensionale Billardkugeln mit einem Durchmesser von jeweils 3,5 m.
    a) Berechne den Oberflächeninhalt einer dieser Kugeln.
    b) Eine gewöhnliche Billardkugel hat einen Durchmesser von 57 mm. Berechne ihren Oberflächeninhalt.
    c) Angenommen, die Kugeln bestehen aus massivem Beton.
       Berechne: Wie viel Kilogramm Beton bräuchte man für alle drei Kugeln?
    d) Gib an, um das Wievielfache die Billardkugeln vergrößert wurden.

13. Der Fernsehturm am Alexanderplatz in Berlin ist 368 m hoch. Der Teil mit der Aussichtsplattform hat etwa die Form einer Kugel mit einem Radius von 32 m.
    a) Ermittle das Volumen und den Oberflächeninhalt der Kugel.
    b) Das in der Nähe stehende 54 m hohe „Haus des Lehrers" hat die Form eines Quaders mit einer rechteckigen Grundfläche von 44 m mal 15 m. Berechne den Oberflächeninhalt und das Volumen dieses Gebäudes. Vergleiche mit der Kugel aus a).

14. Ein Wetterballon steigt in die Atmosphäre auf. Die angehängte Sonde sammelt Wetterdaten.
    Am Boden besitzt der Ballon einen Radius von 2,10 m. In der dünner werdenden Atmosphäre nimmt das Volumen des Ballons zu, bis er schließlich in 30 bis 35 km Höhe zerplatzt. Die Sonde segelt mit einem Fallschirm zurück zum Boden.

    a) Berechne die Masse der hochempfindlichen Latexhülle, von der 1 dm² etwa 1,1 g wiegt.
    b) Bis zum Zerplatzen wächst das Volumen auf das 500-fache an. Berechne den Oberflächeninhalt des Wetterballons kurz vor dem Zerplatzen.

15. Die Erde kann man sich annähernd als Kugel mit dem Radius 6370 km vorstellen.
    a) Die mittlere Dichte der Erde beträgt 5,515 g/cm³. Berechne die Masse der Erde.
    b) Der Durchmesser der Sonne ist etwa 109-mal so lang wie der Durchmesser der Erde. Ihre mittlere Dichte beträgt 1,408 g/cm³. Berechne die Masse der Sonne.
    c) Berechne die Oberflächeninhalte der Erde und der Sonne.
    d) Vergleiche die Massen und Oberflächeninhalte von Erde und Sonne.

5.8 Oberflächeninhalt einer Kugel

16. Direkt am Ufer des Flusses Weichsel in der polnischen Stadt Krakau steht ein stationärer kugelförmiger Heißluftballon, von dem aus Besucher im Sommer die Aussicht über die Stadt genießen können.
    a) Ermittle anhand des Fotos näherungsweise den Durchmesser der Kugel.
    b) Berechne näherungsweise den Oberflächeninhalt des Heißluftballons. Ermittle, wie viel Gas er ungefähr fasst. Begründe deine Angaben.

17. Ein Fabrikgebäude hat als Dach eine halbkugelförmige Kuppel von 23 m Durchmesser. Das verzinkte Blech der Kuppelhaube soll erneuert werden.
    a) Berechne die zu erneuernde Kuppelfläche, wenn 8% Blech für die Überlappungen hinzugefügt werden müssen.
    b) Das Blech ist 1,5 mm dick und hat eine Dichte von 8,20 g/cm³. Berechne die Masse des gesamten Blechdachs.

18. Aus einem Holzwürfel der Kantenlänge 10 cm wird eine möglichst große Kugel hergestellt.
    a) Berechne den Radius und den Oberflächeninhalt der Kugel.
    b) Vergleiche die Oberflächeninhalte von Kugel und Würfel.

19. Ein Stehaufmännchen ist aus einer Halbkugel und einem Kegel zusammengesetzt.
    a) Berechne das Volumen des Stehaufmännchens.
    b) Berechne den Oberflächeninhalt des Stehaufmännchens.

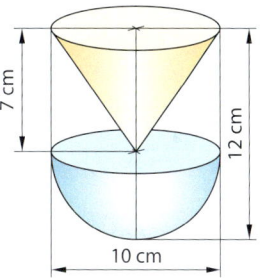

20. Aus einem Kupferquader mit den Maßen a = 0,96 m, b = 0,96 m und c = 0,48 m soll eine möglichst große Halbkugel herausgearbeitet werden.
    a) Bestimme das Volumen und den Oberflächeninhalt der Halbkugel.
    b) Kupfer hat eine Dichte von 8,96 g/cm³. Berechne die Masse des Restkörpers.

21. **Ausblick:** Schneidet man eine Kugel mit einer Ebene, so entsteht ein Kugelabschnitt.
    Er ist kuppelförmig und hat als Grundfläche einen Kreis.
    a) Rechts ist ein Ausschnitt aus einer Formelsammlung abgebildet. Beschreibe eine Idee, wie du bei der Begründung der Formeln vorgehen könntest.
    b) Eine Kugel hat den Radius 10 cm. Berechne den Oberflächeninhalt eines Kugelabschnitts mit h = 3 cm.
    c) Die Kuppel des Reichstags in Berlin hat den Durchmesser 38 m und die Höhe 23,5 m. Ermittle näherungsweise den Oberflächeninhalt der Kuppel.

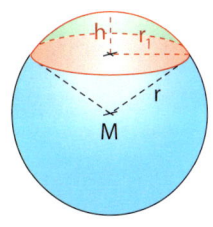

Kugelabschnitt
Oberfläche
(mit Grundfläche):
$O = \pi \cdot (2rh + r_1^2)$

5.9 Zusammengesetzte Körper

■ Für die Energiebilanz des torförmigen Gebäudes muss sein Oberflächeninhalt berechnet werden.
a) Beschreibe, welche Flächen dafür beachtet werden müssen.
b) Berechne den Oberflächeninhalt. ■

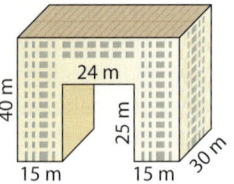

Berechnungen an zusammengesetzten Körpern

Beispiel 1: Berechne
a) das Volumen,
b) den Oberflächeninhalt des zusammengesetzten Körpers im Bild rechts.

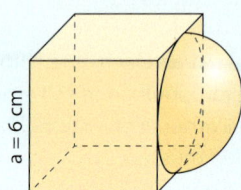

Lösung:
a) Zerlege den Körper in Teilkörper.

Berechne die Volumina der Teilkörper.

Würfel ($a = 6\,cm$); Halbkugel ($r = 3\,cm$)

$V_{\text{Würfel}} = a^3 = (6\,cm)^3 = 216\,cm^3$

$V_{\text{Halbkugel}} = \frac{1}{2} \cdot \frac{4}{3} \cdot \pi \cdot r^3$

$= \frac{2}{3} \cdot \pi \cdot (3\,cm)^3 \approx 56{,}5\,cm^3$

Berechne dann das Gesamtvolumen V durch Addition der Volumina der Teilkörper.

$V = V_{\text{Würfel}} + V_{\text{Halbkugel}}$
$\approx 216\,cm^3 + 56{,}5\,cm^3 = 272{,}5\,cm^3$

b) Berechne die Oberflächeninhalte der Teilkörper.

$O_{\text{Würfel}} = 6 \cdot a^2$
$= 6 \cdot (6\,cm)^2 = 216\,cm^2$

$O_{\text{Halbkugel}} = \frac{4}{2} \cdot \pi \cdot r^2 + \pi \cdot r^2$
$= 2 \cdot \pi \cdot (3\,cm)^2 + \pi \cdot (3\,cm)^2$
$\approx 84{,}8\,cm^2$

Prüfe dann, welche Teilflächen aneinander liegen und sich verdecken. Die Teilkörper haben als gemeinsame Fläche einen Kreis ($r = 3\,cm$).
Das Doppelte seines Flächeninhalts wird von der Summe der Oberflächeninhalte der Teilkörper abgezogen.

Gemeinsame Fläche: $A_{\text{Kreis}} \approx 28{,}3\,cm^2$

$O = O_{\text{Würfel}} + O_{\text{Halbkugel}} - 2 \cdot A_{\text{Kreis}}$
$\approx 216\,cm^2 + 84{,}8\,cm^2 - 2 \cdot 28{,}3\,cm^2$
$= 244{,}2\,cm^2$

Basisaufgaben

1. Interpretiere die Gebäude und Gegenstände als zusammengesetzte Körper. Gib an, aus welchen geometrischen Grundformen sie bestehen.

5.9 Zusammengesetzte Körper

2. Berechne den Oberflächeninhalt und das Volumen des dargestellten Körpers.
Alle Maße sind in Zentimetern angegeben.

a) 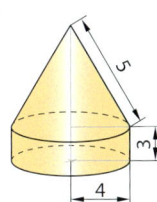 b) 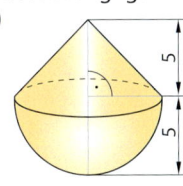 c) 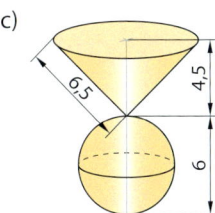 d)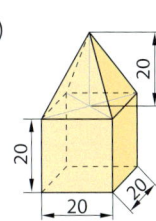

Berechnungen an Restkörpern

Es gibt auch Gegenstände mit Löchern und Ausbuchtungen. Sie bleiben als Restkörper übrig, wenn zum Beispiel Körper durchbohrt oder Teile von ihnen entfernt werden. Das Volumen eines Rohres kann als Differenz der Volumina zweier Zylinder mit unterschiedlichen Durchmessern aufgefasst werden.

Beispiel 2: Berechne
a) das Volumen und
b) den Oberflächeninhalt des Körpers im Bild rechts.

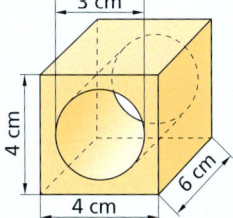

Lösung:

a) Überlege aus welchem Körper der Restkörper entstanden ist.

Aus einem Quader (a = 4 cm, b = 4 cm, c = 6 cm) wurde ein Zylinder (r = 1,5 cm, h = 6 cm) herausgebohrt.

Berechne die Volumina der Teilkörper.

$V_{Quader} = a \cdot b \cdot c$
$= 4\,cm \cdot 4\,cm \cdot 6\,cm = 96\,cm^3$
$V_{Zylinder} = \pi \cdot r^2 \cdot h$
$= \pi \cdot (1{,}5\,cm)^2 \cdot 6\,cm \approx 42{,}4\,cm^3$

Berechne das Volumen V des Restkörpers durch Subtraktion der beiden Volumina.

$V = V_{Quader} - V_{Zylinder}$
$\approx 96\,cm^3 - 42{,}4\,cm^3 = 53{,}6\,cm^3$

b) Berechne den Oberflächeninhalt des äußeren Teilkörpers (Quader).

$O_{Quader} = 2 \cdot (a \cdot b + a \cdot c + b \cdot c)$
$= 2 \cdot (16\,cm^2 + 24\,cm^2 + 24\,cm^2)$
$= 128\,cm^2$

Prüfe, welche Teilflächen
– im Inneren des Restkörpers liegen,
– herausgeschnitten wurden.
Berechne diese Teilflächen.

Die Mantelfläche $M_{Zylinder}$ des Zylinders muss als Oberfläche im Inneren dazu addiert werden. Die beiden Kreisflächen A_{Kreis} müssen dagegen subtrahiert werden.

$M_{Zylinder} = 2 \cdot \pi \cdot r \cdot h$
$= 2 \cdot \pi \cdot 1{,}5\,cm \cdot 6\,cm \approx 56{,}5\,cm^2$
$A_{Kreis} = \pi \cdot r^2 = \pi \cdot (1{,}5\,cm)^2 \approx 7{,}1\,cm^2$

Verringere bzw. vergrößere den Oberflächeninhalt des äußeren Teilkörpers um diese Flächeninhalte.

$O = O_{Quader} + M_{Zylinder} - 2 \cdot A_{Kreis}$
$\approx 128\,cm^2 + 56{,}5\,cm^2 - 2 \cdot 7{,}1\,cm^2$
$= 170{,}3\,cm^2$

Basisaufgaben

3. Beschreibe, wie der dargestellte Restkörper entstanden sein kann. Benenne den großen Körper und die kleineren Körper, die aus diesem entfernt wurden.

a) 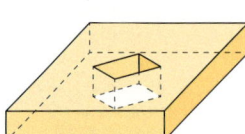 b) 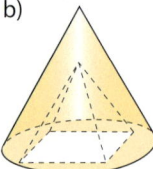 c) 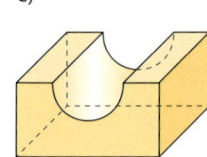 d)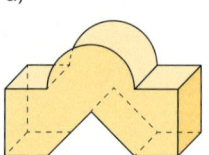

4. Berechne Oberflächeninhalt und Volumen des Körpers. (Angaben in cm.)

a) 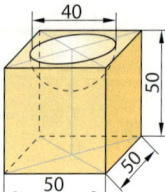 b) 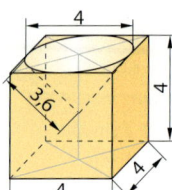 c) 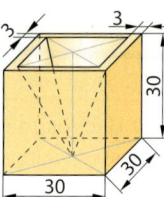 d)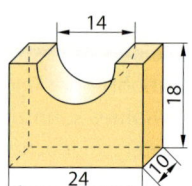

Weiterführende Aufgaben

5. Berechne Oberflächeninhalt und Volumen des Körpers. (Angaben in cm.)

a) 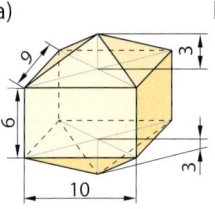 b)  c) 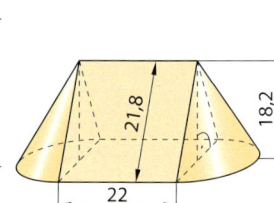 d)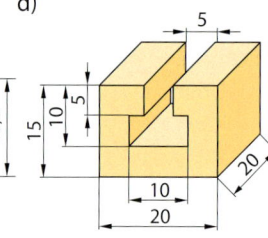

6. **Stolperstelle:** Wahr oder falsch? Begründe deine Antwort.
   a) Ein zusammengesetzter Körper hat immer ein größeres Volumen als jeder seiner einzelnen Teilkörper.
   b) Das Volumen eines zusammengesetzten Körpers ist immer gleich der Summe der Volumen aller Teilkörper.
   c) Der Oberflächeninhalt eines zusammengesetzten Körpers ist immer gleich der Summe der Oberflächeninhalte aller Teilkörper.
   d) Der Oberflächeninhalt eines Restkörpers ist immer größer als der Oberflächeninhalt des Ausgangskörpers.

7. a) Berechne Volumen und Oberflächeninhalt des Körpers im Bild links.
   b) Skizziere ein Netz des Körpers.

8. Ein Zylinder hat einen Radius von 15 cm und eine Höhe von 35 cm. Auf die Deckfläche des Zylinders wird ein Kegel mit dem Radius 15 cm und der Höhe 20 cm gesetzt. Auf die Grundfläche des Zylinders wird unten eine Halbkugel mit dem Radius 15 cm gesetzt.
   a) Skizziere ein Schrägbild des zusammengesetzten Körpers.
   b) Berechne Volumen und Oberflächeninhalt des zusammengesetzten Körpers.

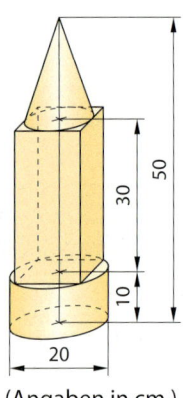

(Angaben in cm.)

5.9 Zusammengesetzte Körper

9. Ein Würfel hat eine Kantenlänge von 60 cm. Auf allen sechs Seitenflächen ist mittig eine Halbkugel mit dem Radius 19 cm aufgebracht worden.
Berechne Volumen und Oberflächeninhalt des zusammengesetzten Körpers.

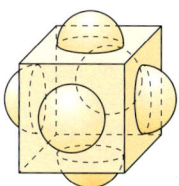

10. Bei einem Würfel der Kantenlänge 10 cm wurde eine Ecke durch einen Schnitt durch drei andere Eckpunkte des Würfels entfernt.
Berechne Volumen und Oberflächeninhalt des Restkörpers.

11. a) Entwirf einen zusammengesetzten Körper aus Pyramiden, Zylindern, Kegeln, Prismen, Quadern, Kugeln. Überlege, welche Maße du angeben musst, damit man Volumen und Oberflächeninhalt des zusammengesetzten Körpers berechnen kann.
Führe diese Berechnungen auf einem zweiten Blatt Papier aus.
b) Tauscht nun untereinander die Zeichnungen der Körper aus. Berechnet jeweils Volumen und Oberflächeninhalt des vorgegebenen Körpers.
c) Vergleicht und besprecht eure Ergebnisse.

12. Ein Senklot besteht aus zwei aneinander gesetzten Kegeln. Es wurde aus Stahl mit einer Dichte von 7,8 g/cm³ angefertigt.
Berechne das Volumen, den Oberflächeninhalt und die Masse des Senklots.

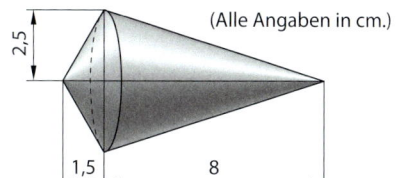
(Alle Angaben in cm.)

13. Der Bolzen rechts wurde aus Rundstahl mit einem Durchmesser von 20 mm und einer Länge von 69 mm gedreht.
a) Berechne Volumen und Oberflächeninhalt des Bolzens.
b) Berechne das Volumen des Abfalls.

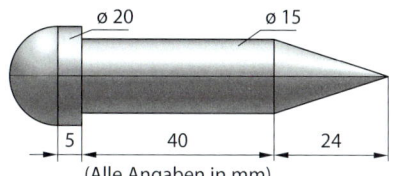
(Alle Angaben in mm)

14. Eine Schraube wurde als Ansicht von unten (Bild links) und als Ansicht von der Seite (Bild rechts) dargestellt. (Alle Angaben in mm.) Die Schraube wurde aus Edelstahl mit einer Dichte von 7,9 g/cm³ gefertigt. Berechne ihre Masse.

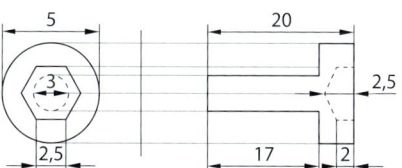

15. **Ausblick:** Für einen schräg abgeschnittenen Zylinder mit den Höhen h_1 und h_2 und dem Radius r gilt folgende Formel:
$$V = \pi \cdot r^2 \cdot \frac{h_1 + h_2}{2}$$

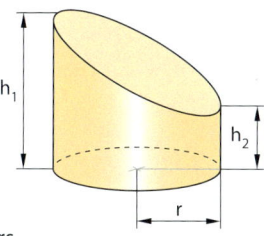

a) Berechne das Volumen eines solchen Körpers mit den Größen r = 2 cm, h_1 = 8 cm und h_2 = 3 cm.
b) Berechne das Volumen eines (nicht abgeschnittenen) Zylinders mit r = 2 cm und h = 11 cm. Vergleiche das Ergebnis mit dem Ergebnis aus a).
c) Erkläre, warum für das Volumen eines schräg abgeschnittenen Zylinders die angegebene Formel gilt.

5.10 Vermischte Aufgaben

1. Die roten Linien in den Körpern sind jeweils 5 cm lang.
   a) Prüfe, welche der folgenden Aussagen wahr sind:
      (1) Die Körper B, C und D sind keine Prismen.
      (2) Körper E passt durch keine kreisförmige Öffnung, durch die Körper F gerade noch so hindurchpasst.
      (3) Die Volumina der Körper B, D und E können mit der Formel $V = G \cdot h$ berechnet werden.
   b) Skizziere von den Körpern A, B, C, D und E die in eine Ebene abgewickelte Mantelfläche.
   c) Berechne von jedem Körper das Volumen und den Oberflächeninhalt.

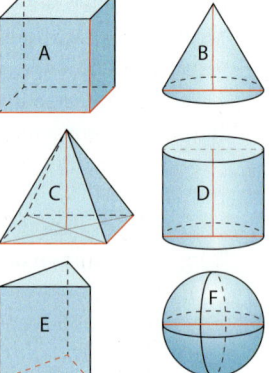

2. Ein Pralinenhersteller produziert kugelförmige und kegelförmige Pralinen. Beide Sorten haben den gleichen Durchmesser d = 18 mm. Die Höhe der kegelförmigen Praline beträgt das Doppelte ihres Durchmessers.
   a) Betrachte die beiden Pralinen und schätze, welche das größere Volumen hat.
   b) Berechne jeweils das Volumen und vergleiche das Ergebnis mit deiner Schätzung aus a).
   c) Wie hoch müsste die kegelförmige Praline sein, um das doppelte Volumen der kugelförmigen Praline zu haben?
   d) Stelle beide Pralinensorten in einer geeigneten Lage im Zweitafelbild dar.

3. Eine Kugel soll das gleiche Volumen wie ein Kegel mit dem Grundflächenradius 8 cm und der Höhe 6,2 dm haben. Berechne den Durchmesser der Kugel.

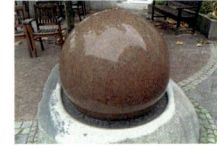

4. 1 dm³ Marmor wiegt etwa 2,7 kg. Wie lang dürfte der Durchmesser einer Marmorkugel maximal sein, damit du diese noch tragen kannst?

5. Um wie viel Prozent nimmt das Volumen (der Oberflächeninhalt) des Körpers ab oder zu?
   a) Der Radius einer Kugel wird um 25 % kleiner (um 20 % größer).
   b) Der Grundflächendurchmesser eines Kegels wird um 50 % kleiner (um 10 % größer).

6. Die abgebildete Regentonne hat ein Fassungsvermögen von 200 Litern, die Zisterne von 7600 Litern.
   a) Berechne die Höhe der Regentonne und den Durchmesser der Zisterne.
   b) Verdeutliche die Größenverhältnisse der beiden Behälter in einer maßstäblichen Skizze.

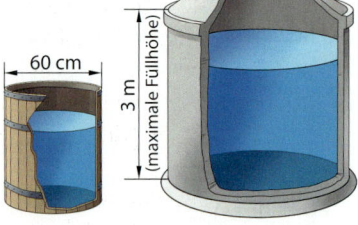

7. Gegeben sind die Grundflächen von vier Pyramiden und einem Kegel. Berechne, wie hoch jeder Körper sein muss, damit er ein Volumen von 9 cm³ hat.

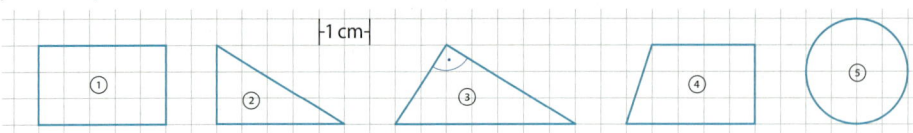

5.10 Vermischte Aufgaben

8. Stelle jeweils eine Formel für die Berechnung des Volumens und des Oberflächeninhalts der abgebildeten Körper auf.
   Vergleicht eure Ergebnisse in der Klasse.

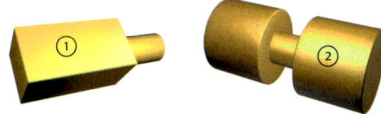

9. Unsere Sonne hat etwa einen Durchmesser von 1,4 Mio km.
   Die Erde ist dagegen mit einem Durchmesser von etwa 13 000 km vergleichsweise klein.

   Zeichne maßstabsgetreue Ansichten der beiden Himmelskörper.

   Wie oft würde die Erde dem Volumen nach in die Sonne passen?

   Stelle dir vor, man könnte mit einem Auto, das $120 \frac{km}{h}$ fährt, einmal um die Erde und auch um die Sonne fahren. Berechne, wie lange das jeweils dauern würde.
   Berechne auch, wie lange es dauern würde, wenn man mit einem $2500 \frac{km}{h}$ schnellen Flugzeug in 10 km Höhe unterwegs wäre.

   Etwa 70 % der Erdoberfläche sind mit Wasser bedeckt. Seit 1993 steigt der Meeresspiegel durchschnittlich um 3,2 mm pro Jahr. Alle Gletscher Grönlands zusammen haben ein Volumen von 2,85 Mio. km³.
   Formuliere anhand dieser Daten eine passende Aufgabe und löse diese.

10. Die abgebildete quadratische Pyramide wurde durch einen zur Grundfläche parallelen Schnitt in halber Höhe in zwei Teilkörper zerlegt. Berechne den Anteil, den jeder Teilkörper am Volumen der Ausgangspyramide hat.

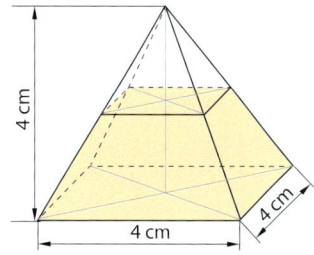

11. In der abgebildeten Schneehütte kann eine Person mit einer Körperhöhe von 1,75 m bequem stehen.
    a) Zeichne von der Schneehütte mit Eingang ein Zweitafelbild im Maßstab 1 : 100.
    b) Prüfe, ob die Hütte auf einer quadratischen Fläche von 10 m² Platz hätte.
    c) Berechne, wie viel Quadratmeter Plane zum Abdecken der Hütte erforderlich sind.

● 12. Gegeben sind Graphen, die die Abhängigkeit der Füllhöhe von der Zeit beim Füllen von zusammengesetzten Hohlkörpern mit Wasser zeigen. Beschreibe mögliche Körperformen.

a)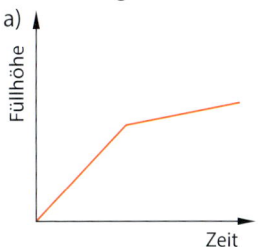
b)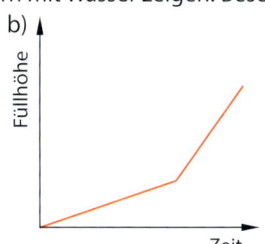
c)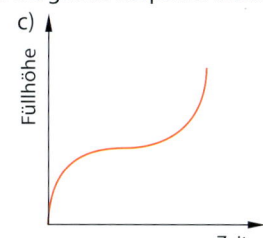

Prüfe dein neues Fundament

5. Körperberechnungen

Lösungen ↗ S. 241

1. a) Ein Zylinder hat die Maße r = 3,5 cm und h = 8 cm. Berechne Volumen und Oberflächeninhalt des Zylinders.
   b) Ein Zylinder mit dem Durchmesser 12 cm hat das Volumen 2400 cm^3. Berechne seine Höhe und seinen Oberflächeninhalt

2. Zeichne zu der Pyramide ein Netz und berechne ihren Oberflächeninhalt.
   a) G ist ein Quadrat mit a = 2 cm. Die Seitenkante ist 3 cm lang.
   b) G ist ein Quadrat mit a = 5 cm; h = 5 cm.
   c) G ist ein Rechteck mit a = 3,5 cm und b = 2,5 cm; h = 4,5 cm.

3. Berechne das Volumen der Pyramide.
   a) G ist ein Quadrat mit a = 17 m; h = 24 m.
   b) G ist ein Trapez mit a = 28 mm, c = 41 mm und h_{Trapez} = 14 mm; h = 53 mm.

4. Ermittle die Höhe der Pyramide aus den gegebenen Maßen.
   a) V = 32 dm^3; G ist ein Rechteck mit a = 2 dm und b = 5 dm.
   b) V = 13,2 m^3; G ist ein rechtwinkliges Dreieck mit c = 3,6 m, b = 4 m und α = 90°.

5. Berechne den Oberflächeninhalt des Kegels.
   a) r = 2 cm; s = 3,6 cm   b) r = 14 mm; h = 40 mm   c) r = 0,027 m; h = 0,035 m

6. Berechne das Volumen des Kegels.
   a) r = 1 m; h = 6 m   b) d = 4 dm; h = 50 cm   c) r = 60,5 mm; s = 134,4 mm

7. Von einem Kegel ist das Volumen V und eine der Größen r oder h bekannt. Ermittle die unbekannte Größe r bzw. h.
   a) V = 6 cm^3; r = 1 cm   b) V = 14 m^3; h = 3 m

8. Ein Glas hat oberhalb des Stiels die Form eines Kegels mit dem Grundflächendurchmesser d = 5 cm und der Höhe 10 cm.
   a) Berechne das Volumen des Glases. Vergleiche mit dem Wert, wenn ein Getränk bis 1 cm unter den Rand eingefüllt wird.
   b) Ermittle, wie viel Folie nötig ist, um das Glas von außen zu beschichten.

9. Der St.-Paulus-Dom zu Münster hat zwei ungefähr gleich hohe Türme. Ihre Grundfläche ist etwa identisch und lässt sich näherungsweise als Quadrat mit einer Kantenlänge von 12 m betrachten. Auf beiden Türmen thront ein pyramidenförmiges Dach mit einer Höhe von etwa 6 m. Die beiden Dächer wurden zwischen den Jahren 2009 und 2013 mit Kupferplatten neu eingedeckt.
   a) Ermittle, wie viel m^2 Kupferblech für die Eindeckung der Turmdächer benötigt wurde.
   b) Berechne die Materialkosten für die Eindeckung der Turmdächer, wenn 1 m^2 Kupferblech 98,03 € kostete.
   c) Ermittle, wie hoch ein pyramidenförmiger Dachraum sein müsste, wenn er einen Raum von 720 m^3 umschließen soll.
   d) In der Tabelle links sind die genauen Maße der Türme angegeben. Beurteile die in a) verwendeten Näherungswerte.

	Nordturm	Südturm
Breite	12,05 m	11,5 m
Tiefe	13,6 m	12,95 m
Höhe	57,7 m	55,5 m

10. Eine Zuckerpackung hat die Form einer quadratischen Pyramide mit einer Grundkantenlänge von 8 cm und einer Höhe von 15 cm.
    a) Berechne das Volumen der Verpackung.
    b) 1 cm^3 Zucker wiegt 1,6 g. Berechne die in der Packung maximal enthaltene Masse Zucker.

Prüfe dein neues Fundament

11. Berechne das Volumen und den Oberflächeninhalt der Kugel mit dem gegebenen Maß.
    a) r = 4 cm   b) d = 14,6 dm   c) r = $\frac{3}{4}\pi$ m   d) r = 2,71 mm   e) d = $\frac{3}{8}$ cm   f) r = 0,25 π cm

Lösungen ↗ S. 241

12. Ein kugelförmiger Gasbehälter mit einem Fassungsvermögen von etwa 4000 m³ soll innen mit einer Schutzschicht versiegelt werden.
    a) Berechne, wie groß der Innendurchmesser des Behälters ist.
    b) Gib an, wie viel Quadratmeter Innenfläche zu versiegeln sind.

13. Berechne das Volumen und den Oberflächeninhalt der zusammengesetzten Körper. (Alle Angaben in cm.)
    a) 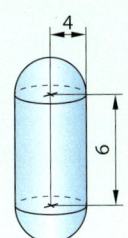   b)   c) 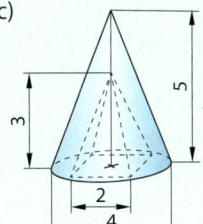   d)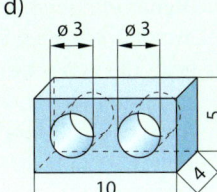

14. Ein Werkstück aus Stahl besteht aus einem Kegel, einem Zylinder und einer Halbkugel. Die Dichte von Stahl beträgt 7,85 $\frac{g}{cm^3}$.
    a) Berechne, wie schwer ein solches Werkstück ist.
    b) Schätze und begründe, ob du eine Kiste mit 100 solcher Werkstücke heben kannst.

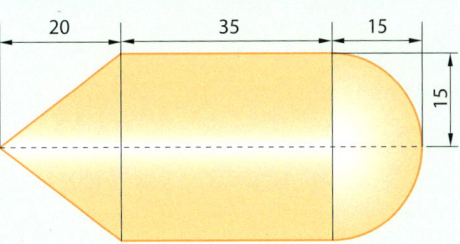

Wiederholungsaufgaben

1. Schreibe als Potenz und berechne ohne Taschenrechner.
   a) $(-2)^4 \cdot (-2)^{-2}$ b) $48^{-3} : 16^{-3}$ c) $(4^3)^{-1}$

2. Gegeben ist der Graph einer Zuordnung. Prüfe, ob eine Funktion vorliegt.
   a) 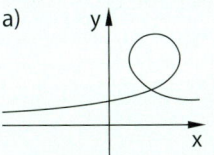   b) 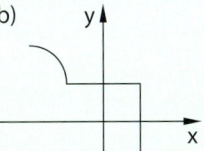   c)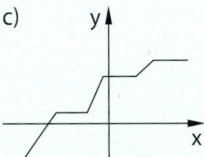

3. Entscheide ohne Taschenrechner, ob die Ergebnisse stimmen können.
   a) $\sqrt{60} \approx 7{,}75$ b) $\sqrt{150} \approx 14{,}28$ c) $\sqrt{200} \approx 13{,}79$ d) $\sqrt{250} \approx 15{,}81$

4. In einer Urne liegen drei blaue und zwei rote Kugeln. Es werden nacheinander verdeckt zwei Kugeln ohne Zurücklegen gezogen.
   a) Stelle den Zufallsversuch in einem Baumdiagramm dar.
   b) Berechne die Wahrscheinlichkeit, dass die beiden roten Kugeln gezogen werden.

5. Berechne für das Dreieck ABC die fehlenden Winkel und Seitenlängen. Runde auf Zehntel.
   a) a = 4 cm; b = 2 cm; γ = 50°   b) a = 6 cm; α = 45°; β = 55°

Zusammenfassung

5. Körperberechnungen

Zylinder und ihr Volumen

Zylinder sind Körper mit einem Kreis als Grund- und Deckfläche. Grund- und Deckfläche sind zueinander kongruent und parallel. Die Mantelfläche eines Zylinders ist gewölbt. Abgewickelt bildet sie bei einem geraden Zylinder ein Rechteck.
Das **Volumen V eines Zylinders** ist das Produkt aus Grundfläche G und Höhe h.
Es gilt: $V = G \cdot h$ bzw. $V = \pi \cdot r^2 \cdot h$.

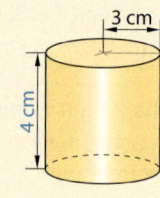

Berechne das Volumen des dargestellten Zylinders.

$$\begin{aligned} V &= G \cdot h \\ &= \pi \cdot r^2 \cdot h \\ &= \pi \cdot (3\,cm)^2 \cdot 4\,cm \\ &\approx 113\,cm^3 \end{aligned}$$

Pyramiden, Kegel und ihr Volumen

Eine **Pyramide** ist ein Körper mit einem n-Eck als Grundfläche. Die n Seitenflächen sind Dreiecke, die sich in der Spitze treffen. Sie bilden zusammen die Mantelfläche M.
Ein **Kegel** ist ein Körper mit einem Kreis als Grundfläche. Die Mantelfläche ist gewölbt und bildet eine Spitze. Abgewickelt bildet sie einen Kreisausschnitt.

Das **Volumen V einer Pyramide und eines Kegels** ist gleich einem Drittel des Produktes aus Grundfläche G und Höhe h.
Es gilt allgemein: $V = \frac{1}{3} \cdot G \cdot h$.
Für Kegel gilt insbesondere: $V = \frac{1}{3} \cdot \pi \cdot r^2 \cdot h$.

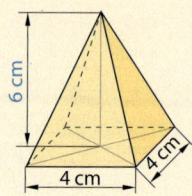

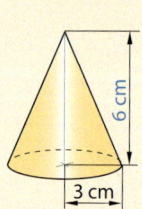

Berechne die Volumina der dargestellten Körper.

Die Grundfläche der Pyramide ist quadratisch.

$$V_{Pyr} = \frac{1}{3} \cdot G \cdot h$$
$$V_{Pyr} = \frac{1}{3} \cdot (4\,cm)^2 \cdot 6\,cm$$
$$= 32\,cm^3$$

$$V_{Keg} = \frac{1}{3} \cdot G \cdot h$$
$$V_{Keg} = \frac{1}{3} \cdot \pi \cdot r^2 \cdot h$$
$$V_{Keg} = \frac{1}{3} \cdot \pi \cdot (3\,cm)^2 \cdot 6\,cm$$
$$V_{Keg} \approx 57\,cm^3$$

Oberflächeninhalte von Zylindern, Pyramiden und Kegeln

Die **Oberfläche** dieser Körper setzt sich zusammen aus der **Mantelfläche** und den vorhandenen **Grund- bzw. Deckflächen**.
Für Zylinder gilt: $O = 2 \cdot G + M$ und $O = 2 \cdot \pi \cdot r^2 + 2 \cdot \pi \cdot r \cdot h$.
Für Pyramiden und Kegel gilt: $O = G + M$.
Für Kegel gilt insbesondere: $O = \pi \cdot r^2 + \pi \cdot r \cdot s$

Treten rechtwinklige Dreiecke auf, kann der Satz des Pythagoras genutzt werden.
Beispiel: Für die Höhe einer quadratischen Pyramide h, die Höhe einer Pyramidenseitenfläche h_a und die Grundkante a gilt:
$$h_a{}^2 = \left(\frac{a}{2}\right)^2 + h^2 \text{ bzw. } h_a = \sqrt{\left(\frac{a}{2}\right)^2 + h^2}$$

Berechne die Oberflächeninhalte der oben dargestellten Körper.

Zylinder
$$\begin{aligned} O &= 2 \cdot \pi \cdot r^2 + 2 \cdot \pi \cdot r \cdot h \\ &= 2 \cdot \pi \cdot (3\,cm)^2 + 2 \cdot \pi \cdot 3\,cm \cdot 4\,cm \approx 132\,cm^2 \end{aligned}$$

quadratische Pyramide:
$$h_a = \sqrt{(6\,cm)^2 + (2\,cm)^2} \approx 6{,}3\,cm$$
$$O \approx (4\,cm)^2 + 4 \cdot \frac{4\,cm \cdot 6{,}3\,cm}{2} = 66{,}4\,cm^2$$

Kegel:
$$s = \sqrt{(6\,cm)^2 + (3\,cm)^2} \approx 6{,}7\,cm$$
$$O = \pi \cdot r^2 + \pi \cdot r \cdot s$$
$$O \approx \pi \cdot (3\,cm)^2 + \pi \cdot 3\,cm \cdot 6{,}7\,cm \approx 91{,}4\,cm^2$$

Kugeln, ihre Oberflächeninhalte und Volumina

Alle Punkte eines Raums, die von einem festen Punkt M den gleichen Abstand r haben, bilden eine **Kugel**.
Für den **Oberflächeninhalt** und für das **Volumen** einer **Kugel** mit dem Radius r gilt:
$$O = 4 \cdot \pi \cdot r^2 \text{ und } V = \frac{4}{3} \cdot \pi \cdot r^3$$

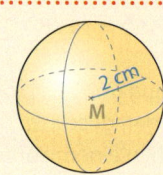

Berechne den Oberflächeninhalt und das Volumen der dargestellten Kugel.

$$O = 4 \cdot \pi \cdot r^2$$
$$O = 4 \cdot \pi \cdot (2\,cm)^2 \approx 50\,cm^2$$
$$V = \frac{4}{3} \cdot \pi \cdot r^3$$
$$V = \frac{4}{3} \cdot \pi \cdot (2\,cm)^3 \approx 34\,cm^3$$

6. Periodische Vorgänge

Das London Eye ist mit 135 Metern Höhe eines der Wahrzeichen der britischen Hauptstadt.
7,5 Minuten nach dem Einsteigen hat man die halbe Höhe erreicht. Der höchste Punkt wird nach 15 Minuten erreicht. Nach 22,5 Minuten befindet man sich wieder auf halber Höhe und nach 30 Minuten wieder am Ein- und Ausstieg. Die Bewegung der Gondel beginnt von vorn …

Nach diesem Kapitel kannst du …
- Winkel im Bogenmaß angeben,
- mit Sinus- und Kosinusfunktionen umgehen,
- periodische Vorgänge mit allgemeinen Sinusfunktionen beschreiben.

Dein Fundament

6. Periodische Vorgänge

Lösungen
↗ S. 242

Sinus

1. Zeichne ein rechtwinkliges Dreieck ABC mit den Winkeln α = 35°, γ = 90° und c = 5 cm.
   a) Notiere die Gleichungen für sin(α) und sin(β).
   b) Berechne den Winkel β sowie mit dem Sinus die Längen von a und b.

2. Ermittle zum Sinuswert einen zugehörigen Winkel.
   a) sin(β) = 0,5   b) sin(α) = 0,35   c) sin(ε) = 0,5 · √2   d) sin(δ) = 0

3. Berechne nur mithilfe der Definition des Sinus die Längen der farbig markierten Seiten d und f im Dreieck DEF.

4. a) Entnimm der Abbildung der Stehleiter rechts die Länge ihrer Holme und den Öffnungswinkel.
   b) Berechne, wie weit die Fußpunkte der Leiter auseinander stehen.
   c) Der oberste Tritt ist 30 cm vom oberen Ende der Holme entfernt. Berechne mit der Definition des Sinus, in welcher Höhe über dem Erdboden sich dieser Tritt befindet.

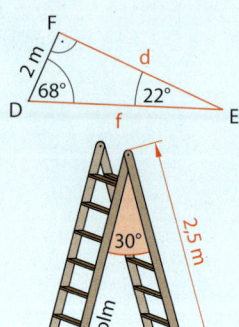

Kosinus

5. Zeichne ein rechtwinkliges Dreieck ABC mit den Winkeln α = 60°, γ = 90° und b = 3 cm.
   a) Notiere die Gleichungen für cos(α) und cos(β).
   b) Berechne den Winkel β sowie mit dem Kosinus die Längen von a und c.

6. Ermittle zum Kosinuswert einen zugehörigen Winkel.
   a) cos(α) = 0,5   b) cos(φ) = 0,03   c) cos(ε) = 0,5 · √3   d) cos(δ) = 1

7. Berechne ohne den Sinus die farbig markierten Größen im Dreieck XYZ.

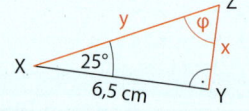

8. Ein Baum wirft einen 5,8 m langen Schatten auf den Erdboden. Die Sonnenstrahlen treffen unter einem Winkel von 37° auf.
   a) Berechne mit der Definition des Kosinus, wie weit die Spitze des Baumes und das Ende des Schattens voneinander entfernt sind.
   b) Berechne die Höhe des Baums.

Kreisausschnitt und Kreisbogen

Hinweis zu 10:
1 Längeneinheit (Abkürzung: LE) kann zum Beispiel 5 mm, 1 cm, 20 cm sein. Ist eine Länge in LE angegeben, dann kannst du sie je nach Situation passend wählen. Aber: Sie bleibt für die jeweilige Situation unverändert.

9. Zeichne einen Kreisausschnitt mit dem Radius r = 5 cm und dem Öffnungswinkel α = 55°.
   a) Berechne den Flächeninhalt des Kreisausschnitts.
   b) Berechne die Länge des Kreisbogens.

10. Berechne zu den Kreisausschnitten mit dem Radius 1 Längeneinheit und der Bogenlänge b die Größe des Öffnungswinkels.
    a) b = 0,393 LE   b) b = 2,618 LE

Funktionen

Lösungen
↗ S. 242

11. Zeichne den Graphen der linearen Funktion g mit der Funktionsgleichung $g(x) = -2x + 4$, ohne eine Wertetabelle zu erstellen. Verwende die Steigung und den y-Achsenabschnitt.

12. Durch die folgende Funktionsgleichung ist eine quadratische Funktion f gegeben:
    $f(x) = 0{,}5x^2 - 2x - 0{,}5$.
    a) Erstelle eine Wertetabelle für $-1 \leq x \leq 5$. Zeichne den Graphen der Funktion in ein Koordinatensystem.
    b) Ermittle mithilfe des Funktionsgraphen die Nullstellen und den Scheitelpunkt von f.
    c) Zeichne zum Graphen von f eine Symmetrieachse ein.

13. Zeichne den Graphen der Normalparabel. Zeichne den Graphen, der aus dem Graphen der Normalparabel wie folgt hervorgeht. Notiere seine Funktionsgleichung.
    a) Streckung in y-Richtung mit dem Faktor 2
    b) Verschiebung um 3 Einheiten nach unten
    c) Verschiebung um 1 Einheit nach rechts
    d) Streckung mit dem Faktor 1,5 in y-Richtung und anschließende Verschiebung um 0,5 Einheiten nach rechts

14. Die Funktionsgleichung einer quadratischen Funktion g lautet $g(x) = 2x^2 - 3x + 1$. Überführe diese Gleichung in die Scheitelpunktsform $g(x) = a \cdot (x - x_S)^2 + y_S$. Lies daraus den Scheitelpunkt $S(x_S | y_S)$ ab.

15. a) Zeichne den Graphen einer Exponentialfunktion h mit der Gleichung $h(x) = 0{,}5^{x+1} - 3$ für $-4 \leq x \leq 6$ in ein Koordinatensystem.
    b) Bestimme mithilfe der Zeichnung jeweils einen Punkt im II., III. und IV. Quadranten des Koordinatensystems, der auf dem Graphen von h liegt.
    c) Gib an, durch welche Verschiebung und Stauchung der Graph von h aus dem Graphen der Funktion k mit $k(x) = 0{,}5^x$ hervorgeht.
    d) Begründe, warum der Graph von h keinen Punkt im I. Quadranten haben kann.

16. Bestimme die Funktionsgleichungen zu den abgebildeten Funktionsgraphen.

a) 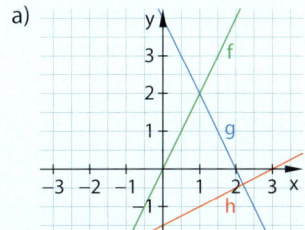   b) 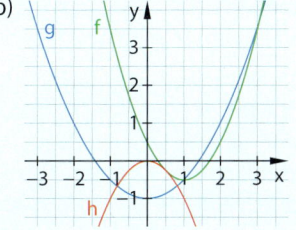   c)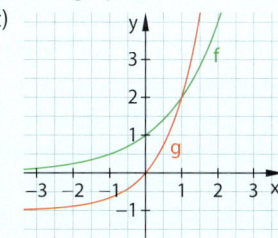

Vermischtes

17. Vervollständige die Gleichung mit den Seiten und Winkeln des Dreiecks DEF.
    a) $\sin \blacksquare = \dfrac{\blacksquare}{e}$
    b) $\cos(\delta) = \dfrac{\blacksquare}{\blacksquare}$
    c) $\blacksquare = \dfrac{d}{e}$

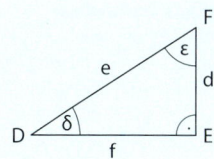

18. Berechne die fehlenden Seiten und Winkel des Dreiecks ABC und seinen Flächeninhalt. Konstruiere dann ein Dreieck mit den gegebenen Größen und kontrolliere deine rechnerischen Ergebnisse durch Nachmessen.
    a) $\gamma = 90°$; $\beta = 35°$; $a = 5$ cm
    b) $\beta = 90°$; $b = 3{,}9$ cm; $c = 3$ cm

6.1 Periodische Vorgänge

- Wasserstandsanzeiger zeigen in Häfen an der Nordsee unterschiedliche Pegelstände des Wassers unter und über dem mittleren Wasserstand an. Sie werden durch Ebbe und Flut verursacht. Die Tabelle zeigt einen konkreten Verlauf der Pegelstände.
  a) Stelle die Daten in einem Koordinatensystem dar. Beschreibe die Veränderung der Pegelstände.
  b) Verbinde die Punkte. Verlängere sie sinnvoll bis 24 Uhr.
  c) Ergänze mithilfe der Kurve die Tabelle stundenweise bis 24 Uhr.

Zeit	Pegel unter/über Null	Zeit	Pegel unter/über Null
0.00	−75 cm	8.00	150 cm
1.00	−33 cm	9.00	145 cm
2.00	0 cm	10.00	128 cm
3.00	40 cm	11.00	107 cm
4.00	74 cm	12.00	75 cm
5.00	106 cm	13.00	38 cm
6.00	131 cm	14.00	0 cm
7.00	143 cm		

Bestimmte Abläufe und Vorgänge in der Natur oder Technik wiederholen sich regelmäßig. Sie lassen sich grafisch darstellen und mathematisch beschreiben.

Periodische Vorgänge darstellen

Beispiel 1: Ein Riesenrad hat einen Radius von 10 m und dreht sich gleichmäßig gegen den Uhrzeigersinn um einen Punkt in 10,5 m Höhe. Eine Gondel, die im niedrigsten Punkt startet, erreicht diesen nach 30 Sekunden wieder.
Stelle die Zuordnung *Zeit (in s) ↦ Höhe der Gondel (in m)* in einem Koordinatensystem dar.

Hinweis:
Verwende Millimeterpapier, um die Werte möglichst genau ablesen zu können.

Lösung:
Die Gondel führt eine Drehbewegung um den Punkt $M(0|10,5)$ durch, die 30 Sekunden dauert. Der Startpunkt der untersten Gondel liegt bei $G(0|0,5)$. Nach 10 Sekunden hat sie sich um ein Drittel (30 s : 10 s = 3), also um 120° gedreht (360° : 3 = 120°). Durch Ablesen ergibt sich eine Höhe von 15,5 m.

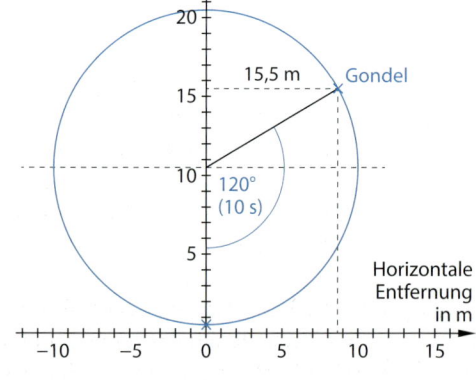

Nun werden ebenso weitere Höhen der Gondel in 2,5 Sekunden- bzw. 30°-Abständen ermittelt, die Punkte in das Koordinatensystem eingetragen und durch eine geschwungene Linie verbunden. Es entsteht eine Kurve, die die Kreisbewegung der Gondel in einem Koordinatensystem darstellt.

Hinweis:
Es ist sinnvoll, den Graphen mit einem Funktionenplotter (GTR) zu zeichnen.

Die größten Abweichungen vom Drehpunkt M sind 10 m nach oben sowie nach 10 m nach unten. Diese Größe wird **Amplitude** genannt. Am Graphen kann die Höhe der Gondel zu einem bestimmten Zeitpunkt abgelesen werden.

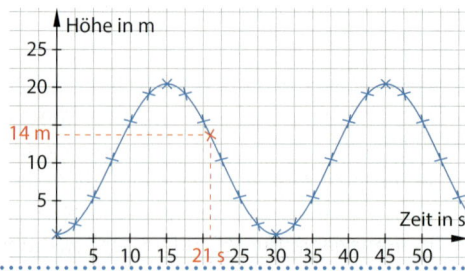

6.1 Periodische Vorgänge

> **Wissen: Periodische Vorgänge**
> Ein Vorgang heißt **periodisch**, wenn sich alle Werte in regelmäßigen Abständen wiederholen. Der kleinste Abstand, in dem sich die Werte wiederholen, heißt **Periode** (oder Periodenlänge). Die größte Abweichung vom mittleren Wert nach oben oder nach unten heißt **Amplitude**.

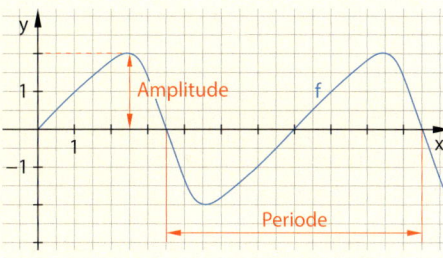

Basisaufgaben

1. Prüfe, ob ein periodischer Vorgang vorliegt. Wenn ja, ermittle Periode und Amplitude.
   a) b) c) d)

2. Skizziere drei Graphen, die jeweils einen periodischen Vorgang darstellen. Notiere die zugehörigen Amplituden und Periodenlängen.

3. Der große Zeiger eines Reiseweckers steht auf 12:00 Uhr, er ist 3 cm lang. Die Bewegung der Zeigerspitze in Abhängigkeit von der Zeit soll grafisch dargestellt werden. Der Punkt, um den sich der Zeiger dreht, soll im Koordinatenursprung liegen.
   a) Lege eine Wertetabelle für 0 min ≤ x ≤ 60 min in Abständen von fünf Minuten an. Ermittle grafisch die jeweilige Entferung der Zeigerspitze von der x-Achse (in Zentimetern) und notiere sie in der Tabelle. Stelle die Werte in einem Koordinatensystem dar.
   b) Lies am Graphen ab: In welchen Punkten befindet sich die Zeigerspitze um 12.17 Uhr (um 12:28 Uhr, um 12:46 Uhr)? Welche Uhrzeiten gehören zum y-Wert 2,5 cm?

4. Das London Eye ist mit 130 m Durchmesser eines der weltweit größten Riesenräder. Der Drehpunkt liegt in einer Höhe von 68 m. Circa 15 Minuten nach dem Einsteigen erreicht man den höchsten Punkt.
   a) Zeichne einen Graphen, der die Gondelhöhe (in m) in Abhängigkeit von der Zeit (in min) darstellt. Gib die Periode und die Amplitude des Drehvorgangs an.
   b) Eine Gondel startet am tiefsten Punkt. Lies am Graphen die Höhe der Gondel nach 25,5 Minuten ab.

Hinweis: Das Riesenrad dreht sich sehr langsam, so dass man zusteigen kann, ohne dass das Riesenrad anhalten muss.

Weiterführende Aufgaben

5. Skizziere Graphen periodischer Vorgänge mit den angegebenen Eigenschaften.
   a) Periodenlänge 1 min; Amplitude 4 cm
   b) Periodenlänge 100 s; Amplitude 4 LE; kleinster Funktionswert 2
   c) Periodenlänge 360°; kleinster Funktionswert −3; größter Funktionswert 1

6. Prüfe, ob ein periodischer Vorgang vorliegt. Wenn ja, bestimme die Periode.

a)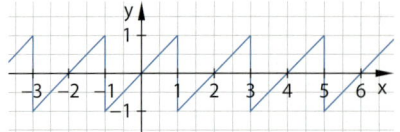

b)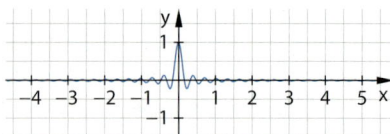

c)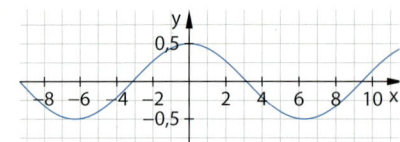

d)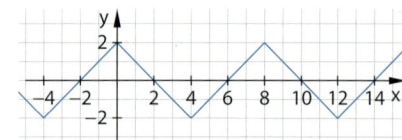

7. a) Spannung an einem Schaltkreis wird mit einem Oszilloskop dargestellt. Gib Amplitude und Periodenlänge an.

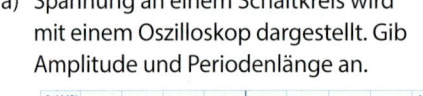

b) Das Elektrokardiogramm (kurz: EKG) zeigt den menschlichen Herzschlag. Ermittle die Periodenlänge.

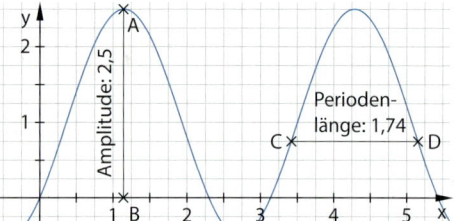

8. **Stolperstelle:** Lara liest aus der nebenstehenden Zeichnung die Amplitude und die Periodenlänge eines periodischen Vorgangs ab.
Beschreibe, was sie dabei falsch macht.

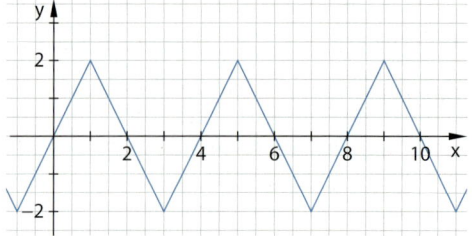

9. Die Gondel einer Seilbahn benötigt für eine Berg- bzw. Talfahrt je 15 Minuten. An der Tal- und der Bergstation legt sie zum Ein- und Aussteigen eine Pause von je 5 Minuten ein. Die Bergstation liegt 500 Meter höher als die Talstation.
   a) Stelle die Zuordnung *Zeit (in min) → Höhe der Gondel über der Talstation (in m)* für einen Zeitraum von 80 Minuten in einem Koordinatensystem dar.
   b) Begründe, dass der Vorgang periodisch ist. Notiere Amplitude und Periode.
   c) Die Gondel startet an der Talstation. Lies aus der Zeichnung die Höhe der Kabine über der Talstation nach 24 min (nach 48 min) ab.
   d) Die Gondel startet an der Bergstation. Lies die Höhe nach 3 min (nach 19 min) ab.

Hinweis zu 9 a:
Skaliere die x-Achse von 0 bis 80 min und die y-Achse von 0 bis 500 m Höhe über der Talstation.

10. Erläutere drei eigene Beispiele für periodische Vorgänge aus deiner Umwelt. Skizziere passende Graphen.

• 11. **Ausblick:** Die Abbildung zeigt einen Ausschnitt eines periodischen Vorgangs.
   a) Begründe, dass dieser Vorgang nicht durch eine einzige Funktionsgleichung beschrieben werden kann.
   b) Stelle vier Geradengleichungen auf, mithilfe derer man den Vorgang für $0 \leq x \leq 6$ erfassen kann.

6.2 Sinusfunktion und Kosinusfunktion

■ Wird eine in Schwingung versetzte Stimmgabel über eine berußte Glasplatte gezogen, so ergibt sich das Bild eines periodischen Vorgangs. Man kann die Schwingung der Stimmgabel auch elektronisch aufzeichnen und als Graph darstellen.

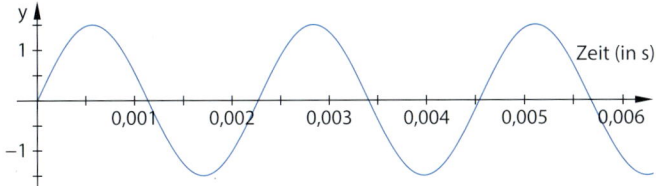

a) Bestimme aus dem Graphen rechts die Amplitude und die Periode der Schwingung.
b) Berechne, wie viele Schwingungen pro Sekunde diese Stimmgabel vollzieht. ■

Sinus und Kosinus am Einheitskreis

Ein Kreis mit dem Radius 1 Längeneinheit wird als **Einheitskreis** bezeichnet.
Zu einem Winkel $0 < \alpha < 90°$ findet man einen eindeutigen Punkt $P(x_P|y_P)$ auf einem Einheitskreis mit Mittelpunkt im Ursprung. Mit dem Punkt P kann ein rechtwinkliges Dreieck gebildet werden, dass den Winkel α im Ursprung enthält. Die Hypotenuse des Dreiecks hat die Länge 1 (Radius des Kreises). Daher gilt:

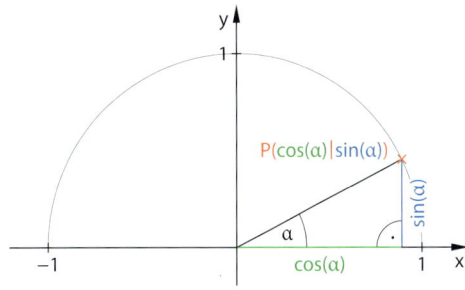

Erinnere dich:
In einem rechtwinkligen Dreieck gilt:
$\sin(\alpha) = \frac{\text{Gegenkathete}}{\text{Hypotenuse}}$
$\cos(\alpha) = \frac{\text{Ankathete}}{\text{Hypotenuse}}$

$\cos(\alpha) = \frac{x_P}{1} = x_P$ und $\sin(\alpha) = \frac{y_P}{1} = y_P$

Der Punkt P_1 hat also die Koordinaten $(\cos(\alpha_1)|\sin(\alpha_1))$.

Mit dieser Vorstellung lassen sich Sinus und Kosinus auch für Winkel größer als 90° definieren. Für einen Winkel α zwischen 90° und 180° liegt der Punkt P im II. Quadranten. Die x-Koordinate von P (also cos α) ist negativ.

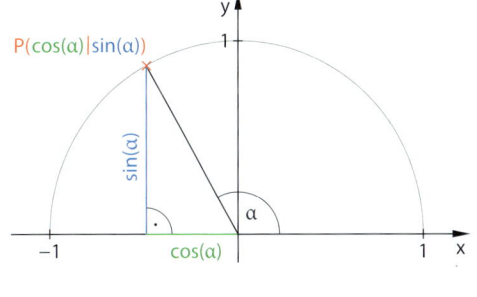

Hinweis:

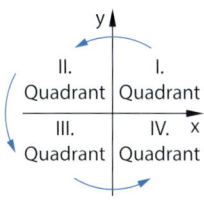

Analog geht man bei Winkeln zwischen 180° und 270° (III. Quadrant) sowie zwischen 270° und 360° (IV. Quadrant) vor. Dadurch können Sinus und Kosinus auch negative Werte annehmen. Die folgende Tabelle macht das deutlich.

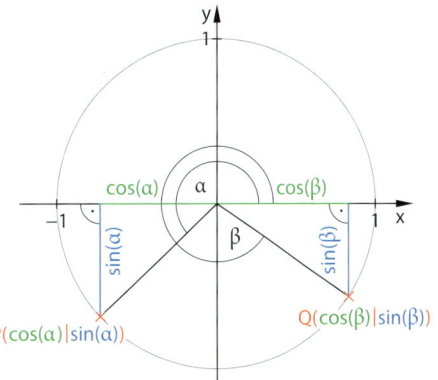

Quadrant	1.	2.	3.	4
Sinus	+	+	−	−
Kosinus	+	−	−	+

6. Periodische Vorgänge

> **Wissen: Sinus und Kosinus am Einheitskreis**
> Sinus und Kosinus eines Winkels α können am Einheitskreis für beliebige Winkel zwischen 0° und 360° dargestellt werden. Der zugehörige Punkt P auf der Kreislinie hat die Koordinaten (cos (α) | sin (α)). Sinus- und Kosinuswerte können ein negatives Vorzeichen haben.

Beispiel 1: Ermittle die Werte am Einheitskreis   a) sin 140°;   b) cos 140°.

Hinweis
Man kann z. B. auch 10 Kästchenbreiten für eine Längeneinheit nehmen.

Lösung:
Zeichne einen Einheitskreis. Wähle z. B. 5 Kästchenbreiten für eine Längeneinheit. Dann ist 1 Kästchenbreite = 0,2 LE. Trage im Ursprung einen Winkel von 140° ab und markiere den Punkt P auf der Kreislinie. Zeichne das zu P gehörige rechtwinklige Dreieck. Aus den Längen der beiden Katheten ergeben sich die Koordinaten von P mit (cos (140°) | sin (140°)).

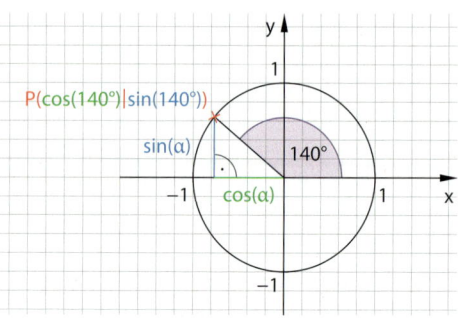

a) Lies den Sinuswert im rechtwinkligen Dreieck ab (Länge der blauen Kathete). Rechne von Kästchenbreiten in Längeneinheiten um.

    blaue Kathete ≈ 3,2 Kästchenbreiten
    3,2 Kästchenbreiten = 3,2 · 0,2 LE
                                 = 0,64 LE
    sin (140°) ≈ 0,64

b) Lies im rechtwinkligen Dreieck den Kosinuswert (Länge der grünen Kathete) ab. Beachte, dass der Kosinuswert negativ ist, weil er im negativen Bereich der x-Achse liegt.

    grüne Kathete ≈ 3,8 Kästchenbreiten
    3,8 Kästchenbreiten = 3,8 · 0,2 LE
                                 = 0,76 LE
    cos (140°) ≈ –0,76

Basisaufgaben

1. Bestimme mithilfe eines Einheitskreises die folgenden Sinus- bzw. Kosinuswerte.
   a) sin (50°)   b) sin (165°)   c) cos (210°)   d) sin (335°)

2. Ermittle Sinus- und Kosinuswerte für die Sonderfälle α = 0°, α = 90°, α = 180°, α = 270° und α = 360°. Nutze dafür grafische Veranschaulichungen am Einheitskreis.

3. a) Notiere, für welche Winkelbereiche der Sinus eines Winkels positiv (negativ) ist.
   b) Notiere, für welche Winkelbereiche der Kosinus eines Winkels positiv (negativ) ist.

4. Welches Vorzeichen hat der Sinuswert? Begründe am Einheitskreis.
   a) sin (120°)   b) sin (45°)   c) sin (1°)   d) sin (237°)
   e) sin (56,23°)   f) sin (359°)   g) sin (275°)   h) sin (185°)

5. Welches Vorzeichen hat der Kosinuswert? Begründe am Einheitskreis.
   a) cos (110°)   b) cos (215°)   c) cos (345°)   d) cos (220°)
   e) cos (120°)   f) cos (275°)   g) cos (136°)   h) cos (269°)

6. Gib passende Teilbereiche für Winkel zwischen 0° und 360° an, in denen gilt:
   a) 0 ≤ sin (α) ≤ 0,5   b) sin (α) ≤ 0
   c) –0,5 ≤ cos (α) ≤ 0,5   d) cos (α) ≤ –0,5

6.2 Sinusfunktion und Kosinusfunktion

Die Sinusfunktion

Bewegt man den Punkt P entgegen dem Uhrzeigersinn auf der Kreislinie des Einheitskreises, so kann man jedem beliebigen Winkel α einen Wert sin(α) zuordnen.
Überträgt man diese Wertepaare in ein Koordinatensystem, indem auf der waagerechten Achse der Winkel α dargestellt wird, so erhält man den Graphen der Sinusfunktion f für 0° ≤ α ≤ 360°.
Die Sinusfunktion f hat die Gleichung f(α) = sin(α).

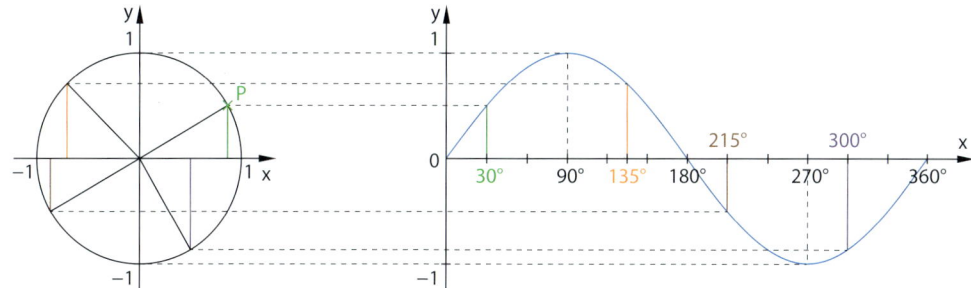

Die Sinusfunktion lässt sich auch für Winkel größer als 360° und kleiner als 0° darstellen:
① Wird der Punkt P auf der Kreislinie über α = 360° hinaus bewegt (entgegen dem Uhrzeigersinn), so wiederholen sich die Funktionswerte der Sinusfunktion regelmäßig, z. B. gilt sin(60°) = sin(60° + 360°) = sin(420°) = sin(420° + 360°) = sin(780°) = …
② Wird der Punkt P anders herum (also im Uhrzeigersinn) um den Koordinatenursprung gedreht, so erhält die Winkelgröße zur Unterscheidung ein negatives Vorzeichen. Damit entsprechen sich zum Beispiel die Winkel −30° und 330°. Deshalb ist sin(−30°) = sin(330°).
Allgemein entsprechen sich die Winkel −α und (360° − α). Es gilt sin(−α) = sin(360° − α).

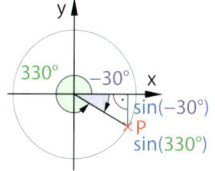

> **Wissen: Sinusfunktion**
> Die Funktion f mit der Gleichung f(α) = sin(α) heißt **Sinusfunktion**.
> Die Sinusfunktion hat eine **Periode** der Länge 360° und die Amplitude 1.

Beispiel 2: Lies aus dem Graphen der Sinusfunktion die Koordinaten der Punkte A, B, C und D ab.

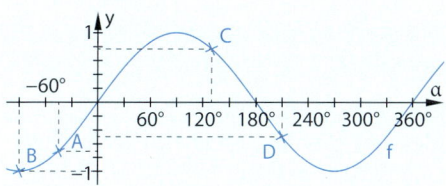

Lösung:
Lies die α-Koordinate an der α-Achse und die y-Koordinate an der y-Achse ab.
$α_A ≈ −45°$; $y_A ≈ −0{,}7$ → A(−45°|−0,7)
B(−90°|−1); C(130°|0,8); D(210°|−0,5)

Basisaufgaben

7. a) Zeichne den Graphen der Sinusfunktion für −360° ≤ α ≤ 540°.
   b) Lies aus dem Graphen die Sinuswerte zu den Winkeln 40°, 150°, 240°, 300°, 510°, −150° ab.
   c) Bestimme mithilfe des Graphen alle Winkel zum Sinuswert 0,6.

8. Ordne einander die Winkel zu, die den gleichen Sinuswert haben.

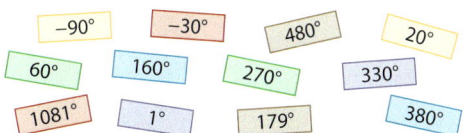

Hinweis zu 7:
Wähle eine geeignete Skalierung der α-Achse. Nutze möglichst die gesamte Heftbreite aus.

Die Kosinusfunktion

Bewegt man den Punkt P entgegen dem Uhrzeigersinn auf der Kreislinie des Einheitskreises, so kann man jedem beliebigen Winkel α auch einen Wert cos(α) zuordnen. Überträgt man die Wertepaare in ein Koordinatensystem mit einer waagerechten α-Achse, so erhält man den Graphen der Kosinusfunktion f für 0° ≤ α ≤ 360°. Sie hat die Gleichung f(α) = cos(α).

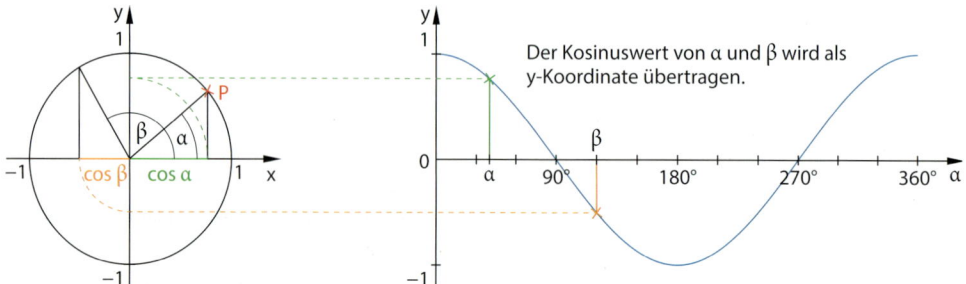

Die Kosinusfunktion lässt sich auch für Winkel größer als 360° und kleiner als 0° darstellen:
① Wird der Punkt P auf der Kreislinie über α = 360° hinaus bewegt (entgegen dem Uhrzeigersinn), so wiederholen sich die Funktionswerte der Kosinusfunktion regelmäßig, z.B. gilt: cos(30°) = cos(30° + 360°) = cos(390°) = cos(390° + 360°) = cos(750°) = …
② Auch die Kosinusfunktion kann man – wie zuvor die Sinusfunktion, siehe Seite 175 – auf Winkel erweitern, die ein negatives Vorzeichen haben.

Wissen: Kosinusfunktion
Die Funktion f mit der Gleichung f(α) = cos(α) heißt Kosinusfunktion.
Die Kosinusfunktion hat eine Periode der Länge 360° und die Amplitude 1.

Beispiel 3: Lies aus dem Graphen der Kosinusfunktion die Koordinaten der Punkte P, Q, R und S ab.

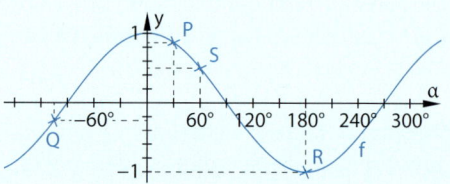

Lösung:
Lies für P die α-Koordinate an der α-Achse und die y-Koordinate an der y-Achse ab. $α_P ≈ 30°$; $y_P ≈ 0{,}9 → P(30°|0{,}9)$
Verfahre ebenso bei den Punkten Q, R und S. $Q(-105°|-0{,}26)$; $R(180°|-1)$; $S(60°|0{,}5)$

Basisaufgaben

Hinweis zu 9:
Wähle eine geeignete Skalierung der α-Achse. Nutze möglichst die gesamte Heftbreite aus.

9. a) Zeichne den Graphen der Kosinusfunktion für −180° ≤ α ≤ 450°.
   b) Lies aus dem Graphen die Kosinuswerte zu den Winkeln −120°, −30°, 240°, 310° ab.
   c) Bestimme mithilfe des Graphen alle Winkel zum Kosinuswert 0,4.

Hinweis:
Achte darauf, dass an deinem Taschenrechner das richtige Gradmaß (DEG) eingestellt ist.

10. Ordne einander die Winkel zu, die den gleichen Kosinuswert haben.

11. Berechne den Sinus- und den Kosinuswert des Winkels mit dem Taschenrechner.
    a) α = 3°   b) α = 100°   c) α = 125°   d) α = 325°   e) α = 424°   f) α = −125°

Weiterführende Aufgaben

12. Berechne mit dem Taschenrechner: sin (50°), sin (130°), sin (410°), sin (−230°). Was fällt dir auf? Begründe.

13. **Stolperstelle:** Jette behauptet, dass man in dem Term sin (−α) den Faktor −1 ausklammern kann, sodass gilt sin (−α) = −sin (α). Erläutere, dass man −1 nicht ausklammern kann. Begründe, dass die Aussage sin (−α) = − sin (α) dennoch richtig ist.

14. Prüfe die Aussage. Begründe deine Entscheidung.
    a) Die Sinusfunktion hat unendlich viele Nullstellen.
    b) Die Sinusfunktion hat mehr Nullstellen als Tiefpunkte.

Hinweis zu 14:
Eigenschaften von Funktionen:
- Achsensymmetrie und Punktsymmetrie
- Lage der Hoch- und Tiefpunkte
- Lage der Nullstellen
- Bereiche, in denen die Funktionswerte negativ sind.

15. Jan zeichnet den Graphen der Sinusfunktion so: Mit dem Geodreieck zeichnet er zwei passende Geraden und mit dem Zirkel einen Kreis (rot). Dann markiert er freihand den Graphen (grün).
    a) Gib Funktionsgleichungen zu den Geraden an.
    b) Gib Mittelpunkt und Radius des Kreises an.
    c) Zeichne auf diese Weise den Graphen der Sinusfunktion für 0° ≤ α ≤ 720°.

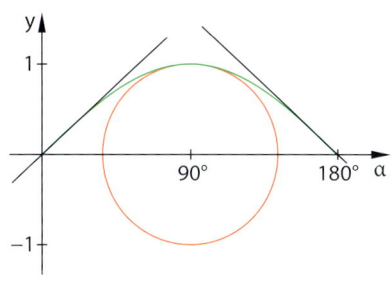

16. Setze für ■ „+" oder „−" ein, sodass für Winkel mit 0° < α < 90° eine wahre Aussage entsteht.
    a) sin (180° + α) = −sin (180° ■ α)
    b) −sin (α) = sin (360° ■ α)
    c) cos (180° − α) = ■ cos (α)
    d) cos (α) = sin (90° ■ α)

17. a) Zeichne den Graphen der Sinusfunktion für −360° ≤ α ≤ 540°. Zeige am Graphen mit zwei Beispielen, dass verschiedene Winkel den gleichen Sinuswert haben können.
    b) Finde je zwei Beispiele für Winkel zwischen −180° und 360°, die denselben positiven Kosinuswert haben (denselben negativen Kosinuswert).

18. Zeichne die Graphen von Kosinusfunktion und Sinusfunktion für zwei Periodenlängen.
    a) Vergleiche die Graphen miteinander. Benenne Gemeinsamkeiten und Unterschiede.
    b) Ermittle die Schnittpunkte der Graphen.

19. Gib drei passende Winkel α an.
    a) $\sin(\alpha) = \frac{1}{2}$
    b) $\sin(\alpha) = \frac{1}{2}\sqrt{3}$
    c) $\sin(\alpha) = \frac{1}{2}\sqrt{2}$
    d) $\sin(\alpha) = -\frac{1}{2}\sqrt{2}$
    e) $\cos(\alpha) = \frac{1}{2}$
    f) $\cos(\alpha) = \frac{1}{2}\sqrt{3}$
    g) $\cos(\alpha) = \frac{1}{2}\sqrt{2}$
    h) $\cos(\alpha) = -\frac{1}{2}\sqrt{2}$

● 20. **Ausblick: Tangensfunktion und Einheitskreis**
    a) Begründe, dass die rot markierte Linie im Bild rechts den Tangenswert von α und die blau markierte Linie den Tangenswert von β darstellt.
    b) Ermittle am Einheitskreis die Vorzeichen der Tangenswerte in den vier Quadranten.
    c) Erstelle eine Wertetabelle mit den Tangenswerten von Winkeln zwischen 0° und 360°. Stelle sie grafisch in einem Koordinatensystem dar.
    d) Beschreibe den Verlauf des Graphen der Tangensfunktion. Ermittle die Periodenlänge.

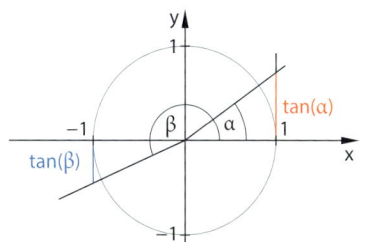

Hinweis:
$\tan(\alpha) = \frac{\text{Gegenkathete}}{\text{Ankathete}}$

Paare suchen!

a) Finde heraus: Für welchen Bruch steht der Platzhalter ■ in der Tabelle oben?
① $\frac{1}{4}$ ② $\frac{1}{3}$ ③ $\frac{1}{2}$

b) Setze für … die Wurzeln $\sqrt{0}$; $\sqrt{1}$; $\sqrt{2}$; $\sqrt{3}$; $\sqrt{4}$ oder $\sqrt{5}$ so ein, dass die Tabelle unten richtig ausgefüllt ist. Eine Wurzel bleibt übrig.

c) Beschreibe die Regelmäßigkeiten. ■

α	0°	30°	45°	60°	90°
cos(α)	■ · $\sqrt{4}$	■ · $\sqrt{3}$	■ · $\sqrt{2}$	■ · $\sqrt{1}$	■ · $\sqrt{0}$

α	0°	30°	45°	60°	90°
sin(α)	$\frac{1}{2}$ · …	$\frac{1}{2}$ · …	$\frac{1}{2}$ · …	$\frac{1}{2}$ · …	$\frac{1}{2}$ · …

Für einige Winkel lassen sich die Funktionswerte der Sinus- und der Kosinusfunktion auf spezielle Weise angeben. So ist zum Beispiel
$\sin(135°) = \frac{1}{2}\sqrt{2} = \frac{1}{\sqrt{2}} = 0{,}707\,106\,781\,\ldots \approx 0{,}7071$ und
$\cos(-210°) = -\frac{1}{2}\sqrt{3} = -0{,}866\,025\,403\,\ldots \approx -0{,}8660$.

Spezielle Funktionswerte lassen sich übersichtlich in einer Tabelle darstellen.

α	0°	30°	45°	60°	90°	120°	135°	150°	180°
sin(α)	0	$\frac{1}{2}$	$\frac{1}{2}\sqrt{2}$	$\frac{1}{2}\sqrt{3}$	1	$\frac{1}{2}\sqrt{3}$	$\frac{1}{2}\sqrt{2}$	$\frac{1}{2}$	0
cos(α)	1	$\frac{1}{2}\sqrt{3}$	$\frac{1}{2}\sqrt{2}$	$\frac{1}{2}$	0	$-\frac{1}{2}$	$-\frac{1}{2}\sqrt{2}$	$-\frac{1}{2}\sqrt{3}$	−1

α	180°	210°	225°	240°	270°	300°	315°	330°	360°
sin(α)	0	$-\frac{1}{2}$	$-\frac{1}{2}\sqrt{2}$	$-\frac{1}{2}\sqrt{3}$	−1	$-\frac{1}{2}\sqrt{3}$	$-\frac{1}{2}\sqrt{2}$	$-\frac{1}{2}$	0
cos(α)	−1	$-\frac{1}{2}\sqrt{3}$	$-\frac{1}{2}\sqrt{2}$	$-\frac{1}{2}$	0	$\frac{1}{2}$	$\frac{1}{2}\sqrt{2}$	$\frac{1}{2}\sqrt{3}$	1

Auf der Rückseite des Buches findet ihr den Spielplan für das Spiel „Paare suchen!". In der Mitte befindet sich ein Einheitskreis (Radius 1 Längeneinheit) mit 24 beschrifteten Winkelfeldern (dunkelblau). Außen herum sind 24 Wertefelder (hellblau) angeordnet, in denen die Sinus- oder Kosinuswerte der Winkel stehen. Mit dem Spiel „Paare suchen!" könnt ihr üben, speziellen Winkeln ihren Sinus- oder Kosinuswert zuzuordnen. Für diese Werte werden jeweils unterschiedliche Schreibweisen verwendet.
Es gibt verschiedene Varianten – und ihr könnt ausgehend von dieser Spielidee auch eigene Abwandlungen erstellen. Bezieht zum Beispiel das Bogenmaß mit ein!

Information:
Das Bogenmaß wird ab Seite 180 thematisiert.

Streifzug

Wissen: Paare suchen! (Basisvariante) für vier Mitspielerinnen und Mitspieler

Spielmaterial: Spielplan, 24 Bohnen, Cent-Münzen o. ä., zwei gleichfarbige Spielsteine

Vorbereitung:
1. Bildet zwei Zweierteams A und B.
2. Verteilt die 24 Bohnen (oder Cent-Münzen …) auf die Wertefelder am Rand. Legt sie so hin, dass die Zahlen in den Randfeldern sichtbar bleiben.

Spielablauf:
1. Ein Spieler aus Team A setzt einen Spielstein auf ein dunkelblaues Winkelfeld, zum Beispiel 30°.
2. Der andere Spieler aus Team A setzt den anderen Spielstein auf ein hellblaues Wertefeld, in dem der Sinuswert des Winkels steht. (Tipp: Nutzt das Karoraster. Damit kann man den Sinuswert direkt ablesen, da es sich um einen Einheitskreis handelt.)
3. Kontrolliert gemeinsam.
4. Wenn die Zuordnung richtig war, kann sich das Team A die Bohne vom Wertefeld nehmen.
5. Nun ist Team B an der Reihe – mit den Schritten 1. bis 4.
6. Wenn Team A oder B erneut an der Reihe ist, dann wechseln die Rollen. Der Spieler, der zuletzt das Wertefeld angegeben hat, setzt nun zuerst (also entsprechend dem 1. Schritt einen Spielstein auf ein Winkelfeld). Der Spieler, der zuletzt das Winkelfeld vorgegeben hat, setzt nun auf das Wertefeld.

Spielende: Das Spiel endet, wenn alle Bohnen vergeben sind oder nach einer vorher verabredeten Zeit. Es gewinnt das Team, das mehr Bohnen eingesammelt hat.

Aufgaben

1. **Paare suchen! mit Kosinuswerten**
   a) Spielt wie in der Basisvariante, aber mit Kosinuswerten statt mit Sinuswerten.
   b) Begründet an Beispielen, warum man Paare suchen! sowohl mit Sinuswerten als auch mit Kosinuswerten spielen kann.

2. **Paare suchen! anders herum**
   Ihr könnt die Spielidee auch umkehren: Setzt den Spielstein zuerst auf ein Wertefeld außen. Dem Wertefeld muss dann ein passendes Winkelfeld zugeordnet werden. Einigt euch vorher, ob ihr mit Sinus- oder mit Kosinuswerten spielen wollt.

3. **Paare suchen! mit Bogenmaß**
   Erstellt euch einen eigenen Spielplan, auf dem die Winkel im Bogenmaß statt im Gradmaß eingetragen sind. Auch damit könnt ihr Paare finden! spielen.

4. **Leporello mit Grad- und Bogenmaß**
   Erstelle dir aus einem Streifen Zeichenkarton ein Leporello. Unterteile es gleichmäßig in 3 cm breite Felder. Schreibe auf die Vorderseiten die Winkel 0°, 15°, 30°, 45°, … 360° im Gradmaß.
   Schreibe auf die Vorderseiten die jeweiligen Winkel im Bogenmaß in der Form $\frac{p}{q} \cdot \pi$ (p, q natürliche Zahlen).
   Beispiel: 15° und $\frac{1}{12} \cdot \pi$

6.3 Winkel im Bogenmaß

■ Eine Kugelstoßanlage besteht aus einem Wurfkreis und einem Kreissektor zum Auftreffen der Kugel, der einen Öffnungswinkel von 40° und eine Radiuslänge von 25 m hat.
a) Ermittle für die Markierungen bei 10 m, 15 m, 20 m und 25 m die zugehörigen Bogenlängen.
b) Bilde jeweils den Quotienten aus der Bogenlänge und dem zugehörigen Teilradius. Was fällt dir auf? ■

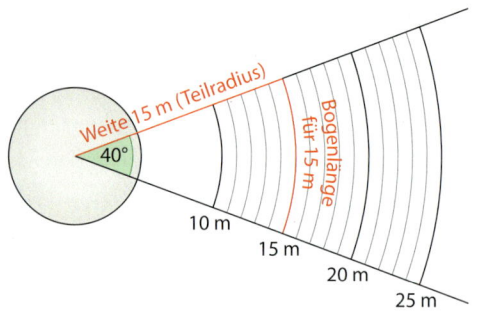

Winkel im Bogenmaß messen

Für die Längen der Bögen mit den Radien r_1, r_2, r_3 gilt:

$b_{\alpha, r_1} = \pi \cdot r_1 \cdot \frac{\alpha}{180°}$

$b_{\alpha, r_2} = \pi \cdot r_2 \cdot \frac{\alpha}{180°}$

$b_{\alpha, r_3} = \pi \cdot r_3 \cdot \frac{\alpha}{180°}$

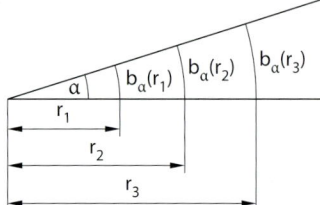

Bildet man die Quotienten aus den Bogenlängen und den zugehörigen Radien, so ergibt sich:

$\dfrac{b_{\alpha, r_1}}{r_1} = \pi \cdot \dfrac{\frac{r_1 \cdot \alpha}{180°}}{r_1} = \pi \cdot \dfrac{\alpha}{180°}$ $\qquad \dfrac{b_{\alpha, r_2}}{r_2} = \pi \cdot \dfrac{\frac{r_2 \cdot \alpha}{180°}}{r_2} = \pi \cdot \dfrac{\alpha}{180°}$ $\qquad \dfrac{b_{\alpha, r_3}}{r_3} = \pi \cdot \dfrac{\frac{r_3 \cdot \alpha}{180°}}{r_3} = \pi \cdot \dfrac{\alpha}{180°}$

Für einen festen Winkel α haben die Quotienten $b_{\alpha, r_1} : r_1$, $b_{\alpha, r_2} : r_2$ und $b_{\alpha, r_3} : r_3$ aus Bogenlänge und Radius immer den Wert $\pi \cdot \frac{\alpha}{180°}$. Sie sind also konstant. Deshalb kann dieser Quotient als Maß für die Winkelgröße von α benutzt werden. Damit hat man neben dem Gradmaß eine weitere Möglichkeit, Winkelgrößen anzugeben.

> **Wissen: Winkel im Bogenmaß**
> Mit $x = \pi \cdot \frac{\alpha}{180°}$ wird eine Zahl berechnet, die man das Bogenmaß des Winkels α nennt.
> Mit dem Bogenmaß lässt sich die Größe von Winkeln nur durch Zahlen beschreiben.

Hinweis:
Wichtige Winkel im Grad- und Bogenmaß

Grad	Bogenmaß
0°	0
30°	$\frac{\pi}{6}$
45°	$\frac{\pi}{4}$
60°	$\frac{\pi}{3}$
90°	$\frac{\pi}{2}$
180°	π
270°	$\frac{3}{2}\pi$
360°	2π

Beispiel 1: Rechne um:
a) vom Gradmaß ins Bogenmaß: α = 140°;
b) vom Bogenmaß ins Gradmaß: $x = \frac{2}{3}\pi$.

Lösung:
a) Benutze die Formel $x = \pi \cdot \frac{\alpha}{180°}$, um das Gradmaß von α in das Bogenmaß umzurechnen.

$x = \pi \cdot \frac{\alpha}{180°}$
$= \pi \cdot \frac{140°}{180°}$
$= \pi \cdot \frac{7}{9} \approx 2{,}44$

b) Stelle die Formel $x = \pi \cdot \frac{\alpha}{180°}$ nach α um. Benutze die umgestellte Formel $\alpha = x \cdot \frac{180°}{\pi}$, um das Bogenmaß von x in das Gradmaß umzurechnen.

$x = \pi \cdot \frac{\alpha}{180°} \qquad | \cdot 180° : \pi$
$\alpha = x \cdot \frac{180°}{\pi}$
$= \frac{2}{3} \cdot \pi \cdot \frac{180°}{\pi}$
$= \frac{2}{3} \cdot 180° = 120°$

6.3 Winkel im Bogenmaß

Basisaufgaben

1. Rechne in das Bogenmaß um. Runde auf zwei Nachkommastellen.
   a) 90°   b) 45°   c) 10°   d) 180°   e) 205°   f) 270°   g) 320°   h) 360°

2. Rechne in das Gradmaß um. Runde auf zwei Nachkommastellen.
   a) $\frac{1}{6}\pi$ b) $\frac{4}{3}\pi$ c) π d) 0,5   e) 1,2   f) 3,1   g) 4,95

3. Finde zusammengehörige Paare.

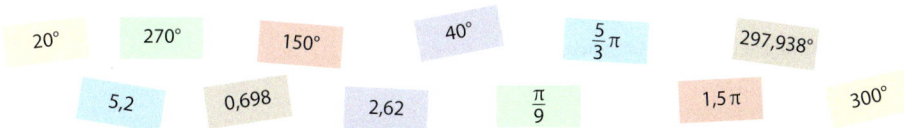

   Hinweis: Beachte, dass Winkelgrößen im Bogenmaß teilweise gerundete Werte sind.

4. Gib im Bogenmaß bzw. im Gradmaß an.
   a) 540°   b) 420°   c) 810°   d) 700°   e) 4π f) $4,5\pi$ g) −45°   h) −2,5π i) −0,2π

   Hinweis: Erweitert man die Vorstellung vom Einheitskreis (siehe Seite 173), so kann man auch Bogenmaße zu Winkeln ermitteln, die größer als 360° oder kleiner als 0° sind, und umgekehrt Winkel zu Bogenmaßen, die größer als 2π oder kleiner als 0 sind.

5. Rechne vom Gradmaß in das Bogenmaß um. Runde auf die zweite Nachkommastelle.
   a) 45°   b) 110°   c) −30°   d) 225°   e) 76°   f) −23,5°   g) 0,7°   h) 720°   i) −340°

6. Rechne vom Bogenmaß in das Gradmaß um. Runde auf die zweite Nachkommastelle.
   a) 3π b) $\frac{3}{4}\pi$ c) 24π d) $-1,5\pi$ e) 5   f) 2,06   g) −0,9   h) 6,28   i) −0,03

7. Ergänze die fehlenden Werte in den Tabellen.

a)

Winkel im Gradmaß	0°	90°		240°		450°	500°	−50°
Winkel im Bogenmaß			2,36		5,76			

b)

Winkel im Gradmaß					180°		229°	
Winkel im Bogenmaß	0	$\frac{2}{45}\pi$	$\frac{\pi}{36}$	$\frac{\pi}{5}$		2,74		−2,2

8. Rechne in das andere Winkelmaß um. Runde auf die zweite Nachkommastelle.
   a) 51π b) 37°   c) −121,3°   d) $-9,7\pi$
   e) $11,37\pi$ f) 405°   h) $-\frac{1}{23}\pi$ i) 315°

   Hinweis zu 8: Die (gerundeten) Lösungen zu a, b, c, h und i findest du hier.

Sinusfunktion und Kosinusfunktion für Winkel im Bogenmaß

Mit dem Bogenmaß können Winkelgrößen durch Zahlen angegeben werden. Dadurch ergibt sich eine weitere Möglichkeit, die Sinus- und die Kosinusfunktion darzustellen.

> **Wissen: Sinus- und Kosinusfunktion**
> Die Funktion f mit der Gleichung $f(x) = \sin(x)$ heißt Sinusfunktion. Die Funktion g mit der Gleichung $g(x) = \cos(x)$ heißt Kosinusfunktion. Für x werden beliebige Zahlen eingesetzt. Beide Funktionen haben eine Periode der Länge 2π. Es gilt:
> $\sin(x) = \sin(x + 2\pi) = \sin(x + 4\pi) \ldots$ $\cos(x) = \cos(x + 2\pi) = \cos(x + 4\pi) \ldots$

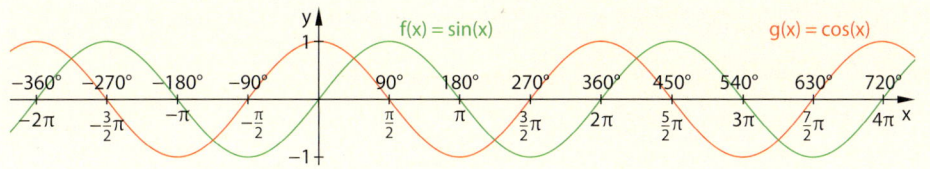

Hinweis:
Beachte: Will man mit dem Taschenrechner den Sinus zu einem Winkel bestimmen, so muss das Winkelmaß richtig eingestellt sein. „DEG" steht für „degree", also Gradmaß, „RAD" für das **Bogenmaß**. In der Regel ist „DEG" voreingestellt.

Beispiel 2:
a) Zeichne den Graphen der Sinusfunktion.
b) Ermittle alle Nullstellen, Hochpunkte und Tiefpunkte im Bereich $-\frac{\pi}{2} \leq x \leq \frac{5}{2}\pi$.

Lösung:
a) Zeichne die Sinuskurve im geforderten Bereich in ein Koordinatensystem.

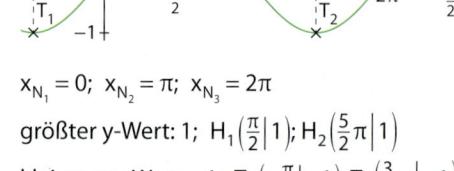

b) Nullstellen: Lies die x-Koordinaten der Punkte ab, in denen die Sinuskurve die x-Achse schneidet.
Hochpunkte: Lies die Koordinaten der Punkte mit dem größten y-Wert ab.
Tiefpunkte: Lies die Koordinaten der Punkte mit dem kleinsten y-Wert ab.

$x_{N_1} = 0$; $x_{N_2} = \pi$; $x_{N_3} = 2\pi$

größter y-Wert: 1; $H_1\left(\frac{\pi}{2}\Big|1\right)$; $H_2\left(\frac{5}{2}\pi\Big|1\right)$

kleinster y-Wert: −1; $T_1\left(-\frac{\pi}{2}\Big|-1\right)$; $T_2\left(\frac{3}{2}\pi\Big|-1\right)$

Basisaufgaben

9. Skizziere den Graphen der Kosinusfunktion für $-\pi \leq x \leq 3\pi$ und lies alle Nullstellen, Hoch- und Tiefpunkte in diesem Bereich ab. Markiere sie in der Skizze.

Hinweis:
Die Aufgaben 6 und 7 haben teilweise mehr als eine Lösung.

10. Skizziere den Graphen der Sinusfunktion für $-\pi \leq x \leq 2\pi$ und lies die fehlenden Koordinaten der folgenden Punkte auf dem Graphen ab. Markiere die Punkte in der Skizze.
    a) $P\left(\frac{\pi}{2}\Big|y_P\right)$ b) $Q\left(\frac{2}{3}\pi\Big|y_Q\right)$ c) $S(x_S|0{,}5)$ d) $T(x_T|-0{,}2)$ e) $U(x_U|0{,}8)$

11. Skizziere den Graphen der Kosinusfunktion für $-2\pi \leq x \leq \pi$ und lies die fehlenden Koordinaten der folgenden Punkte des Graphen ab. Markiere die Punkte in der Skizze.
    a) $P\left(\frac{\pi}{2}\Big|y_P\right)$ b) $Q\left(-\frac{2}{3}\pi\Big|y_Q\right)$ c) $S(x_S|0{,}5)$ d) $T(x_T|-0{,}2)$ e) $U(x_U|0{,}8)$

Symmetrieeigenschaften der Sinusfunktion und Kosinusfunktion

Der Graph der Sinusfunktion ist **achsensymmetrisch**.

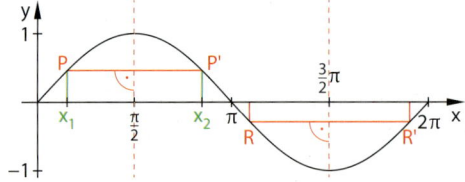

Der Graph der Sinusfunktion ist **punktsymmetrisch**.

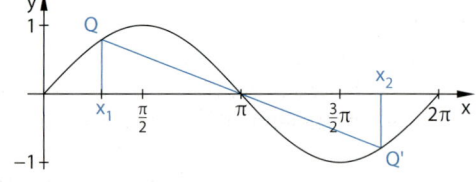

Die Achsensymmetrie hat zur Folge, dass es innerhalb einer halben Periode zwei Winkel x_1 und x_2 mit demselben Sinuswert gibt. Dies muss berücksichtigt werden, wenn zu einem vorgegebenen Sinuswert eines Winkels die zugehörigen Winkelgrößen ermittelt werden sollen.

Hinweis:
Die Symmetrieeigenschaften der Sinusfunktion sind auf die Kosinusfunktion übertragbar.

Wissen: Symmetrieeigenschaften der Sinusfunktion
Die Sinusfunktion ist **achsensymmetrisch** zu allen Geraden, die parallel zur y-Achse durch einen Hoch- oder Tiefpunkt des Graphen verlaufen.
Sie ist **punktsymmetrisch** zu allen Punkten, in denen ihr Graph die x-Achse schneidet.

6.3 Winkel im Bogenmaß

Beispiel 3: Ermittle erst mithilfe einer Skizze und dann mit dem Taschenrechner alle Winkel x im Bogenmaß, für die sin(x) = 0,8 ist.

Lösung:
Es genügt, den Graphen für $0 \leq x \leq \pi$ zu zeichnen. Ablesen ergibt x_1 und x_2.

Bei der Berechnung mit dem Taschenrechner wird die $\sin^{-1}$-Taste verwendet. Es ergibt sich nur die Lösung x_1.

Zur Berechnung von x_2 muss die Differenz von $\frac{\pi}{2}$ und x_1 zu $\frac{\pi}{2}$ addiert werden:

Die Sinusfunktion hat die Periode 2π. Addiert man Vielfache von 2π zu den beiden Lösungen x_1 und x_2, erhält man alle Winkel, deren Sinus 0,8 ist.

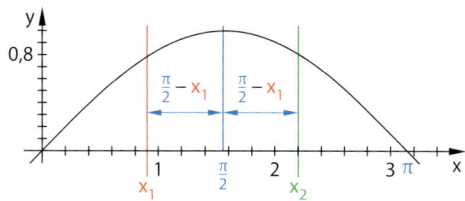

Ablesen: $x_1 \approx 0{,}9$ und $x_2 \approx 2{,}2$.

Taschenrechner: $x_1 \approx 0{,}927$

$x_2 = \frac{\pi}{2} + \left(\frac{\pi}{2} - x_1\right) = \pi - x_1 \approx 2{,}214$

$x \approx 0{,}927 + k \cdot 2\pi$ und
$x \approx 2{,}214 + k \cdot 2\pi$

k ist eine beliebige ganze Zahl.

Basisaufgaben

12. Zeichne den Graphen der Kosinusfunktion. Markiere auf dem Graphen zwei Punktpaare P, P' und Q, Q', die zueinander achsensymmetrisch liegen, und zwei Punktepaare R, R' und S, S', die zueinander punktsymmetrisch liegen.

13. Bestimme mithilfe eines geeigneten Graphen alle Lösungen der Gleichung sowohl im Bogenmaß als auch im Gradmaß. Überprüfe deine Lösungen mit dem Taschenrechner.
    a) $\sin(x) = 0{,}2$ für $-2\pi \leq x \leq 2\pi$
    b) $\cos(x) = -0{,}4$ für $0 \leq x \leq 4\pi$

14. Ermittle nur mithilfe des Taschenrechners alle Lösungen der Gleichung.
    a) $\sin(x) = -0{,}7$ für $0 \leq x \leq 2\pi$
    b) $\cos(x) = 0{,}5$ für $0 \leq x \leq 2\pi$

Weiterführende Aufgaben

15. Das Gesichtsfeld eines menschlichen Auges wird üblicherweise in Grad angegeben: Das horizontale Gesichtsfeld beträgt circa 180°, das vertikale Gesichtsfeld nach unten circa 70° und nach oben circa 60°.
    a) Wandle die Winkelgrößen in das Bogenmaß um.
    b) Veranschauliche die Gesichtsfelder durch Skizzen.
    c) Recherchiere die Winkel für das Gesichtsfeld von zwei Tieren deiner Wahl und wandle sie ins Bogenmaß um. Vergleiche die Gesichtsfelder mit denen des Menschen.

16. **Stolperstelle:** Sarah berechnet mit dem Taschenrechner Sinuswerte. Erkläre, welchen Fehler sie macht. Ermittle die korrekten Werte und begründe deine Lösungen.
    a) $\sin(2\pi) \approx 0{,}109$
    b) $\sin(\pi) \approx 0{,}055$
    c) $\sin(90°) \approx 0{,}89$
    d) $\sin(-45°) \approx -0{,}85$
    e) $\cos(90°) \approx -0{,}448$

17. Begründe sowohl am Einheitskreis als auch mit den Symmetrieeigenschaften der Sinus- und Kosinusfunktion, dass der Zusammenhang für $0 < x < \frac{1}{2}\pi$ richtig ist:
    a) $\sin(x) = \sin(\pi - x)$
    b) $\sin(-x) = -\sin(x)$
    c) $\cos(x) = \cos(-x)$
    d) $\sin(x) = \cos(1{,}5\pi + x)$

18. Überprüfe grafisch, ob die Punkte auf dem Graphen der Sinus- oder der Kosinusfunktion liegen. Die y-Werte sind auf drei Nachkommastellen gerundet.
P(157,5°|0,383); A(1,75|−0,178); R(1,6·π|−0,951); C(112,5°|0,924); F(270°|0)

19. Prüfe, ob die Aussage wahr oder falsch ist. Begründe deine Entscheidung.
    a) In einer Periode gehören zu jedem Sinuswert eines Winkels zwei mögliche Winkel.
    b) Die Sinusfunktion ist eine um $3 \cdot \frac{\pi}{2}$ nach links verschobene Kosinusfunktion.
    c) Die Kosinusfunktion ist eine um $\frac{\pi}{2}$ nach links verschobene Sinusfunktion.
    d) Die Kosinuskurve lässt sich durch eine Achsenspiegelung auf die Sinuskurve abbilden.

20. Ermittle alle Lösungen der Gleichungen im Grad- und im Bogenmaß.
    a) sin(x) = 0,6   b) sin(x) = −0,4   c) sin(x) = 0,94   d) sin(x) = −0,111   e) sin(x) = 0,567
    f) cos(x) = 0,7   g) cos(x) = −0,2   h) cos(x) = 0,75   i) cos(x) = −0,003   j) cos(x) = 0,11

● 21. Zeichne die Graphen einer quadratischen Funktion, einer Exponentialfunktion und der Sinusfunktion in ein Koordinatensystem und vergleiche sie.
Erläutere, wodurch sich die Sinusfunktion von den anderen Funktionen unterscheidet.

● 22. Der Kreisring, aus dem der Hammer beim Hammerwerfen herausgeschleudert wird, hat einen Durchmesser von 2,135 m. Der Öffnungswinkel des Auftreffsektors beträgt 40°.
    a) Ein Hammer wird genau 75 m weit geworfen. Er trifft den Markierungsbogen und teilt diesen im Verhältnis 2 : 3. Berechne die Länge der beiden Teilbögen.
    b) Der Hammer wird unter einem seitlichen Winkel von 15° abgeworfen und trifft die 75 m-Markierungslinie (siehe Bild). Berechne die Länge des blau markierten Teilbogens und das Verhältnis *Teilbogenlänge : Wurfweite*.
    c) Prüfe für die Wufweiten 60 m und 70 m, ob sich das gleiche Verhältnis ergibt wie in b).

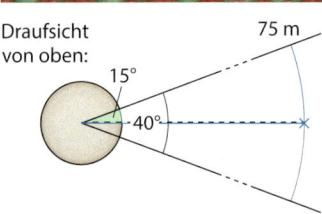

Draufsicht von oben:

● 23. a) Die Winkel α = 235° und β = 2,05 sollen in das jeweils andere Gradmaß umgewandelt werden. Welche Möglichkeiten bietet dein Taschenrechner, solche Umrechnungen durchzuführen? Beschreibe und gib eine Tastenfolge an.
    b) Gib Formeln für solche Umrechnungen in einer Tabellenkalkulation an.

● 24. **Ausblick:** Die Tangensfunktion soll auf ihre Eigenschaften untersucht werden.
    a) Zeichne den Graphen einer Tangensfunktion im Bereich $-\frac{\pi}{2} < x < \frac{5}{2}\pi$.
    b) Untersuche den Graphen auf seine Symmetrieeigenschaften. Veranschauliche diese, indem du die Zeichnung aus a) geeignet ergänzt.
    c) Notiere die Nullstellen der Tangensfunktion.
    d) Beschreibe den Verlauf der Tangensfunktion in der Umgebung von $x_1 = \frac{\pi}{2}$.
    e) Gib alle Winkel β im betrachteten Bereich an, für die tan(β) = |tan(150°)| gilt.

6.4 Sinusfunktionen mit Parametern

■ In dem Koordinatensystem sind der Graph der Sinusfunktion f mit f(x) = sin(x) sowie Graphen der Funktionen g, h und i dargestellt, die sich mithilfe geeigneter Veränderungen der Funktionsgleichung von f beschreiben lassen. Ermittle je eine passende Funktionsgleichung zu den Graphen von g, h und i. ■

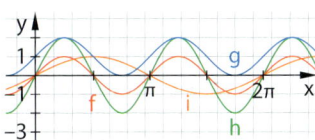

Durch die Einführung veränderbarer Parameter lässt sich der Graph der Sinusfunktion verschieben, strecken oder stauchen.

Verschiebungen des Graphen einer Sinusfunktion

Der Graph der Funktion f mit f(x) = sin(x) wird um 1,5 Einheiten nach rechts verschoben. Dadurch entsteht der Graph einer Funktion g.

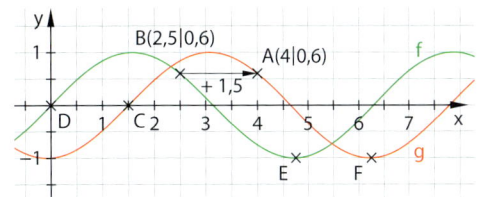

Der Punkt A liegt auf dem Graphen von g. Er hat die Koordinaten A(4|0,6). (Der y-Wert ist gerundet.)

Der Punkt A ist das Ergebnis der Verschiebung des Punktes B(2,5|0,6), der auf dem Graphen von f liegt, um +1,5 in x-Richtung. Die y-Koordinaten der beiden Punkte A und B stimmen überein. Es besteht also der Zusammenhang: g(4) = f(4 − 1,5).
Solche Zusammenhänge gelten auch für die Punktepaare C und D sowie E und F. Sie lassen sich für beliebige Werte verallgemeinern. Es gilt g(x) = sin(x − 1,5).

Erinnere dich:
Verschiebungen entlang der x-Achse kennst du bereits von den quadratischen Funktionen.

Hinweis:
Analog lässt sich die Verschiebung nach links in der Funktionsgleichung auch so verdeutlichen:
h(x) = sin(x − (−1,5))
      = sin(x + 1,5).

> **Wissen: Verschiebungen in x-Richtung**
> Der Graph der Funktion g mit g(x) = sin(x − c) ergibt sich aus dem Graphen der Sinusfunktion f mit f(x) = sin(x) durch eine Verschiebung um c entlang der x-Achse.
>
> **c > 0** → Verschiebung nach rechts.   **c < 0** → Verschiebung nach links.
>
> Periode und Amplitude verändern sich durch die Verschiebung nicht.

> **Beispiel 1:** Skizziere den Graphen zur gegebenen Funktionsgleichung. Beschreibe, wie der Graph aus dem Graphen der Sinusfunktion f mit f(x) = sin(x) hervorgeht.
> a) g(x) = sin(x − 1)   b) h(x) = sin(x + 2)
>
> **Lösung:**
> a) g(x) = sin(x − 1)
>   c = 1 > 0 → Verschiebung nach rechts.
>   Zeichne den Graphen der Sinusfunktion um eine Längeneinheit nach rechts verschoben.
>
>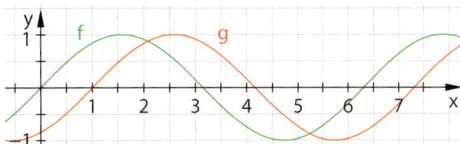
>
> b) h(x) = sin(x + 2) = sin(x − (−2))
>   c = −2 < 0 → Verschiebung nach links.
>   Zeichne den Graphen der Sinusfunktion um zwei Längeneinheiten nach links verschoben.
>
>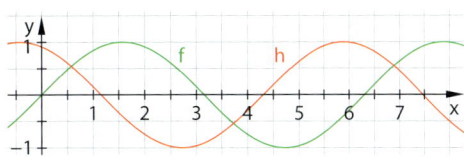

Basisaufgaben

1. Die Graphen im Bild rechts gehören zu den Funktionen f, g und h mit f(x) = sin (x − 1,5), g(x) = sin (x + 0,5) und h(x) = sin (x + 1). Ordne Graphen und Funktionsgleichungen einander passend zu und begründe.

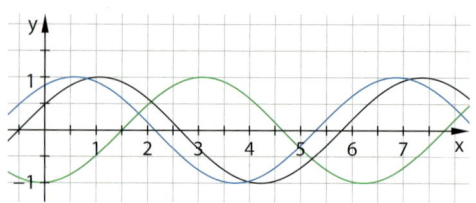

2. Skizziere die Graphen der Funktionen g_1, g_2 und g_3. Beschreibe, wie deren Graphen aus dem Graphen der Sinusfunktion f mit f(x) = sin (x) hervorgehen.
   a) $g_1(x) = \sin(x - 2{,}5)$
   b) $g_2(x) = \sin(x + 3)$
   c) $g_3(x) = \sin(x - (-2{,}5))$

3. Zeichne die Graphen der Funktionen f, g und h im Bereich $-\pi \leq x \leq 2\pi$.
   Lies aus den Graphen alle Nullstellen, Hoch- und Tiefpunkte ab.
   a) $f(x) = \sin\left(x - \frac{\pi}{2}\right)$
   b) $g(x) = \sin\left(x + \frac{\pi}{4}\right)$
   c) $h(\alpha) = \sin(\alpha - 180°)$

4. **Verschiebung in y-Richtung**
   a) Skizziere mithilfe einer Wertetabelle den Graphen der Funktion g mit g(x) = sin (x) + 1. Vergleiche mit dem Graphen der Sinusfunktion f mit f(x) = sin (x). Was fällt dir auf?
   b) Verfahre ebenso für die Funktionen h mit h(x) = sin (x) − 1 und k mit k(x) = sin (x) + 2.
   c) Vervollständige die Aussage: „Der Graph der Funktion g mit g(x) = sin (x) + d ergibt sich aus dem Graphen der Sinusfunktion f mit f(x) = sin (x) durch …"

Hinweis zu Aufgabe 4a:
Vergleiche
• Amplitude,
• Periode,
• Nullstellen,
• Hoch- und Tiefpunkte.

5. Die Graphen im Bild rechts gehören zu den Funktionen f, g und h mit f(x) = sin (x) − 1,5, g(x) = sin (x) + 0,5 und h(x) = sin (x) + 1.
   Ordne Graphen und Funktionsgleichungen einander passend zu und begründe.

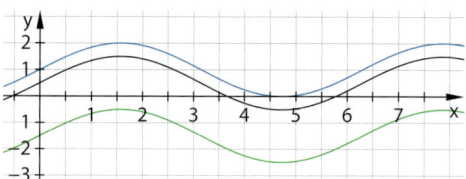

6. Gib zu den abgebildeten Graphen passende Funktionsgleichungen an.

a)
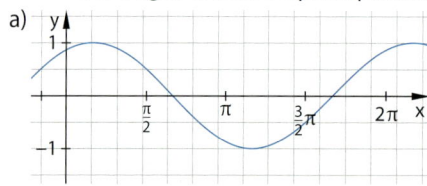

b)
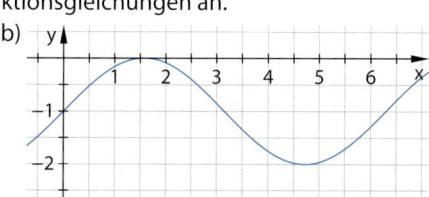

c)
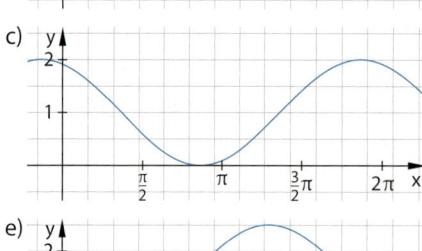

d)
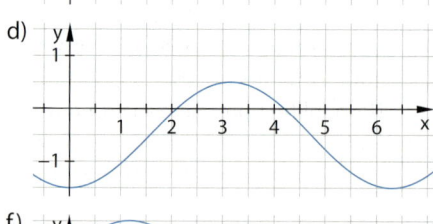

e)
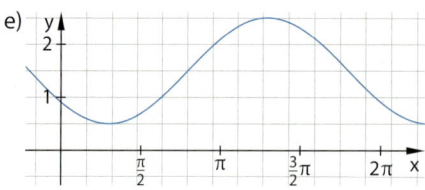

f)
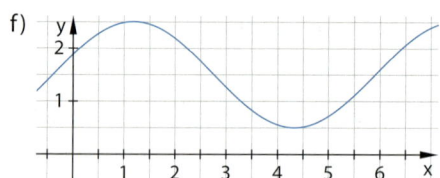

6.4 Sinusfunktionen mit Parametern

Streckungen des Graphen einer Sinusfunktion

Der Graph der Funktion f mit f(x) = sin (x) wird um den Faktor 3 in x-Richtung gestreckt. Dadurch entsteht der Graph einer Funktion g.

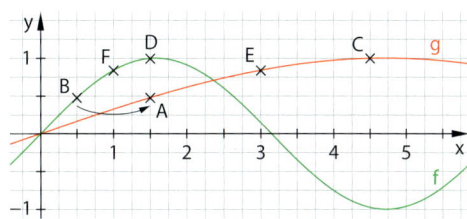

Der Punkt A liegt auf dem Graphen von g. Er hat die Koordinaten A(1,5|0,48). (Der y-Wert ist gerundet.)

Der Punkt geht durch die Streckung aus dem Punkt B(0,5|0,48) hervor. Dabei wird die x-Koordinate mit dem Faktor 3 multipliziert. Die y-Koordinate bleibt unverändert.

Es gilt also: $g(1,5) = f\left(1,5 \cdot \frac{1}{3}\right) = f(0,5)$.

Dieser Zusammenhang gilt auch für die Punktepaare C und D sowie E und F.

Verallgemeinert man die Zusammenhänge aus diesem Beispiel, so gilt:
Der Funktionswert g(x) eines Punktes auf dem Graphen von g stimmt mit dem Funktionswert f $\left(1,5 \cdot \frac{1}{3}\right)$ eines Punktes auf dem Graphen von f überein. Somit ergibt sich allgemein der Zusammenhang
$g(x) = f\left(x \cdot \frac{1}{3}\right) = \sin\left(\frac{1}{3}x\right)$.
Die Periode von g beträgt $\frac{2\pi}{\frac{1}{3}} = 6\pi$. Die Amplituden von f und g sind gleich.

> **Wissen: Streckungen und Stauchungen in x-Richtung**
> Der Graph der Funktion g mit **g(x) = sin (b · x)** und b > 0 ergibt sich aus dem Graphen der Sinusfunktion f mit f(x) = sin (x) durch Streckung oder Stauchung entlang der x-Achse.
>
> **0 < b < 1**: Streckung in x-Richtung **b > 1**: Stauchung in x-Richtung
>
> Die Periode von g beträgt $p = \frac{2\pi}{b}$.
> Die Amplitude ändert sich durch eine Streckung oder Stauchung in x-Richtung nicht.

Hinweis:
Eine Streckung in Richtung der x-Achse vergrößert die Periode, eine Stauchung verkleinert sie.

Beispiel 2: Skizziere den Graphen der Funktion g. Gib die Periode an.
a) g(x) = sin (2 · x)
b) $g(x) = \sin\left(\frac{2}{3} \cdot x\right)$

Lösung:

a) g(x) = sin (2 · x); b = 2 > 1
Stauchung in x-Richtung mit $\frac{1}{2} = 0,5$
Zeichne den Graphen der Sinusfunktion (im Bild grün). Halbiere die x-Werte markanter Punkte (Schnittpunkte mit der x-Achse, Hoch- und Tiefpunkte) unter Beibehaltung der y-Werte. Verbinde die so entstehenden Punkte zum neuen Graphen (blau).

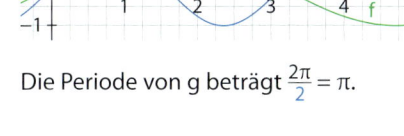

Die Periode von g beträgt $\frac{2\pi}{2} = \pi$.

b) $g(x) = \sin\left(\frac{2}{3} \cdot x\right)$; $b = \frac{2}{3} < 1$
Streckung in x-Richtung mit $\frac{1}{\frac{2}{3}} = \frac{3}{2} = 1,5$

Strecke die x-Werte markanter Punkte mit dem Faktor 1,5 unter Beibehaltung der y-Werte. Verbinde die so entstehenden Punkte zum neuen Graphen (rot).

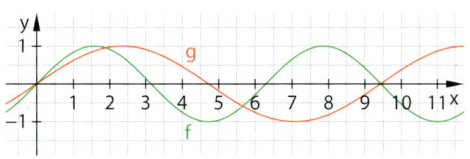

Die Periode von g ist $\frac{2\pi}{\frac{2}{3}} = \frac{6\pi}{2} = 3\pi$.

Basisaufgaben

7. Die Graphen im Bild rechts gehören zu den Funktionen f, g und h mit f(x) = sin(0,5x), g(x) = sin(2x) und h(x) = sin(4x).
Ordne Graphen und Funktionsgleichungen einander passend zu und begründe.

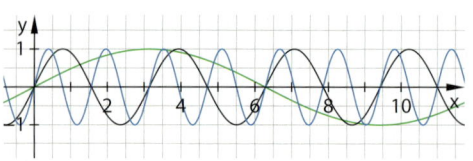

8. Skizziere die Graphen der Funktionen g_1, g_2 und g_3. Beschreibe, wie sie aus dem Graphen der Sinusfunktion f mit f(x) = sin(x) hervorgehen. Ermittle die Periodenlängen.
   a) $g_1(x) = \sin(3x)$ b) $g_2(x) = \sin\left(\frac{1}{4}x\right)$ c) $g_3(x) = \sin\left(\frac{x}{\pi}\right)$

9. Zeichne die Graphen von f, g und h im Bereich $-\pi \leq x \leq 2\pi$.
Lies aus den Graphen Nullstellen, Hoch- und Tiefpunkte ab. Bestimme die Periodenlängen.
   a) $f(x) = \sin(2,5x)$ b) $g(x) = \sin\left(\frac{3}{4}x\right)$ c) $h(x) = \sin\left(\frac{2}{3}\pi \cdot x\right)$

10. **Streckung in y-Richtung**
    a) Skizziere mithilfe einer Wertetabelle den Graphen der Funktion g mit g(x) = 2 · sin(x). Vergleiche ihn mit dem Graphen der Sinusfunktion f mit f(x) = sin(x).
    b) Verfahre ebenso für die Funktionen h mit $h(x) = \frac{1}{2} \cdot \sin(x)$ und k mit k(x) = 1,5 · sin(x).
    c) Vervollständige die Aussage: „Der Graph der Funktion g mit g(x) = a · sin(x) und a > 0 ergibt sich aus dem Graphen der Sinusfunktion f mit f(x) = sin(x) durch ..."

Hinweis zu Aufgabe 10a:
Vergleiche
• Amplitude,
• Periode,
• Nullstellen,
• Hoch- und Tiefpunkte.

11. Die Graphen im Bild rechts gehören zu den Funktionen f, g und h mit f(x) = 1,5 · sin(x), $g(x) = \frac{1}{5} \cdot \sin(x)$ und h(x) = 0,8 · sin(x). Ordne Graphen und Funktionsgleichungen einander passend zu und begründe.

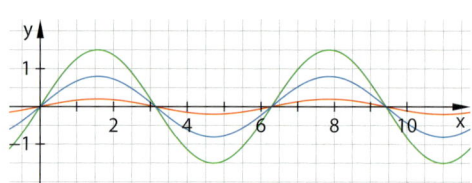

12. Gib zu den abgebildeten Graphen eine passende Funktionsgleichung an.

a)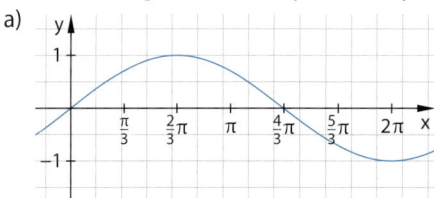

b)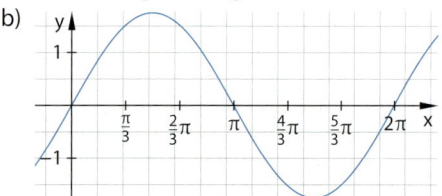

c)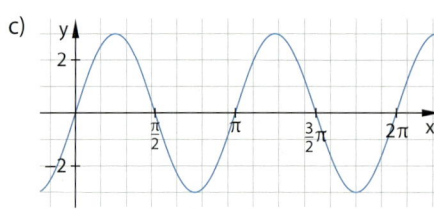

d)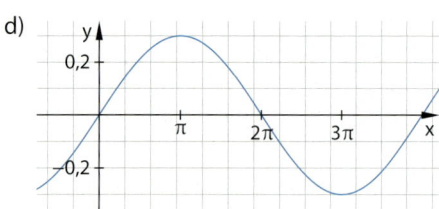

e)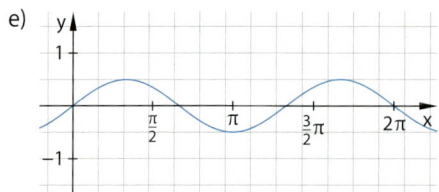

f)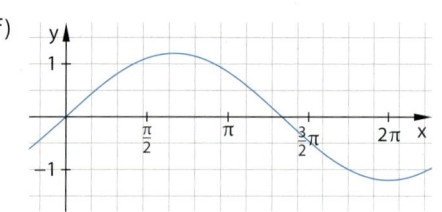

6.4 Sinusfunktionen mit Parametern

Allgemeine Funktionsgleichung der Sinusfunktion

Die Verknüpfung der Aussagen zum Verschieben, Strecken und Stauchen der Sinusfunktion führt auf die allgemeine Funktionsgleichung einer Sinusfunktion mit den Parametern a, b, c, d.

> **Wissen: Allgemeine Form der Sinusfunktion**
> Die allgemeine Sinusfunktion hat die Gleichung $g(x) = a \cdot \sin(b \cdot (x - c)) + d$.
> Ihr Graph entsteht aus dem Graphen der Sinusfunktion f mit $f(x) = \sin(x)$ durch Verschieben, Strecken und Stauchen in x- bzw. y-Richtung:
>
> | Parameter a (Amplitude) | Streckung / Stauchung in y-Richtung. |
> | Parameter b | Streckung / Stauchung in x-Richtung. Aus b lässt sich die Periode p berechnen: $p = \frac{2\pi}{b}$. |
> | Parameter c | Verschiebung in x-Richtung. |
> | Parameter d | Verschiebung in y-Richtung. |

Beispiel 3: Zeichne den Graphen der Funktion f mit der Gleichung $f(x) = 3 \cdot \sin(4x)$ im Bereich $0 \leq x \leq \pi$. Verwende dafür keine Wertetabelle, sondern die Parameter.

Lösung:
Aus dem Parameter a = 3 lässt sich die Amplitude 3 ablesen. Die y-Achse muss also den Bereich $-3 \leq y \leq +3$ umfassen.
Aus dem Parameter b = 4 lässt sich die Periode $\frac{\pi}{2}$ berechnen.
Die **Nullstellen** liegen bei $0, \frac{\pi}{4}, \frac{\pi}{2}$ und $\frac{3\pi}{4}$ und π. Markiere sie auf der x-Achse.
Jeweils auf der Mitte zwischen zwei Nullstellen liegt der x-Wert eines Hoch- bzw. Tiefpunktes. Ein **Hochpunkt** ist $\left(\frac{\pi}{8} \mid 3\right)$, ein **Tiefpunkt** $\left(\frac{3\pi}{8} \mid -3\right)$. Markiere sie.
Verbinde die markierten Punkte mit einer Linie in Form einer Sinuskurve.

$f(x) = 3 \cdot \sin(4 \cdot x)$
$a = 3 \qquad p = \frac{2\pi}{b} = \frac{2\pi}{4} = \frac{\pi}{2}$

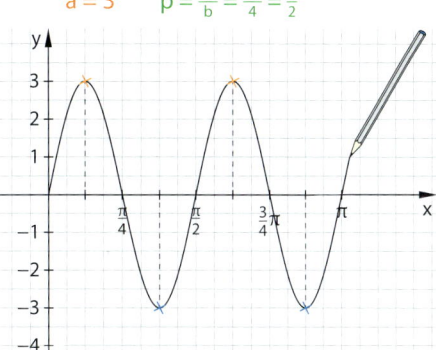

Beispiel 4: Durch die Gleichung $g(x) = 2 \cdot \sin(4x - \pi) + 1$ ist eine Sinusfunktion gegeben.
a) Forme die Funktionsgleichung so um, dass du die Parameter a, b, c, d angeben kannst.
b) Beschreibe deren Einfluss auf den Funktionsgraphen.

Lösung:
a) Aus der Funktionsgleichung kann man die Parameter a und d direkt ablesen.
Der Term $(4x - \pi)$ muss dagegen erst in die Form $b \cdot (x - c)$ überführt werden.
Dann sind die Parameter b und c ablesbar.

$g(x) = 2 \cdot \sin(4x - \pi) + 1 \qquad a = 2, d = 1$

$4x - \pi = 4 \cdot x - 4 \cdot \frac{\pi}{4}$
$\qquad = 4 \cdot \left(x - \frac{\pi}{4}\right) \qquad b = 4, c = \frac{\pi}{4}$

b) Interpretiere die Parameter und beschreibe deren Einfluss auf den Graphen. Mithilfe des Parameters b kann man die Periode $p = \frac{2\pi}{b}$ berechnen.

Die Funktion hat die Amplitude 2.
Sie ist um 1 LE nach oben verschoben (d > 0).
Sie ist um $\frac{\pi}{4}$ nach rechts verschoben (c > 0).
Sie ist in x-Richtung gestaucht; $p = 0{,}5\pi$.

Basisaufgaben

13. Zeichne den Graphen der Funktion im Bereich $-\pi \leq x \leq 2\pi$ anhand der Parameter.
    a) $f(x) = 2\sin(3x)$ b) $g(x) = \sin(0{,}5x) - 1$ c) $h(\alpha) = \sin(2 \cdot (\alpha - 60°))$

14. Forme die Gleichung der Funktion so um, dass du die Parameter a, b, c und d ablesen kannst. Beschreibe den Einfluss der Parameter auf den Funktionsgraphen.
    a) $f(\alpha) = \sin(3 \cdot \alpha - 27°)$ b) $g(x) = 0{,}5 \cdot \sin(2x + 4\pi) + 2$ c) $h(x) = \sin(0{,}5x - \pi) - 2{,}5$

15. Durch die Gleichung $f(x) = 2{,}5 \cdot \sin(1{,}5x - 0{,}75 \cdot \pi)$ ist eine Funktion f gegeben.
    a) Ermittle die Parameter a, b, c und d der Funktion.
    b) Zeichne mit den Parametern den Graphen von f im Bereich $-2 \leq x \leq 7$.

16. Ordne den Graphen die passenden Funktionsgleichungen zu. Zwei Gleichungen bleiben übrig.

$f(x) = \sin(x)$
$g(x) = \sin\left(\frac{1}{3}x\right)$
$h(x) = \sin(3x)$
$i(x) = \sin(x) + 1$
$j(x) = \sin(x) + 3$
$k(x) = 3\sin(x)$
$m(x) = \frac{1}{3}\sin(x)$

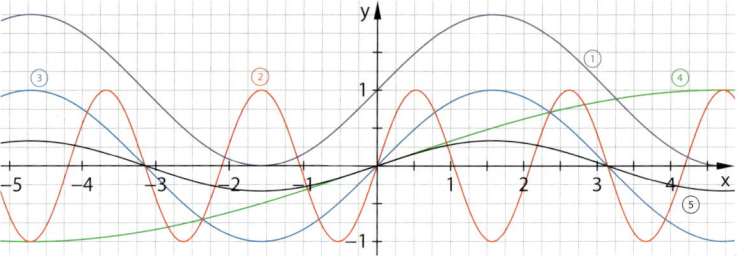

Weiterführende Aufgaben

17. Ermittle anhand des Graphen der Funktion f die Amplitude a, die Periode p, die Verschiebung d sowie eine Funktionsgleichung.

a) 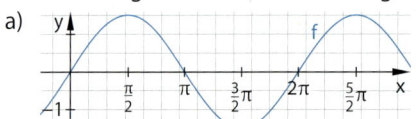   b)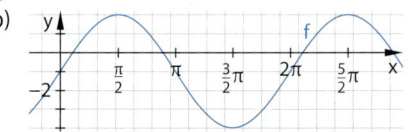

18. Ermittle anhand der Amplitude a und der Periode p eine passende Funktionsgleichung der Form $f(x) = a \cdot \sin(b \cdot x)$.
    a) $a = 6$; $p = 2\pi$ b) $a = 4{,}5$; $p = 6\pi$ c) $a = 0{,}1$; $p = \pi$
    d) $a = \frac{1}{4}$; $p = 0{,}8\pi$ e) $a = 2$; $p = 5$ f) $a = \frac{1}{1\,000}$; $p = \frac{1}{1\,000}\pi$

19. Ermittle anhand des Graphen der Funktion f eine passende Funktionsgleichung der Form $f(x) = a \cdot \sin(b \cdot (x - c)) + d$.

a) 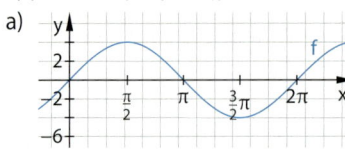   b)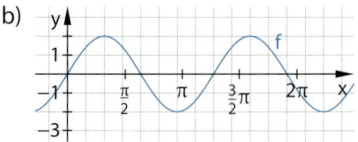

c) 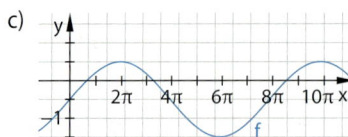   d)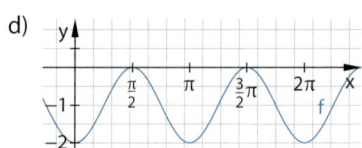

6.4 Sinusfunktionen mit Parametern

 20. a) Zeichne den im Steckbrief beschriebenen Graphen über zwei Periodenlängen.
b) Denke dir einen eigenen Steckbrief aus und lass ihn von deiner Nachbarin oder deinem Nachbarn bearbeiten.

> **Steckbrief**
> des Graphen einer Sinusfunktion:
> - um $\frac{\pi}{2}$ Einheiten nach rechts verschoben
> - um den Faktor 0,5 in x-Richtung gestreckt
> - um den Faktor 1,5 in y-Richtung gestreckt
> - um 2 Einheiten nach oben verschoben

21. Stolperstelle: Lars hat bei den Graphen einiger Funktionen die Amplitude a, die Periode p sowie eine Funktionsgleichung ermittelt. Prüfe seine Lösungen und korrigiere, falls nötig.

a)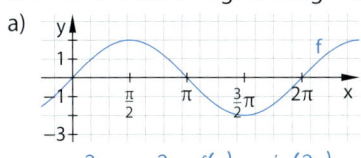
$a = 2;\ p = 2\pi;\ f(x) = \sin(2x)$

b)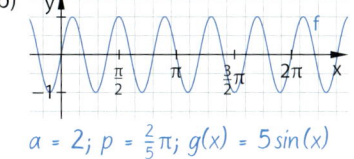
$a = 2;\ p = \frac{2}{5}\pi;\ g(x) = 5\sin(x)$

c)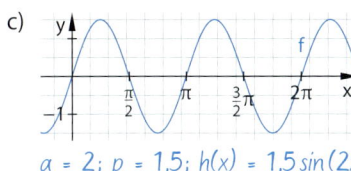
$a = 2;\ p = 1{,}5;\ h(x) = 1{,}5\sin(2x)$

d)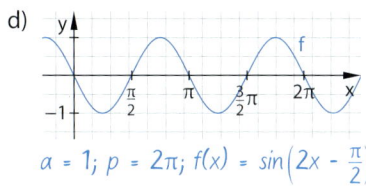
$a = 1;\ p = 2\pi;\ f(x) = \sin\left(2x - \frac{\pi}{2}\right)$

22. Negative Streckfaktoren: Parameter in Funktionsgleichungen können auch aus dem negativen Zahlenbereich stammen. Stelle verschiedene Kurvenverläufe mit dem Taschenrechner dar. Untersuche schrittweise die Auswirkung der Parameter auf den Graphen.
a) $f(x) = a \cdot \sin(x),\ a < 0$
b) $g(x) = \sin(b \cdot x),\ -1 < b < 0$
c) $h(x) = \sin(bx),\ b < -1$

[GTR]

23. Kosinusfunktion mit Parametern: Skizziere die Graphen der Funktionen f, g und h im Bereich $-180° \leq \alpha \leq 540°$. Vergleiche sie mit dem Graphen der Kosinusfunktion.
a) $f(\alpha) = \cos(2\alpha)$
b) $g(\alpha) = 0{,}5 \cdot \cos(\alpha) - 2$
c) $h(x) = \cos\left(3\left(x - \frac{\pi}{3}\right)\right)$

24. Die Abbildung zeigt die Graphen zweier Kosinusfunktionen. Notiere ihre Funktionsgleichungen.

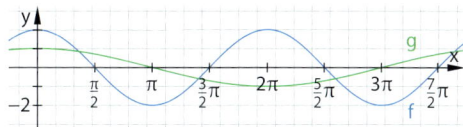

25. Interpretiere den abgebildeten Graphen einmal als den einer Sinusfunktion und einmal als den einer Kosinusfunktion. Notiere zwei unterschiedliche Funktionsgleichungen für denselben Graphen.

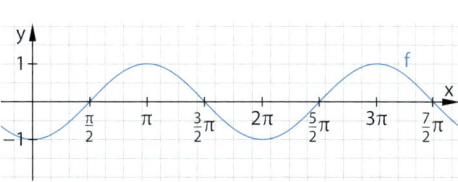

26. Ausblick: Eine besondere Art, Kurven zu erzeugen, besteht darin, die Koordinaten von Punkten mit der Sinus- und Kosinusfunktion zu erzeugen: $P(t \cdot \sin(t)\,|\,t \cdot \cos(t))$ für $t \geq 0$.
a) Vervollständige die Wertetabelle (Schrittweite $\frac{\pi}{4}$).

t	0	$\frac{\pi}{4}$	$\frac{\pi}{2}$	$\frac{3\pi}{4}$	π	...	4π
t · sin(t)		$\frac{\pi}{4} \cdot \sin\left(\frac{\pi}{4}\right) \approx 0{,}56$					
t · cos(t)		$\frac{\pi}{4} \cdot \cos\left(\frac{\pi}{4}\right) \approx 0{,}56$					

Hinweis zu Aufgabe 26 b:
Achseneinteilung: 1 cm soll π entsprechen.

b) Übertrage die Wertepaare in ein Koordinatensystem. Beschreibe den Verlauf der Kurve.

6.5 Periodische Vorgänge modellieren

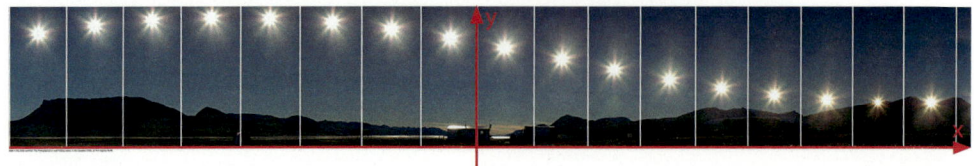

■ In der Polarregion geht im arktischen Sommer die Sonne tagsüber nicht unter. Im stündlichen Abstand wurde der Sonnenstand über dem Horizont fotografiert. Der bildliche Eindruck legt nahe, den Sonnenstand mit einer Sinuskurve zu beschreiben.
Begründe, welche Funktionsgleichung am geeignetsten dafür ist.
① $y = \sin(x) + 2$ ② $y = 2 \cdot \sin x$ ③ $y = -2 \cdot \sin(0{,}25x) + 2{,}2$ ■

Vorgänge in Natur und Technik wiederholen sich oft in regelmäßigen Abständen, sie sind periodisch. Viele dieser Vorgänge können mit Sinusfunktionen modelliert werden.

Beispiel 1: Die Tabelle zeigt die Durchschnittstemperaturen für die einzelnen Monate eines Jahres in einer Stadt. Skizziere einen Graphen, der die Temperaturentwicklung näherungsweise darstellt, und ermittle eine Funktionsgleichung.

Jan	Feb	März	Apr	Mai	Jun	Jul	Aug	Sep	Okt	Nov	Dez
3,0 °C	3,9 °C	6,5 °C	10,0 °C	13,5 °C	16,1 °C	17,0 °C	16,1 °C	13,5 °C	10,0 °C	6,5 °C	3,9 °C

Lösung:
Gehe davon aus, dass die Durchschnittstemperaturen jährlich in etwa wiederkehren und es sich somit um einem periodischen Vorgang handelt.
Zeichne dazu ein geeignetes Koordinatensystem und trage die Wertepaare ein. Wähle den Januar als Startzeitpunkt. Bezeichne den größten Wert als y_{max} und den kleinsten Wert als y_{min}.

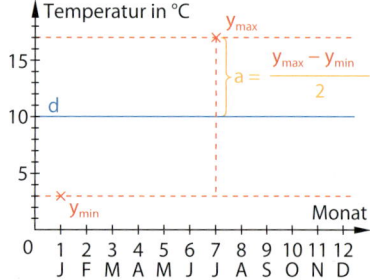

Gesucht ist eine Gleichung der Form
$f(x) = a \cdot \sin(b \cdot (x - c)) + d$.

Berechne zunächst die Amplitude a. Der Abstand $y_{max} - y_{min}$ zwischen diesen Werten entspricht ihrer doppelten Länge. Um die Periode zu berechnen, muss $y_{max} - y_{min}$ also halbiert werden.

$a = \dfrac{y_{max} - y_{min}}{2} = \dfrac{17 - 3}{2} = 7$

Da es sich um einen periodischen Vorgang handelt, der sich über ein Jahr erstreckt, beträgt die Periode $p = 12$ Monate. Stelle die Formel $p = \dfrac{2\pi}{b}$ um und berechne b.

$p = \dfrac{2\pi}{b} \quad |: p \cdot b$
$b = \dfrac{2\pi}{p} = \dfrac{2\pi}{12} = 0{,}524$

Der Graph der Sinusfunktion wird um d in y-Richtung verschoben. Berechne d als Mittelwert zwischen y_{max} und y_{min}.

$d = \dfrac{y_{max} + y_{min}}{2} = \dfrac{17 + 3}{2} = 10$

6.5 Periodische Vorgänge modellieren

Setze a, b und d in die Funktionsgleichung f(x) = a · sin(b · (x − c) + d) ein. Du erhältst eine Funktionsgleichung, in der die Verschiebung c in x-Richtung noch unbekannt ist.

Setze deshalb zunächst c = 0 und skizziere den Graphen. Lies bei y = d ab, wie weit dieser Graph noch in x-Richtung verschoben werden muss, um mit der Temperaturkurve zur Deckung zu kommen. Setze die Verschiebung um 4 nach rechts in die Funktionsgleichung ein.

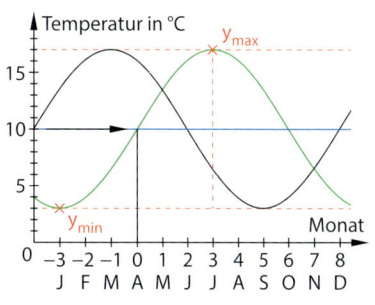

f(x) = 7 · (sin 0,524 · (x − 4)) + 10

Hinweis:
Es ist sinnvoll, den Graphen mit einem Funktionenplotter eines Taschenrechners zu zeichnen.

> **Wissen: Periodische Vorgänge mit der allgemeinen Sinusfunktion beschreiben**
> Mit allgemeinen Sinusfunktionen der Form f(x) = a · sin(b · (x − c)) + d können periodische Vorgänge beschrieben werden.
>
> Um die Funktionsgleichung zu einem solchen Vorgang aufzustellen, benötigt man seinen größten Wert y_{max} und seinen kleinsten Wert y_{min} sowie seine Periode p:
> 1. Die Amplitude ist $a = \frac{y_{max} - y_{min}}{2}$.
> 2. b ergibt sich aus der Periode p: $b = \frac{2\pi}{p}$.
> 3. d ergibt sich als Mittelwert von y_{max} und y_{min}: $d = \frac{y_{max} + y_{min}}{2}$.
> 4. c ergibt sich aus der Verschiebung in x-Richtung, die man bei y = d ablesen kann.

Basisaufgaben

1. Der Graph von f zeigt einen periodischen Vorgang. Ermittle wie im Beispiel 1 die Parameter a, b, c und d und setze sie in die allgemeine Funktionsgleichung ein. Überprüfe dein Ergebnis, indem du den GTR zum Darstellen der Kurve nutzt. `GTR`

2. Die Tabelle zeigt die Durchschnittstemperaturen für die einzelnen Monate eines Jahres in Kapstadt (Südafrika). Skizziere einen Graphen, der die Temperaturentwicklung näherungsweise beschreibt, und ermittle eine Funktionsgleichung. Berechne fehlende Werte. `GTR`

Hinweis zu 2:
Es ist sinnvoll, den Graphen mit einem Funktionenplotter eines Taschenrechners zu zeichnen.

Jan	Feb	März	Apr	Mai	Jun	Jul	Aug	Sep	Okt	Nov	Dez
22 °C	23 °C	21 °C		16 °C	13 °C	14 °C	14 °C			19 °C	20 °C

Weiterführende Aufgaben

3. Ein Roboter bewegt sich auf einem Weg, der die Form eines Quadrats mit der Kantenlänge von 100 m hat. Er fährt mit gleichbleibender Geschwindigkeit. Der Roboter startet in einem Punkt S und benötigt für eine Runde 5 Minuten.
   a) Begründe, dass der Zusammenhang
      Zeit (in min) → Wegstrecke seit dem Passieren vom Punkt S (in m) periodisch ist.
   b) Skizziere zur Situation einen passenden Graphen.
   c) Ermittle eine Funktionsgleichung, die den Vorgang für die erste Runde beschreibt.

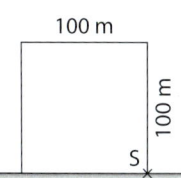

4. Im Hamburger Hafen schwanken die Pegelstände in regelmäßigen Abständen. Am 17.07.2014 erfolgte der erste Niedrigstand am Messpunkt St. Pauli um 4:03 Uhr mit 305 cm. Um 10:23 Uhr erreicht der Pegel den Hochstand von 695 cm.
   a) Skizziere einen Graphen für den Pegelstand zwischen 4.03 Uhr und 10.23 Uhr.
   b) Gib eine Funktionsgleichung an, die den Graphen aus a) beschreibt.
   c) Ermittle die Zeitpunkte für den jeweils folgenden Niedrig- bzw. Hochstand des Wassers.
   d) Recherchiere im Internet nach Diagrammen mit stundenaktuellen Darstellungen des Pegelstands am Messpunkt St. Pauli und beurteile damit deine Ergebnisse.

5. **Stolperstelle:** Die Drachenfelsbahn verbindet die Altstadt von Königswinter mit dem Berggipfel Drachenfels. Die Strecke hat eine konstante Steigung, beginnt auf einer Höhe von 69 m NHN und endet auf einer Höhe von 289 m NHN. Die Bahn fährt mit gleichbleibender Geschwindigkeit und benötigt für die etwa 1,5 km lange Strecke aufwärts wie abwärts 8 Minuten. Der abgebildete Graph soll die erreichte Höhe in Abhängigkeit von der Zeit darstellen.
   a) Beurteile, ob der Graph den Sachverhalt angemessen darstellt. Skizziere wenn nötig einen geeigneteren Graphen.
   b) Erläutere mögliche Fehlerquellen bei der Modellierung des Sachverhalts.

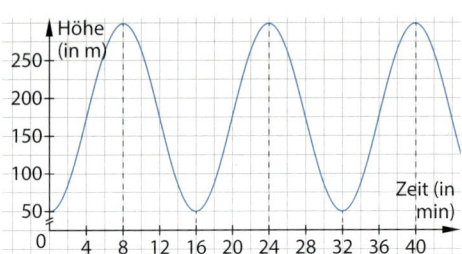

Hinweis zu 5: NHN steht für Normalhöhennull und bezeichnet die Höhe über dem Meeresspiegel.

6. Die Höhe eines Tones in der Musik lässt sich durch die Periodenlänge T der entsprechenden Schwingung charakterisieren. Die Umrechnung von T in die Anzahl der Perioden pro Zeiteinheit ergibt eine neue Größe, die Frequenz f genannt wird. Die Formel lautet $f = \frac{1}{T}$. Die Frequenz wird in der Einheit Hertz (Abkürzung: Hz) gemessen. Ein Hertz ist eine vollständige Schwingung pro Sekunde.
   a) Lies aus dem Graphen rechts die Amplitude und die Periodenlänge T (in Millisekunden) ab. Stelle eine passende Funktionsgleichung auf.
   b) Berechne für die dargestellte Schwingung die Anzahl der Perioden pro Sekunde. Vergleiche mit der Frequenz des Kammertons a' (Frequenz 440 Hz).
   c) Zeichne in ein gemeinsames Koordinatensystem je eine Sinusfunktion zu den Tönen mit den (gerundeten) Frequenzen
      ① $f_1 = 260$ Hz, ② $f_2 = 350$ Hz, ③ $f_3 = 440$ Hz.
   d) Berechne die Periodenlängen dieser Töne.
   e) Die Frequenzen aus c) gehören zu den Tönen c', f' und a'. Formuliere einen Zusammenhang zwischen Tonhöhe und Periodenlänge.

7. **Ausblick:** Die Tabelle zeigt die durchschnittliche Anzahl an Stunden mit Tageslicht für die einzelnen Monate eines Jahres in Kiruna, einer Stadt in Schweden. Ermittle durch Regression eine Funktionsgleichung, welche die Entwicklung der durchschnittlichen Tageslängen näherungsweise beschreibt.

Jan	Feb	März	Apr	Mai	Jun	Jul	Aug	Sep	Okt	Nov	Dez
3,2	7,54	11,44	15,49	20,26	24	23,08	17,17	13,09	9,17	5,09	0

6.6 Vermischte Aufgaben

1. Entscheide anhand der Graphen, ob ihnen ein periodischer Vorgang zugrunde liegt oder nicht. Bestimme, wenn möglich, die Periodenlänge und die Amplitude.

   a)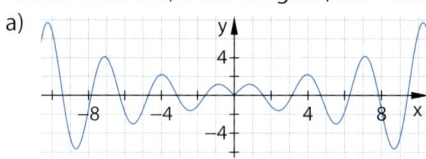
   b)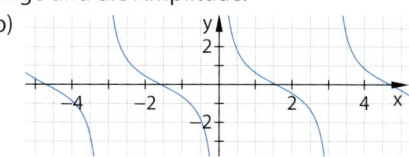
   c)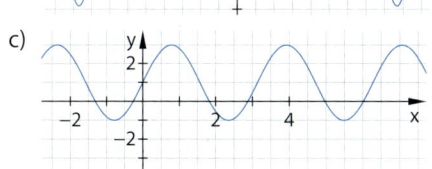
   d)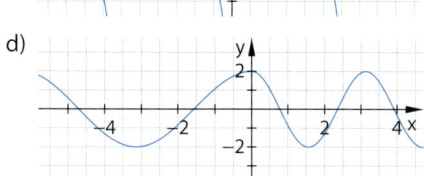

2. Bestimme die Gleichung einer Sinusfunktion, die folgende Eigenschaften hat:
   a) eine Periodenlänge von 45°,
   b) eine Amplitude von 3,5,
   c) eine Periodenlänge von 4π und eine Amplitude von 0,5.

3. Beschreibe die Einflüsse der Parameter p, q, r, und s auf den Verlauf des Graphen der Funktion, die durch ihre Funktionsgleichung gegeben ist.
   a) $f_1(x) = p \cdot \cos(x)$ mit $p > 0$
   b) $f_2(x) = \sin(x - r)$ mit $r > 0$
   c) $f_3(x) = \cos(x - q) + q$ mit $q > 0$
   d) $f_4(x) = \sin(s \cdot x)$ mit $s > 0$

4. Ermittle alle Winkel, die Lösungen der Gleichung sind.
   a) $\sin(x) = 0{,}23$
   b) $\cos(\alpha) = -0{,}75$
   c) $\sin(2x) = 0{,}91$
   d) $\cos(\alpha - 30°) = 0{,}5$

5. Ordne den abgebildeten Funktionsgraphen die Gleichungen der Funktionen f, g, h, u und v passend zu.

   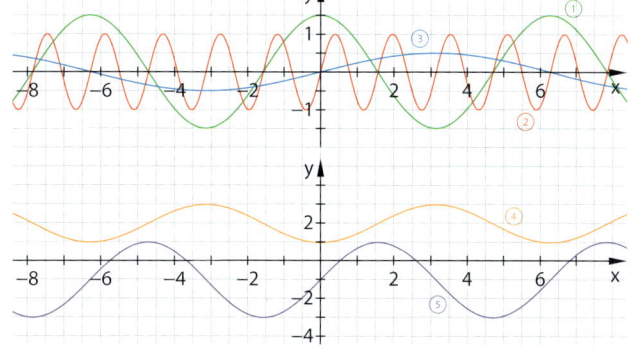

   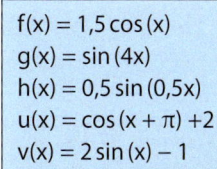
   $f(x) = 1{,}5 \cos(x)$
   $g(x) = \sin(4x)$
   $h(x) = 0{,}5 \sin(0{,}5x)$
   $u(x) = \cos(x + \pi) + 2$
   $v(x) = 2 \sin(x) - 1$

6. Lies an den Parametern die Amplitude der Funktion sowie die Verschiebungen in x- und in y-Richtung ab. Ermittle die Periodenlänge.
   a) $f(x) = 0{,}5 \cdot \sin(2x) - 3$
   b) $g(x) = \sin(2x - 4)$
   c) $h(x) = \sin\left(\frac{\pi}{2} - \frac{1}{4}x\right) - 3$

   Hinweis zu 6:
   Überführe, wenn nötig, die Funktionsgleichung in die allgemeine Form $f(x) = a \cdot \sin(b \cdot (x - c)) + d$.

7. Gegeben ist die Funktion f mit $f(x) = 2 \cdot \cos\left(\frac{1}{2} \cdot x\right)$ für $-2\pi < x < 4\pi$. Gib ohne zu zeichnen alle Nullstellen, Hoch- und Tiefpunkte sowie die Amplitude und die Periodenlänge an.

8. Eine Sinusfunktion hat die Periodenlänge $\frac{2}{3} \cdot \pi$. Zwischen den beiden benachbarten Nullstellen $x_1 = 0$ und $x_2 = \frac{\pi}{3}$ liegt ihr Hochpunkt $H\left(\frac{\pi}{6} \mid 0{,}5\right)$. Der Graph ist nicht in y-Richtung verschoben. Bestimme die Funktionsgleichung.

9. Sinuswerte werden in der Regel mit dem Taschenrechner berechnet. Es gibt allerdings auch Möglichkeiten, Sinuswerte ausgewählter Winkel anhand geometrischer Überlegungen zu ermitteln.

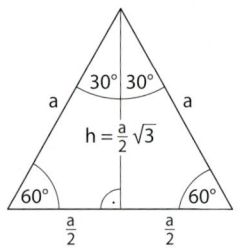

   a) Analysiere die Abbildung und weise mithilfe der Sinusdefinition nach, dass $\sin(30°) = 0{,}5$ und $\sin(60°) = \frac{1}{2}\sqrt{3}$ gilt.
   b) Zeichne ein gleichschenkliges Dreieck mit dem Basiswinkel 45° und beweise, dass $\sin(45°) = \frac{1}{2}\sqrt{2}$ gilt.

Hinweis:
Schritte einer Regression:
1. Messwerte im Taschenrechner erfassen
2. passenden Funktionstyp auswählen (z. B. Exponential- oder Sinusfunktion)
3. Taschenrechner berechnet Gleichung einer Ausgleichskurve
4. Anwenden

GTR 10. Regression:

Die stündliche Protokollierung der Außentemperatur einer Wetterstation in Hamburg ergab folgende Messtabelle.

0 Uhr	1 Uhr	2 Uhr	3 Uhr	4 Uhr	5 Uhr	6 Uhr	7 Uhr	8 Uhr	9 Uhr	10 Uhr	11 Uhr
−6,4°	−4,6°	−3,0°	−1,2°	−0,5°	1,9°	3,0°	3,8°	4,0°	3,7°	3,1°	1,9°

12 Uhr	13 Uhr	14 Uhr	15 Uhr	16 Uhr	17 Uhr	18 Uhr	19 Uhr	20 Uhr	21 Uhr	22 Uhr	23 Uhr
0,5°	−1,1°	−3,1°	−4,8°	−6,5°	−7,9°	−9,1°	−9,8°	−10,0°	−9,6°	−9,0°	−8,0°

   a) Stelle die Daten als Punkte in einem Koordinatensystem dar. Zeichne eine Ausgleichskurve.
   b) Übertrage die Tabelle in den Taschenrechner und ermittle mit dem Regressionsmodul die Gleichung der Kurve.
   c) Stelle mit dem Funktionsplotter des Taschenrechners sowohl die Daten aus der Messtabelle als auch die Ausgleichskurve dar.
   d) Beurteile die Abweichungen der Ausgleichskurve von den Messdaten anhand von Beispielen.

GTR 11. Unter der astronomischen Sonnenscheindauer versteht man die Zeitspanne zwischen Sonnenaufgang und Sonnenuntergang unabhängig von Dunst oder Wolken. Die folgende Tabelle weist diese Sonnenscheindauer für einen bestimmten Ort aus.

Datum	21.1.	21.2.	21.3.	21.4.	21.5.	21.6.	21.7.	21.8	21.9.	21.10.	21.11.	21.12.
Dauer (in h)	8,60	10,45	12,32	14,50	15,90	16,65	15,69	14,20	12,22	10,05	8,51	7,81

Hinweis zu 11:
Rechne mit einer Monatslänge von einheitlich 30 Tagen.

   a) Stelle die Daten als Punkte in einem Koordinatensystem dar. Verbinde die Punkte zu einer Kurve. Lies aus der Grafik ab, welche astronomische Sonnenscheindauer sich am 6.4. und am 6.8. ergibt.
   b) Ermittle mit dem Regressionsmodul des Taschenrechners die Gleichung einer Sinusfunktion, die den Verlauf der Sonnenscheindauer annähert.
   c) Berechne mit dem Ergebnis, welche Sonnenscheindauer sich für den 6.4. und den 6.8. ergibt. Vergleiche mit der grafischen Lösung aus a).
   d) Beschreibe, wie du die Gleichung ohne Taschenrechner ermitteln würdest.

12. In der Umwelt gibt es viele Beispiele für periodische Vorgänge.
   a) Beschreibe einen periodischen Vorgang.
   b) Tausche deine Überlegung mit deinem Nachbarn aus. Beschreibe, wie man vorgehen kann, um den periodischen Vorgang, den du erhalten hast, grafisch darzustellen und eine dazu passende Funktionsgleichung zu ermitteln.
   c) Bereite deine Ergebnisse für ein Referat auf.

6.6 Vermischte Aufgaben

13. Ein Federpendel vollzieht, wenn es in Schwingungen versetzt wird, eine periodische Auf- und Abwärtsbewegung. Die Bewegung wird durch die sogenannte Federhärte und durch die anhängende Masse beeinflusst.

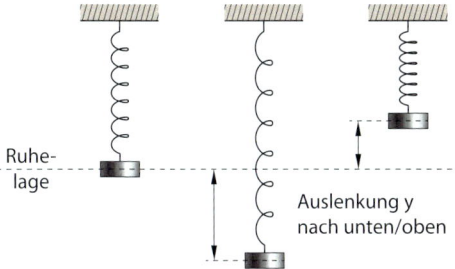

Die Auslenkung eines Federpendels aus der Ruhelage wird in einem Experiment in Abhängigkeit von der Zeit gemessen und tabellarisch erfasst.

Zeit t (in s)	0	0,5	1	1,8	2,1	2,5	3	3,3	3,9	4,2
Auslenkung y (in cm)	0	4,2	6,2	1,9	−0,9	−4,3	−5,9	−5,2	−0,8	0,1

🔶 Übertrage die Daten der Zuordnung *Zeit t (in s) → Auslenkung y (in cm)* in ein Koordinatensystem und zeichne durch die Punkte eine Kurve.
Ermittle mithilfe der Darstellung eine Funktionsgleichung.
Bestimme die Schwingungsdauer und ermittle die Auslenkung nach 1,5 und 4,5 Sekunden sowohl durch Ablesen am Graphen als auch durch Berechnen mit der Funktionsgleichung.
Gib an, durch welchen mathematischen Fachbegriff man den Begriff der „Schwingungsdauer" ersetzen kann.

🔷 Führe eine Regression mit dem Taschenrechner durch und vergleiche die sich ergebende Funktionsgleichung mit der Gleichung, die aus der Grafik ermittelt wurde (siehe Aufgabenteil rot).
Lies die Schwingungsdauer ab.
Gib an: Welche Auslenkungen ergeben sich mit dieser Funktionsgleichung nach 1,5 und 4,5 Sekunden?

🔶 Die Schwingung eines Federpendels wird durch die Gleichung $y = 5 \sin\left(\frac{\pi}{3} \cdot t\right)$ beschrieben (Zeit t in Sekunden).
Bestimme die Schwingungsdauer dieses Pendels.
Zeichne den Graphen dieser Schwingung für zwei Schwingungsdauern.
Skizziere einen zweiten Graphen für eine Feder, die eine größere Federhärte hat.
Notiere dazu eine passende Gleichung.
Erkläre den Zusammenhang zwischen der Schwingungsdauer und dem Merkmal, das als „Härte einer Feder" bezeichnet wird.
Erläutere, welchen Einfluss die Größe des Massestücks auf die Schwingungsdauer eines Federpendels hat.

🔶 Begründe, dass die Schwingung eines Federpendels nur näherungsweise durch eine Sinusfunktion modelliert werden kann.
Skizziere den Verlauf einer Federpendelschwingung über fünf Periodenlängen, wie sie in Wirklichkeit verlaufen wird.

Prüfe dein neues Fundament

6. Periodische Vorgänge

Lösungen
↗ S. 243

1. Lies die Amplitude und die Periodenlänge der dargestellten periodischen Vorgänge ab.
   a) 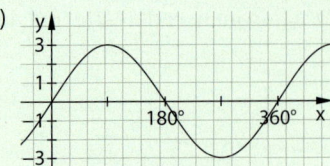   b)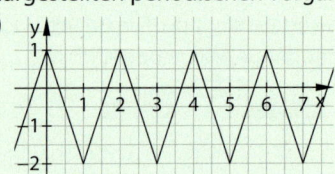

2. a) Rechne die Winkel in das Bogenmaß um: $\alpha = 111°$; $\beta = 15°$; $\gamma = 0{,}75°$.
   b) Rechne die Winkel in das Gradmaß um: $\alpha = \frac{1}{18}\pi$; $\beta = 2{,}25\pi$; $\gamma = 2{,}08$

3. Bestimme grafisch mithilfe der Abbildung ...
   a) die Sinuswerte von $240°$ und $\frac{4}{3}\pi$,
   b) die Winkel, deren Sinuswert $0{,}3$ beträgt,
   c) die Winkel, deren Sinuswert $-0{,}9$ beträgt.

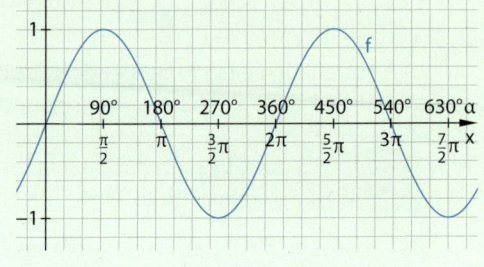

4. Berechne mit dem Taschenrechner die Sinus- und Kosinuswerte und begründe am Einheitskreis, warum ihr Vorzeichen positiv bzw. negativ ist.
   a) $\sin(12°)$ b) $\cos(260°)$ c) $\cos(800°)$ d) $\sin\left(\frac{8}{7}\pi\right)$ e) $\cos\left(-\frac{1}{4}\pi\right)$ f) $\sin(-205°)$

5. a) Zeichne den Graphen der Sinusfunktion für $-720° \leq \alpha \leq 720°$. Ermittle mithilfe der Zeichnung alle Winkel α im Gradmaß in diesem Bereich, für die $\sin(\alpha) = 0{,}75$ gilt.
   b) Ermittle alle Lösungen der Gleichung $\cos(x) = -0{,}2$ im Bogenmaß (Taschenrechner).

6. Prüfe die Aussagen. Begründe deine Entscheidung mithilfe des Einheitskreises.
   a) $\sin(360° - \alpha) = -\sin(\alpha)$ für $0° < \alpha < 90°$ b) $\cos\left(\frac{\pi}{2} + \beta\right) = \cos\left(\frac{3}{2}\pi - \beta\right)$ für $0° < \beta < 90°$
   c) $\sin(\varepsilon) = \sin(\pi + \varepsilon)$ d) $\sin(360° + \delta) = \sin(180° - \delta)$ für $90° < \delta < 180°$

7. Begründe für $0° < \alpha < 90°$ mithilfe der Graphen der Sinus- bzw. Kosinusfunktion.
   a) $\sin(\alpha) = \sin(360° + \alpha)$ b) $\cos(90° + \alpha) = -\cos(90° - \alpha)$ c) $\sin(90° - \alpha) = \cos(\alpha)$

8. Die Gleichung einer allgemeinen Sinusfunktion hat die Form
   $f(x) = a \cdot \sin(b \cdot (x - c)) + d$.
   a) Lies aus den abgebildeten Graphen die Werte für die Parameter a, b, c und d ab.
   b) Stelle die Funktionsgleichungen der beiden dargestellten Funktionen auf.

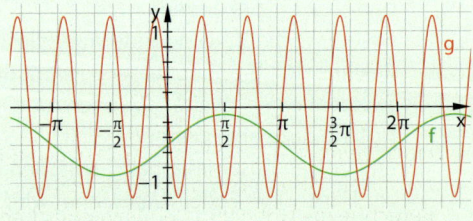

9. Zeichne nur mithilfe der Parameter den Graphen der Funktion f.
   a) $f(\alpha) = \sin(\alpha - 60°)$ b) $f(x) = 3 \cdot \sin(2x) - 1$ c) $f(x) = \cos\left(0{,}5\left(x - \frac{\pi}{2}\right)\right)$

10. Forme die Funktionsgleichung $f(x) = 0{,}2 \cdot \sin(10x + 5) + 1{,}08$ so um, dass du die Parameter a, b, c und d der allgemeinen Form ablesen kannst.

11. Durch die Gleichung $f(\alpha) = 5 \cdot \sin(2\alpha + 180°)$ ist eine Sinusfunktion f gegeben.
    a) Zeichne den Graphen der Funktion für $-90° \leq \alpha \leq 360°$.
    b) Ermittle die Gleichung einer Kosinusfunktion g, die den gleichen Graphen hat.

Prüfe dein neues Fundament

12. Der Tidenhub im Seehafen von Bremerhaven verursacht bei Ebbe und Flut unterschiedliche Pegelstände. Der Tidenhub beträgt 3,50 m.
    a) Erläutere an dieser Situation die Begriffe Amplitude und Periodenlänge.
    b) Skizziere einen Graphen
       Zeit (in h) → Wasserpegel (in m)
       für einen Zeitraum von zwei Tagen.

Lösungen
↗ S. 243

Info:
Ein Zyklus aus Ebbe und Flut dauert 12 h 24 min.

13. Töne kann man grafisch als Sinusschwingung darstellen. Die Tonhöhe wird durch die Frequenz beschrieben.
    a) Bestimme die Periodenlänge eines Tons der Frequenz 200 Hz.
    b) Bestimme die Frequenz eines Tons mit der Periodenlänge 0,125 ms.

14. a) Die höchste Frequenz, die ein menschliches Ohr wahrnehmen kann, sind etwa 16 000 Hz. Berechne die Periodenlänge in Sekunden und Millisekunden.
    b) Töne mit Periodenlängen von unter 0,062 5 s kann ein menschliches Ohr nicht wahrnehmen. Gib die zugehörige Frequenz an.

15. Ein Riesenrad hat einen Durchmesser von 12 m. Der Drehpunkt befindet sich in 7 m Höhe. Ein Umlauf dauert 60 s. Stelle diesen Vorgang in einem Koordinatensystem mithilfe einer passenden Sinusfunktion grafisch dar.

GTR 16. Die Tabelle gehört zu einem periodischen Vorgang.

x	0	0,2π	0,4π	0,5π	0,6π	0,8π	π
y	0	2,09	−1,29	−2,05	−1,30	2,11	0,05

a) Gib die Daten in deinen Taschenrechner ein. Bestimme mit dem Regressionsmodul die Gleichung einer passenden Sinusfunktion.
   Gib diese in der Form $y = a \cdot \sin(b \cdot (x - c)) + d$ an.
b) Skizziere den Graphen der Sinusfunktion aus a). Stelle auch die Wertepaare aus der Tabelle dar.
c) Berechne die y-Werte zu $x_1 = 0{,}1 \cdot \pi$ und $x_2 = 0{,}9 \cdot \pi$ mithilfe der Sinusfunktion aus a).

Wiederholungsaufgaben

1. Eine Pyramide hat ein Rechteck als Grundfläche (a = 8,4 cm; b = 5,2 cm).
   Sie soll ein Volumen von 1000 cm³ haben.
   Berechne die Höhe und den Mantelflächeninhalt der Pyramide.

2. Eine Supermarktkette bietet Eier an:
   - 35 % der Eier sind braun. Sie stammen vom Lieferanten A. Erfahrungsgemäß wurden $\frac{8}{1000}$ dieser Eier beim Verpacken und Transportieren beschädigt.
   - 65 % der Eier sind weiß. Sie stammen vom Lieferanten B. Erfahrungsgemäß wurden $\frac{12}{1000}$ dieser Eier beim Verpacken und Transportieren beschädigt

   Wie groß ist die Wahrscheinlichkeit, dass bei einer zufälligen Stichprobe …
   a) ein weißes nicht beschädigtes Ei ausgewählt wird?
   b) ein braunes beschädigtes Ei ausgewählt wird?

Zusammenfassung

6. Periodische Vorgänge

Periodische Vorgänge

Bei einem **periodischen Vorgang** wiederholen sich alle Werte in regelmäßigen Abständen.

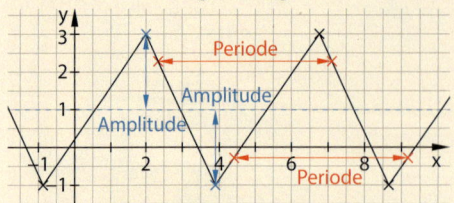

Der kleinste Abstand, in dem sich alle Werte wiederholen, heißt **Periode** (oder Periodenlänge). Die größte Abweichung vom mittleren Wert nach oben oder unten heißt **Amplitude**.

Gib die Amplitude und die Periode des periodischen Vorgangs an.

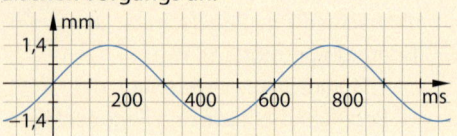

Amplitude $a = 1{,}4\,\text{mm}$
Periodenlänge $p = 600\,\text{ms}$

Bogenmaß

Die Größe eines Winkels kann im Gradmaß und im Bogenmaß angegeben werden.

Die Umrechnung erfolgt mithilfe der Formel:
$x = \pi \cdot \dfrac{\alpha}{180°}$.

Gib $\alpha = 270°$ im Bogenmaß an.
$x = \pi \cdot \dfrac{270°}{180°} = \dfrac{3}{2}\pi \approx 4{,}71$.

Gib $x = 4{,}5$ im Gradmaß an
$\alpha = x \cdot \dfrac{180°}{\pi} = 4{,}5 \cdot \dfrac{180°}{\pi} \approx 257{,}8°$.

Sinusfunktion

Die Funktion f mit der Gleichung $f(x) = \sin(x)$ bzw. $f(\alpha) = \sin(\alpha)$ heißt **Sinusfunktion**. Die Winkel können im Bogenmaß x oder im Gradmaß α angegeben werden.

Die Sinusfunktion hat die Periodenlänge 2π bzw. 360° und die Amplitude 1.

Lies am Graphen den Funktionswert zu $x_1 = 2{,}2$ und den Winkel mit $\sin(x) = -0{,}3$ und $-\pi \leq x \leq 2\pi$ ab.

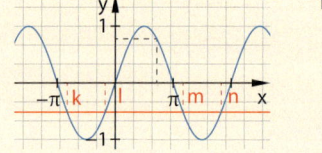

$f(x_1) \approx 0{,}8$
$x_2 \approx -0{,}3$
$x_3 \approx -2{,}8$
$x_4 \approx 3{,}4$
$x_5 \approx 6$

Kosinusfunktion

Die Funktion f mit der Gleichung $f(x) = \cos(x)$ bzw. $f(\alpha) = \cos(\alpha)$ heißt **Kosinusfunktion**. Die Winkel können im Bogenmaß x oder im Gradmaß α angegeben werden.

Die Kosinusfunktion hat die Periodenlänge 2π bzw. 360° und die Amplitude 1.

Lies am Graphen den Funktionswert zu $x_1 = 3$ und den Winkel mit $\cos(x) = -0{,}5$ und $-\pi \leq x \leq 2\pi$ ab.

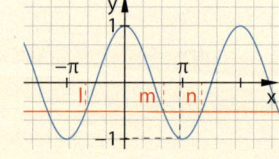

$f(x_1) \approx -0{,}99$
$x_2 \approx -2{,}1$
$x_3 \approx 2{,}1$
$x_4 \approx 4{,}2$

Allgemeine Sinusfunktion

Durch die Einführung von Parametern kann die Sinusfunktion variiert werden. Ihr Graph wird dadurch gestreckt bzw. gestaucht und verschoben.
Allgemeine Gleichung einer Sinusfunktion f:
$f(x) = a \cdot \sin(b \cdot (x - c)) + d$

Auswirkungen der Parameter:
a: Amplitude
b: Stauchung bzw. Streckung in x-Richtung
c: Verschiebung in x-Richtung
d: Verschiebung in y-Richtung

Gib die Funktionsgleichung an.

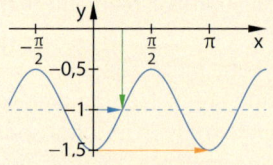

Amplitude $a = 0{,}5$;
Periode $p = \pi \rightarrow b = \dfrac{2\pi}{p} = \dfrac{2\pi}{\pi} = 2$;
Verschiebung um $\dfrac{\pi}{4}$ nach rechts $\rightarrow c = \dfrac{\pi}{4}$;
Verschiebung um 1 nach unten $\rightarrow d = -1$;
$\rightarrow$ Gleichung: $f(x) = 0{,}5 \cdot \sin\left(2 \cdot \left(x - \dfrac{\pi}{4}\right)\right) - 1$

7. Zahlbereiche und Grenzprozesse

Regelmäßige geometrische Muster lassen sich zum Beispiel durch mathematische Formeln erzeugen. Sie werden viele Male nacheinander angewendet. Nach und nach füllt sich das ganze Bild mit dem Muster. Solche Muster heißen Fraktale.

Egal, wie stark man das Bild vergrößert: Man sieht, dass sich das Muster gleichmäßig wiederholt. Diesen Prozess kann man beliebig weit fortsetzen.

Nach diesem Kapitel kannst du …
- rationale und irrationale Zahlen erkennnen,
- Quadratwurzeln durch Grenzprozesse ermitteln,
- Grenzwerte von Zahlenfolgen bestimmen.

Dein Fundament

7. Zahlbereiche und Grenzprozesse

Lösungen
↗ S. 244

Quadratwurzeln

1. Schätze näherungsweise. Kontrolliere das Ergebnis anschließend mit dem Taschenrechner. Runde.
   a) $\sqrt{0{,}11}$ b) $\sqrt{40}$ c) $\sqrt{60}$ d) $\sqrt{110}$ e) $\sqrt{209}$ f) $\sqrt{\frac{1}{15}}$ g) $\sqrt{\frac{29}{51}}$

2. Das rote Quadrat im Bild rechts hat einen Flächeninhalt von 36 cm².
   a) Berechne die Länge der blauen Quadratseite und den Flächeninhalt der blauen Quadrats.
   b) Im blauen Quadrat werden die Mittelpunkte der Seiten markiert. Sie bilden die Eckpunkte eines dritten Quadrats. Darin wird auf gleiche Weise ein viertes Quadrat markiert usw. Ermittle, das wievielte Quadrat der Folge einen Flächeninhalt von weniger als 0,5 cm² hat.
   c) Die Eckpunkte des roten Quadrats bilden die Mittelpunkte der Seiten eines größeren Quadrats. Dessen Eckpunkte bilden wiederum die Mittelpunkte der Seiten eines größeren Quadrats usw. Ermittle, wie viele Schritte nötig sind, bis ein Quadrat dieser Folge den Flächeninhalt 1000 cm² überschreitet.

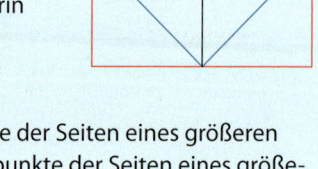

Intervallschachtelung

Hinweis zu 3:
$1^3 < 5 < 2^3$
$1 < \sqrt[3]{5} < 2$

3. Ermittle die benachbarten natürlichen Zahlen, zwischen denen die angegebene Zahl liegt.
   a) $\sqrt{5}$ b) $\sqrt{40}$ c) $1{,}2^2$ d) $\sqrt[3]{26}$ e) $\sqrt[3]{2{,}6}$ f) $\sqrt[3]{120}$ g) $0{,}9^3$

4. Ermittle drei positive rationale Zahlen x, für die gilt:
   a) $3 < x^2 < 5$ b) $3 < x^2 < 4$ c) $3{,}1 < x^2 < 3{,}2$ d) $3{,}01 < x^2 < 3{,}02$

5. Ermittle einen Näherungswert für $\sqrt{17}$ auf drei Nachkommastellen genau, indem du die folgende Intervallschachtelung fortsetzt.

   ① Bestimme zwei natürliche Zahlen, zwischen denen $\sqrt{17}$ liegt.

   Es ist $4 < \sqrt{17} < 5$, denn $16 < 17 < 25$.

   ② Bestimme zwei Zahlen zwischen 4 und 5 mit einer Nachkommastelle, zwischen denen $\sqrt{17}$ liegt.

x	4,0	4,1	4,2	4,3
x²	16,0	16,81	17,64	18,49

   Es ist $4{,}1 < \sqrt{17} < 4{,}2$, denn $16{,}81 < 17 < 17{,}64$.

   ③ Bestimme zwei Zahlen zwischen 4,1 und 4,2 mit zwei Nachkommastellen, zwischen denen $\sqrt{17}$ liegt.

   ④ …

6. Gegeben sind die ersten beiden Intervalle einer Intervallschachtelung für die Quadratwurzel aus einer natürlichen Zahl n. Bestimme n. Prüfe, ob es mehr als eine Lösung gibt.
   a) $3 < \sqrt{n} < 4$ b) $9 < \sqrt{n} < 10$ c) $6 < \sqrt{n} < 7$ d) $7 < \sqrt{n} < 8$
   $3{,}3 < \sqrt{n} < 3{,}4$ $9{,}0 < \sqrt{n} < 9{,}1$ $6{,}8 < \sqrt{n} < 6{,}9$ $7{,}6 < \sqrt{n} < 7{,}7$

Dein Fundament

Rationale Zahlen

Lösungen ↗ S. 244

7. Gib drei rationale Zahlen x an, für die gilt:
   a) $-5 < x < -4{,}9$
   b) $-5{,}02 < x < -5{,}01$
   c) $-5 < x < -\frac{74}{15}$
   d) $-\frac{74}{15} < x < -\frac{73}{15}$

8. Ordne die rationalen Zahlen der Größe nach.
   $\frac{3}{4}$; 0,72; $-\frac{4}{3}$; $-1{,}111$; $\frac{1}{6}$; $\frac{7}{9}$; $-1{,}1111$; 0,166; $\frac{9}{7}$; 1,2858; 0,167

9. Berechne die Terme.
   a) $0{,}287 \cdot (3{,}2 - 5{,}66) + \frac{1}{3}$
   b) $4{,}28 - \left(9{,}66 + \frac{1}{2} \cdot 0{,}8777\right)$

10. Prüfe die Aussage: „Zwischen den rationalen Zahlen 2,5463 und 2,5464 gibt es unendlich viele weitere rationale Zahlen."
    Begründe mithilfe von Beispielen.

11. Erläutere, warum die Kreiszahl π keine rationale Zahl ist.

Zuordnungen und Funktionen

12. Gib an, in welchen Quadranten der Graph der Funktion f verläuft.
    a) $f(x) = x^2 + 3$
    b) $f(x) = (x + 1)^2 - 3$
    c) $f(x) = x + 1$
    d) $f(x) = 3^x$

13. Eine Großpackung Vanilleeis hat 2000 ml Inhalt. Das Eis wird verwendet, um n Portionen als Nachtisch eines Abendessens zuzubereiten.
    Stelle die Zuordnung *Anzahl Portionen n → Größe der Portionen in ml* grafisch dar.
    Beschreibe den Verlauf des Graphen.

14. a) Zeichne den Graphen einer Exponentialfunktion f mit der Gleichung $f(x) = 0{,}2^x + 4$ für $-1 \leq x \leq 6$ in ein Koordinatensystem.
    b) Begründe, warum der Graph von f keinen Punkt im III. und IV. Quadranten haben kann.
    c) Gib die Asymptote des Graphen an.

15. Prüfe, ob man einen maximalen Funktionswert (einen minimalen Funktionswert) der Funktion f angeben kann. Begründe.
    a) $f(x) = 3(x - 4)^2$
    b) $f(x) = -5x^2$
    c) $f(x) = 0{,}25^x$
    d) $f(x) = \sin(3x)$

Vermischtes

16. Einem Würfel mit der Kantenlänge 10 cm wird innen eine größtmögliche Kugel einbeschrieben. Diese Kugel berührt die Mittelpunkte der Seitenflächen des Würfels.
    Ermittle das Volumen und den Oberflächeninhalt der Kugel.

17. Ein Quadrat hat die Seitenlänge 8 cm.
    a) Gib den Radius des Umkreises des Quadrats an.
    b) Berechne den Flächenunterschied zwischen Quadrat und Umkreis in cm².
       Gib an, wie viel Prozent der Quadratfläche die Kreisfläche ausmacht.
    c) Ein Quader hat das Quadrat als Grundfläche, ein Zylinder den Umkreis. Beide Körper sind 12 cm hoch. Berechne den Volumenunterschied zwischen Quader und Zylinder in cm³.
       Gib an, wie viel Prozent des Quadervolumens das Zylindervolumen ausmacht.

7.1 Zahlbereiche

Info:
Im Jahr 2010 gelang es, eine Billion Nachkommastellen von $\sqrt{2}$ zu berechnen.

■ Für Quadratwurzeln wie $\sqrt{2}$ und $\sqrt{3}$ ist es nicht möglich, alle Dezimalstellen exakt anzugeben. Allerdings ist es möglich, solche Quadratwurzeln durch natürliche Zahlen und durch Bruchzahlen einzuschachteln.

a) Gib ohne Taschenrechner die beiden natürlichen Zahlen an, die auf der Zahlengeraden links und rechts von $\sqrt{48}$ liegen. Begründe.

b) Begründe, ohne den Taschenrechner zu verwenden: $\sqrt{48} = 4 \cdot \sqrt{3}$.

c) Nähere $\sqrt{3}$ so gut wie möglich durch eine Bruchzahl an. Beschreibe dein Vorgehen. ■

$\sqrt{2}$ = 1,414 213 562 373 095 048 801 688 724 209 698 078 569 671 875 376 948 073 176 679 737 990 732 478 462 107 038 850 387 534 327 641 572 735 013 846 230 912 297 024 924 836 055 850 737 212 644 121 497 099 935 831 413 222 665 927 505 592 755 799 950 501 152 782 060 571 470 109 559

Dies sind die ersten 207 Nachkommastellen von $\sqrt{2}$.

Es stellt sich die Frage, ob sich Quadratwurzeln wie $\sqrt{2}$ und $\sqrt{3}$ als Bruch $\frac{p}{q}$ ausdrücken lassen.

Um diese und ähnliche Fragen zu beantworten, greift man in der Mathematik auf die Methode des **Widerspruchsbeweises** zurück. Dabei wird von einer Annahme ausgegangen. Wenn sich daraus logisch ein Widerspruch ableiten lässt, dann folgt, dass die Annahme falsch gewesen sein muss. Kann man aus dem Gegenteil einer Annahme logisch einen Widerspruch ableiten, dann folgt, dass das Gegenteil der Annahme falsch ist bzw. die Annahme richtig. Dieses Vorgehen wird im Folgenden genutzt.

Beweis, dass $\sqrt{2}$ keine rationale Zahl ist (Widerspruchsbeweis)

Hinweis:
Ist ein Bruch $\frac{p}{q}$ so weit wie möglich gekürzt, dann haben p und q keinen gemeinsamen Teiler > 1.

Behauptung: $\sqrt{2}$ ist keine rationale Zahl.

Annahme des Gegenteils der Behauptung: $\sqrt{2}$ ist eine rationale Zahl. $\sqrt{2}$ kann also als so weit wie möglich gekürzter Bruch geschrieben werden. Es ist $\sqrt{2} = \frac{p}{q}$; p und q sind natürliche Zahlen (q ≠ 0).

Schlussfolgerungen: Durch Quadrieren und Umformen erhält man:

$$2 = \frac{p^2}{q^2} \qquad | \cdot q^2$$
$$p^2 = 2 \cdot q^2$$

Kann man eine Zahl in der Form $2 \cdot n$ bzw. $2 \cdot n^2$ schreiben (n ist dabei eine natürliche Zahl), dann muss sie eine gerade Zahl sein. Es folgt also: p^2 ist eine gerade Zahl. Damit muss auch p eine gerade Zahl sein.

Die Zahl p lässt sich also in der Form $p = 2 \cdot n$ schreiben (mit n als natürlicher Zahl). Dies setzt man in die vorige Gleichung ein:

$$(2n)^2 = 2 \cdot q^2 \qquad | \text{ Klammer auflösen}$$
$$4n^2 = 2 \cdot q^2 \qquad | : 2$$
$$2n^2 = q^2$$

Daraus folgt, dass auch q^2 sowie q gerade Zahlen sein müssen.

Formulierung des Widerspruchs: Die Schlussfolgerungen ergeben, dass sowohl p als auch q gerade Zahlen sind. Deshalb sind beide Zahlen durch 2 teilbar. Man kann also den Bruch $\frac{p}{q}$ mit 2 kürzen. Dies ist ein Widerspruch zur Annahme.

Ergebnis: $\sqrt{2}$ kann nicht als so weit wie möglich gekürzter Bruch geschrieben werden. $\sqrt{2}$ ist damit keine rationale Zahl.

7.1 Zahlbereiche

Irrationale und reelle Zahlen

Eine beliebige rationale Zahl ist immer als Bruch in der Form $\frac{a}{b}$ darstellbar (a und b sind ganze Zahlen, b > 0). Nach Umwandlung des Bruches in einen Dezimalbruch erhält man:
– entweder einen **endlichen Dezimalbruch** (z. B. $-\frac{3}{8} = -0{,}375$)
oder
– einen **unendlichen periodischen Dezimalbruch** (z. B. $\frac{2}{3} = 0{,}666\,666\,6\ldots = 0{,}\overline{6}$)

Beim Wurzelziehen erhält man dagegen oft einen unendlichen Dezimalbruch, der sich nicht durch einen Bruch $\frac{a}{b}$ darstellen lässt. Der Beweis, dass $\sqrt{2}$ keine rationale Zahl ist, macht deutlich: Über die rationalen Zahlen hinaus gibt es weitere Zahlen. Die uns bekannten Zahlenbereiche müssen erweitert werden.

> **Wissen: Reelle Zahlen**
> Zahlen, die sich nicht durch einen Bruch $\frac{a}{b}$ darstellen lassen (a und b sind ganze Zahlen, b > 0), heißen **irrationale Zahlen**.
> Irrationale Zahlen lassen sich durch **unendliche, nichtperiodische Dezimalbrüche** darstellen. Die rationalen und die irrationale Zahlen bilden zusammen die Menge der reellen Zahlen (**Symbol $\mathbb{R}$**).

> **Beispiel 1: Rationale Zahlen und irrationale Zahlen erkennen**
> Ist die Zahl rational oder irrational? Begründe deine Entscheidung.
> a) $1{,}\overline{234}$ b) $5{,}123\,456\,789\,101\,112\ldots$ c) $\frac{1}{3}$ d) $\sqrt{121}$ e) $-23{,}666$
>
> **Lösung:**
> a) $1{,}\overline{234}$ ist rational, denn die Dezimalzahl ist periodisch.
> b) Wenn die Nachkommastellen von $5{,}123\,456\,789\,101\,112\ldots$ sich nach dem Muster 1, 2, 3, 4, 5, 6, 7, 8, 9, 10, 11, 12, 13, 14 … fortsetzen, ist die Zahl irrational. Die Dezimalzahl ist nicht periodisch und bricht nicht ab.
> c) $\frac{1}{3} = 0{,}\overline{3}$. Die Zahl $\frac{1}{3}$ ist rational, denn $0{,}\overline{3}$ ist eine periodische Dezimalzahl.
> d) $\sqrt{121} = 11$. Die Zahl $\sqrt{121}$ ist rational, denn 11 ist eine natürliche Zahl, und alle natürlichen Zahlen gehören auch zu den rationalen Zahlen.
> e) $-23{,}666$ ist rational, denn $-23{,}666$ bricht nach der dritten Nachkommastelle ab.

Basisaufgaben

1. Entscheide, ob die Zahl rational oder irrational ist. Begründe.
   a) $0{,}125$ b) $1{,}357\,911\,131\,517\ldots$ c) $\sqrt{36}$ d) $123{,}010\,001\,000\,100\,001\ldots$
   e) $12{,}121\,212\ldots$ f) $\sqrt{10}$ g) $\sqrt{\frac{16}{9}}$ h) $\sqrt[3]{125}$ i) $\sqrt[4]{1000}$

2. Gib vier Zahlen mit der angegebenen Eigenschaft an.
   a) Es sind irrationale Zahlen.
   b) Es sind natürliche Zahlen und zugleich Quadratwurzeln aus natürlichen Zahlen.
   c) Es sind irrationale Zahlen und zugleich Quadratwurzeln aus Bruchzahlen.
   d) Es sind rationale Zahlen und zugleich Quadratwurzeln aus Bruchzahlen.

3. Setze die Zahlen so zu einer nicht abbrechenden Dezimalzahl fort, dass eine rationale (irrationale) Zahl entsteht. Erkläre, wie du vorgegangen bist.
   a) $2{,}1717\ldots$ b) $3{,}494\,499\ldots$ c) $0{,}2468\ldots$ d) $0{,}149\,162\,5\ldots$

Zahlbereiche

Durch die irrationalen Zahlen wird die Menge der bekannten Zahlen erweitert. Die Beziehungen zwischen den verschiedenen Zahlbereichen lassen sich durch ein Mengendiagramm strukturell erfassen.

Information:
Weitere häufig verwendete Abkürzungen:
$\mathbb{Z}_-$ Menge der negativen ganzen Zahlen
$\mathbb{Q}_+$ Menge der positiven rationalen Zahlen
$\mathbb{Q}_-$ Menge der negativen rationalen Zahlen
$\mathbb{R}_+$ Menge der positiven reellen Zahlen
$\mathbb{R}_-$ Menge der negativen reellen Zahlen

> **Wissen: Reelle Zahlen**
> Die Menge der **reellen Zahlen** $\mathbb{R}$ setzt sich aus der Menge der **rationalen Zahlen** $\mathbb{Q}$ und der Menge der **irrationalen Zahlen** $\mathbb{I}$ zusammen.
> Irrationale Zahlen lassen sich nicht durch einen Bruch bzw. durch eine abbrechende Dezimalzahl oder durch eine periodische Dezimalzahl darstellen.

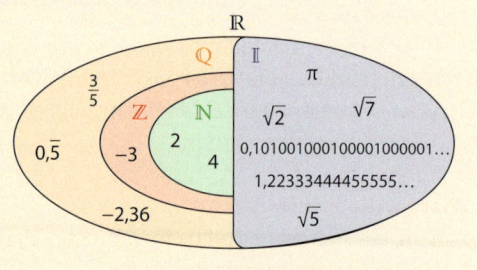

Reelle Zahlen lassen sich mit Intervallschachtelungen durch rationale Zahlen beliebig genau annähern.

Beispiel 2:
a) Ordne die folgenden Zahlen den Mengen $\mathbb{N}$, $\mathbb{Z}$, $\mathbb{Q}$ und $\mathbb{R}$ zu.
$-3{,}5$; $\frac{1}{4}$; 13; $-0{,}\overline{3}$; -11; $2{,}1\overline{23}$; $\sqrt{100}$; $\sqrt{5}$; $\sqrt{\frac{64}{25}}$; $\frac{2}{7}$; -2; $\sqrt{\frac{1}{7}}$; 0

b) Erläutere die Beziehungen zwischen den folgenden Mengen: negative ganze Zahlen $\mathbb{Z}_-$; rationale Zahlen $\mathbb{Q}$; reelle Zahlen $\mathbb{R}$.

Lösung:
a) Suche zunächst alle natürlichen Zahlen heraus. Dazu gehört auch $\sqrt{100} = 10$.
Bei den ganzen Zahlen kommen alle negativen ganzen Zahlen hinzu.
Bei den rationalen Zahlen kommen nun alle gebrochenen und periodischen Zahlen hinzu. Beachte $\sqrt{\frac{64}{25}} = \frac{8}{5}$.
Bei den reellen Zahlen kommen die irrationalen Zahlen $\sqrt{5}$ und $\sqrt{\frac{1}{7}}$ hinzu

natürliche Zahlen:
13; $\sqrt{100} = 10$; 0

ganze Zahlen: -11; -2 sowie außerdem 13; $\sqrt{100} = 10$; 0 (aus $\mathbb{N}$, siehe oben)

rationale Zahlen: $-3{,}5$; $\frac{1}{4}$; $-0{,}\overline{3}$; $2{,}1\overline{23}$; $\sqrt{\frac{64}{25}}$; $\frac{2}{7}$ sowie außerdem -11; -2; 13; $\sqrt{100} = 10$; 0 (aus $\mathbb{Z}$, siehe oben)

reelle Zahlen: alle aufgelisteten Zahlen

b) Alle negativen ganzen Zahlen gehören auch zur Menge den rationalen Zahlen. Alle rationalen Zahlen gehören auch zur Menge der reellen Zahlen.

Man schreibt kurz:
$\mathbb{Z}_- \subset \mathbb{Q} \subset \mathbb{R}$

Information:
Beim Umgang mit Mengen werden besondere Zeichen verwendet:
„$\in$" bedeutet „ist ein Element der Menge …".
„$\subset$" bedeutet „ist eine Teilmenge von …".

Basisaufgaben

4. Ordne die folgenden Zahlen den Mengen $\mathbb{N}$, $\mathbb{Z}$, $\mathbb{Q}$ und $\mathbb{R}$ zu.
$6{,}05$; -35; $-\frac{2}{3}$; $5{,}\overline{7}$; $\sqrt{125}$; $\sqrt[3]{125}$; $-0{,}009$; -88; $\frac{6}{7}$; $\sqrt{20}$; $5{,}1234…$; π

5. Entscheide, ob die Aussage wahr ist. Begründe deine Entscheidung.
a) $-3 \in \mathbb{Q}$
b) $0{,}7777777… \in \mathbb{R}$
c) $0{,}121231234\,12345… \in \mathbb{Q}_+$
d) $\sqrt{8} \in \mathbb{Q}_+$
e) $123{,}45733333… \in \mathbb{Q}_+$
f) $1{,}4141141114111… \in \mathbb{R}$
g) $\sqrt[3]{0{,}001} \in \mathbb{Q}$
h) $\sqrt[3]{1} \in \mathbb{R}$
i) $\sqrt[3]{-1} \in \mathbb{R}$

7.1 Zahlbereiche

6. a) Gib fünf rationale Zahlen an, die keine gebrochenen Zahlen sind.
   b) Gib fünf rationale Zahlen an, die keine natürlichen Zahlen sind.
   c) Gib fünf irrationale Zahlen an.
   d) Entscheide, ob alle Zahlen aus a) bis c) auch reelle Zahlen sind.

7. Gib an, zu welchen Zahlbereichen die genannten Zahlen gehören.
   a) alle Teiler von 2468
   b) alle negativen echten Brüche
   c) alle Primzahlen
   d) alle positiven Dezimalbrüche mit einer Dezimalstelle
   e) die entgegengesetzten Zahlen zu den natürlichen Zahlen

8. Setze die Wörter „nie", „immer auch" und „manchmal" in die Lücken ein, sodass wahre Aussagen entstehen.
   a) Eine rationale Zahl ist ■ eine irrationale Zahl.
   b) Eine ganze Zahl ist ■ eine natürliche Zahl.
   c) Eine reelle Zahl ist ■ eine irrationale Zahl.
   d) Eine irrationale Zahl ist ■ eine rationale Zahl.
   e) Eine reelle Zahl ist ■ eine ganze Zahl.
   f) Eine natürliche Zahl ist ■ eine reelle Zahl.

Weiterführende Aufgaben

9. Im Beweis, dass $\sqrt{2}$ keine rationale Zahl ist, wird folgende Aussage genutzt:
   „Wenn p^2 gerade ist, dann ist auch p gerade."
   a) Setze für p verschiedene Zahlen ein und prüfe damit die Aussage.
   b) Beweise die Aussage durch einen Widerspruchsbeweis. Nimm dafür an, dass p ungerade ist. Was würde daraus durch Schlussfolgerungen für p^2 folgen?
   c) Erkläre die Idee und die grundsätzliche Vorgehensweise eines Widerspruchsbeweises.

10. a) Beweise mit einem Widerspruchsbeweis, dass $\sqrt{10}$ eine irrationale Zahl ist.
    b) Beweise, dass die Wurzel aus einer Primzahl keine natürliche Zahl sein kann.

11. **Stolperstelle:** Mario begründet in seiner Hausaufgabe, dass einige Zahlen irrational sind. Korrigiere – falls nötig – und erkläre, worin mögliche Fehler liegen.

    a) 0,324 234 532 45 ist irrational, weil hinter dem Komma so viele Zahlen sind.
    b) $\sqrt{9}$ ist irrational, weil es eine Quadratwurzel ist.
    c) 92,213 423 132 3232… ist irrational, weil die Zahlen hinter dem Komma ohne Periode immer weiter gehen.
    d) $3,\overline{34}$ ist irrational, weil es eine nicht abbrechende Dezimalzahl ist.

12. Berechne den Wert des Terms. Entscheide, in welchem Zahlenbereich das Ergebnis liegt.
    a) $\sqrt{3{,}5 \cdot 7 - 5} - 10$
    b) $10 - 3{,}5 \cdot \sqrt{49 - 6{,}3^2}$
    c) $3 - 0{,}5 \cdot \sqrt[3]{49}$
    d) $\sqrt[3]{3{,}7 + 1{,}5^3} - 10$
    e) $\sqrt[3]{3 + 4 \cdot 0{,}25} - \left(-\sqrt[3]{81}\right)$
    f) $-\frac{2}{5} \cdot \sqrt[3]{19 - 5} : 2$

Hinweise zu 12:
Die gerundeten Lösungen findest du in den Batterien.

−5,58   5,91
−0,68   −1,02
1,17   4,02
−8,08   5,11

13. Veranschauliche die Beziehungen zwischen den geraden Zahlen, den Primzahlen und den natürlichen Zahlen in einem Mengendiagramm.

14. Ordne die reellen Zahlen der Größe nach.
a) $\sqrt[3]{8}$; $\frac{9}{4}$; 1; $\sqrt{2}$; $-1{,}4$; $2{,}\overline{2}$
b) $\frac{1}{3}$; $0{,}33333$; $0{,}3$; $0{,}333343$; $\sqrt{0{,}1024}$; $\sqrt{\frac{1}{3}}$; $\sqrt{\frac{9}{80}}$
c) $-1{,}444$; $\frac{13}{9}$; $-\frac{26}{25}$; $-\sqrt{21}$; $\sqrt{2}$; $\sqrt{2{,}1}$; $-1{,}\overline{4}$

15. Entscheide, für welche der Zahlenmengen $\mathbb{N}$, $\mathbb{Z}$, $\mathbb{Q}_+$, $\mathbb{Q}$ und $\mathbb{R}$ die Eigenschaft gilt.
a) Zu zwei Zahlen gibt es immer eine Zahl, die genau in der Mitte der beiden Zahlen liegt.
b) Zu jeder Zahl gibt es eine entgegengesetzte Zahl.
c) Zu jeder Zahl (außer 0) kann der Kehrwert gebildet werden.

16. Von fünf verschiedenen reellen Zahlen a, b, c, d und e sind die ersten Ziffern gegeben:
$a = 0{,}8152\ldots$; $b = 0{,}8153\ldots$; $c = 0{,}815212\ldots$; $d = 0{,}81526\ldots$; $e = 0{,}81527\ldots$
Lassen sich die fünf Zahlen der Größe nach ordnen?
Wie viele verschiedene Anordnungen der Zahlen a, b, c, d und e geordnet nach der Größe sind mit den vorliegenden Angaben möglich?

17. Irrationale Zahlen auf der Zahlengeraden
a) Beschreibe anhand der Zeichnungen, wie sich $\sqrt{2}$ auf der Zahlengeraden konstruieren lässt.
b) Konstruiere auf ähnliche Weise $\sqrt{8}$, $\sqrt{18}$ und $3 \cdot \sqrt{2}$ auf der Zahlengeraden.
c) Begründe, dass in einem Quadrat mit der Seitenlänge a die Diagonale die Länge $\sqrt{2 \cdot a^2}$ hat.
Erkläre dann, dass sich $\sqrt{15}$ nicht auf diese Weise konstruieren lässt.

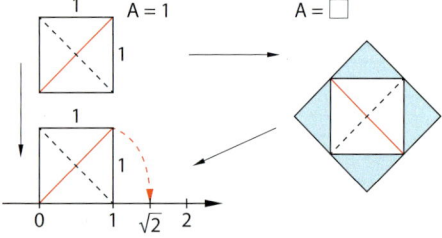

Information:
Zahlen, bei denen die Periode direkt nach dem Komma beginnt, heißen **rein-periodisch**.
Beispiel: $0{,}\overline{4}$
Zahlen, bei denen zwischen dem Komma und der Periode weitere Stellen liegen, heißen **gemischt-periodisch**.
Beispiel: $0{,}36\overline{4}$

18. Periodische Dezimalbrüche: Tim erklärt an einem Beispiel, wie rein-periodische Dezimalbrüche in Brüche umgewandelt werden können.
a) Wandle mit diesem Verfahren $0{,}\overline{39}$; $0{,}\overline{345}$ und $1{,}\overline{779}$ in Brüche um.
b) Erkläre, was alle Bruchzahlen, die rein-periodische Dezimalbrüche darstellen, gemeinsam haben.
c) Finde am Beispiel von $0{,}1\overline{23}$ ein Verfahren zur Umwandlung eines gemischt-periodischen Dezimalbruchs in einen Bruch.
d) Wandle mit dem Verfahren aus b) auch $0{,}45\overline{678}$ und $1{,}11\overline{2233}$ in Brüche um.
e) Tim behauptet: $0{,}\overline{9} = 1$. Hat er recht? Begründe.

19. Ausblick: Es gibt unendlich viele natürliche Zahlen. Wenn man der Zahlengeraden ausreichend lange folgt, dann kann man in abzählbar vielen Schritten jede natürliche Zahl erreichen. Deswegen sagt man, dass es abzählbar unendlich viele natürliche Zahlen gibt.
a) Beschreibe, welche Menge von Zahlen in der Abbildung dargestellt ist.
b) Erkläre, warum auch diese Menge aus abzählbar unendlich vielen Zahlen besteht.

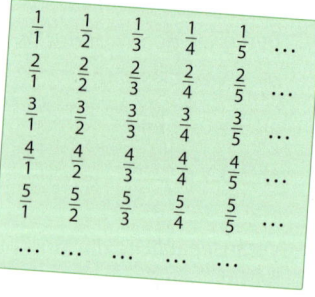

7.2 Grenzprozesse

- a) Beschreibe, wie das Bild rechts aufgebaut ist. Gehe dabei vom gesamten Quadrat aus.
- b) Teile die Zahl 1 durch 2, das Ergebnis wieder durch 2, das Ergebnis wieder durch 2 usw.
  Notiere die ersten acht Ergebnisse in einer Folge von Zahlen.
- c) Erkläre, warum die Folgeglieder in b) einerseits immer kleiner werden, andererseits aber immer größer als 0 bleiben.
- d) Untersuche mithilfe der Abbildung, ob die Summe der Folgeglieder unendlich groß werden kann.

Die Betrachtung einer Folge von Zahlen und ihren Eigenschaften spielt in der Mathematik häufig eine wichtige Rolle. So werden Zahlenfolgen beispielsweise bei der Annäherung von irrationalen Zahlen wie $\sqrt{2}$ oder bei der Abschätzung des Flächeninhalts von Kreisen benutzt.

Quadratwurzeln durch Grenzprozesse bestimmen: Das Heron-Verfahren

Erinnere dich:
Ein Verfahren zur näherungsweisen Bestimmung von Quadratwurzeln kennst du bereits aus Klasse 9: die **Intervallschachtelung**.

Mit dem Heron-Verfahren wird schrittweise der Wert einer Quadratwurzel angenähert. Dabei wird ausgenutzt, dass die Länge der Seite a eines Quadrates gleich der Wurzel aus dem Flächeninhalt A des Quadrats ist. Es wird nun versucht, aus einem Rechteck durch Veränderung der Seitenlängen ein flächengleiches Quadrat zu erzeugen. So erhält man schrittweise einen immer besseren Näherungswert für $\sqrt{A}$.

Beispiel 1: Berechne $\sqrt{3}$ näherungsweise mit dem Heron-Verfahren. Runde auf die dritte Stelle nach dem Komma.

Hinweis:
Die Längen im Beispiel 1 sind in Längeneinheiten angegeben (LE), die Flächen in Flächeneinheiten (FE). Aus Gründen der Übersichtlichkeit wird darauf verzichtet, „LE" und „FE" zu notieren.

Lösung:
Wähle die Seitenlängen a und b eines Rechtecks so, dass der Flächeninhalt die Maßzahl 3 hat.

a = 3 und b = 1
A = a · b = 3 · 1 = 3

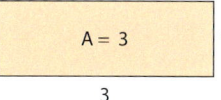

Bilde den Mittelwert von a und b. Der Mittelwert ist die Länge der neuen Seite a.
Die Seite b muss so angepasst werden, dass der Flächeninhalt dabei weiterhin den Wert 3 annimmt. Für die neuen Seitenlängen von a und b muss also weiterhin gelten:
a · b = 3 und somit b = $\frac{3}{a}$

1. Veränderung
der Seitenlängen a und b:

$\frac{a+b}{2} = \frac{3+1}{2} = \frac{4}{2} = 2$

Mit a = 2 erhält man:
b = $\frac{3}{a} = \frac{3}{2} = 1{,}5$

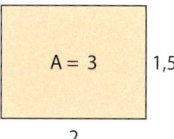

Wiederhole das Vorgehen mit den neuen Seitenlängen 1,5 und 2.
Die Form des Rechtecks nähert sich immer weiter der eines Quadrates an.

2. Veränderung
der Seitenlängen a und b:

$\frac{2+1{,}5}{2} = \frac{3{,}5}{2} = 1{,}75$

b = $\frac{3}{a} = \frac{3}{1{,}75} \approx 1{,}714$

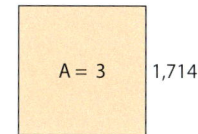

Information:
Das Heron-Verfahren ist ein Iterationsverfahren. Dabei wird eine Lösung schrittweise mithilfe von Rekursionsformeln berechnet. Die Rechenschritte werden mehrfach wiederholt. (Im Lateinischen bedeutet *iterare* „wiederholen".)
Formeln beim Heron-Verfahren:
Start: $A = a_0 \cdot b_0$
Vorschrift:
$a_n = \frac{a_{n-1} + b_{n-1}}{2}$; $b_n = \frac{A}{a_n}$

Nach dem dritten Schritt sind die gerundeten Seitenlängen an der dritten Dezimalstelle gleich.

Mit diesem Verfahren kannst du den Wert für $\sqrt{3}$ beliebig genau annähern.

3. Veränderung
der Seitenlängen a und b:
$\frac{1{,}75 + 1{,}714}{2} = \frac{3{,}464}{2} = 1{,}732$

$\frac{3}{a} = \frac{3}{1{,}732} \approx 1{,}732\,102$

$\sqrt{3} \approx 1{,}732$

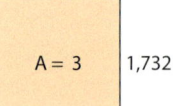

Basisaufgaben

1. Berechne näherungsweise mit dem Heron-Verfahren auf die dritte Dezimalstelle.
   a) $\sqrt{6}$ b) $\sqrt{12}$ c) $\sqrt{21}$ d) $\sqrt{11}$

2. a) Berechne $\sqrt{8}$ ($\sqrt{15}$; $\sqrt{24}$; $\sqrt{63}$) näherungsweise sowohl mit dem Intervallschachtelungs- als auch mit dem Heron-Verfahren. Runde auf die dritte Dezimalstelle.
   b) Vergleiche beide Verfahren. Für welches Verfahren würdest du dich entscheiden, wenn du ohne Hilfsmittel Wurzeln berechnen müsstest? Begründe deine Aussage.

Grenzprozesse und Funktionsgraphen

Aus der Untersuchung von Exponentialfunktionen weißt du, dass sich bestimmte Funktionsgraphen an Asymptoten annähern.

Beispiel 2: Untersuche, wie sich der Graph der Funktion f mit $f(x) = \frac{1}{x}$ verhält, …
a) wenn x > 0 ist und x immer größer wird,   b) wenn x < 0 ist und x immer kleiner wird,
c) wenn x > 0 ist und sich der Null annähert.

Lösung:
Zeichne den Graphen der Funktion, z. B. mit dem Taschenrechner.

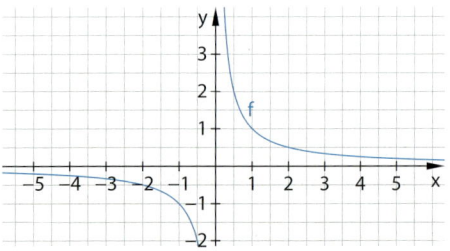

a) Betrachte den Graphen im I. Quadranten für zunehmende x. — Der Graph schmiegt sich an die x-Achse an. Die Funktionswerte $\frac{1}{x}$ werden immer kleiner.
b) Betrachte den Graphen im III. Quadranten für abnehmende x. — Der Graph schmiegt sich an die x-Achse an. Die Funktionswerte $\frac{1}{x}$ werden immer größer.
c) Betrachte den Graphen im I. Quadranten für abnehmende x. — Der Graph schmiegt sich an die y-Achse an. Die Funktionswerte $\frac{1}{x}$ werden immer größer.

Basisaufgaben

3. Untersuche, wie sich der Graph der Funktion f mit $f(x) = \frac{1}{x^2}$ verhält, …
   a) wenn x > 0 ist und x immer größer wird,   b) wenn x < 0 ist und x immer kleiner wird,
   c) wenn x > 0 ist und sich der Null annähert,   d) wenn x < 0 ist und sich der Null annähert.

7.2 Grenzprozesse

4. Untersuche, wie sich der Graph der Funktion f mit $f(x) = 2 + \frac{1}{x^3}$ verhält, …
   a) wenn x > 0 ist und x immer größer wird,   b) wenn x < 0 ist und x immer kleiner wird,
   c) wenn x > 0 ist und sich der Null annähert,   d) wenn x < 0 ist und sich der Null annähert.

Zahlenfolgen und ihre Grenzwerte

In der folgenden Tabelle ist die Folge der Zahlen $\frac{1}{n}$ für n = 1 bis 20 dargestellt:

n	1	2	3	4	5	6	7	8	9	10
$\frac{1}{n}$	$\frac{1}{1}$	$\frac{1}{2}$	$\frac{1}{3}$	$\frac{1}{4}$	$\frac{1}{5}$	$\frac{1}{6}$	$\frac{1}{7}$	$\frac{1}{8}$	$\frac{1}{9}$	$\frac{1}{10}$
$\frac{1}{n}$	1	0,5	$0,\overline{3}$	0,25	0,2	$0,1\overline{6}$	0,143	0,125	$0,\overline{1}$	0,1

n	11	12	13	14	15	16	17	18	19	20
$\frac{1}{n}$	$\frac{1}{11}$	$\frac{1}{12}$	$\frac{1}{13}$	$\frac{1}{14}$	$\frac{1}{15}$	$\frac{1}{16}$	$\frac{1}{17}$	$\frac{1}{18}$	$\frac{1}{19}$	$\frac{1}{20}$
$\frac{1}{n}$	$0,\overline{09}$	$0,08\overline{3}$	0,077	0,071	$0,0\overline{6}$	0,063	0,059	$0,0\overline{5}$	0,053	0,05

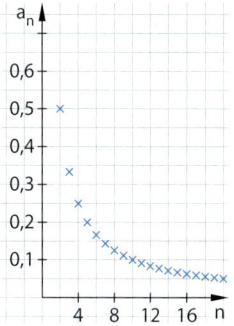

An der Tabelle und am Graphen erkennt man: Je größer n wird, desto kleiner werden die Werte $\frac{1}{n}$. Sie nähern sich immer mehr der Null an.

> **Wissen: Zahlenfolgen und ihre Grenzwerte**
>
> Eine **Zahlenfolge** wird mit a_n bezeichnet. Ihre Folgeglieder gehorchen einer Bildungsvorschrift, die häufig durch eine Formel angegeben wird. Für n werden in der Regel natürliche Zahlen eingesetzt. Wenn nicht anders angegeben, ist n ≥ 1.
> Nähern sich die Folgeglieder einer Zahlenfolge a_n beliebig genau an eine Zahl g an, dann heißt die Zahlenfolge konvergent. Die Zahl g ist dann der **Grenzwert** der Zahlenfolge (auch **Limes** genannt, abgekürzt **lim**).
> Die Annäherung an den Grenzwert erfolgt für zunehmende n; n geht dann gegen unendlich. Man schreibt kurz: $\lim_{n \to \infty} a_n = g$.

Information:
Hat eine Zahlenfolge keinen Grenzwert, so heißt sie **divergent**.

> **Beispiel 3:**
> a) Berechne die ersten acht Folgeglieder der Zahlenfolge $a_n = 2 + \frac{1}{n}$.
> b) Stelle die Zahlenfolge grafisch dar.
> c) Lies aus dem Graphen eine Vermutung für den Grenzwert der Zahlenfolge bei n → ∞ ab.
>
> **Lösung:**
> a) Setze n = 1, n = 2 … in die Formel ein. Berechne dann die Folgeglieder. Stelle sie in einer Tabelle dar.
>
> | n | 1 | 2 | 3 | 4 | 5 | 6 | 7 | 8 |
> |---|---|---|---|---|---|---|---|---|
> | $2 + \frac{1}{n}$ | 3 | 2,5 | $2,\overline{3}$ | 2,25 | 2,2 | $2,1\overline{6}$ | 2,143 | 2,125 |
>
> b) Zeichne die Punkte in ein Koordinatensystem. Du kannst dafür auch den Taschenrechner oder eine Geometriesoftware nutzen.
> c) Die Folgeglieder nähern sich mit zunehmendem n immer stärker der Zahl 2 an.

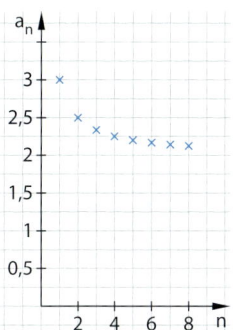

Beispiel 4: Bestimme, wenn vorhanden, den Grenzwert der Zahlenfolge für $n \to \infty$.
a) $a_n = \frac{1}{n^2}$ b) $a_n = \left(4 - \frac{1}{n}\right)$ c) $a_n = (5 + n^2)$

Lösung:

a) Berechne für einen Überblick die ersten Folgeglieder. Für $n \to \infty$ werden die Glieder der Zahlenfolge immer kleiner und nähern sich immer mehr 0 an.

$a_1 = \frac{1}{1^2} = 1$ $a_2 = \frac{1}{2^2} = 0{,}25$
$a_3 = \frac{1}{3^2} \approx 0{,}11$ $a_4 = \frac{1}{4^2} = 0{,}0625$
$\lim_{n \to \infty}\left(\frac{1}{n^2}\right) = 0$

b) Berechne für einen Überblick die ersten Folgeglieder. Für $n \to \infty$ werden die Glieder der Zahlenfolge immer größer, bleiben aber auch immer kleiner als 4. Sie nähern sich 4 von unten an.

$a_1 = 4 - \frac{1}{1} = 3$ $a_2 = 4 - \frac{1}{2} = 3{,}5$
$a_3 = 4 - \frac{1}{3} \approx 3{,}67$ $a_4 = 4 - \frac{1}{4} = 3{,}75$
$\lim_{n \to \infty}\left(4 - \frac{1}{n^2}\right) = 4$

c) Berechne für einen Überblick die ersten Folgeglieder. Für $n \to \infty$ werden die Glieder der Zahlenfolge beliebig groß; n^2 nähert sich immer stärker ∞ an.

$a_1 = 5 + 1^2 = 6$ $a_2 = 5 + 2^2 = 9$
$a_3 = 5 + 3^2 = 14$ $a_4 = 5 + 4^2 = 21$
Die Zahlenfolge hat für $n \to \infty$ keinen Grenzwert. Sie ist divergent.

Basisaufgaben

5. a) Berechne die ersten acht Folgeglieder der Zahlenfolge $a_n = \frac{n}{n+1}$.
   b) Stelle die Zahlenfolge in einem Koordinatensystem grafisch dar.
   c) Lies aus dem Graphen eine Vermutung für den Grenzwert der Zahlenfolge bei $n \to \infty$ ab.

6. a) Ordne den Zahlenfolgen die passenden Darstellungen zu. Gib anhand der Graphen jeweils eine Vermutung für den Grenzwert an.
   ① $a_n = -1 - \frac{1}{n}$
   ② $a_n = 5 - \frac{1}{n}$
   ③ $a_n = \frac{n+1}{n}$
   b) Überprüfe deine Vermutungen aus a) anhand der Bildungsvorschrift.

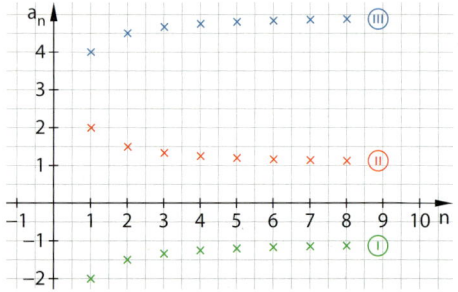

7. Gib die ersten fünf Folgeglieder an. Bestimme, wenn vorhanden den Grenzwert für $n \to \infty$.
   a) $a_n = 3 + \frac{1}{n}$ b) $a_n = 0{,}5 - \left(\frac{1}{n}\right)^2$ c) $a_n = 10 + \left(\frac{4}{n}\right)^2$ d) $a_n = \frac{1}{n+1}$ e) $a_n = \frac{(-1)^n}{n}$

Weiterführende Aufgaben

TK 8. Quadratwurzeln können auch mithilfe des Heron-Verfahrens und einer Tabellenkalkulation ermittelt werden.
   a) Gib an, welche Formel in welches Feld gehört.
   b) Erstelle die Tabelle mit den entsprechenden Formeln in einer Tabellenkalkulation.
   c) Berechne mit der Tabelle aus b).
   ① $\sqrt{120}$ ② $\sqrt{156}$ ③ $\sqrt{2048}$

	A	B	C
1	Seite a	Seite b	Flächeninhalt
2	12	10	120
3	11	10,90909091	
4	10,95454545	10,92435685	

=(A2+B2)/2   =C2/A3
=(A3+B3)/2   =C2/A4

7.2 Grenzprozesse

9. a) Bestimme die ersten fünf Folgeglieder der Folge $a_n = 1 - 0{,}1^n$ und gib den Grenzwert der Folge für $n \to \infty$ an.
   b) Erkläre den Zusammenhang zwischen der Folge a_n und $0{,}\overline{9} = 1$.

10. Bestimme, wenn vorhanden, den Grenzwert der Zahlenfolge für $n \to \infty$.
    a) $a_n = \left(-2 + \dfrac{1}{n}\right)^2$
    b) $a_n = (n)^{-2}$
    c) $a_n = \left(2 + \dfrac{1}{n}\right)^2 - 4$

11. **Stolperstelle:**
    a) Marco untersucht den Grenzwert der Zahlenfolge $a_n = \dfrac{n}{n + n^2}$ für $n \to \infty$.
       Er sagt: „Der Zähler ist n und wird für $n \to \infty$ unendlich groß.
       Der Nenner ist $n + n^2$ und wird für $n \to \infty$ auch unendlich groß.
       Die Zahlenfolge kann keinen Grenzwert haben, weil man nicht unendlich durch unendlich dividieren kann."
    b) Tina sagt: „Die Folge $a_n = (-1)^n \cdot \dfrac{100}{n}$ ist für $n \to \infty$ divergent, weil die Folgeglieder abwechselnd positiv und negativ sind."

12. Exponentielle Prozesse können mithilfe von Zahlenfolgen betrachtet werden. Gegeben sind die Zahlenfolgen $a_n = 100 - 10 \cdot 0{,}75^n$; $b_n = 25 + 13 \cdot 0{,}4^n$ und $c_n = 45 - 100 \cdot 0{,}15^n$. [TK]
    a) Gib die Grenzwerte der Zahlenfolgen für $n \to \infty$ an.
    b) Untersuche jeweils mit einer Tabellenkalkulation, ab welchem Wert für n der Abstand zum Grenzwert kleiner als 0,1 (kleiner als 0,01; kleiner als 0,001) ist.
    c) Veranschauliche die Ergebnisse aus Aufgabe b) grafisch.

13. a) Gib die Gleichungen von zwei Funktionen an, deren Graphen sich für größer werdendes x an die Gerade mit der Gleichung $y = 5$ annähern.
    b) Gib die Gleichungen von zwei Funktionen an, deren Graphen sich für kleiner werdendes x an die Gerade mit der Gleichung $y = 1$ annähern.

14. Betrachte die Funktionen f, g und h mit den angegebenen Funktionsgleichungen. [GTR]
    $f(x) = 16 \cdot 0{,}5^x$; $g(x) = 100 \cdot 0{,}2^x$ und $h(x) = 0{,}95^x$.
    a) Untersuche den Verlauf des Graphen für $x > 0$ und immer größer werdende x. Gib, wenn vorhanden, die Asymptote an.
    b) Ermittle, ab welchem x-Wert der Abstand zur Asymptote kleiner als 0,1 (kleiner als 0,01) ist.

15. Untersuche den Graphen der Funktion f mit $f(x) = \dfrac{1}{x}$.
    a) Betrachte den Fall $x > 0$. Ermittle x so, dass der Abstand des Graphen zur x-Achse kleiner als 0,001 wird (kleiner als 0,000 002; kleiner als 10^{-6}).
       Gib die Lösungen durch Ungleichungen an.
    b) Betrachte nun den Fall $x < 0$ analog zu Aufgabe a). Vergleiche beide Fälle.

16. **Ausblick:** Das Bild rechts zeigt den Graphen der Funktion f mit $f(x) = \dfrac{(x^2 - x)}{(x + 1)}$. [GTR]
    a) Untersuche den Verlauf des Graphen für $x > -1$ und immer größer werdende x.
    b) Untersuche den Verlauf des Graphen für $x < -1$ und immer kleiner werdende x.
    c) Gib Gleichungen für die Asymptoten der Funktion an.

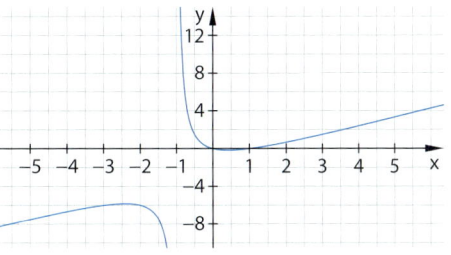

7.3 Vermischte Aufgaben

Hinweis:
In der Menge der natürlichen Zahlen kann man die Addition uneingeschränkt ausführen heißt: Die Summe zweier natürlichen Zahlen ist immer eine natürliche Zahl.

1. Gib an, welche Operationen in den jeweiligen Zahlenmengen uneingeschränkt ausführbar sind und welche nicht. Gib im Fall „nein" ein Gegenbeispiel an.

Zahlenbereich	a + b	a – b	a · b	$\frac{a}{b}$; b ≠ 0	$\sqrt{a}$; a ≥ 0
Natürliche Zahlen $\mathbb{N}$	ja	nein, z. B. 3 – 5 = –2			
Ganze Zahlen $\mathbb{Z}$					
Rationale Zahlen $\mathbb{Q}$					
Reelle Zahlen $\mathbb{R}$					

Hinweis zu 2:
Natürlich kannst du die Konstruktion auch in einer dynamischen Geometriesoftware nachbauen und so den Grenzprozess visualisieren.

Hinweis zu 2c:
Die Formel „=cos(Zahl)" benötigt den Winkel im Bogenmaß.
Rechne den Winkel durch die Formel „=Bogenmass(Winkel)" um.

2. **Kreisumfang und Flächeninhalt**
   Betrachtet wird ein Kreis mit dem Radius r = 1 (Längeneinheit).
   a) Die Abbildung rechts zeigt die Annäherung des Kreisumfangs und des Flächeninhalts für n = 6. Zeichne den in der Abbildung dargestellten Näherungsprozess für n = 3 und n = 12.
   b) Zeige, dass in Abhängigkeit von α gilt:
   $S = \sqrt{2 - 2 \cdot \cos(\alpha)}$; $h = \sqrt{1 - \left(\frac{S}{2}\right)^2}$ und $T = \frac{S}{h}$.
   c) Nähere mithilfe der Formeln aus b) den Umfang und den Flächeninhalt des Kreises sowohl durch das innere als auch das äußere Vieleck an. Arbeite mit einer Tabellenkalkulation. Die Abbildung rechts zeigt mögliche erste fünf Spalten.
   d) Beschreibe, welchen Werten sich der Umfang und der Flächeninhalt des Kreises annähern.
   e) Untersuche mithilfe der Tabellenkalkulation, nach wie vielen Schritten n sich u_{innen} und $u_{außen}$ nur noch um weniger als 0,001 unterscheiden (sich A_{innen} und $A_{außen}$ nur noch um weniger als 0,001 unterscheiden). Untersuche außerdem, ob sich die inneren oder die äußeren Vielecke schneller dem Grenzwert annähern.

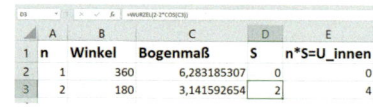

3. **Goldener Schnitt:** Der Goldene Schnitt ist ein Teilungsverhältnis von Streckenlängen. Er liegt vor, wenn für zwei Strecken mit den Längen a und b die Verhältnisformel $\frac{a}{b} = \frac{a+b}{a}$ gilt. Der Goldene Schnitt ist in der Architektur, am Körper des Menschen und in der Natur zu finden.
   a) Das Alte Rathaus in Leipzig ist ein Gebäude, an dem das Teilungsverhältnis des Goldenen Schnitts angewendet wurde. Zeige, dass der Turm die Fassade annähernd in eine kleinere Strecke a (links der Turmmitte) und eine größere Strecke b (rechts der Turmmitte) teilt, für die die angegebene Formel gilt. Miss dafür die Strecken im Bild.

   b) Zeige, dass die Verhältnisgleichung mit $x = \frac{a}{b}$ auf die Gleichung $x^2 - x - 1 = 0$ führt. Löse diese Gleichung.
   c) Erkläre die Bedeutung der positiven Lösung $x = \frac{1 + \sqrt{5}}{2} \approx 1{,}618$.

7.3 Vermischte Aufgaben

4. **Fibonacci-Zahlen:** Die Fibonacci-Zahlen ergeben sich aus einer Zahlenfolge mit zwei Startzahlen a_0 und a_1. Jedes nächste Folgeglied ergibt sich aus der Summe der beiden vorherigen Folgeglieder, also $a_n = a_{n-1} + a_{n-2}$.
   a) Gib für die Startzahlen $a_0 = 0$ und $a_1 = 1$ die nächsten Fibonacci-Zahlen a_2, a_3, a_4 und a_5 an.
   b) Arbeite mit einer Tabellenkalkulation. Erstelle eine Liste der ersten 50 Fibonacci-Zahlen.
   c) Untersuche mithilfe einer Tabellenkalkulation die Folge der Quotienten zweier aufeinander folgender Fibonacci-Zahlen $\frac{a_{n+1}}{a_n}$ ($n \geq 1$) auf ihren Grenzwert.
   d) Betrachte die Fassade des Alten Rathauses in Leipzig (Aufgabe 3). Zähle im Erdgeschoss die Bögen der Arkaden links vom Turm und rechts vom Turm. Was stellst du fest?
   In welcher Beziehung stehen der Goldene Schnitt und die Folge der Fibonacci-Zahlen? Beachte auch Aufgabe c).
   e) Schätze mithilfe der Tabellenkalkulation und der Tabelle aus Aufgabe c) ab, ab welchen Folgegliedern a_{n+1} und a_n der Quotient $\frac{a_{n+1}}{a_n}$ um weniger als ein Tausendstel vom Grenzwert abweicht. Gib die beiden zugehörigen Fibonacci-Zahlen an.
   f) Verändere die beiden Startzahlen a_0 und a_1 und untersuche die Auswirkungen auf den Grenzwert der Folge der Quotienten.

5. **DIN-Formate:** Für Papierbögen gibt es verschiedene Standardformate, u. a. die DIN-A-Reihe. Ein Blatt des Formats DIN A0 hat die Maße 841 mm × 1189 mm. Alle anderen Blattgrößen werden daraus abgeleitet (siehe Tabelle).

Format	Breite × Höhe
DIN A0	841 mm × 1189 mm
DIN A1	594 mm × 841 mm
DIN A2	420 mm × 594 mm
DIN A3	297 mm × 420 mm
…	…

   🔸 Berechne die Flächen der Blätter DIN A0 bis DIN A3 in cm². Was stellst du fest? Gib den Flächeninhalt des Blattes DIN A10 mithilfe einer Potenz mit der Basis 2 an.

   🔸 Beschreibe die Bildungsvorschrift der Formatgrößen. Setze die Tabelle für die Formate DIN A4 bis DIN A10 fort.

   🔸 Berechne für DIN A0 bis DIN A3 jeweils das Verhältnis Höhe : Breite. Vergleiche mit $\sqrt{2}$. Was stellst du fest?

   🔸 Bei Papierformaten werden Breite und Höhe auf ganze Millimeter gerundet. Außerdem gilt: Breite und Höhe sollen idealerweise im Verhältnis Höhe : Breite = $\sqrt{2}$ stehen („Idealmaß").
   Ermittle mit einer Tabellenkalkulation für die Formate DIN A0 bis DIN A3 die Abweichungen von diesem Verhältnis, die durch Runden entstehen.
   Gib die Abweichungen in Prozent vom Idealmaß an.

   🔸 Die DIN-B-Reihe bezieht sich auf das Ausgangsformat B0 mit der Breite 1000 mm und der Höhe 1414 mm, die DIN-C-Reihe auf das Ausgangsformat C0 mit der Breite 917 mm und der Höhe 1297 mm und die DIN-D-Reihe auf das Ausgangsformat D0 mit der Breite 771 mm und der Höhe 1090 mm.
   Berechne mit einer Tabellenkalkulation die Maße der Blätter DIN A4 bis DIN A10. Breite und Höhe stehen jeweils idealerweise im Verhältnis Höhe : Breite = $\sqrt{2}$.
   Sie werden aus praktischen Gründen auf ganze Millimeter gerundet.
   Erstelle eine Tabelle mit der Breite, Höhe und Gesamtfläche der Formate B0 bis B10, C0 bis C10 und D0 bis D10.
   Stell dir vor, die Reihen A, B und C würden über DIN A10, B10 und C10 hinaus fortgesetzt. Ermittle mit der Tabellenkalkulation, ab welchem Format ein Blatt kleiner als 1 mm² wäre.

Prüfe dein neues Fundament

7. Zahlbereiche und Grenzprozesse

Lösungen
↗ S. 245

1. a) Erkläre die Regel, nach der die Zahl 0,101 001 000 100 001… gebildet ist. Setze die Ziffernfolge fort.
   b) Begründe, dass es sich bei der Zahl in a) um eine irrationale Zahl handelt.
   c) Erfinde eigene Regeln und bilde damit irrationale Zahlen.

2. Bestimme ohne Taschenrechner, welche Zahl größer ist.
   a) $\sqrt{2}$ oder $1,414\overline{2}$ b) $\sqrt{5}$ oder $2,23067991$ c) $\sqrt{8}$ oder $\frac{31}{11}$ d) $\sqrt{2}$ oder $\frac{17}{12}$

3. Frank behauptet, dass 1,414 213 562 der genaue Wert von $\sqrt{2}$ ist, denn sein Taschenrechner zeigt diesen Wert ja an. Nadine meint, dass das nicht stimmen kann, denn die Endziffer von 1,414 213 562^2 ist 4.
   Wer hat recht? Begründe deine Antwort.

4. Gib drei Zahlen an, die zwischen 0 und 1 liegen und die folgenden Bedingungen erfüllen.
   – Die erste Zahl soll ein endlicher Dezimalbruch sein.
   – Die zweite Zahl soll ein periodischer Dezimalbruch sein.
   – Die dritte Zahl soll irrational sein.

5. Entscheide, welche Gleichungen richtig sind.
   a) $\frac{1}{9} \approx 0,111$ b) $\frac{1}{9} = 0,111$ c) $\frac{1}{9} = 0,\overline{1}$ d) $\frac{9}{9} = 1$ e) $0,\overline{9} = 1$

6. Übertrage die Tabelle in dein Heft und ergänze sie. Begründe deine Entscheidungen.

Zahlenbereich	0,125	$4,\overline{6}$	$\sqrt{16+9}$	$\sqrt{3}$	$8,20\overline{3}$	$-\sqrt{81}$	$-0,121\,121\,112\,111\,12…$
Natürliche Zahlen $\mathbb{N}$	nein						
Ganze Zahlen $\mathbb{Z}$	nein						
Rationale Zahlen $\mathbb{Q}$	ja						
Irrationale Zahlen $\mathbb{I}$	nein						
Reelle Zahlen $\mathbb{R}$	ja						

7. Ordne die folgenden Zahlen den Mengen $\mathbb{N}$, $\mathbb{Z}$, $\mathbb{Q}$ und $\mathbb{R}$ zu.
   0,4; –8; 5,13; –0,4; $-0,\overline{7}$; $\frac{4}{9}$; $\sqrt{7}$; $-\sqrt{11}$; 0,5; $0,134\overline{5}$

8. Entscheide, ob die Aussagen richtig sind.
   a) Jede positive ganze Zahl gehört auch zur Menge der natürlichen Zahlen.
   b) Jede natürliche Zahl gehört auch zur Menge der reellen Zahlen.
   c) Die rationalen Zahlen gehören nicht zur Menge der reellen Zahlen, denn die reellen Zahlen sind alle irrational.

9. a) Gib an, zwischen welchen beiden natürlichen Zahlen $\sqrt{15}$ auf der Zahlengeraden liegt.
   b) Ermittle $\sqrt{15}$ durch eine Intervallschachtelung auf zwei Stellen nach dem Komma genau.
   c) Quadriere dein Ergebnis aus b). Berechne die Abweichung zu 15 als Dezimalzahl und in Prozent von $\sqrt{15}$.

10. a) Ermittle $\sqrt{15}$ mit dem Heron-Verfahren auf zwei Stellen nach dem Komma genau.
    b) Gib an, wie viele Schritte du dafür brauchst. Vergleiche mit der Anzahl der Schritte bei Verwendung einer Intervallschachtelung (siehe Aufgabe 9).

Prüfe dein neues Fundament

11. Beschreibe anhand der Abbildung den Verlauf des Graphen der Funktion f mit $f(x) = \frac{1}{x}$ und $x \neq 0$ in der Umgebung der y-Achse.

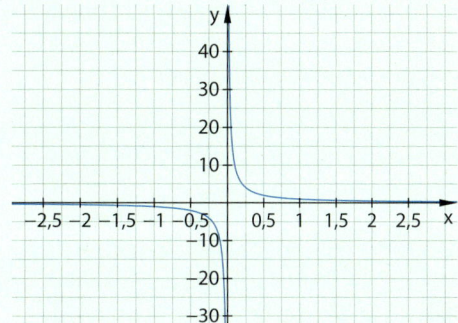

Lösungen
S. 245

12. Untersuche, wie sich der Graph der Funktion f mit $f(x) = 3 + \frac{1}{x}$ verhält, …
    a) wenn $x > 0$ ist und x immer größer wird,
    b) wenn $x < 0$ ist und x immer kleiner wird,
    c) wenn $x > 0$ ist und sich der Null annähert,
    d) wenn $x < 0$ ist und sich der Null annähert.

13. a) Gib die Gleichungen von zwei Funktionen an, deren Graphen sich für $x > 0$ und immer größer werdendes x an die Gerade mit der Gleichung $y = 3$ annähern.
    b) Gib die Gleichungen von zwei Funktionen an, deren Graphen sich für $x < 0$ und immer kleiner werdendes x an die Gerade mit der Gleichung $y = -1$ annähern.

14. a) Berechne die ersten acht Folgeglieder der Zahlenfolge $a_n = \frac{2}{(n+1)^2}$.
    b) Stelle die Zahlenfolge in einem Koordinatensystem grafisch dar.
    c) Lies aus dem Graphen eine Vermutung für den Grenzwert der Zahlenfolge bei $n \to \infty$ ab.

15. a) Ordne den Zahlenfolgen die passenden Darstellungen zu. Gib anhand der Graphen jeweils eine Vermutung für den Grenzwert an. Eine Gleichung bleibt übrig.
    ① $a_n = -\frac{1}{n}$ ② $a_n = 3 - \frac{1}{n}$
    ③ $a_n = 4 + \frac{1}{n+1}$ ④ $a_n = \frac{3}{n}$
    b) Überprüfe deine Vermutungen aus a) anhand der Bildungsvorschriften.

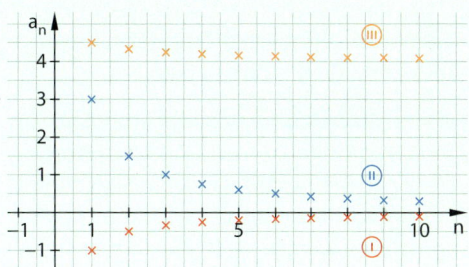

16. Gib die ersten fünf Folgeglieder an. Bestimme den Grenzwert für $n \to \infty$.
    a) $a_n = 5 - \frac{1}{n}$ 　 b) $a_n = -\left(\frac{1}{n}\right)^2$ 　 c) $a_n = \left(\frac{4}{n}\right)^2$ 　 d) $a_n = \frac{1}{n+3}$ 　 e) $a_n = \frac{(-1)^n}{(n+1)}$

Wiederholungsaufgaben

1. a) Begründe, warum man eine ebene Wand lückenlos mit gleich großen regelmäßigen Sechsecken bedecken kann.
   b) Im Bild rechts wurde eine Wand teilweise mit gleich großen regelmäßigen Sechsecken bedeckt. Schätze anhand von Vergleichsgrößen deren Seitenlänge.

2. a) Berechne den Flächeninhalt eines regelmäßigen Sechsecks mit der Seitenlänge 4 m.
   b) Begründe: „Alle regelmäßigen Sechsecke sind zueinander ähnlich."

Zusammenfassung

7. Zahlbereiche und Grenzprozesse

Irrationale Zahlen

Irrationale Zahlen lassen sich nicht durch einen Bruch oder eine abbrechende oder periodische Dezimalzahl darstellen.

Beispiele für irrationale Zahlen:
π; $\sqrt{2}$; $\sqrt{3}$; $\sqrt{10}$
1,010 305 070 901 101 3 …

Reelle Zahlen

Die Beziehungen der **Zahlbereiche** lassen sich in einem Mengendiagramm darstellen. Alle natürlichen Zahlen gehören auch zur Menge der ganzen Zahlen, alle ganzen Zahlen auch zur Menge der rationalen Zahlen. Die Menge der reellen Zahlen $\mathbb{R}$ setzt sich aus der Menge der rationalen Zahlen $\mathbb{Q}$ und der Menge der irrationalen Zahlen $\mathbb{I}$ zusammen.

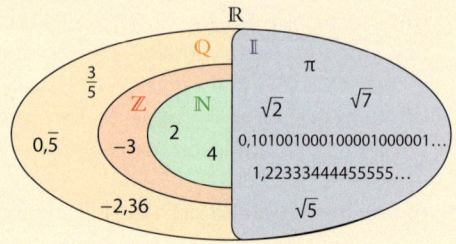

Näherungsverfahren

Aufgaben wie die Berechnung von Quadratwurzeln oder die Annäherung von π lassen sich durch Näherungsverfahren lösen.

Bei einer **Intervallschachtelung** wird ein Anfangsintervall gewählt, in dem der gesuchte Wert liegt. Innerhalb dieses Anfangsintervalls wird nun ein kleineres Teilintervall bestimmt, in dem der gesuchte Wert liegt. Dieses Vorgehen wird schrittweise fortgesetzt. Die Anzahl *stabiler Stellen* nimmt dabei zu.

Bei einer **Iteration** wird die Näherungslösung schrittweise mithilfe von Rekursionsformeln berechnet. Die Anzahl *stabiler Stellen* nimmt mit der Anzahl der Rechenschritte zu. Die Rechenschritte werden so oft wiederholt, bis die gewünschte Genauigkeit erreicht ist.

Ermittle Näherungswerte für $\sqrt{10}$
a) durch Intervallschachtelung und
b) mit dem Heron-Verfahren.

a) Intervallschachtelung:
1. Schritt: $3 < \sqrt{10} < 4$ (Anfangsintervall)
2. Schritt: $3{,}1^2 = 9{,}61$ und $3{,}2^2 = 10{,}24$
   $3{,}1 < \sqrt{10} < 3{,}2$ (neues Intervall)
3. Schritt: $3{,}16^2 \approx 9{,}99$ und $3{,}17^2 \approx 10{,}05$
   $3{,}16 < \sqrt{10} < 3{,}17$ (neues Intervall)
…

b) Heronverfahren:
1. Schritt: $a_1 = 2$; $b_1 = 5$; $A = a_1 \cdot b_1 = 10$
2. Schritt: $a_2 = \frac{a_1 + b_1}{2} = 3{,}5$
   $b_2 = \frac{10}{3{,}5} \approx 2{,}86$
3. Schritt: $a_3 = \frac{a_2 + b_2}{2} = 3{,}18$
   $b_3 = \frac{10}{3{,}18} \approx 3{,}14$
…

Zahlenfolgen und ihre Grenzwerte

Eine Zahlenfolge wird mit a_n bezeichnet. Ihre Folgeglieder gehorchen einer Bildungsvorschrift. Für n werden in der Regel natürliche Zahlen eingesetzt ($n \geq 1$).

Nähern sich die Folgeglieder beliebig genau an eine Zahl g an, dann heißt die Zahlenfolge konvergent. Die Zahl g ist dann der **Grenzwert** der Zahlenfolge (abgekürzt lim).

Die Annäherung an den Grenzwert erfolgt für zunehmende n; n geht dann gegen unendlich.
Man schreibt kurz: $\lim_{n \to \infty} a_n = g$.

Stelle die Zahlenfolge $a_n = \frac{n-1}{n}$ grafisch dar für n = 1 bis 10. Ermittle den Grenzwert.

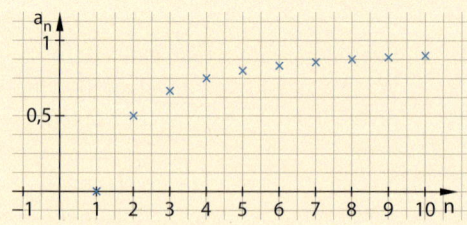

$\lim_{n \to \infty} \frac{n-1}{n} = \lim_{n \to \infty} 1 - \frac{1}{n} = 1$, denn $\frac{1}{n}$ wird für $n \to \infty$ sehr klein und nähert sich immer mehr an die Null an

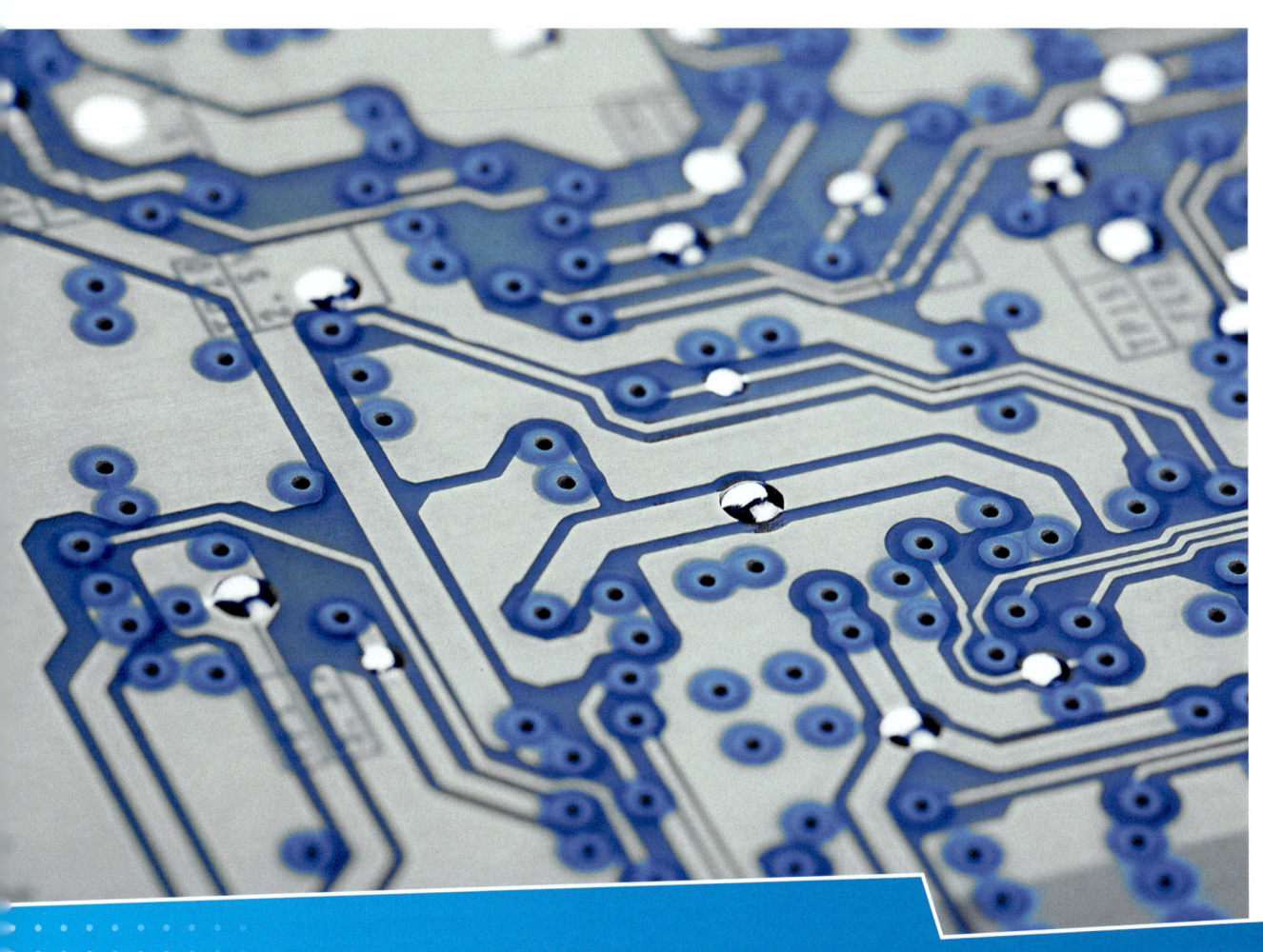

8. Komplexe Aufgaben

Die folgenden Aufgaben verbinden Kapitel dieses Buches und methodische Kompetenzen.

1. Geldanlage

Eine Bank macht das folgende Angebot. Das eingezahlte Kapital bleibt zusammen mit den jährlichen Zinsen auf diesem Konto.

Der durchschnittliche jährliche Zins liegt bei 1,14 %.
Die Zinsangaben sind Festzinsen mit Stand vom 09.07.2014

a) Begründe, dass diese Darstellung einen realistischen Eindruck von der angebotenen Sparform vermittelt. Erstelle dann eine Grafik, die den Kunden massiv täuschen könnte.
b) Erläutere anhand einer geeigneten Rechnung, was hier mit dem durchschnittlichen jährlichen Zins gemeint ist.
c) Eine andere Bank bietet eine Geldanlage an, die 1,16 % Zinsen pro Jahr für eine Laufzeit von 5 Jahren fest schreibt.
Beurteile dieses Angebot im Vergleich zu dem ersten, wenn die Zinsen beim zweiten Angebot jährlich ausbezahlt werden.
d) Banken wollen möglichst allen Kunden ein passendes Angebot machen. Das Alter ist hierbei ein wichtiger Aspekt, da das Sparverhalten junger Menschen deutlich anders ist als das von Menschen, die kurz vor Erreichen des Rentenalters stehen.
Von den Bankkunden, die das erste Angebot gewählt hatten, waren 55 % höchstens 60 Jahre alt. Von diesen Personen legten 75 % mehr als 5000 € an. Von den Kunden, die älter als 60 Jahre waren, haben 82 % mehr als 5000 € angelegt.
① Berechne den prozentualen Anteil aller Kunden, die älter als 60 Jahre sind und mehr als 5000 € angelegt haben.
② Bestimme den Anteil der Kunden, die über 60 Jahre alt sind, unter allen Kunden, die mehr als 5000 € angelegt haben.
③ Berechne den Anteil der höchstens 60-Jährigen unter den Sparkunden, die mehr als 5000 € angelegt haben.
④ Berechne den Anteil der höchstens 60-Jährigen unter den Sparkunden, die weniger als 5000 € angelegt haben.

2. Der Grabstein des Archimedes

Archimedes von Syrakus entdeckte, dass die Volumina einer Kugel, eines ihr umbeschriebenen Zylinders und eines dem Zylinder einbeschriebenen Kegels folgende Beziehung erfüllen:
$V_{Zylinder} : V_{Kugel} : V_{Kegel} = 3 : 2 : 1$.
Da Archimedes dieses Ergebnis sehr schön fand, soll er der Legende nach eine solche Anordnung der Körper als Schmuck für sein Grab gewählt haben.

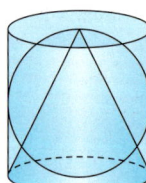

a) Angenommen, die Kugel hat einen Durchmesser von 20 cm. Gib die Maße der beiden anderen Körper sowie die Volumina der drei Körper an.
Ordne die drei Körper auch nach der Größe ihres Oberflächeninhalts.
b) Skizziere ein Schrägbild einer solchen Anordnung, wenn die Kegelspitze nach vorne (nach oben) zeigt.
c) Beweise die von Archimedes entdeckte Beziehung für die Volumina.

3. Stümpfe

Schneidet man von einem geraden Kegel (einer quadratischen Pyramide) parallel zur Grundfläche einen kleinen Kegel (eine kleine Pyramide) ab, so erhält man einen Kegelstumpf (Pyramidenstumpf).

a) Beweise, dass der abgeschnittene Körper ähnlich zum ursprünglichen Körper ist.
b) Berechne das Verhältnis der Volumina des abgeschnittenen Kegels zum Kegelstumpf, wenn die Höhe des abgeschnittenen Kegels $\frac{1}{5}$ der Höhe des ursprünglichen Kegels beträgt.
c) Begründe, dass für eine quadratische Pyramide dasselbe gilt wie in b).
d) Untersuche, wie sich das Verhältnis allgemein ändert, wenn man den Schnitt nicht bei $\frac{1}{5}$ der Höhe, sondern bei einem beliebigen Bruchteil k der Höhe (k < 1) durchführt.
e) Bestimme allgemein das Verhältnis der Volumina der entstehenden Teilstücke, wenn man eine Kugel mit Radius r bei k · r (k < 1) durchschneidet.

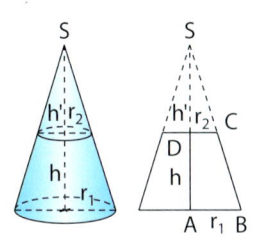

4. Looping

Vereinfacht kann man das Looping einer Achterbahn als kreisförmig ansehen. Die Fahrt längs eines solchen Kreises kann man sich als Überlagerung einer vertikalen und einer horizontalen Bewegung vorstellen. Diese beiden Komponenten a(α) und s(α) hängen von α ab und sollen im Folgenden für α ≥ 0° untersucht werden.
Hierbei gibt α den Winkel zur Vertikalen an.

a) Gib jeweils eine Gleichung für a(α) und s(α) an.
b) Zeichne die Graphen zu a(α) und s(α).
c) Interpretiere den Verlauf der Graphen im Hinblick auf die Achterbahn. Berücksichtige dabei insbesondere Bereiche mit großer Steigung sowie die höchsten und niedrigsten Punkte.
d) Skizziere eine Achterbahn, bei der drei Perioden für a(α) und s(α) nacheinander aufgezeichnet werden können.
e) Berechne den Radius eines Loopings, bei dem sich der Fahrgast vom höchsten Punkt aus 1 m vertikal nach unten und 5 m horizontal bewegt.

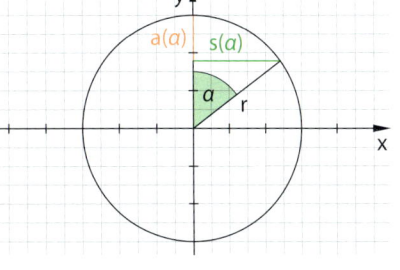

Hinweis zu 4e:

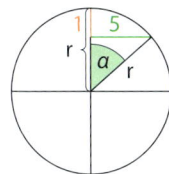

5. Quader teilen

Ein Bogen Briefpapier hat das Format DIN A4. Diese besondere Größe entsteht dadurch, dass man ein rechteckiges Blatt mit dem Flächeninhalt 1 m² (DIN A0) viermal halbiert. Die Papierbögen der DIN A-Formate sind ähnlich zueinander. Analog kann man auch bei einem Quader vorgehen.
- Der Quader soll die Kantenlängen a, b, c haben mit a < b < c.
- Er wird durch einen Schnitt parallel zu einer Seitenfläche so halbiert, dass zwei kongruente und zum Ausgangsquader ähnliche Teilquader entstehen.
- Durch das Halbieren wird aus der längsten Kante die kürzeste Kante und aus der mittleren Kante die längste Kante.

a) Stelle eine Formel für die Anzahl der Quader nach n Teilungen auf.
b) Bestimme den Streckungsfaktor k und die Seitenlängen des Ausgangsquaders für b = 1 m. Berechne auch das Volumen des Ausgangsquaders.
c) Zeichne einen Graphen, der das Volumen eines bei diesem Prozess entstehenden Quaders in Abhängigkeit von der Anzahl der Teilungen darstellt. Stelle dafür eine Funktionsgleichung auf.

Hinweis zu 5b:
Durch das Halbieren wird aus der längsten Kante die kürzeste und aus der mittleren die längste.

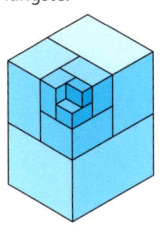

6. Die Sichel des Archimedes

Die gelb markierte Fläche bezeichnet man als „Sichel des Archimedes" oder auch als „Arbelos".

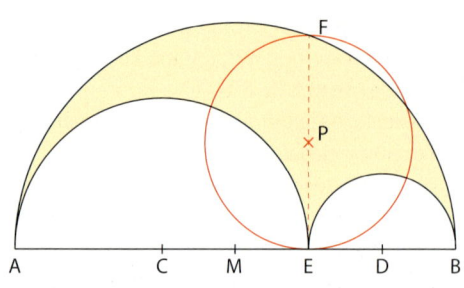

a) Berechne den Flächeninhalt der Sichel des Archimedes für die Größen $\overline{MA} = 3\,cm$, $\overline{CA} = 2\,cm$ und $\overline{DB} = 1\,cm$.
b) Vergleiche das Ergebnis aus a) mit dem Flächeninhalt des rot markierten Kreises.
Hinweis: Berechne in einem ersten Schritt die Länge der Strecke $\overline{PF}$. Betrachte dafür das Dreieck ABF.
c) Beweise, dass dein Ergebnis aus b) unabhängig von der Lage des Punktes E ist.

7. Ebbe und Flut

An der Küste lassen Ebbe und Flut den Wasserstand periodisch fallen und steigen. Der niedrigste Wasserstand, das Niedrigwasser, und der höchste Wasserstand, das Hochwasser, treten jeweils in Zeitabständen von etwa 12,4 Stunden auf. Das Diagramm zeigt den Wasserstand bei Helgoland an zwei Tagen im September.

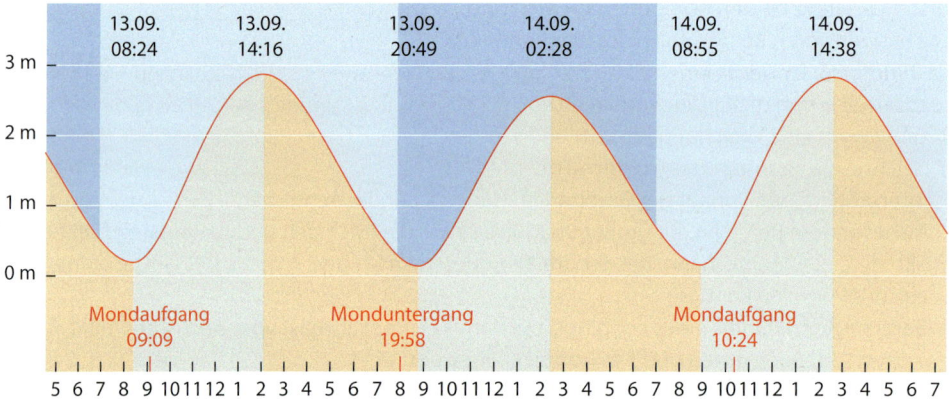

a) Begründe, dass es sich um einen annähernd periodischen Vorgang handelt.
Ermittle anhand der Grafik die Periode und die Amplitude.

[GTR] b) Ermittle die Gleichung einer Sinusfunktion f, die den Wasserstand am 13. September möglichst gut beschreibt.
Zeichne den Graphen der Funktion mithilfe eines Funktionsplotters und überprüfe die Funktionsgleichung anhand von fünf Messwerten.

8. Umgestürzter Pilz

Einem Quadrat mit der Seitenlänge a ist eine „pilzförmige" Figur einbeschrieben.

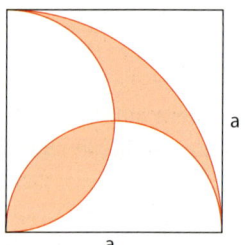

a) Zeichne eine solche Figur für a = 6 cm.
b) Bestimme den Umfang des Pilzes in Abhängigkeit von a.
c) Beweise: Der Stiel und die Kappe des Pilzes haben den gleichen Flächeninhalt.

9. Luftdruck

Der Luftdruck p nimmt mit wachsender Höhe h exponentiell ab. In Garmisch-Partenkirchen (708 m) wurde an einem Tag ein Luftdruck von 915 hPa gemessen, auf der nahe gelegenen Zugspitze (2963 m) waren es 689 hPa.

a) Stelle eine Gleichung auf, die die Abhängigkeit des Luftdrucks p in hPa von der Höhe h in km beschreibt.
   Ermittle damit: Welcher Luftdruck herrschte zur gleichen Zeit auf Meereshöhe?
   Um wie viel Prozent nahm der Luftdruck bei einem Höhenzuwachs von 1 km ab?

[GTR] b) Zeichne mit einem Funktionsplotter den Graphen der Zuordnung
   Höhe h (in km) → Luftdruck p (in hPa) für Höhen bis zu 10 km.

c) Löse grafisch und rechnerisch: Welcher Luftdruck herrscht ungefähr auf dem Montblanc (4807 m), dem Mount Everest (8850 m), am Toten Meer (−400 m)?

d) Ermittle anhand des Graphen: Bei welchem Höhenzuwachs halbiert sich der Luftdruck gegenüber dem Wert auf Meereshöhe?

e) Prüfe, ob der Höhenzuwachs, bei dem sich der Luftdruck halbiert, überall gleich ist.

f) Ein Bergsteiger kennt den Luftdruck am Startpunkt seiner Tour. Die Wetterlage ändert sich während der Tour nicht. Beschreibe, wie er während der Tour mithilfe von Luftdruckmessungen seine aktuelle Höhe ermitteln kann.

10. Füllgraphen

Die Bilder A, B, C und D zeigen die Seitenansicht von vier rotationssymmetrischen Gefäßen. In jedes fließt pro Sekunde gleich viel Wasser. Nach jeweils 8 Sekunden sind die Gefäße vollständig gefüllt.

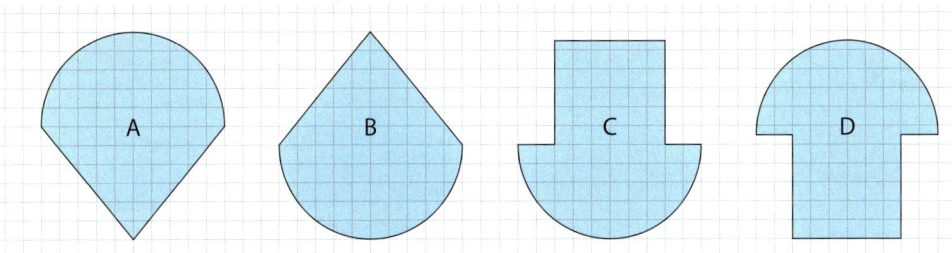

a) Ordne jedem Gefäß eine der folgenden Füllkurven zu.

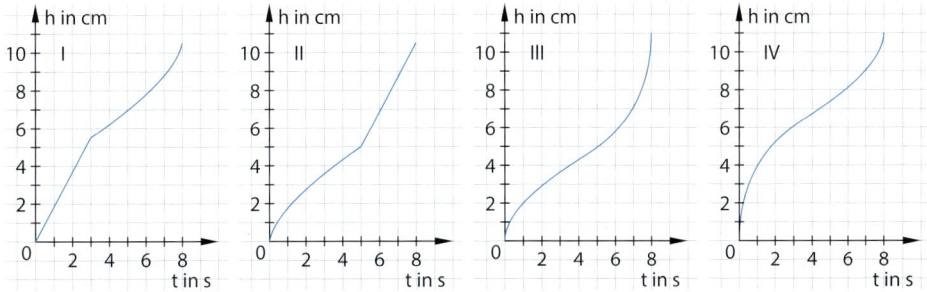

b) Ermittle, wie viel Wasser pro Sekunde in die Gefäße läuft.

c) Ein Gefäß hat die Form eines umgekehrten Kegels (r = 20 cm; h = 50 cm). Pro Sekunde fließen 50 ml Wasser in den Kegel. Stelle eine Gleichung auf, die die Füllhöhe im Kegel (in cm) in Abhängigkeit von der Zeit (in s) beschreibt.

d) Skizziere den Graphen für 0 s ≤ t ≤ 100 s.

11. Achilles und die Schildkröte

Der griechische Philosoph Zenon verblüffte im 5. Jahrhundert vor Christus seine Zeitgenossen mit folgendem Paradoxon:

> „Achilles, der schnellste Läufer der griechischen Sage, macht einen Wettlauf mit einer Schildkröte. Sie hat ein Stadion (ca. 200 m) Vorsprung. Ist Achilles das eine Stadion gelaufen, hat die Schildkröte einen neuen Vorsprung herausgelaufen. Hat Achilles diesen eingeholt, so ist die Schildkröte ihm bereits wieder ein Stück enteilt. Immer, wenn Achilles den jeweiligen Vorsprung der Schildkröte zurückgelegt hat, ist die Schildkröte wieder ein Stück weiter gekrochen. Also wird Achilles die Schildkröte nie einholen!"

Nimm zur Vereinfachung an, dass Achilles fünfmal so schnell läuft wie die Schildkröte. Übersetzt man damit Zenons Argumentation in eine Zahlenfolge, erhält man:

- Nach einem Stadion hat Achilles den Weg $s_1 = 1$ zurückgelegt. Die Schildkröte ist währenddessen ein $\frac{1}{5}$ Stadion gelaufen.
- Nach einem weiteren fünftel Stadion hat Achilles den Weg $s_2 = 1 + \frac{1}{5}$ zurückgelegt. Die Schildkröte ist währenddessen ein $\frac{1}{25}$ Stadion gelaufen.
- Nach einem weiteren $\frac{1}{25}$ Stadion hat Achilles den Weg $s_3 = 1 + \frac{1}{5} + \frac{1}{25}$ zurückgelegt.

a) Ermittle s_4 und s_5. Stelle eine Rekursionsformel auf, mit der man s_n aus s_{n-1} berechnen kann.

b) Erkläre mithilfe der folgenden Abbildung, dass die Summe $s_n = 1 + \frac{1}{5} + \frac{1}{25} + \ldots \frac{1}{5^{n-1}}$ nicht größer als 2 werden kann, egal wie groß man n wählt.

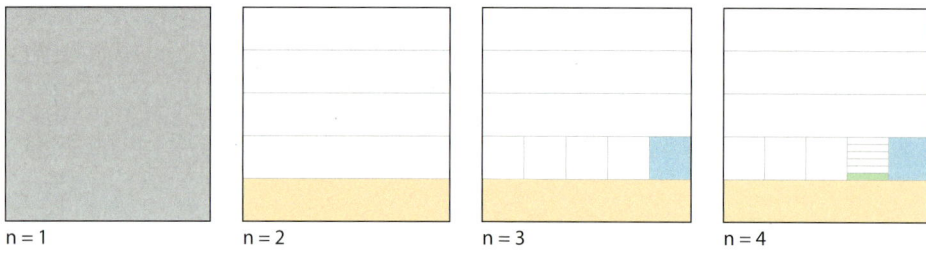

c) Begründe, dass sich aus der Argumentation in b) ein Widerspruch zur Aussage „Also wird Achilles die Schildkröte nie einholen." ergibt.
Erläutere, was daraus für die Aussage „Also wird Achilles die Schildkröte nie einholen." folgt.

d) Der Weltrekord im 800 m-Lauf der Männer steht bei 1:40,91 min. Nimm an, dass Achilles mit der Weltrekordgeschwindigkeit läuft und dabei 5-mal so schnell wie die Schildkröte ist. Beide sollen mit konstanter Geschwindigkeit laufen.
Stelle Funktionsgleichungen auf, die die Entfernung vom Start in Abhängigkeit von der Zeit beschreiben. Berücksichtige bei der Schildkröte den Vorsprung.
Berechne, nach welcher Zeit Achilles die Schildkröte überholt.

12. Verpackungskunst

In einem Würfel mit der Kantenlänge a sind Kugeln zu verpacken. Dabei haben in jedem Würfel A, B, C alle Kugeln jeweils die gleiche Größe und sind exakt übereinandergeschichtet.

a) Berechne das Gesamtvolumen der verpackten Kugeln für den speziellen Fall a = 9 cm.

b) Ermittle jeweils das Verhältnis Gesamtvolumen der verpackten Kugeln : Volumen des Quaders für den allgemeinen Fall (Kantenlänge a).

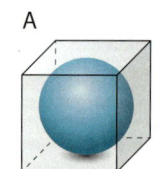 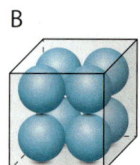 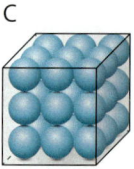

A   B   C

9. Digitale Mathematikwerkzeuge

Hier kannst du nachschlagen, wenn du Hilfe bei der Arbeit mit einem GTR, einem CAS oder einer Tabellenkalkulation benötigst.

Anwendungen des TI-Nspire CX CAS

Auf dem Homescreen kann man eine der folgenden **Anwendungen** starten.

1 Calculator (Rechenblatt)

3 Geometry (dynamische Geometrie)

5 Data&Statistics (Daten darstellen und auswerten)

7 VernierDataQuest (Messwerte sammeln und auswerten)

2 Graphs (grafische Darstellungen)

4 Lists&Spreadsheets (Tabellenkalkulation)

6 Notes (Textverarbeitung, interaktive Arbeitsblätter)

Gleichungen lösen

Rufe im *Calculator* den Befehl *solve* auf. Gib dann die Gleichung und die Variable ein, die berechnet werden soll.

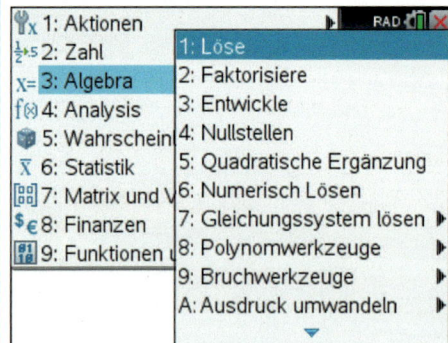
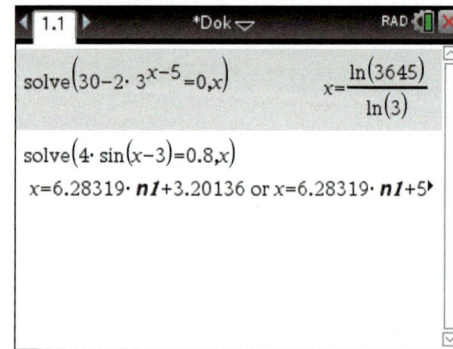

Der Rechner zeigt alle Lösungen der Gleichung an. Wenn die Gleichung keine Lösung hat, zeigt der Rechner *false* als Ergebnis an.

Funktionen grafisch darstellen

Öffne die Anwendung *Graphs*. Gib hinter f1(x) = den Funktionsterm ein oder die Funktionsbezeichnung einer anderen Seite (z. B. Calculator).

Passe, wenn nötig, die Fenstereinstellungen an.

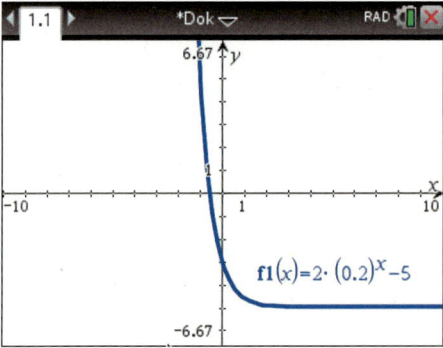
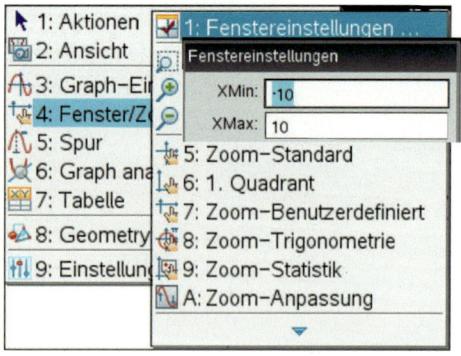

Nullstellen grafisch ermitteln

Zeichne den Graphen der Funktion.

Mit dem Befehl **Nullstelle** kannst du dir eine Nullstelle in einem gewählten Intervall anzeigen lassen. Besitzt deine Funktion offensichtlich mehrere Nullstellen, musst du für jede ein eigenes Intervall auswählen.

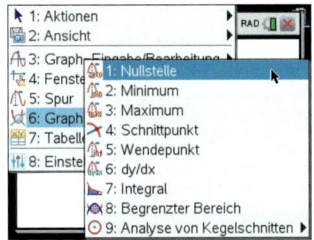 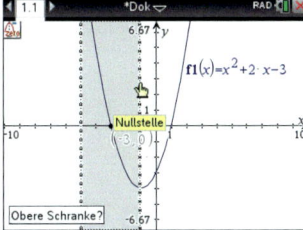 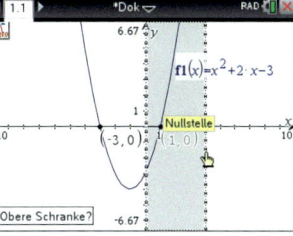

Überprüfe die abgelesenen Werte durch eine Probe:

f(−5,65) = (−5,65)² + 6 · (−5,65) + 2 ≈ 0
f(−0,354) = (−0,354)² + 6 · (−0,354) + 2 ≈ 0

Hoch- und Tiefpunkte von Sinusfunktionen ermitteln

Zeichne den Graphen der Funktion. Lasse dir mit dem Befehl **Minimum** bzw. **Maximum** aus dem Menü **Graph** den tiefsten bzw. höchsten Funktionswert in einem gewählten Intervall anzeigen.

Prüfe die abgelesenen Lösungen.

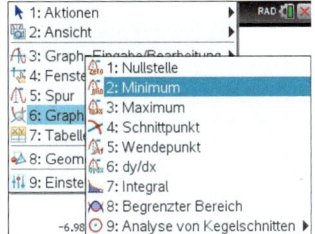 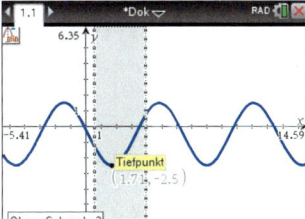 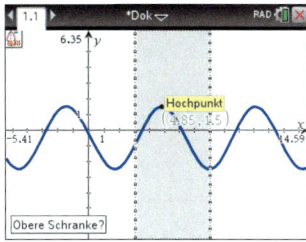

Schnittpunkte grafisch bestimmen

Zeichne die Graphen der gegebenen Funktionen.
Mit dem Befehl **Schnittpunkt** kannst du die Lösung im gewählten Intervall ablesen.

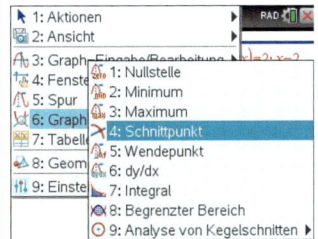 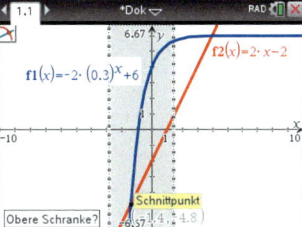 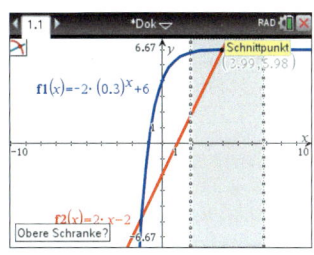

Auf diese Weise kann du zum Beispiel Schnittpunkte der Graphen von linearen Funktionen und Exponentialfunktionen finden.
So kannst du auch Gleichungssysteme lösen. Zeichne dafür die Graphen aller Funktionen, die zum Gleichungssystem gehören. Mit dem Befehl Schnittpunkt erhältst du dann die Lösungen (wenn vorhanden).

Regression

In CAS-Rechnern ist ein Verfahren installiert, das eine automatische Erstellung einer optimalen Ausgleichskurve für eine Punktwolke ermöglicht. Dieses Verfahren wird Regression genannt.

Beispiel: Die Tabelle zeigt Daten zum Zusammenhang zwischen dem Alter und dem durchschnittlichen Gewicht von Männern, die in einer Befragung ermittelt wurden.

Alter (in Jahren)	20	30	40	50	60	70	75	85
Gewicht (in kg)	75,7	81,6	85,6	86,6	86,8	85,4	84,1	80,4

Gib eine Gleichung der Regressionskurve an.

Lösung:
Trage die x- und y-Werte in der Tabellenkalkulation *Lists&Spreadsheet* in die Spalten A und B ein. Gib den Spalten Namen, z. B. „alter" und „gewicht".
Öffne die Anwendung *Data&Statistics*. Wähle für die waagerechte Achse die Variable „alter", für die senkrechte Achse „gewicht". Das Diagramm wird automatisch erzeugt.

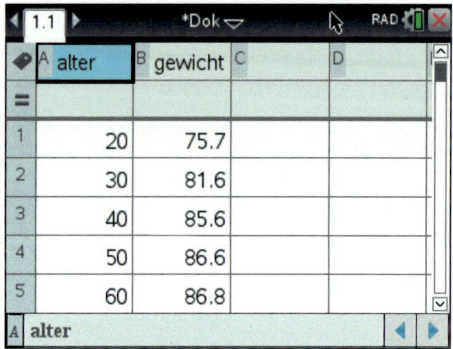

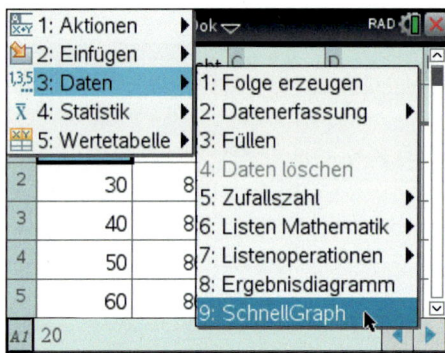

Wähle einen passenden Funktionstyp aus (linear, quadratisch, exponentiell, trigonometrisch). Über *Menü – Analysieren – Regression* und den passenden Funktionstyp wird die Berechnung der Ausgleichsfunktion ausgelöst.

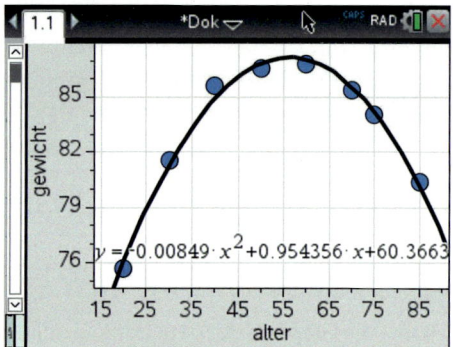

$g(x) = -0,0085x^2 + 0,95x + 60,37$

Der Graph der Ausgleichsfunktion wird automatisch eingezeichnet und ihre Gleichung angezeigt.

Notiere die Gleichung der Ausgleichsfunktion im Heft.

Tabellenkalkulation: absolute und relative Zellverweise

Bei der Arbeit mit Tabellenkalkulationen werden häufig Formeln kopiert, um effektiv zu arbeiten. Dabei muss allerdings der Unterschied zwischen relativen und absoluten Zellverweisen beachtet werden.

Beispiel: Johannes erhält von einer Bank ein Angebot zum Wachstumssparen. Dabei wird das Geld für sechs Jahre fest angelegt.

Die Zinsen werden jeweils am Jahresende an ihn ausgezahlt. Sie werden nicht zum Guthaben hinzugerechnet. Der Vorteil dabei ist, dass die Zinssätze im Laufe der Zeit deutlich ansteigen: von 1 % im ersten Jahr auf 3,5 % im sechsten Jahr.
Berechne die zu erwartenden Zinserträge.

Lösung:
Lege eine neue Tabelle mit Texten und den bereits bekannten Werten an.
Formatiere die Zellen D8 bis D14 als Währungsangaben und die
Zellen C8 bis C13 als Prozentangaben.

Beachte beim Eingeben und Kopieren der Formeln in der Spalte D:

Wenn man die Formel =D6*C8 aus der Zelle D8 in die Zellen D9 bis D13 kopiert, dann wird aus =D6*C8 die Formel =D7*C9, daraus =D8*C10 usw. *(relativer Zellbezug)*. Das ist aber nicht sinnvoll, denn die 2000 Euro in der Zelle D6 sollen beim Kopieren erhalten bleiben. Deshalb muss die Formel in D8 mit dem Dollarzeichen $ angepasst werden *(absoluter Bezug)*. Aus der Formel =D6*C8 wird jetzt =$D$6*C8.
Die Dollarzeichen halten die Zelle D6 beim Kopieren der Formel in die Zellen D9 bis D13 fest. (Formeln werden durch Copy & Paste, Ziehen mit der Maustaste oder den Befehl „Automatisch ausfüllen" kopiert.)

Gib zum Abschluss eine Formel für die Summe der Zinsen in das Feld D14 ein, zum Beispiel =SUMME(D8:D13).

Johannes erhält insgesamt 270 € Zinsen.

Tabellenkalkulation: Intervallschachtelung

Intervallschachtelungen lassen sich mit Tabellenkalkulationen einfach umsetzen, wenn man die Methode der Intervallhalbierung verwendet. Dafür wird das Startintervall in der Mitte geteilt. Dann wird vom Programm geprüft, ob der gesuchte Wert im linken oder im rechten Teilintervall liegt. Dafür wird der Befehl Wenn() verwendet. Liegt der gesuchte Wert im linken Teilintervall, dann werden dessen kleinster und größter Wert für den nächsten Schritt verwendet. Sonst werden die entsprechenden Werte des rechten Intervalls genutzt.

Beispiel: Gesucht ist ein Näherungswert für $\sqrt[3]{22}$ auf drei Nachkommastellen genau.

Hinweis: Das Ergebnis einer Intervallschachtelung ist ein Intervall, in dem der gesuchte Wert liegt.

Lösung:

Lege eine neue Tabelle an. Gib als Startwerte 2 und 3 in die Felder C8 und D8 ein, denn es ist $2 < \sqrt[3]{22} < 3$.

In der Zelle C9 steht die Formel
=WENN((C8+(D8-C8)/2)^3<=$C$6;
(C8+(D8-C8)/2);C8). Sie prüft, ob die dritte Potenz von 2,5 kleiner oder gleich 22 ist. Das ist der Fall. Also wird 2,5 in die Zelle C9 geschrieben. (Anderenfalls würde 2 in die Zelle C9 geschrieben.)

In der Zelle D9 steht entsprechend die Formel =WENN((C8+(D8-C8)/2)^3>=$C$6; D8-(D8-C8)/2;D8). Sie prüft, ob die dritte Potenz von 2,5 größer oder gleich 22 ist. Das ist nicht der Fall. Deshalb wird 3 in die Zelle D9 geschrieben.
Kopiere nun die Formeln aus C9 und D9 nach unten.

$\sqrt[3]{22}$ liegt zwischen dem jeweiligen Wert in der Spalte C und dem zugehörigen Wert in der Spalte D.

Aus der Tabelle ist abzulesen: $\sqrt[3]{22} \approx 2{,}802$

Tabellenkalkulation: Iterationsverfahren

Bei einem Iterationsverfahren wird eine Lösung schrittweise mithilfe einer Rechenvorschrift (Formel) berechnet. Die Rechenvorschrift wird so oft angewendet, bis das Ergebnis die gewünschte Genauigkeit erreicht hat. Das Ergebnis eines Rechenschritts geht in den nächsten Rechenschritt ein.

Hinweis: Das Ergebnis einer Iteration ist ein Näherungswert.

Beispiel: Gesucht ist $\sqrt{10}$ auf sieben Nachkommastellen genau.
Als Rechenvorschrift wird $a_{n+1} = \frac{1}{2} \cdot \left(a_n + \frac{10}{a_n}\right)$ verwendet.

Lösung:

Lege eine neue Tabelle an. Gib als Startwert a_0 die 1 in die Zelle C8 ein.
(Hinweis: Du kannst auch andere Startwerte größer als 0 eingeben. Dies hat Einfluss auf die Zahl der Schritte, die nötig sind.)

In der Zelle C9 steht entsprechend der Rechenvorschrift die Formel
=1/2*(C8+$C$6/C8).
Kopiere nun die Formel aus C9 nach unten.

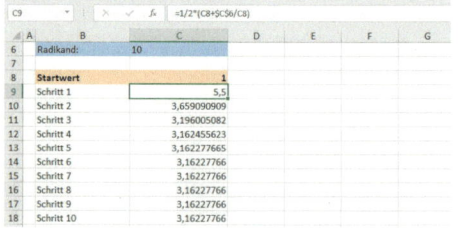

Aus der Tabelle ist abzulesen:
$\sqrt{10} \approx 3{,}162\,277\,7$. Das Ergebnis wurde aufgerundet.

10. Anhang

Lösungen zu
- Dein Fundament
- Prüfe dein neues Fundament

Stichwortverzeichnis

Bildnachweis

Lösungen

Lösungen zu Kapitel 1: Vierfeldertafeln

Dein Fundament (S. 6/7)

S. 6, 1.
a) $\frac{25}{49}$ b) $\frac{7}{9}$ c) $\frac{17}{12}$ d) $\frac{1}{2}$ e) $\frac{6}{5}$
f) $\frac{8}{13}$ g) $\frac{3}{5}$ h) $\frac{2}{5}$ i) $\frac{3}{4}$ j) 2

S. 6, 2.
a) $\frac{6}{7}$ b) richtig c) richtig d) $\frac{7}{10}$ e) richtig

S. 6, 3.
a) $\frac{3}{4} > \frac{3}{4} \cdot \frac{1}{2}$ b) $\frac{3}{4} < \frac{3}{4} : \frac{1}{2}$ c) $\frac{4}{7} : \frac{1}{2} = \frac{4}{7} \cdot 2$
d) $\frac{3}{5} + \frac{1}{5} > \frac{3}{5} - \frac{1}{10}$ e) $\frac{2}{5} : \frac{3}{7} > \frac{2}{5} \cdot \frac{3}{7}$

S. 6, 4.
a) 4 b) 14 c) $\frac{1}{8}$ d) $\frac{5}{32}$ e) $\frac{9}{13}$

S. 6, 5.
a) 60 Schüler b) 36 Möglichkeiten
c) 430 Schrauben d) 7000 Flaschen

S. 6, 6.
a) 25 % b) 20 % c) 1 % d) 4 %
e) $\frac{1}{60} = 1,\overline{6}$ % f) 19 % g) 120 % h) 4 %

S. 6, 7.
20 % nehmen regelmäßig am Fußballtraining teil.

S. 6, 8.
50 defekte Schrauben gehen in den Versand.

S. 6, 9.
15 Jungen gehen in die 9 a.

S. 6, 10.
a) 40 % spielen ein Instrument.
b) 9 Mädchen und 3 Jungen spielen ein Instrument.

S. 7, 11.
a) $\frac{1}{8}$; Ereignis: 8 b) $\frac{1}{2}$; Ereignisse: 2, 4, 6, 8
c) 1; alle möglichen Ereignisse
d) $\frac{1}{4}$; Ereignisse: 3, 6 e) 0; Ereignisse: keine
f) $\frac{1}{2}$; Ereignisse: 2, 3, 5, 7

S. 7, 12.
Von dem gezeichneten Kreis muss die Hälfte gelb sein, also ein Sektor mit einem Mittelpunktswinkel von 180°. Der grüne Sektor hat einen Mittelpunktswinkel von 120°, der rote von 60°.

S. 7, 13.
a) S_1: Spieler 1 gewinnt S_2: Spieler 2 gewinnt

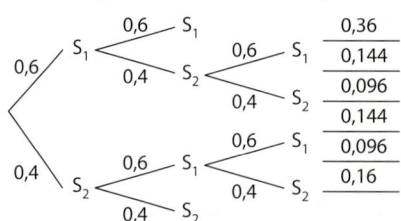

b) Spieler A gewinnt mit einer Wahrscheinlichkeit von 64,8 %; Spieler B mit 35,2 %.

S. 7, 14.
a) $\frac{1}{8} \cdot \frac{1}{8} = \frac{1}{64}$ b) $\frac{1}{8} \cdot \frac{1}{2} = \frac{1}{16}$

S. 7, 15.
a) $\frac{1}{3} \cdot \frac{1}{3} = \frac{1}{9}$ b) $\frac{1}{3} \cdot \frac{1}{2} + \frac{1}{3} \cdot \frac{1}{2} = \frac{1}{3}$ c) $\frac{1}{3} \cdot \frac{1}{3} \cdot \frac{1}{3} = \frac{1}{27}$

S. 7, 16.
Es gibt 10 · 10 · 10 = 1000 Möglichkeiten, einen Code für das Schloss festzulegen.

S. 7, 17.
Katja hat die manipulierte Münze mit einer Wahrscheinlichkeit von $\frac{1}{4}$ ausgewählt.

S. 7, 18.
Anzahl der schwarzen Socken: 20 · 0,6 = 12
Anzahl schwarzer Socken mit Loch: 20 · 0,15 = 3
Drei der zwölf schwarzen Socken haben ein Loch.
Das entspricht einem Anteil von 0,25 = 25 % an den schwarzen Socken.

S. 7, 19.
$b = \frac{a \cdot d}{c}$ $c = \frac{a \cdot d}{b}$ $d = \frac{b \cdot c}{a}$

Prüfe dein neues Fundament (S. 24/25)

S. 24, 1.
a)

	mit Bus zur Schule		gesamt
	ja	nein	
Mädchen	6	8	14
Jungen	4	9	13
gesamt	10	17	27

b)

	für neues Gesetz		gesamt
	ja	nein	
Partei A	6,3 %	20,8 %	27,1 %
Partei B	9,7 %	63,2 %	72,9 %
gesamt	16,0 %	84,0 %	100 %

S. 24, 2.
a)

	gefällt Serie		gesamt
	ja	nein	
unter 30	85	38	123
über 30	131	46	177
gesamt	216	84	300

b) 85 der 123 unter 30-Jährigen fanden die Serie gut, das sind rund 69,1 % der unter 30-Jährigen.
131 der 177 über 30-Jährigen fanden die Serie gut, das sind rund 74 % der über 30-Jährigen.

S. 24, 3.
a)

	Handy in der Schule	Kein Handy in der Schule	Summe
Mädchen	65	9	74
Jungen	50	8	58
Summe	115	17	132

b) Es nehmen 87,8 % der befragten Mädchen und 86,2 % der Jungen ein Handy mit in die Schule. Die Überschrift ist also nicht falsch, betont aber einen nur sehr kleinen Unterschied. Angemessen wäre eher „Über 85 % der Jugendlichen nehmen ein Handy mit in die Schule."

Lösungen

S. 24, 4.

a)

	tagsüber	nachts	gesamt
unter Alkohol-einfluss	3,36 %	8,64 %	12 %
ohne Alkohol-einfluss	66,88 %	21,12 %	88 %
gesamt	70,24 %	29,76 %	100 %

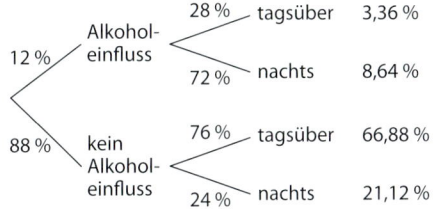

b) 8,64 %
c) 86 617

S. 24, 5.

	Holz	Plastik	gesamt
rot	10	25	35
grün	20	45	65
gesamt	30	70	100

a) E: Eine grüne Plastikkugel wird gezogen.
$P(E) = \frac{45}{100} = 45\%$
b) E: Eine rote Kugel wird gezogen.
$P(E) = \frac{35}{100} = 35\%$
c) E: Aus den roten Kugeln wird eine Holzkugel gezogen.
$P(E) = \frac{10}{35} \approx 28{,}57\%$

S. 24, 6.

a)

	spielt Karten ja	spielt Karten nein	gesamt
Jungen	8	7	15
Mädchen	4	9	13
gesamt	12	16	28

b) $P(①) = \frac{13}{28} \approx 46{,}43\%$ $P(②) = \frac{8}{28} \approx 28{,}57\%$
$P(③) = \frac{8}{15} \approx 53{,}33\%$ $P(④) = \frac{8}{12} \approx 66{,}67\%$

S. 25, 7.

a)

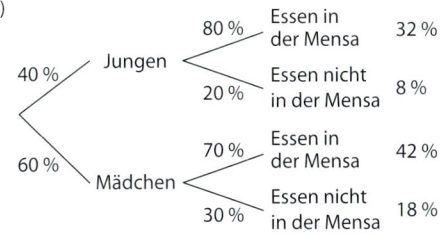

b)

	essen in der Mensa	essen nicht in der Mensa	gesamt
Mädchen	42 %	18 %	60 %
Jungen	32 %	8 %	40 %
gesamt	74 %	26 %	100 %

c) E: Ein Mädchen, welches nicht in der Mensa isst, wird ausgewählt. $P(E) = 60\% \cdot 30\% = 18\%$

d) 74 % der Schüler gehen in der Mensa essen, das sind 592 Schüler.

S. 25, 8.

a) F: Funktioniert
A: Aussortiert

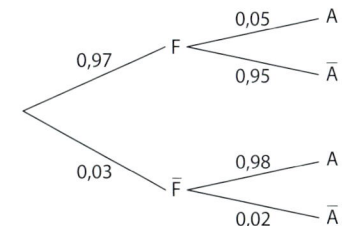

	funktioniert ja	funktioniert nein	gesamt
aussortiert	4,85 %	2,94 %	7,79 %
nicht aussortiert	92,15 %	0,06 %	92,21 %
gesamt	97 %	3 %	100 %

F: Funktioniert
A: Aussortiert

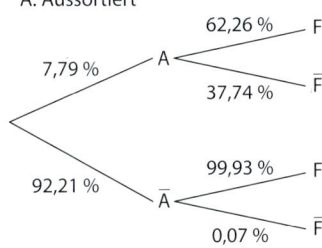

b) etwa 99,93 %
c) etwa 37,73 %

S. 25, 9.

	Test negativ	Test positiv	Summe
Krank	0,04	0,96	1
Gesund	135,36	8,64	144
Summe	135,4	9,6	145

a) ca. 10 %   b) ca. 0,03 %

Wiederholungsaufgaben (S. 25)

S. 25, 1.
a) 28 €   b) 45 kg   c) 48 min

S. 25, 2.
a) 1000   b) 15   c) 126

S. 25, 3.

	a	b	c
a)	4 cm	7 cm	8,1 cm
b)	6,6 cm	10 cm	12 cm
c)	3 cm	8,5 cm	9 cm

S. 25, 4.
a) $12a^3b^2 - 6a^3b^3$ b) $x^2(12 - 5x)$

S. 25, 5.
Im Original ist das Auto ca. 340 cm = 3,4 m lang.

Lösungen zu Kapitel 2: Potenzen

Dein Fundament (S. 28/29)

S. 28, 1.
a) 3,4   b) 0,36   c) 0,0033   d) 6   e) 3
f) 1,1   g) 0,3   h) 9   i) 1,18   j) 0,05
k) $\frac{1}{5}$ l) $\frac{2}{5}$ m) $\frac{1}{6}$ n) $\frac{5}{6}$ o) $\frac{8}{15}$

S. 28, 2.
a) $x = 10$ b) $x = \frac{1}{2}$ c) $x = 2$ d) $x = 0,2$ e) $x = \frac{2}{7}$

S. 28, 3.
a) 7,68   b) 0,097   c) 5,91   d) 0,6273

S. 28, 4.
a) 8,153   b) 16,195   c) 0,0588   d) 0,12528   e) 82,8

S. 28, 5.
a) 700 mm   b) 23 000 kg   c) 420 s
d) 47 dm   e) 80 000 mm   f) 7 h
g) 10 000 000 mg   h) 550 m

S. 28, 6.
a) 56 cm   b) 14 500 kg   c) 2875 mm
d) 1090 ct   e) 40 g   f) 30 150 m

S. 28, 7.
a) 64   b) 7   c) 16   d) 0,04   e) 0,1
f) 1   g) $\frac{3}{4}$ h) 0   i) $\frac{9}{49}$ j) 60

S. 28, 8.
a) 6,42   b) 0,22   c) 15,16
d) 16,55   e) 19,26   f) 2,54

S. 28, 9.
a) $x < 0$ b) $x > 1$ c) $x < 0$
d) $x \leq 0$ e) $x < -4$ f) $x < 0$

S. 28, 10. (Beispiele)
Quadrieren: a) 0,1   b) 4   c) 1
Quadratwurzelziehen: a) 4   b) 0,1   c) 1

S. 28, 11.
a) 0,017 956   b) 2,2869   c) richtig
d) 19,76 866   e) richtig   f) 99,740 169

S. 29, 12.
a) 9 cm^2 b) 0,25 m^2 c) 1,44 km^2
d) 1 m^2 e) 1,21 dm^2

S. 29, 13.
a) 8 cm^3 b) 64 cm^3 c) 0,008 dm^3
d) 1 m^3 e) 0,027 cm^3

S. 29, 14.
a) 5 cm   b) 10 m   c) 0,2 km
d) 12 dm   e) 100 m

S. 29, 15.
a) 3 cm   b) 0,4 m   c) 10 m
d) 5 dm   e) 0,1 m

S. 29, 16.
121 cm^2

S. 29, 17.
27 cm^3

S. 29, 18.
Die Seitenlängen des Rechtecks betragen 8 cm und 5 cm.

S. 29, 19.
a) $x_1 = 0$ $x_2 = 4$ b) $x_1 = 2$ $x_2 = -4$
c) $x_1 = 1$ $x_2 = 3$ d) $x_1 = -2$ $x_2 = 8$

S. 29, 20.
a) 5^5 b) x^3 c) $a \cdot a \cdot a \cdot a$
d) $a \cdot a \cdot b \cdot b \cdot b$ e) $\frac{2}{3} \cdot \frac{2}{3} \cdot \frac{2}{3}$ f) $m^3 n^3 = (mn)^3$

S. 29, 21.
a) $\frac{1}{a+b}$ b) $\frac{1}{u+3}$ c) $x-3$ d) 1   e) $x+y$

S. 29, 22.
a)

Start	→		→		→	Ziel
5	+2	7	+2	9	+2	11
5	·2	10	·2	20	·2	40
5	( )^2	25	( )^2	625	( )^2	390 625

b)

Start	→		→		→	Ziel
994	+2	996	+2	998	+2	1000
125	·2	250	·2	500	·2	1000
k. L.	( )^2	-	( )^2	-	( )^2	-

c)

Start	→		→		→	Ziel
−5	+2	−3	+2	−1	+2	1
$\frac{1}{8}$	·2	$\frac{1}{4}$	·2	$\frac{1}{2}$	·2	1
1	( )^2	1	( )^2	1	( )^2	1

Prüfe dein neues Fundament (S. 60/61)

S. 60, 1.
a) $2^4 = 16$ b) $4 \cdot 4 \cdot 4 = 64$
c) $(-3) \cdot (-3) \cdot (-3) \cdot (-3) \cdot (-3) = -243$
d) $(-1,5)^4 = 5,0625$ e) $0,3^3 = 0,027$
f) $\left(\frac{1}{2}\right)^4 = \frac{1}{16}$ g) $\frac{2}{3} \cdot \frac{2}{3} \cdot \frac{2}{3} \cdot \frac{2}{3} \cdot \frac{2}{3} \cdot \frac{2}{3} = \frac{64}{729}$
h) $5 \cdot 5 \cdot 5 \cdot 5 = 625$;
$(-0,8) \cdot (-0,8) \cdot (-0,8) \cdot (-0,8) = 0,4096$;
$\frac{1}{6} \cdot \frac{1}{6} \cdot \frac{1}{6} \cdot \frac{1}{6} = \frac{1}{1296}$; $\left(-\frac{4}{3}\right) \cdot \left(-\frac{4}{3}\right) \cdot \left(-\frac{4}{3}\right) \cdot \left(-\frac{4}{3}\right) = \frac{256}{81}$

S. 60, 2.
a) vier Löcher   b) 1024 Löcher
c) n Faltschritte; Anzahl der Löcher 2^n
d) nach acht Faltschritten, denn $2^7 = 128$; $2^8 = 256$;
   $2^7 = 128 < 200 < 256 = 2^8$
e) nach zwei Faltschritten: 16 Löcher; $4 \cdot 2^n$
   nach drei Faltschritten: 32 Löcher; $4 \cdot 2^n$
   n Faltschritte; Anzahl der Löcher $A(n) = 4 \cdot 2^n$

S. 60, 3.
a) $\approx 2,449$ b) $\approx 4,583$ c) $\approx 5,745$
d) $\approx 7,416$ e) $\approx 24,495$

Lösungen

S. 60, 4.
a) $1,15 \cdot 10^4$
b) $14\,000\,000\,000 = 1,4 \cdot 10^{10}$
c) $27\,100\,000\,000\,000 = 2,71 \cdot 10^{13}$
d) $121\,800\,000\,000 = 1,218 \cdot 10^{11}$
e) $8 \cdot 10^{-4}$ f) $1,5 \cdot 10^{-6}$
g) $3,08 \cdot 10^{-3}$ h) $1,23 \cdot 10^{-10}$

S. 60, 5.
a) $1\,000\,000$ b) $200\,000\,000$ c) $910\,000\,000\,000$
d) $200\,000$ e) 1120 f) $0,012$
g) $0,000\,39$ h) $0,002$ i) $0,000\,006\,3$
j) $0,000\,000\,002\,3$

S. 60, 6.
$2,8 \cdot 10^4$ km/h; $4 \cdot 10^5$ m; $4,5 \cdot 10^5$ kg; $3,84 \cdot 10^8$ m; $1,496 \cdot 10^{11}$ m; $5,97 \cdot 10^{21}$ t

S. 60, 7.
a) $4^2 = 16$ b) $(4 \cdot 5)^{-3} = 20^{-3} = \frac{1}{8000}$
c) $5^{-7} = \frac{1}{78125}$ d) $7^{-6} = \frac{1}{117649}$
e) $(15:3)^2 = 5^2 = 25$ f) $0,02^4 = 0,000\,000\,2$
g) $\left(\frac{1}{5}\right)^5 = \frac{1}{3125}$ h) $0,1^{-9} = 1\,000\,000\,000$
i) $\left(\frac{1}{2} \cdot \frac{1}{3}\right)^3 = \frac{1}{216}$ j) $2^{-5} = \frac{1}{32}$
k) $(21:7)^{-3} = 3^{-3} = \frac{1}{27}$ l) $\left(-\frac{2}{3}\right)^2 = \frac{4}{9}$

S. 60, 8.
a) $\frac{3}{5}$ b) 5 c) 2
d) nicht definiert   e) 9 f) 64
g) $0,1$ h) 1 i) 4
j) 14 k) 100 l) $0,5$

S. 60, 9.
a) $x_1 = 3; x_2 = -3$ b) $x = 3$ c) $x = 5$
d) $x_1 = 2; x_2 = -2$ e) $x = -2$ f) $x = -2$
g) $x = 4$ h) $x_1 = 100; x_2 = -100$
i) $x_1 = 3; x_2 = -3$ j) nicht definiert

S. 61, 10.
a) $3^5 \cdot 3 \cdot 3 = 3^7$ b) $11 \cdot 11 \cdot 2^2 = (11 \cdot 2)^2 = 22^2$
c) 5^{-12} d) $(3 \cdot 9)^3 : 3^2 = 3^3 \cdot 9^3 : 3^2 = 3^7$
e) $\frac{3}{2^2}$ f) $0,3^{35}$
g) 5^{-2} h) $5^{-2} \cdot 4^{-9}$
i) 19^{42} j) 1
k) 1 l) $\frac{900b}{a}$

S. 61, 11.
a) b^2 b) x^4 c) $a^2 b^{-1} = \frac{a^2}{b}$ d) $\frac{1}{y}$
e) b^2 f) $\frac{y^2}{x^4}$ g) a h) $\frac{1}{a^2}$
i) $\frac{v^4}{u^2}$ j) 2

S. 61, 12.
a) 49 b) 1000 c) $0,5$ d) 3
e) 2 f) 1000 g) $\frac{1}{2}$ h) $\frac{1}{64}$
i) 100 j) 8 k) $\frac{1}{5}$ l) 80
m) $\frac{1}{13}$ n) 18 o) $0,25$

S. 61, 13.
a) $\approx 1,78$ b) 7 c) 7 d) 11
e) 17 f) $0,5$ g) $1,5$ h) $20,1$
i) 99 j) $0,3$ k) 20 l) $\frac{2}{3}$

S. 61, 14.
a) $a^{\frac{2}{3}}$ b) n c) $(xy)^{-\frac{1}{2}}$
d) 2304 e) $u^4 \cdot v^2$

Wiederholungsaufgaben (S. 61)

S. 61, 1.
a) umgekehrt proportional
b), c), d) weder proportional noch antiproportional

S. 61, 2.
a) Konstruktion nach Kongruenzsatz sws.
b) $a = 3,08$ cm; $\beta = 53,1°$; $\gamma = 88,9°$

S. 61, 3.
a) $x_1 \approx 3,41; x_2 \approx 0,59$ b) keine Nullstellen
c) $x_1 = 3; x_2 = -1$

S. 61, 4.
Der Höhenunterschied beträgt ungefähr 0,42 km.

S. 61, 5.
Linkes Dreieck – nicht rechtwinklig
(Umkehrung vom Satz des Pythagoras gilt nicht.)
Mittleres Dreieck – rechtwinklig (Satz des Thales gilt.)
Rechtes Dreieck – rechtwinklig
(Umkehrung vom Satz des Pythagoras gilt.)

Lösungen zu Kapitel 3: Exponentielle Zusammenhänge

Dein Fundament (S. 64/65)

S. 64, 1.
a) 45 € (90 €; 225 €; 22,50 €; 4,50 €; 13,50 €; 0,45 €)
b) 30 000 cm³ (15 000 cm³; 45 000 cm³; 12 000 cm³; 54 000 cm³; 48 000 cm³)

S. 64, 2.

	Alter Preis	Veränderung des Preises	Neuer Preis
a)	69 €	Senkung um 20 %	55,20 €
b)	190 €	Steigerung um 5 %	199,50 €
c)	89 €	Senkung um 25 %	66,75 €
d)	299 €	Senkung um 3 %	290,03 €
e)	1450 €	Erhöhung um 4,2 %	1510,90 €

S. 64, 3.
a) Der neue Preis entspricht rund 94 % des Ursprungspreises, er wurde um 6 % gesenkt.
b) Die Erhöhung betrug 1,7 %. Der jetzige Verdienst entspricht 101,7 % des ursprünglichen Verdienstes.

S. 64, 4.
a) Der ursprüngliche Preis betrug rund 3,07 €.
b) Das Preisplus innerhalb von 5 Jahren beträgt 14 %. Der Preis wurde um gut ein Achtel erhöht. Der jetzige Preis beträgt 114 % des Preises vor fünf Jahren.

Lösungen

S. 64, 5.

	Ursprünglicher Preis	Veränderung des Preises	Neuer Preis
a)	59 €	Erhöhung um 8,5 %	64 €
b)	399 €	Senkung um 12,5 %	349 €
c)	19 €	Erhöhung um 2,4 %	19,46 €
d)	24,90 €	Senkung um 4,5 %	23,78 €
e)	35 €	Senkung um 0,8 %	34,72 €

S. 64, 6.
a) 64   b) 243   c) 16   d) −0,125
e) ≈ 272,19   f) 0,064   g) 1   h) ≈ 1,6
i) $\frac{1}{9}$ j) $\frac{1}{2}$

S. 64, 7.
a) 250   b) 1024   c) 1   d) 2 097 152   e) 5

S. 64, 8.
a) $2^4 = (-2)^4 > 2^1 > 2^0 > 2^{-4} = (-2)^{-4}$
b) $5^{10} > (-3,3)^{10} > 3^{10} > (-2,5)^{10} > 1^{10} > 0^{10}$

S. 65, 9.

x	−3	−1	0	1	5
a)	−11,5	−6,5	−4	−1,5	8,5
b)	10	4	1	−2	−14
c)	1,25	1,75	2	2,25	3,25

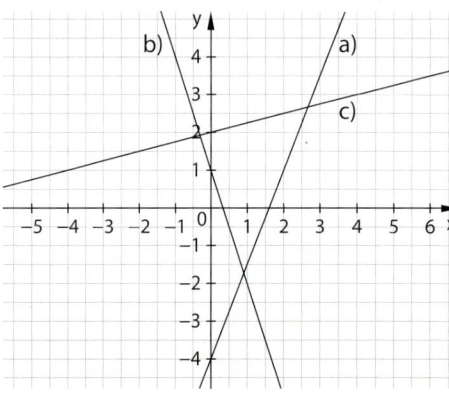

S. 65, 10.
a) m = 3; S_y = (0 | −7); S_x ($\frac{7}{3}$ | 0)
b) m = −2; S_y = (0 | 6); S_x (3 | 0)
c) m = 4; S_y = (0 | 2); S_x (−$\frac{1}{2}$ | 0)
d) m = −0,5; S_y = (0 | 3); S_x (6 | 0)

S. 65, 11.
a) Nur der grüne, der lila und der gelbe Graph passen zu einer linearen Funktion. Der Anstieg bei dem blauen Graphen ist nicht konstant.
b) grün: f(x) = 0,6x + 5,4; m = 0,6
   lila: f(x) = x; m = 1
   orange: f(x) = 1,5x; m = 1,5
c) Der orange Graph könnte einem Stückpreis eines Lebensmittels zugeordnet werden, z. B. kostet jede Kokosnuss 1,50 €.

S. 65, 12.

x	−2	−1	0	1	2	3	4
a)	6	1,5	0	1,5	6	13,5	24
b)	9	4	1	0	1	4	9
c)	−5	−2	3	10	19	30	43

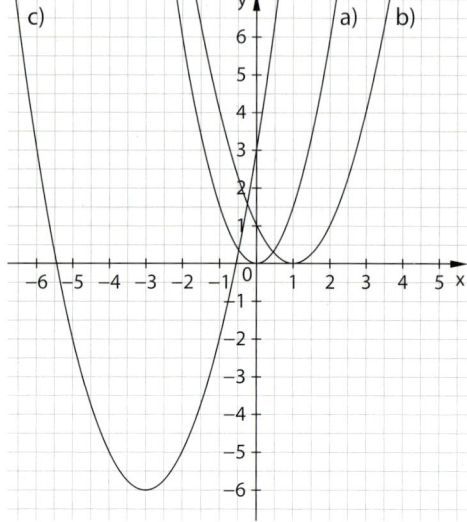

S. 65, 13.
a) $x_1 = 3$; $x_2 = -4$ b) $x_1 = 2$; $x_2 = -0,5$ c) x = 2

S. 65, 14.
Für t = 0 hat die Gleichung $(x-3)^2 + t = 0$ nur die Lösung x = 3 (eine Nullstelle). Für t größer als 0 hat die Gleichung keine Lösung (keine Nullstelle) und für t kleiner als 0 hat die Gleichung 2 Lösungen (zwei Nullstellen).

S. 65, 15.
a) $f(x) = (x + 3)^2 + 2$ b) $f(x) = (x - 4)^2 - 1$

S. 65, 16.
𝕃 = {(1,25; 0,25)}

S. 65, 17.
Der Tarif A ist günstiger ab 333,3 Kilowattstunden ≈ 334 Kilowattstunden. Bei ungefähr 333,3 Kilowattstunden sind die Tarife gleich teuer.

Prüfe dein neues Fundament (S. 98/99)

S. 98, 1.
a) Im fünften Schritt sind es 32 Rechtecke, im siebenten Schritt sind es 128 Rechtecke.
b) $f(x) = 2^x$ ist die Formel, für $f(100) = 2^{100}$ ergibt sich $126\,765\,060 \cdot 10^{22}$.

S. 98, 2.
a)

n	0	1	2	3	6
B(n)	30	54	97,2	174,96	1020

Lösungen

b)

n	0	1	2	3	6
B(n)	140	70	35	17,5	2,1875

S. 98, 3.
a) rekursiv: $B(n+1) = B(n) \cdot 1{,}05$ mit $B(0) = 180$
   explizit: $B(n) = 180 \cdot 1{,}05^n$
b) rekursiv: $B(n+1) = B(n) - 5$ mit $B(0) = 25$
   explizit: $B(n) = -5n + 25$

S. 98, 4.
a) ja, $B(n) = B(0) \cdot 1{,}035^n$ b) nein, linear
c) ja, $B(n) = B(0) \cdot 1{,}04^n$ d) nein
e) ja, $B(n) = B(0) \cdot 1{,}008^n$ f) nein, linear

S. 98, 5.
a) $B(1) = 304{,}05$ € b) $B(3) \approx 312{,}32$ €
c) $B(7) \approx 329{,}52$ € d) $B(19) \approx 387{,}06$ €
e) $B(35) \approx 479{,}68$ €

S. 98, 6.
a) rund 3 % b) rund 4,5 % c) rund 1,5 %

S. 99, 7.
a) Alle 10 Jahre wächst die Population ungefähr um 50 %. $B(n) = 30 \cdot 1{,}5^n$, wobei n einer Zehnjahresspanne entspricht.
b) $B(1980) = 225$; $B(1990) \approx 338$; $B(2000) \approx 507$; $B(2010) \approx 761$
c) Es sind viel weniger Tiere hinzugekommen als erwartet, d. h., die Wachstumsannahme muss korrigiert werden.

S. 99, 8.
a) $f(1) = 17{,}5$; $S_y(0\,|\,3{,}5)$; Asymptote ist die x-Achse.
b) $f(1) = 0{,}8$; $S_y(0\,|\,4)$; Asymptote ist die x-Achse.
c) $f(1) = 7$; $S_y(0\,|\,5)$; Asymptote ist die Gerade mit $y = 4$.
d) $f(1) = -11$; $S_y(0\,|-8)$ Asymptote ist die Gerade mit $y = -5$.

S. 99, 9.
a)

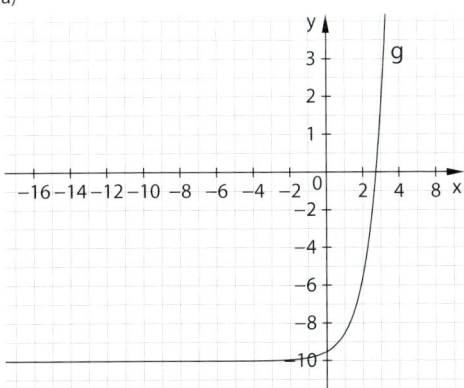

$S_x(2{,}7\,|\,0)$; $S_y(0\,|-9{,}5)$
b) Der Graph von g wurde um den Faktor 0,5 gestaucht und um 10 Einheiten in negative Richtung entlang y-Achse verschoben.

c) Bei h wurde der Graph um den Faktor 0,5 gestaucht. Der Graph von i ist im Vergleich zu h zusätzlich um 10 Einheiten in positiver Richtung auf der x-Achse verschoben.

S. 99, 10.
Ansatz: $f(x) = a \cdot b^x + c$
Da $y = 1$ Asymptote, ist $c = 1$.
Einsetzen des Punktes $(0\,|\,7)$ ergibt:
$f(0) = 7 = a \cdot b^0 + 1 = a + 1 \rightarrow a = 6$.
Einsetzen des Punktes $(1\,|\,10)$ ergibt:
$f(1) = 10 = 6 \cdot b^1 + 1 \rightarrow 9 = 6b \rightarrow b = \frac{3}{2}$
$f(x) = 6 \cdot \frac{3}{2}^x + 1$

S. 99, 11.
allgemeine Form: $f(x) = S - (S - f(0)) \cdot b^x$, $0 < b < 1$
a) Modell ist nicht anwendbar. Es gibt keine Aussage zur Differenz zwischen der tatsächlichen Bakterienzahl und 30 000. Um das Modell anwenden zu können, müsste sich diese Differenz prozentual je Zeiteinheit verändern.
b) $f(0) = 5$; $S = 24$; $b = 1 - \frac{10}{100} = 0{,}9$
   $f(x) = 24 - 19 \cdot 0{,}9^x$
   Annäherung von unten, da $f(0) < S$

S. 99, 12.
a) 4 b) 3 c) 3 d) 0 e) −1

S. 99, 13.
a) $x \approx 6{,}29$ b) $x \approx 334{,}3$
c) $x \approx -41{,}49$ d) $x \approx 60{,}94$

S. 99, 14.
a) nach ungefähr 4,2 Jahren
b) 18 g sind noch vorhanden nach rund 21 Tagen, 15 g sind noch vorhanden nach rund 58 Tagen und 2 g sind noch vorhanden nach ungefähr 460 Tagen.

Lösungen zu Kapitel 4: Kreisberechnungen

Dein Fundament (S. 102/103)

S. 102, 1.

	a)	b)	c)	d)
r	1,0 cm	0,5 cm	1,2 cm	1,5 cm
d	2,0 cm	1,0 cm	2,4 cm	3 cm

S. 102, 2.
a), b)

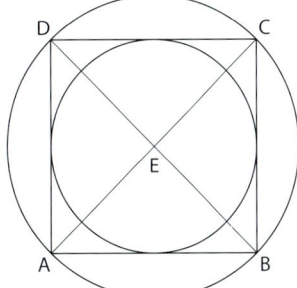

c) Mittelpunkte stimmen überein; Radien 2 cm; 2,83 cm

S. 102, 3.
a)
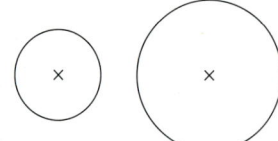

b)
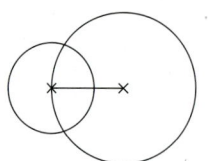

c)
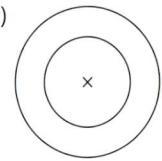

S. 102, 4.
a)
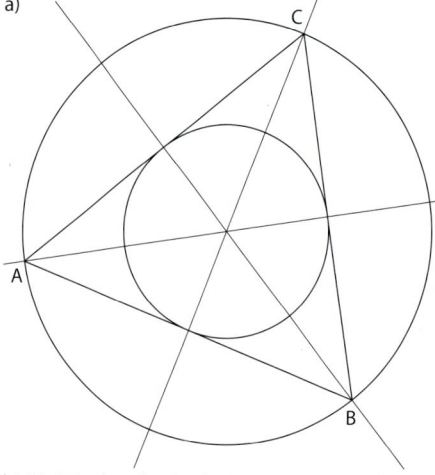

b) Die Mittelpunkte beider Kreise stimmen überein.
c) Nein, es trifft nur bei gleichseitigen Dreiecken zu. Nur bei ihnen fallen Winkelhalbierende und Mittelsenkrechten aufeinander.

S. 102, 5.
a), b)
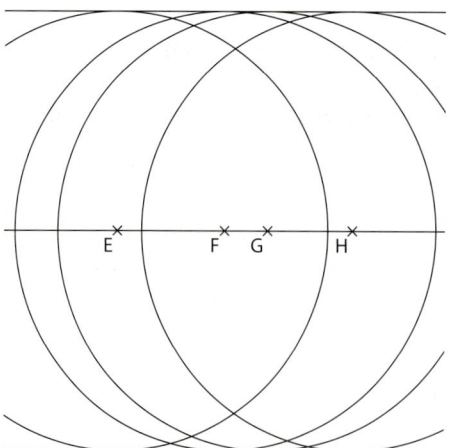

c) Die Mittelpunkte der Kreise liegen auf der Mittelparalellen der Geraden g und h.

S. 102, 6.
nein: a); c); e); h)
ja: b); d); f); g)

S. 102, 7.
a) $5\,cm^2 = 500\,mm^2$ b) $3{,}2\,m^2 = 32\,000\,cm^2$
c) $1\,ha = 10\,000\,m^2$ d) $2{,}3\,a = 230\,m^2$

S. 102, 8.
a) $48\,000\,mm^2$ b) $357\,000\,km^2$ c) $1600\,cm^2$
d) $1\,dm^2$ e) $29\,480\,000\,000\,m^2$

S. 102, 9.
a) 400-mal b) 4-mal c) 20-mal d) 10-mal

S. 103, 10.
a) $u = 11\,cm$; $A = 7{,}5\,cm^2$ b) $u = 4{,}4\,cm$; $A = 1{,}21\,cm^2$
c) $u = 12\,cm$; $A = 6\,cm^2$ d) $u = 11\,cm$; $A = 6\,cm^2$

S. 103, 11.
a) $48\,dm$
b) Beispiele: 1 cm und 30 cm; 2 cm und 15 cm; 5 cm und 6 cm

S. 103, 12.
a) $5\,cm^2$ b) $4\,cm^2$ c) $4\,cm^2$ d) $4\,cm^2$

S. 103, 13.
$4\,cm^2$

S. 103, 14.
a) 81 b) 121 c) 0,01 d) 1,21
e) 144 f) 0,49 g) 1,44 h) $\frac{4}{9}$

S. 103, 15.
a) 2 b) 5 c) 0,1 d) 0,9
e) 14 f) 2 g) 4 h) 0,3

S. 103, 16.
a) $x = \frac{y}{2}$ b) $x = \frac{z}{y}$ c) $x = 4r$ d) $x = \frac{5}{a}$

S. 103, 17.
a)

0,5	1	2	3	4
1,55	3,1	6,2	9,3	12,4

b)

1	1,5	2	3	5	7
3,14	4,71	6,28	9,42	15,7	21,98

S. 103, 18.
$d = 2r$

S. 103, 19.
a) $\frac{1}{4}$; ($\alpha = 90°$) b) $\frac{1}{8}$; ($\alpha = 45°$)
c) $\frac{3}{4}$; ($\alpha = 270°$) d) $\frac{3}{8}$; ($\alpha = 135°$)

Lösungen

Prüfe dein neues Fundament S. 120/121

S. 120, 1.
a)
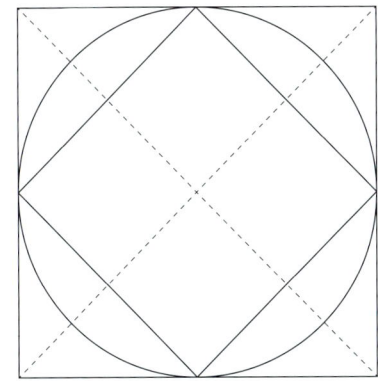

b) $u_{\text{großes Quadrat}} = 20\,\text{cm}$; $u_{\text{kleines Quadrat}} = 14{,}16\,\text{cm}$; arithmetisches Mittel = 17,05 cm
c) $u \approx 15{,}71\,\text{cm}$
d) Das arithmetische Mittel ist größer als der Kreisumfang.
e) Das Näherungsverfahren wird mit jedem weiteren Schritt genauer, indem man n-Ecke zum Beispiel für n = 5, 6, 7, 8 … um bzw. in den Kreis einzeichnet. Die Form der n-Ecke nähert sich der des Kreises immer näher an, der berechnete Näherungswert ebenso an den Umfang des Kreises.

S. 120, 2.
a) 157,1 cm   b) 88,0 mm   c) 8,8 km
d) 14,6 m   e) 597 m ≈ 0,6 km   f) 19,7 m

S. 120, 3.
$r \approx 79{,}577\,\text{m}$; $d = 159{,}154\,\text{m}$

S. 120, 4.

Planet	Durchmesser	Länge Äquatorkreis
Venus	12 104 km	38 026 km
Erde	12 756 km	40 074 km
Mars	6 790 km	21 331 km
Jupiter	142 984 km	449 197 km
Neptun	49 528 km	155 597 km

S. 120, 5.
a) (Zeichnung maßstäblich 1 : 2)

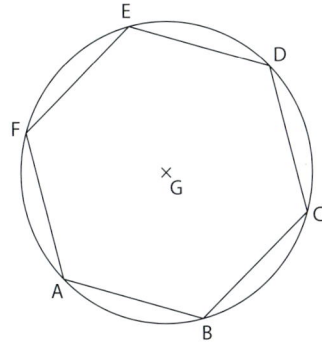

b) $a = 4\,\text{cm}$; $A \approx 41{,}57\,\text{cm}^2$
c) $A_{\text{Kreis}} \approx 50{,}27\,\text{cm}^2$; $A_{\text{Kreis}} > A_{\text{Sechseck}}$
d) Das Näherungsverfahren wird mit jedem weiteren Schritt genauer, indem man n-Ecke zum Beispiel für n = 7, 8 … in den Kreis einzeichnet. Die Form der n-Ecke nähert sich der des Kreises immer näher an, deren Flächeninhalt ebenso an den Flächeninhalt des Kreises.

S. 120, 6.
a) $A \approx 50\,\text{cm}^2$ b) $A \approx 191\,\text{m}^2$ c) $A \approx 3{,}1\,\text{cm}^2$
d) $A \approx 1772\,\text{dm}^2$ e) $A \approx 83{,}97\,\text{km}^2$ f) $A \approx 9{,}4\,\text{cm}^2$

S. 120, 7.
a) 5,7 cm   b) 3,9 cm   c) 14,3 mm   d) 10,7 m

S. 120, 8.
Das Gebiet ist ca. 78,5 km² groß.

S. 120, 9.
a) $u = 51{,}1\,\text{mm}$; $A \approx 207{,}39\,\text{mm}^2$
b) $u = 94{,}2\,\text{cm}$; $A \approx 706{,}86\,\text{cm}^2$
c) $u = 130{,}4\,\text{dm}$; $A \approx 1352{,}66\,\text{dm}^2$
d) $u = 5{,}2\,\text{m}$; $A \approx 2{,}16\,\text{m}^2$

S. 120, 10.
a)
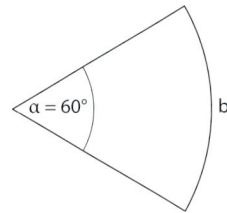

b) Es gibt mehrere Möglichkeiten, da die Radien bzw. Winkel unterschiedlich gewählt werden können. Es gilt die Gleichung $4\,\text{cm} = \frac{\alpha}{180°} \cdot \pi \cdot r$.

S. 121, 11.
a) $A_\alpha \approx 3{,}5\,\text{cm}^2$; $b_\alpha \approx 1{,}4\,\text{cm}$
b) $A_\alpha \approx 61\,\text{mm}^2$; $b_\alpha \approx 11\,\text{mm}$

S. 121, 12.
a) $\alpha \approx 80°$ b) $r \approx 13{,}8\,\text{cm}$

S. 121, 13.
$A \approx 1403\,\text{cm}^2$

S. 121, 14.
$A \approx 6{,}3\,\text{cm}^2$

Wiederholungsaufgaben (S. 121)

S. 121, 1.
a) Der Wasserstand betrug an beiden Tagen 260 cm.
b) niedrigster Pegelstand im April: 9. April
c) höchster Pegelstand im April: 19. April

S. 121, 2.
a) 100 · 8 = 800   b) 100 + 9 = 109   c) 27 · 10 = 270

S. 121, 3.
für 1: 3; für −1: 5; für 0 nicht definiert.

Lösungen

Lösungen zu Kapitel 5: Körperberechnungen

Dein Fundament (S. 124/125)

S. 124, 1.
a) Flächeneinheiten: a, ha, km², m²
b) Volumeneinheiten: mm³, ℓ, mℓ, dm³

S. 124, 2.
a) 130 mm   b) 0,7899 m²   c) 890 cm³
d) 8000 mm²   e) 9 800 000 cm³ f) 150 a
g) 1 000 000 m² h) 0,00045 m³

S. 124, 3.
a)

mm²	1 000 000 000	50 000 000	1 015 000
cm²	10 000 000	500 000	10 150
dm²	100 000	5000	101,5
m²	1000	50	1,015
a	10	0,5	0,01015
ha	0,1	0,005	≈ 0,0001

b)

mm³	10 000 000	1000	15 400 000
cm³	10 000	1	15 400
dm³	10	0,001	15,4
mℓ	10 000	1	15 400
ℓ	10	0,001	15,4
hℓ	0,1	0,00001	0,154

S. 124, 4.
a)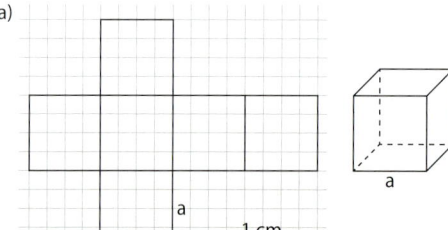

b)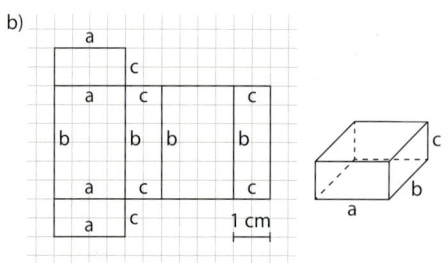

S. 124, 5.
a) Prismennetz, Grundfläche ist ein Dreieck
b) kein Prismennetz, da eine Seitenfläche fehlt
c) Prismennetz, ergibt einen Würfel (Prisma mit quadratischer Grundfläche)
d) kein Prismennetz, ergibt eine Pyramide

S. 124 6.
a) kein Prisma, sondern ein Zylinder
b) Prisma, Grundfläche ist ein Trapez
c) kein Prisma, sondern eine Pyramide
d) Prisma, Grundfläche ist ein Dreieck
e) Prisma, Grundfläche ist ein Sechseck
f) kein Prisma, da es keine zueinander kongruenten und parallelen Flächen gibt

S. 124, 7.
a) 10 Ecken, 15 Kanten und 7 Seitenflächen
b)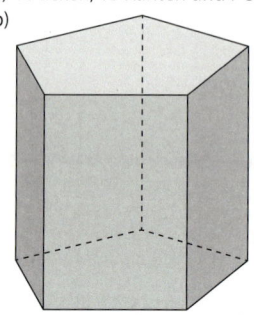

S. 125, 8.
a) u ≈ 6,28 cm; A ≈ 3,14 cm²
b) r = 2 cm; u ≈ 12,57 cm; A ≈ 12,57 cm²
c) u ≈ 8,80 cm; A ≈ 6,16 cm²
d) r = 1,3 cm; u ≈ 8,17 cm; A ≈ 5,31 cm²

S. 125, 9.
a) r ≈ 6,7 cm   b) r ≈ 1 cm

S. 125, 10.
a) Setzt man den rechten Halbkreis in die linke Lücke, entsteht ein Quadrat.
A = 4 cm²; u ≈ 10,28 cm
b) Die Figur besteht aus einem Quadrat und einem Halbkreis.
A ≈ 22,28 cm²; u ≈ 18,28 cm

S. 125, 11.
a) V = 8 cm³, O = 24 cm²   b) V = 6 cm³, O = 22 cm²

S. 125, 12.
a) Grundfläche: A = 25 cm² − 9 cm² = 16 cm²;
V = 80 cm³; O = 132 cm²
b) Grundfläche: A = 4 cm²; V = 12 cm³; O = 39 cm²
c) Grundfläche: A = 24 cm²; V = 168 cm³; O = 216 cm²

S. 125, 13.
a) a = c = 1 cm; d = b = 2 cm; A = 2 cm²; also h = 15 cm
b) a = 1,5 cm; c = 2 cm; A = 1,5 cm²; also h = 20 cm
c) e = 2 cm; f = 3 cm; A = 3 cm²; also h = 10 cm
d) a = 3 cm; c = 1,5 cm; Trapezhöhe: 2 cm; A = 4,5 cm²;
also h ≈ 6,67 cm

S. 125, 14.
a) c = 30 cm   b) b = 16 cm   c) a = 20,2 cm

S. 125, 15.
Dies gilt für a = 6 cm, da dann V = (6 cm)³ = 216 cm³
ist und O = 6 · (6 m)² = 216 cm².

Lösungen

Prüfe dein neues Fundament (S. 164/165)

S. 164, 1.
a) $V \approx 307{,}9\,cm^3$; $O \approx 252{,}9\,cm^2$
b) $h \approx 21{,}2\,cm$; $O \approx 1026{,}2\,cm^2$

S. 164, 2.
a) $O \approx 15{,}3\,cm^2$

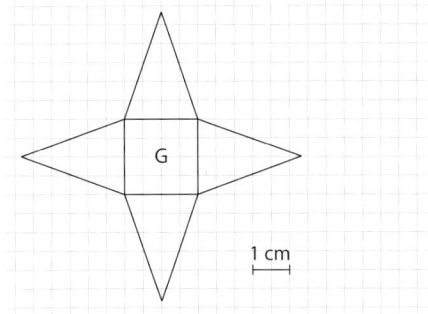

b) $O \approx 80{,}9\,cm^2$

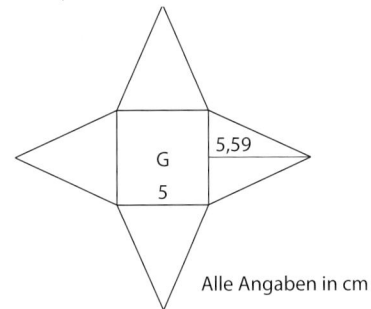

Alle Angaben in cm

c) $O \approx 37{,}2\,cm^2$

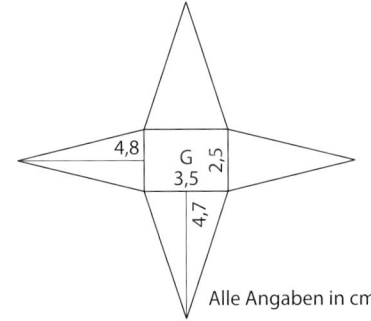

Alle Angaben in cm

S. 164, 3.
a) $V = 2312\,m^3$ b) $V = 8533\,mm^3$

S. 164, 4.
a) $h = 9{,}6\,dm$ b) $h = 5{,}5\,m$

S. 164, 5.
a) $O \approx 35{,}2\,cm^2$ b) $O \approx 2479{,}7\,mm^2$ c) $O \approx 60{,}4\,cm^2$

S. 164, 6.
a) $V \approx 6{,}28\,m^3$ b) $V \approx 20{,}94\,dm^3$
c) $V \approx 459\,961\,mm^3 \approx 460\,cm^3$

S. 164, 7.
a) $h \approx 5{,}7\,cm$ b) $r \approx 2{,}11\,m$

S. 164, 8.
a) $V_{Glas} = \frac{1}{3}\pi \cdot (2{,}5\,cm)^2 \cdot 10\,cm \approx 65{,}45\,cm^3$; Radius der Flüssigkeit: $r = 2{,}25\,cm$ (Strahlensatz), damit $V_{Flüssigkeit} = \frac{1}{3}\pi \cdot (2{,}25\,cm)^2 \cdot 9\,cm \approx 47{,}71\,cm^3$; $V_{Flüssigkeit} : V_{Glas} = 0{,}73$, das Glas ist also zu ca. 73 % gefüllt.
b) $O_{Mantel} \approx 80{,}96\,cm^2$

S. 164, 9.
a) Die Dachfläche entspricht der Mantelfläche der Pyramide, für ein Dach ist $M \approx 203{,}65\,m^2$, für beide Dächer benötigt man also etwa $407{,}3\,m^2$ Blech.
b) $407{,}3\,m^2 \cdot 98{,}03\,€/m^2 \approx 39\,927{,}62\,€$
c) $V = 720\,m^3 = \frac{1}{3} \cdot h \cdot (12\,m)^2$; $h = 15\,m$
d) Mit den genaueren Maßen ergeben sich die Mantelflächen
Nordturm: $M \approx 225\,m^2$; Südturm: $M \approx 209\,m^2$, das Dacheindecken kostet also tatsächlich $434\,m^2 \cdot 98{,}03\,€/m^2 \approx 42\,545{,}02\,€$, also etwa $2617\,€$ mehr.

S. 164, 10.
a) $V = 320\,cm^3$ b) $512\,g$

S. 165, 11.
a) $V \approx 268{,}1\,cm^3$; $O \approx 201{,}1\,cm^2$
b) $V \approx 1629{,}5\,dm^3$; $O \approx 669{,}7\,dm^2$
c) $V \approx 54{,}8\,m^3$; $O \approx 69{,}8\,m^2$
d) $V \approx 83{,}4\,mm^3$; $O \approx 92{,}3\,mm^2$
e) $V \approx 0{,}028\,cm^3$; $O \approx 0{,}44\,cm^2$
f) $V \approx 2\,cm^3$; $O \approx 7{,}75\,cm^2$

S. 165, 12.
a) $d = 19{,}7\,m$ b) $1218{,}6\,m^2$

S. 165, 13.
a) $V \approx 569{,}7\,cm^3$; $O \approx 351{,}9\,cm^2$
b) $V \approx 466{,}5\,cm^3$; $O \approx 401{,}8\,cm^2$
c) $V \approx 16{,}94\,cm^3$; $O \approx 55{,}1\,cm^2$
d) $V \approx 143{,}4\,cm^3$; $O \approx 267{,}1\,cm^2$

S. 165, 14.
a) $286{,}7\,g$ b) $28{,}67\,kg$ (lässt sich heben)

Wiederholungsaufgaben (S. 165)

S. 165, 1.
a) $(-2)^2 = 4$
b) $(3 \cdot 16)^{-3} : 16^{-3} = 3^{-3} = \frac{1}{27}$ c) $4^{-3} = \frac{1}{64}$

S. 165, 2.
a) keine Funktion b) keine Funktion c) Funktion

S. 165, 3.
a) ja b) nein c) nein d) ja

S. 165, 4.
a)

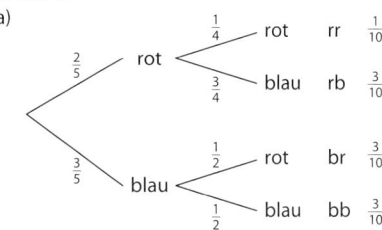

b) $P(rr) = 10\,\%$

S. 165, 5.
a) c = 3,1 cm; α ≈ 100,6°; β ≈ 29,4°
b) b = 7 cm; c = 8,4 cm; γ = 80°

Lösungen zu Kapitel 6: Periodische Vorgänge

Dein Fundament (S. 168/169)

S. 168, 1.
a) β = 55°; $\sin(35°) = \frac{a}{5\,cm}$; $\sin(55°) = \frac{b}{5\,cm}$
b) a ≈ 2,87 cm; b ≈ 4,096 cm

S. 168, 2.
a) β = 30°   b) α ≈ 20,5°   c) ε = 45°   d) δ = 0°

S. 168, 3.
d ≈ 4,95 m; f ≈ 5,34 m

S. 168, 4.
a) Die Holme sind 2,5 m lang. Der Öffnungswinkel ist 30° groß.
b) ≈ 1,29 m   c) ≈ 2,12 m

S. 168, 5.
a) $\cos(60°) = \frac{3\,cm}{c}$; $\cos(30°) = \frac{a}{c}$
b) β = 30°; c = 6 cm; a ≈ 5,2 cm

S. 168, 6.
a) α = 60°   b) φ ≈ 88,3°
c) ε = 30°   d) δ = 0°

S. 168, 7.
φ = 65°; x ≈ 3,03 cm; y ≈ 7,17 cm

S. 168, 8.
a) x ≈ 7,26 m   b) h ≈ 4,37 m

S. 168, 9.
a) A ≈ 12 cm²   b) x ≈ 4,8 cm

S. 168, 10.
a) α ≈ 22,52°   b) α ≈ 150°

S. 169, 11.

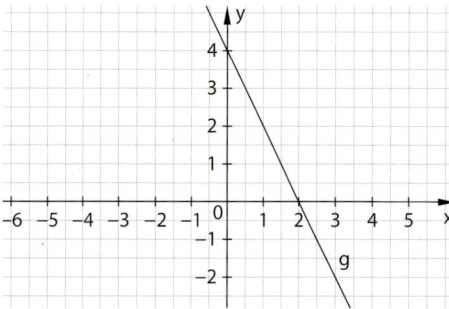

S. 169, 12.
a)

x	–1	0	1	2	3	4	5
f(x)	2	–0,5	–2	–2,5	–2	–0,5	2

b) S(2|–2,5); x_{N1} ≈ 4,236; x_{N2} ≈ –0,236

a), c)

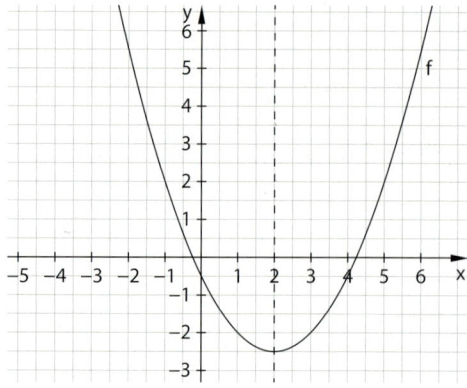

S. 169, 13.

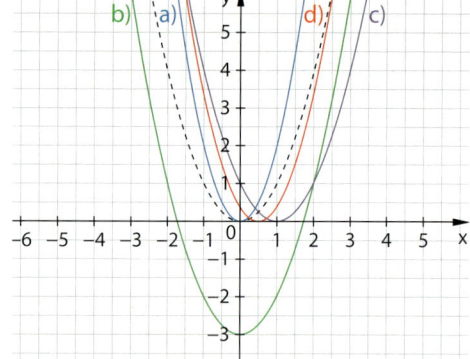

S. 169, 14.
$f(x) = 2(x - \frac{3}{4})^2 - \frac{1}{8}$; S $(\frac{3}{4}|-\frac{1}{8})$

S. 169, 15.
a)

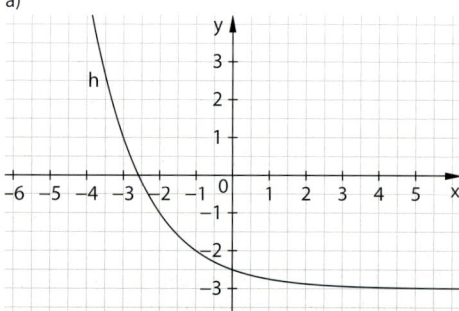

b) Beispiele: II. P(–3|1); III. Q(–1|–2); IV. R(1|–2,75)
c) Der Graph von h ist um 3 Einheiten in negativer Richtung der y-Achse verschoben und um 1 Einheit in negativer Richtung auf der x-Achse.
d) Für alle x > 0 sind die Funktionswerte negativ.

S. 169, 16.
a) f(x) = 2x; g(x) = –2x + 4; h(x) = 0,5x – 1,5
b) f(x) = (x – 1)² – 0,5; g(x) = 0,5x² – 1; h(x) = –x²
c) f(x) = 2^x; g(x) = 3^x – 1

S. 169, 17.
a) $\sin(ε) = \frac{f}{e}$ b) $\cos(δ) = \frac{f}{e}$ c) $\sin(δ) = \cos(ε) = \frac{d}{e}$

Lösungen

S. 169, 18.
a) α = 55°; c ≈ 6,1 cm; b ≈ 3,5 cm
b) a ≈ 2,49 cm; α ≈ 39,72°; ε ≈ 50,28°

Prüfe dein neues Fundament (S. 198/199)

S. 198, 1.
a) Periodenlänge p = 360°; Amplitude a = 3
b) Periodenlänge p = 2; Amplitude a = 1,5

S. 198, 2.
a) ≈ 1,94; ≈ 0,26; ≈ 0,013
b) α = 10°; β = 405°; ε ≈ 119,18°

S. 198, 3.
a) $\sin\left(\frac{4}{3}\pi\right) = \sin(240°) \approx -0{,}87$
b) 17,46°; 162,54°; 377,46°; 522,54°
c) 295,84°; 244,16°; 655,84°; 604,16°
   (Es existieren weitere Lösungen.)

S. 198, 4.
a) sin(12°) ≈ 0,21   b) cos(260°) ≈ –0,17
c) cos(800°) ≈ 0,17   d) $\sin\left(\frac{8}{7}\pi\right) \approx -0{,}43$
e) $\cos\left(-\frac{1}{4}\pi\right) \approx 0{,}71$ f) sin(–205°) ≈ 0,42

Sinuswerte für den I. und II. Quadranten sind positiv, für den III. und IV. Quadranten negativ. Kosinuswerte hingegen sind im I. und IV. Quadranten positiv, im II. und III. dagegen negativ.

S. 198, 5.
a) $\alpha_{1k} = 48{,}59° + k \cdot 360°$ (k = –2, –1, 0, 1)
   $\alpha_{2k} = 131{,}41° + k \cdot 360°$ (k = –2, –1, 0, 1)
b) $\alpha_{1k} \approx 2 \cdot k \cdot \pi + 1{,}3695$ (k ganze Zahl)
   $\alpha_{2k} \approx 2 \cdot k \cdot \pi - 1{,}3695$ (k ganze Zahl)

S. 198, 6.
a) Stimmt. Im angegebenen Bereich unterscheiden sich sin(α) und sin(–α) nur durch ihr Vorzeichen. Der Graph der Sinusfunktion ist punktsymmetrisch zu (180°|0).
b) Stimmt. Der Graph der Kosinusfunktion ist symmetrisch zur Geraden mit der Gleichung x = π.
c) Stimmt nicht. Gegenbeispiel:
   sin(30°) = 0,5   sin(210°) = –0,5
d) Stimmt. Es gilt sin(360° + δ) = sin(δ). Der Graph der Sinusfunktion ist symmetrisch zur Geraden mit der Gleichung $x = \frac{\pi}{2}$.

S. 198, 7
a) Es wurde genau eine Periode der Sinusfunktion durchlaufen, deswegen sind die Werte gleich.
b) Die Kosinusfunktion ist punktsymmetrisch zu (90°|0). Die Funktionswerte unterscheiden sich daher nur durch ihr Vorzeichen.
c) Die linke Seite der Gleichung bewirkt eine Verschiebung der Sinusfunktion um α Grad in Richtung der x-Achse. Der Graph stimmt mit dem der Kosinusfunktion überein.

S. 198, 8.
a) zu f: a = 0,4; b = 1; c = 0 und d = –0,5
   zu g: a = 1,18; b = 5; $c = \frac{\pi}{5}$ und d = 0
b) $f(x) = 0{,}4 \cdot \sin(x) - 0{,}5$; $g(x) = 1{,}18 \cdot \sin\left(5 \cdot \left(x - \frac{\pi}{5}\right)\right)$

S. 198, 9.

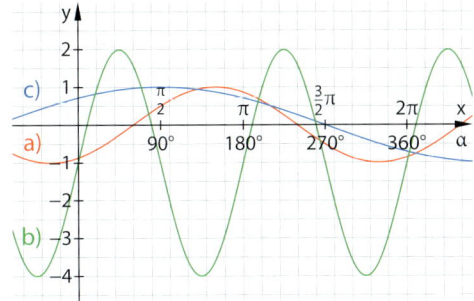

S. 198, 10.
$f(x) = 0{,}2 \cdot \sin(10 \cdot (x + 0{,}5)) + 1{,}08$; a = 0,2; b = 10; c = –0,5; d = 1,08

S. 198, 11.
a)

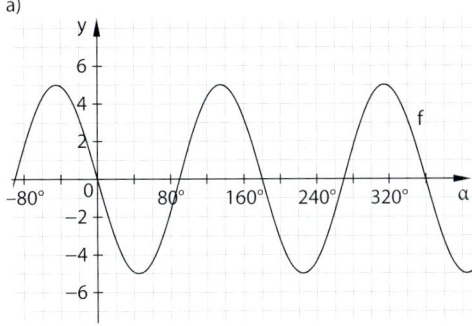

b) $g(x) = 5 \cdot \cos(2x + 90°)$

S. 199, 12.
a) Der Tidenhub ist die Differenz zwischen dem höchsten und dem niedrigsten Pegelstand. Die Amplitude ist die Hälfte dieser Differenz, also 1,75 m. Die Periodenlänge gibt den Zeitraum an, in dem Ebbe und Flut einmal vollständig durchlaufen werden. Dies sind 12 h 24 min.

b)

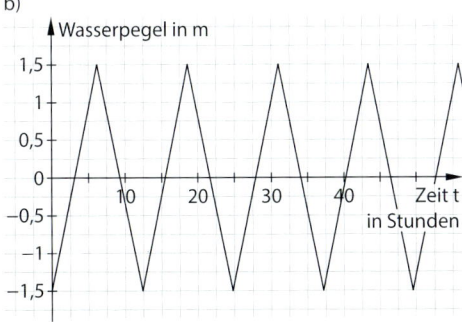

S. 199, 13.
a) 5 ms   b) 8000 Hz

S. 199, 14.
a) 0,0625 ms; $6{,}25 \cdot 10^{-5}$ s
b) Das menschliche Ohr kann Töne mit Frequenzen von weniger als 16 Hz nicht wahrnehmen.

S. 199, 15.

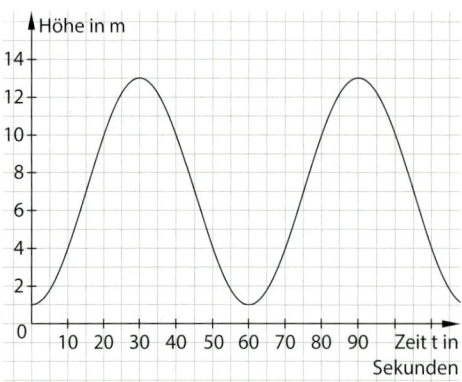

f(x) = 6 sin (0,1x) + 7 wäre zum Beispiel möglich.

S. 199, 16.
a) f(x) = 2,16 sin (3x − 0,01) + 0,03
b) Lösung am GTR.
c) $f(x_1) \approx 0,036$;
   $f(x_2) \approx 0,32$

Wiederholungsaufgaben (S. 199)

S. 199, 1.
h ≈ 68,68 cm; M ≈ 935 cm²

S. 199, 2.
a) 64,22 %
b) 0,28 %

Lösungen zu Kapitel 7: Zahlbereiche und Grenzprozesse

Dein Fundament (S. 202/203)

S. 202, 1.
a) ≈ 0,33   b) ≈ 6,32   c) ≈ 7,75   d) ≈ 10,49
e) ≈ 14,46   f) ≈ 0,26   g) ≈ 0,75

S. 202, 2.
a) b ≈ 4,24 cm; A = 18 cm²
b) Das achte Quadrat hat einen Flächeninhalt von 0,281 25 cm² und ist somit kleiner als 0,5 cm².
c) Es sind 5 Schritte nötig (Flächeninhalt 1152 cm²).

S. 202, 3.
a) 2 und 3   b) 6 und 7   c) 1 und 2   d) 2 und 3
e) 1 und 2   f) 4 und 5   g) 0 und 1

S. 202, 4. (Beispiele)
a) 1,8; 1,9 und 2,0   b) 1,75; 1,8 und 1,9
c) 1,77; 1,78 und 1,785   d) 1,735; 1,736; 1,737

S. 202, 5.
≈ 4,123

S. 202, 6.
a) n = 11   b) n = 82   c) n = 47   d) n = 58

S. 203, 7. (Beispiele)
a) −4,91; −4,92; −4,93   b) −5,011; −5,012; −0,13
c) −4,94; −4,95; −4,96   d) −4,9; −4,91; −4,92

S. 203, 8.
$-\frac{4}{3} < -1,1111 < -1,111 < 0,166 < \frac{1}{6} < 0,167 < 0,72 < \frac{3}{4} < \frac{7}{9} < \frac{9}{7} < 1,2858$

S. 203, 9.
a) ≈ −0,37   b) ≈ −5,82

S. 203, 10.
Stimmt. Betrachte die Zahlen 2,546 31; 2,546 311; 2,546 311 1 … Dieses Bildungsgesetz lässt sich unendlich fortführen. Alle gebildeten Zahlen haben die geforderte Eigenschaft.

S. 203, 11.
π ist keine rationale Zahl, da π keine Bruchzahldarstellung hat. π hat keine Periode und unendlich viele Stellen nach dem Komma. Sie ist nicht als Verhältnis zweier ganzer Zahlen darstellbar.

S. 203, 12.
a) I. und II.   b) in allen Quadranten
c) I., II. und III.   d) I. und II.

S. 203, 13.

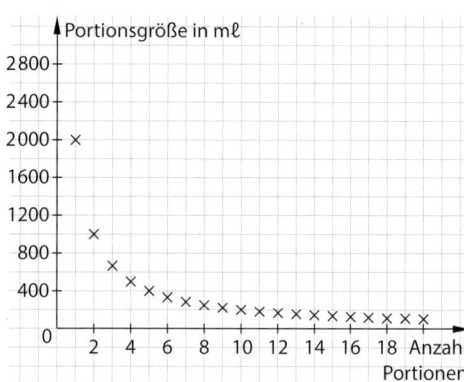

Um so mehr Portionen Eis verteilt werden, desto weniger kriegt jeder Einzelne.

S. 203, 14.
a)

b) Da $0,2^x > 0$ für alle x ist, gilt f(x) > 4. Somit liegen alle Punkte des Graphen oberhalb der x-Achse.
c) Gerade y = 4

S. 203, 15.
a) Minimum bei (4|0)   b) Maximum bei (0|0)
c) kein Minimum oder Maximum
d) Der minimale Funktionswert −1 und der maximale Funktionswert 1 werden mehrfach angenommen.

S. 203, 16.
$V \approx 523{,}6\,cm^3$; $O \approx 314{,}159\,cm^2$

S. 203, 17.
a) $r \approx 5{,}66\,cm$
b) Unterschied $36{,}64\,cm^2$; die Kreisfläche macht ungefähr 157,25 % der Quadratfläche aus.
c) Unterschied $439{,}7\,cm^3$; das Zylindervolumen macht ungefähr 157,3 % des Quadervolumens aus.

Prüfe dein neues Fundament (S. 216/217)

S. 216, 1.
a) Nach dem Komma kommt zuerst eine 1, dann eine 0. Im 2. Schritt kommt eine 1, dann zwei Nullen. Im 3. Schritt kommt eine 1 und dann drei Nullen usw.
b) Die Zahl ist irrational, da sie sich nicht als Verhältnis zweier ganzer Zahlen schreibenlässt.
c) individuelle Lösungen

S. 216, 2.
a) $\sqrt{2}$ ist kleiner.   b) $\sqrt{5}$ ist größer.
c) $\sqrt{8}$ ist größer.   d) $\sqrt{2}$ ist kleiner.

S. 216, 3.
Der genaue Wert von $\sqrt{2}$ kann nicht angegeben werden, da $\sqrt{2}$ eine nichtperiodische und nicht abbrechende Dezimalzahl ist. Der Wert in der Taschenrechneranzeige ist gerundet: Quadriert man diesen Wert, wäre die letzte Ziffer des Ergebnisses eine 4. Quadriert man $\sqrt{2}$, erhält man dagegen 2 als Ergebnis.

S. 216, 4.
Beispiele: $\frac{1}{10}; \frac{1}{9}; \frac{\pi}{4}$.

S. 216, 5.
a) richtig   b) falsch   c) richtig
d) richtig   e) richtig

S. 216, 6.
0,125: $\mathbb{Q}, \mathbb{R}$ $4,\bar{6}$: $\mathbb{Q}, \mathbb{R}$ $\sqrt{25}$: $\mathbb{N}, \mathbb{Z}, \mathbb{Q}, \mathbb{R}$
$\sqrt{3}$: $\mathbb{I}, \mathbb{R}$ 8,203: $\mathbb{Q}, \mathbb{R}$ $-\sqrt{81}$: $\mathbb{Z}, \mathbb{Q}, \mathbb{R}$
−0,121 12...: $\mathbb{I}, \mathbb{R}$

S. 216, 7.
0,4: $\mathbb{Q}, \mathbb{R}$ −8: $\mathbb{Z}, \mathbb{Q}, \mathbb{R}$ 5,13: $\mathbb{Q}, \mathbb{R}$ −0,4: $\mathbb{Q}, \mathbb{R}$
−0,7: $\mathbb{Q}, \mathbb{R}$ $\frac{4}{9}$: $\mathbb{Q}, \mathbb{R}$ $\sqrt{7}$: $\mathbb{R}$ $-\sqrt{11}$: $\mathbb{R}$
0,5: $\mathbb{Q}, \mathbb{R}$ 0,1345: $\mathbb{Q}, \mathbb{R}$

S. 216, 8.
a) ja   b) ja   c) nein

S. 216, 9.
a) zwischen 3 und 4   b) $\approx 3{,}87$
c) Die Abweichung beträgt 0,0231 bzw. 0,596 %.

S. 216, 10.
a) 3,87
b) individuelle Lösung, abhängig von den Startwerten

S. 217, 11.
In der Umgebung der y-Achse schmiegt sich der Graph von rechts im I. Quadranten an die y-Achse an. Im III. Quadranten schmiegt sich der Graph von links an die y-Achse an.

S. 217, 12.
a) Asymptote y = 3; Annäherung von oben
b) Asymptote y = 3; Annäherung von unten
c) Die Funktionswerte wachsen ins Unendliche.
d) Die Funktionswerte werden immer kleiner und schrumpfen ins negativ Unendliche.

S. 217, 13. (Beispiele)
a) $f(x) = \frac{1}{x} + 3$; $f(x) = -\frac{1}{x} + 3$
b) $f(x) = \frac{1}{x} - 1$ und $f(x) = -\frac{1}{x} - 1$

S. 217, 14.
a) $0{,}5; \frac{2}{9}; \frac{1}{8}; \frac{2}{25}; \frac{1}{18}; \frac{2}{49}; \frac{1}{32}; \frac{2}{81}$
b)

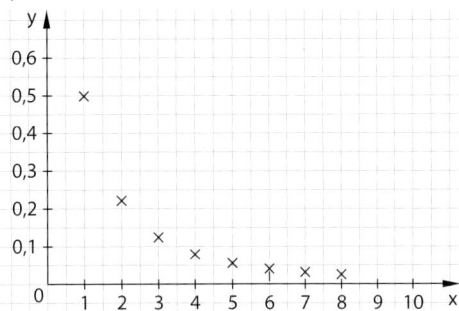

c) Der Grenzwert ist 0.

S. 217, 15.
a), b) I und 1, Grenzwert 0. III und 3, Grenzwert 4.
II und 4, Grenzwert 0.

S. 217, 16.
a) $4; 4{,}5; 4\frac{2}{3}; 4{,}75; 4{,}8$; der Grenzwert ist 5.
b) $-1; -\frac{1}{4}; -\frac{1}{9}; -\frac{1}{16}; -\frac{1}{25}$; der Grenzwert ist 0.
c) $16; 4; \frac{16}{9}; 1; \frac{16}{25}$; der Grenzwert ist 0.
d) $\frac{1}{4}; \frac{1}{5}; \frac{1}{6}; \frac{1}{7}; \frac{1}{8}$; der Grenzwert ist 0.
e) $-\frac{1}{2}; \frac{1}{3}; -\frac{1}{4}; \frac{1}{5}; -\frac{1}{6}$; der Grenzwert ist 0.

Wiederholungsaufgaben (S. 217)

S. 217, 1.
a) Regelmäßige Sechsecke haben einen Innenwinkel von 120°. An den Stellen, wo drei Sechsecke aneinander stoßen, ergibt sich 3 · 120° = 360°, also ein Vollwinkel. Es bleiben daher keine freien Stellen. (An den Rändern sind ggf. Zuschnitte nötig.)
b) Annahme: Die Couchlehne ist ungefähr 40 cm hoch. Dann folgt, dass die Seiten der Sechsecke rund 23 cm lang sind.

S. 217, 2.
a) $A \approx 41{,}57\,m^2$
b) Der Ähnlichkeitssatz www ist erfüllt.

Stichwortverzeichnis

absolute Häufigkeit 8, 26
absolute Zellbezüge 229
Amplitude 171, 175, 176, 193, 202
Asymptote 79, 82, 100

Basis (einer Exponentialfunktion) 79
Basis (einer Potenz) 30, 37, 41, 48, 62, 90
Baumdiagramm 16, 18, 26
begrenztes Wachstum 85
Bestand 66, 68, 69, 72, 76, 85, 87, 100
Bogenmaß 180, 181, 202

Cavalieri, Satz von 138

Definitionsbereich einer Wurzelgleichung 56
DEG 181
Durchmesser (einer Kugel) 151
Durchmesser (eines Kreises) 104, 122

Einheitskreis 173, 174, 175, 177
explizite Formeln 69, 72, 73, 76, 100
Exponent (einer Potenz) 30, 37, 41, 48, 62, 90
Exponentialfunktion 79, 80, 82, 100
–, Stauchung 80, 100
–, Streckung 80, 100
–, Verschiebung 82, 100
Exponentialgleichung 90, 91, 100
exponentielle Abnahme 76, 79, 100
exponentieller Zerfall 76, 100
exponentielles Wachstum 66, 68, 69, 72, 73, 76, 87, 100

Fibonacci-Zahlen 215
Flächeninhalt 108, 122

Goldener Schnitt 214
Gradmaß 180, 181, 200
Grenze 85
Grenzwert einer Zahlenfolge 211, 218
Größen (Vorsilben) 33, 39
Grundfläche 126, 130, 134, 138, 140, 144, 147, 166

Halbwertzeit 78
Heron-Verfahren 209, 218
Hochpunkt 189
Hohlkugel 153

Intervallschachtelung 202, 218, 230
irrationale Zahl 104, 204, 205, 206, 218
Iterationsverfahren 210, 230

Kapital 73
Kegel 144, 147, 166
–, Mantellinie 144
–, Oberflächeninhalt 144, 166
–, Volumen 147, 166
Kegelstumpf 150
Kosinus am Einheitskreis 173, 175
Kosinusfunktion 175, 176, 181, 202
Kreis 104, 108, 122
Kreisausschnitt 113, 122, 144
Kreisbogen 113, 114, 122, 144
Kreisring 111
Kreiszahl π 104, 122
Kubikwurzel 47
Kugel 151, 154, 166
–, Oberflächeninhalt 154, 166
–, Volumen 151, 166

Laplace-Experiment 13, 26
Limes 211, 218
lineares Wachstum 66, 68, 69, 87, 100
Logarithmus, Logarithmieren 90, 100
– Rechenregeln 92
Lösungsmenge einer Wurzelgleichung 56

Mantelbogen (eines Kegels) 144
Mantelfläche 126, 134, 144, 166
Mantellinie (eines Kegels) 144
Mengendiagramm 206, 218
Merkmal 8, 26
Mittelpunkt (einer Kugel) 151
Mittelpunkt (eines Kreises) 104, 122
Mittelpunktswinkel 113
Modellieren 85, 193
Monte-Carlo-Methode 116, 117

n-te Wurzel s. Wurzel
Nenner rational machen 55

Netz 126, 134, 144
Nullstelle 189

Oberflächeninhalt 126, 134, 144, 154, 158, 166
–, Kegel 144, 166
–, Kugel 154, 166
–, Pyramide 134, 166
–, zusammengesetzte Körper 158, 159
–, Zylinder 126, 166
Öffnungswinkel 113, 114, 122

Parameter 80, 100, 185, 189
Periode 171, 175, 176, 187, 189, 193, 202
periodische Vorgänge 171, 202
π (Pi) 104, 116, 122
– Näherungsverfahren 116
Potenzen, Potenzieren 30, 33, 34, 37, 48, 62, 90
– mit ganzzahligen Exponenten 37, 62
– mit natürlichen Exponenten 30
– mit rationalen Exponenten 48, 51
– Zehnerpotenzen 33, 62
Potenzgesetze 41–43, 51, 62
– mit gleicher Basis 41, 51, 62
– mit gleichen Exponenten 43, 51, 62
– Potenzieren 42, 51, 62
Pyramide 134, 140, 147, 166
–, Höhen 134, 140
–, Oberflächeninhalt 134, 166
–, Volumen 140, 147, 166

Quadrant 81, 173
Quadratwurzel 47, 202, 204, 209, 218

RAD 181
Radikand 47, 62
Radius (einer Kugel) 151
Radius (eines Kreises) 104, 113, 122
Radizieren 47
Rauminhalt s. Volumen
reelle Zahlen 205, 206, 218
Regression 94, 228
Rekursionsformel 68, 72, 73, 76, 87, 100
relative Häufigkeit 10, 16, 26
relative Zellbezüge 229

Seitenflächen 134
Sinus am Einheitskreis 173, 174
Sinusfunktion 174, 175, 181, 185, 187, 189, 193, 202
–, allgemeine Form 189, 202
– und Bogenmaß 181
– und Gradmaß 174, 175
–, Streckung und Stauchung 187, 189, 202
–, Verschiebung 185, 189, 193, 202
Stauchung eines Funktionsgraphen 80, 100, 187, 189
Streckung eines Funktionsgraphen 80, 100, 187, 189
Symmetrie (von Funktionsgraphen) 182

Tangensfunktion 177
Tiefpunkt 189

Umfang 104, 122

Verschiebung eines Funktionsgraphen 82, 100, 185, 189

Vierfeldertafel 8, 10, 13, 16, 18, 26
Volumen 130, 138, 139, 140, 147, 158, 159, 166
–, Kegel 147, 166
–, Kugel 151, 166
–, Pyramide 140, 147, 166
–, zusammengesetzte Körper 158, 159
–, Zylinder 130, 166
Vorsilben von Größen 33, 39

Wachstum 66, 68, 69, 72, 73, 76, 79, 85, 87, 100
–, begrenztes 85
–, explizite Formeln 69, 72, 73, 76, 100
–, exponentielles 66, 68, 69, 72, 73, 76, 87, 100
–, lineares 66, 68, 69, 87, 100
–, prozentuales 72, 100
–, Rekursionsformel 68, 72, 73, 76, 87, 100
Wachstumsfaktor 66, 68, 69, 72, 73, 76, 100

Wachstumsrate 72, 73
Wahrscheinlichkeit 13, 26
Widerspruchsbeweis 204
wissenschaftliche Schreibweise 33, 34, 62
Wurzel, Wurzelziehen 47, 48, 52, 53, 62
Wurzelexponent 47, 62
Wurzelgesetze 52
Wurzelgleichung 56

Zahlbereiche 206, 218
Zahlenfolge 211, 218
Zehnerpotenz 33, 62
Zentriwinkel 113
Zinsen 73
Zinseszins 73
Zinsformel 73, 100
Zinssatz 73
zusammengesetzte Körper 158, 159
Zylinder 126, 130, 166
–, Oberflächeninhalt 126, 166
–, Volumen 130, 166

Bildquellenverzeichnis

Abbildungen
Cover mauritius images/imageBROKER/BAO (Foto), Cornelsen/hawemannundmosch, Berlin (Mathematik-Symbole); **4 Mi.** Shutterstock.com/TakeStockPhotography; **5** stock.adobe.com/PDU; **6** Shutterstock.com/Monkey Business Images; **7/o. r.** stock.adobe.com/Grum_l; **7/u. r.** Shutterstock.com/Betacam-SP; **9/Mi.** Shutterstock.com/Monkey Business Images; **9/u.** Shutterstock.com/Chinnapong; **11/11.** Shutterstock.com/LianeM; **11/Rdsp.** stock.adobe.com/Xaver Klaussner; **14/o. r.** stock.adobe.com/adisa; **18** Shutterstock.com/MANDY GODBEHEAR; **20** stock.adobe.com/Anton Gvozdikov; **21/12.** stock.adobe.com/photofranz56; **21/13.** stock.adobe.com/nmann77; **22/Mi.** stock.adobe.com/mhp; **22/u.** Shutterstock.com/michaeljung; **23/5.** Shutterstock.com/Daniel Jedzura; **23/6.** stock.adobe.com/benjaminnolte; **24** Shutterstock.com/William Perugini; **25** stock.adobe.com/Gerhard Seybert; **27** stock.adobe.com/nikonomad; **30** Cornelsen/Maya Brandl; **35** Shutterstock.com/David Peter Robinson; **36/o.** Shutterstock.com/Igor Zh.; **36/u.** Shutterstock.com; **37** stock.adobe.com/Fotosasch; **39/15.** stock.adobe.com/Olha Rohulya; **51** stock.adobe.com/Fotosasch; **58** stock.adobe.com/icreative3d; **59/o. r.** stock.adobe.com/Otto; **59/Mi. r.** stock.adobe.com/cirquedesprit; **60** Shutterstock.com/3Dsculptor; **63** stock.adobe.com/AVTG; **67/4.** stock.adobe.com/angellodeco; **70** Shutterstock.com/Vixit; **72** Shutterstock.com/Rawpixel.com; **76** Shutterstock.com/TakeStockPhotography; **84** stock.adobe.com/ra2studio; **93/o.** dpa Picture-Alliance/dpa - Bildarchiv/epd; **93/Mi.** Shutterstock.com/Vlada Photo; **96** mauritius images/Science Source/Ted Kinsman; **99** stock.adobe.com/Александр Денисюк; **101** stock.adobe.com/Cobalt; **104/o.** stock.adobe.com/PRILL Mediendesign; **106 u. l.** Shutterstock.com/mjurik; **107 o. r.** Shutterstock.com/aragami12345s; **110/15.** stock.adobe.com/Zonda; **110/16.** Shutterstock.com/Monkey Business Images; **113/o. r.** Shutterstock.com/freie kreation; **116/o. l.** stock.adobe.com/claudiozacc; **116/Mi. l.** stock.adobe.com/Georgios Kollidas; **118/3.** stock.adobe.com/Dron; **119** stock.adobe.com/Photocreo Bednarek; **121** stock.adobe.com/Belish; **123** stock.adobe.com/lucadp; **126** Cornelsen/Volker Döring/Bildart Foto-Text-Design; **129/17.** Shutterstock.com/Cranach; **129/18.** stock.adobe.com/olexandra; **130** stock.adobe.com/lorhelm; **135/u.** stock.adobe.com/Svetlana Privezentse; **137** stock.adobe.com/Bernd Kröger; **138/r. o.** Cornelsen/Volker Döring; **141/6.** stock.adobe.com/noemosu; **142** stock.adobe.com/Mikhail Markovskiy; **143/u. r.** stock.adobe.com/Luciano Mortula-LGM; **144** stock.adobe.com/vvoe; **145/Mi. r.** stock.adobe.com/magele-picture; **145/u. r.** Shutterstock.com/Fernando G R Coelho; **147/o. r.** stock.adobe.com/photollurg; **149** ClipDealer GmbH/Sean Prior; **150** Shutterstock.com/saraporn; **152** Shutterstock.com/Nicks76; **153** stock.adobe.com/vchalup; **154** stock.adobe.com/Maximilian Barthel; **156/12.** Shutterstock.com/Volodymyr Burdiak; **156/14.** Shutterstock.com/Raoul Axinte; **156/Mi. l.** stock.adobe.com/imagine.iT; **157/o. r.** Shutterstock.com/Alexander Lukatskiy; **157/u. r.** stock.adobe.com/sp4764; **158/u. l.** stock.adobe.com/nordroden; **158/u. Mi.** stock.adobe.com/Kerstin Bröse; **158/u. r.** stock.adobe.com/Andrey Armyagov; **159** stock.adobe.com/arhendrix; **162/Mi. l.** Cornelsen/Maya Brandl; **162/Mi. r.** stock.adobe.com/svetamart/Jiri Hera; **163/9.** stock.adobe.com/sdecoret; **163/11.** Shutterstock.com/Nathapol Kongseang; **164** stock.adobe.com/pure-life-pictures; **167** 100 pro Imago Stock & People GmbH/Nature Picture Library; **170** stock.adobe.com/Antje Lindert-Rottke; **172/7.b** stock.adobe.com/springtime78; **180** Shutterstock.com/Evangelos; **184** 100 pro Imago Sportfotodienst GmbH; **192** StockFood GmbH/© Science Photo Library / DR JUERG ALEAN; **194/l.** stock.adobe.com/dihetbo; **199** Shutterstock.com/geogif; **201** stock.adobe.com/Madeleine; **214/u.** Shutterstock.com/Sina Ettmer Photography; **217** stock.adobe.com/archideaphoto; **219** Shutterstock.com/pzAxe; **225** Shutterstock.com/SFIO CRACHO; **231** stock.adobe.com/Maxisport; **248** PFFC Deutschland e.V.

Fundamente
|der Mathematik|

Autoren Kathrin Andreae, Dr. Frank Becker, Prof. Dr. Ralf Benölken, Dr. Rolf Ebel, Dr. Wolfram Eid, Dr. Lothar Flade, Gerhard Hillers, Matthias Hofstetter, Brigitta Krumm, Dr. Hubert Langlotz, Arne Mentzendorff, Martina Müller, Thorsten Niemann, Dr. habil. Manfred Pruzina, Melanie Quante, Christian Theuner, Florian Winterstein, Anne-Kristina Wolff

Herausgeber Dr. Andreas Pallack
Redaktion Felix Arndt, Matthias Felsch, Dr. Sonja Thiele
Illustration Cornelsen/Gerlinde Keller: 138/l. Mi.; Cornelsen/Gudrun Lenz: 47, 53, 56, 106/u. r.; Blüten-Ikon: 22, 59, 119, 163, 197, 215; Cornelsen/Niels Schröder: 41
Technische Zeichnungen Christian Böhning
Screenshots Cornelsen/Felix Arndt/© Microsoft® Office. Nutzung mit Genehmigung von Microsoft: 214/2.c, 229, 230; Cornelsen/Felix Arndt/© Texas Instruments. Nutzung mit Genehmigung von Texas Instruments: 45, 55/Mi., 88, 90, 94, 95/u., 104/Mi. r., 226, 227, 228
Umschlaggestaltung hawemannundmosch GbR
Layoutkonzept klein & halm GbR
Technische Umsetzung zweiband.media, Berlin

Begleitmaterialien zum Lehrwerk

für Schülerinnen und Schüler
Arbeitsheft Klasse 10   978-3-06-008015-1

für Lehrerinnen und Lehrer
Serviceband Klasse 10   978-3-06-041311-9
Lösungsheft Klasse 10   978-3-06-041327-0

---

www.cornelsen.de

Die Webseiten Dritter, deren Internetadressen in diesem Lehrwerk angegeben sind, wurden vor Drucklegung sorgfältig geprüft. Der Verlag übernimmt keine Gewähr für die Aktualität und den Inhalt dieser Seiten oder solcher, die mit ihnen verlinkt sind.

1. Auflage, 3. Druck 2023

Alle Drucke dieser Auflage sind inhaltlich unverändert und können im Unterricht nebeneinander verwendet werden.

© 2017 Cornelsen Verlag GmbH, Berlin

Das Werk und seine Teile sind urheberrechtlich geschützt. Jede Nutzung in anderen als den gesetzlich zugelassenen Fällen bedarf der vorherigen schriftlichen Einwilligung des Verlages. Hinweis zu §§ 60 a, 60 b UrhG: Weder das Werk noch seine Teile dürfen ohne eine solche Einwilligung an Schulen oder in Unterrichts- und Lehrmedien (§ 60 b Abs. 3 UrhG) vervielfältigt, insbesondere kopiert oder eingescannt, verbreitet oder in ein Netzwerk eingestellt oder sonst öffentlich zugänglich gemacht oder wiedergegeben werden. Dies gilt auch für Intranets von Schulen.

Allgemeiner Hinweis zu den in diesem Lehrwerk abgebildeten Personen:

Soweit in diesem Buch Personen fotografisch abgebildet sind und ihnen von der Redaktion fiktive Namen, Berufe, Dialoge und Ähnliches zugeordnet oder diese Personen in bestimmte Kontexte gesetzt werden, dienen diese Zuordnungen und Darstellungen ausschließlich der Veranschaulichung und dem besseren Verständnis des Buchinhalts.

Druck und Bindung: Livonia Print, Riga

ISBN 978-3-06-041317-1 (Schülerbuch)
ISBN 978-3-06-041318-8 (E-Book)

PEFC zertifiziert
Dieses Produkt stammt aus nachhaltig bewirtschafteten Wäldern und kontrollierten Quellen.
www.pefc.de